Mathematik mit MATHCAD

Springer
*Berlin
Heidelberg
New York
Barcelona
Hongkong
London
Mailand
Paris
Singapur
Tokio*

Hans Benker

Mathematik mit MATHCAD

Arbeitsbuch für Studenten, Ingenieure und Naturwissenschaftler

2., neubearbeitete Auflage

Springer

Prof. Dr. Hans Benker
Martin-Luther-Universität
Fachbereich Mathematik und Informatik
Institut für Optimierung und Stochastik
D-06099 Halle

ISBN 3-540-65850-5 Springer Verlag Berlin Heidelberg New York

Die Deutsche Bibliothek – CIP-Einheitsaufnahme

Benker, Hans:
Mathematik mit MATHCAD : Arbeitsbuch für Studenten, Ingenieure und Naturwissenschaftler / Hans Benker. – Berlin ; Heidelberg ; New York ; Barcelona ; Hongkong ; London ; Mailand ; Paris ; Singapur ; Tokio : Springer 1999
ISBN 3-540-65850-5

Dieses Werk ist urheberrechtlich geschützt. Die dadurch begründeten Rechte, insbesondere die der Übersetzung, des Nachdrucks, des Vortrags, der Entnahme von Abbildungen und Tabellen, der Funksendung, der Mikroverfilmung oder der Vervielfältigung auf anderen Wegen und der Speicherung in Datenverarbeitungsanlagen, bleiben, auch bei nur auszugsweiser Verwertung, vorbehalten. Eine Vervielfältigung dieses Werkes oder von Teilen dieses Werkes ist auch im Einzelfall nur in den Grenzen der gesetzlichen Bestimmungen des Urheberrechtsgesetzes der Bundesrepublik Deutschland vom 9. September 1965 in der jeweils geltenden Fassung zulässig. Sie ist grundsätzlich vergütungspflichtig. Zuwiderhandlungen unterliegen den Strafbestimmungen des Urheberrechtsgesetzes.

© Springer-Verlag Berlin Heidelberg 1999
Printed in Germany

Die Wiedergabe von Gebrauchsnamen, Handelsnamen, Warenbezeichnungen usw. in diesem Werk berechtigt auch ohne besondere Kennzeichnung nicht zu der Annahme, daß solche Namen im Sinne der Warenzeichen- und Markenschutz-Gesetzgebung als frei zu betrachten wären und daher von jedermann benutzt werden dürften.

Sollte in diesem Werk direkt oder indirekt auf Gesetze, Vorschriften oder Richtlinien (z.B. DIN, VDI, VDE) Bezug genommen oder aus ihnen zitiert werden sein, so kann der Verlag keine Gewähr für Richtigkeit, Vollständigkeit oder Aktualität übernehmen. Es empfiehlt sich, gegebenenfalls für die eigenen Arbeiten die vollständigen Vorschriften oder Richtlinien in der jeweils gültigen Fassung hinzuzuziehen.

Einbandgestaltung: Künkel & Lopka, Heidelberg
Satz: Reproduktionsvorlagen des Autors
SPIN: 10701658   62/3020 – 5 4 3 2 1 0 – Gedruckt auf säurefreiem Papier

Vorwort

Im vorliegenden *Buch*, das eine *Neuerarbeitung* und *Erweiterung* der 1996 erschienen Ausgabe [2] mit dem Titel *Mathematik mit MATHCAD* ist, wird die *Lösung mathematischer Aufgaben mittels Computer* unter Verwendung des *Mathematiksystems* MATHCAD behandelt. Hierfür legen wir die *aktuelle Version 8 Professional* (deutsche Version: *für Profis*) für WINDOWS 95/98 zugrunde und gehen sowohl auf die *englischsprachige* als auch die *deutschsprachige Version* ein.
Während MATHCAD und MATLAB (siehe [4]) ursprünglich als reine *Systeme für numerische mathematische Berechnungen (Näherungsmethoden)* konzipiert waren, besitzten beide in ihren neueren Versionen in Lizenz eine *Minimalvariante* des *Symbolprozessors* des *Computeralgebra-Systems* MAPLE für *exakte (symbolische) Rechnungen*.
Damit hat sich MATHCAD zu einem ebenbürtigen Partner der bekannten *Computeralgebra-Systeme* AXIOM, DERIVE, MACSYMA, MAPLE, MATHEMATICA, MuPAD und REDUCE entwickelt. Diese *Systeme* sind ebenfalls keine reinen *Computeralgebra-Systeme* mehr, da sie *numerische Methoden (Näherungsmethoden)* enthalten.
Deshalb kann man MATHCAD ebenfalls als *Computeralgebra-System* (kurz: *System*) bezeichnen, wobei MATHCAD einige *Vorteile* besitzt:

- MATHCAD ist neben DERIVE das einzige *System*, für das eine deutschsprachige Version existiert.
- Die etwas geringeren Fähigkeiten bei exakten (symbolischen) Rechnungen werden durch überlegene *numerische Fähigkeiten* mehr als ausgeglichen.
- Die *Berechnungen* werden im MATHCAD-Arbeitsfenster in der üblichen *mathematischen Symbolik (Standard-Notation)* durchgeführt.
- Dank der *unübertroffenen Gestaltungsmöglichkeiten* im Arbeitsfenster können Ausarbeitungen direkt unter MATHCAD erstellt werden.
- Sämtliche *Rechnungen* können mit *Maßeinheiten* durchgeführt werden.
- Über 50 vorhandene *Elektronische Bücher* zu verschiedenen *mathematischen, technischen,* naturwissenschaftlichen und *wirtschaftswissenschaftlichen Disziplinen* beinhalten alle für das entsprechende Gebiet relevanten *Standardformeln* und *mathematischen Berechnungsmethoden,* die ausführlich durch begleitenden *Text* und *Grafiken* erläutert werden und die problemlos in die eigenen Rechnungen integriert werden können.

Diese Vorteile haben einen wesentlichen Anteil daran, daß sich MATHCAD zu einem *bevorzugten System* für *Ingenieure* und *Naturwissenschaftler* entwickelt hat.

MATHCAD existiert für *verschiedene Computerplattformen*, so u.a. für IBM-kompatible Personalcomputer, Workstations unter UNIX und APPLE-Computer.

Wir verwenden die *Version 8 Professional* für IBM-*kompatible Personalcomputer* mit Pentiumprozessor (kurz als PCs bezeichnet), die unter WINDOWS 95/98 läuft. Da sich *Aufbau* der *Benutzeroberfläche* und *Menü-* und *Kommandostruktur* für andere *Computertypen* nur unwesentlich unterscheiden, können die in diesem Buch gegebenen Grundlagen allgemein angewendet werden.

Da die Benutzeroberfläche der im Buch behandelten Version 8 gegenüber der Version 7 nur geringfügig geändert wurde, lassen sich die meisten im Buch behandelten Probleme auch mit der Version 7 berechnen. Für die Versionen 5 und 6 gilt ähnliches. Hierzu findet man zusätzliche Details in den Büchern [2,3,4] des Autors. Bei allen früheren Versionen ist allerdings zu beachten, daß ihre Leistungsfähigkeiten geringer sind und daß weniger Funktionen als in der Version 8 zur Verfügung stehen.

Da von MATHCAD sowohl eine *englisch-* als auch eine *deutschsprachige Version* existieren, geben wir die Vorgehensweise für *beide Versionen* an, wobei wir *zuerst* die *englische Version* verwenden und *anschließend* die Bezeichnungen für Menüfolgen und Funktionen der *deutschen Version* in Klammern angeben. Wir stellen absichtlich die *englischsprachige Version* in den Vordergrund, da die

* neuen Versionen immer zuerst in englischer Sprache erscheinen,
* deutschsprachige i.a. auch die Funktionen der englischsprachigen Version versteht,
* deutschsprachige durch Übersetzung des englischsprachigen Textes erstellt wird, wobei natürlich kleine Fehler entstehen.

Das *System* MATHCAD findet nach Ansicht des Authors zu Unrecht erst in den letzten Jahren größere Beachtung. Dies zeigt sich u.a. daran, daß bisher nur wenig Bücher über MATHCAD erschienen sind. Das vorliegende Buch soll mit dazu beitragen, diese Lücke zu schließen. Es *wendet sich* sowohl an *Studenten* und *Mitarbeiter* von *Fachhochschulen* und *Universitäten* als auch an in der *Praxis* tätige *Ingenieure* und *Naturwissenschaftler*. Da MATHCAD ein universelles System ist, kann es natürlich auch von *Wirtschaftswissenschaftlern* erfolgreich angewandt werden.

Im Buch werden *mathematische Grundaufgaben* aus *Technik*, *Natur-* und *Wirtschaftswissenschaften* gelöst. So kann das vorliegende Buch als begleitendes *Nachschlage-* und *Übungsbuch* zu den *Vorlesungen* und als *Handbuch* für den *Praktiker* dienen.

Vorwort VII

Das Buch ist aus Vorlesungen entstanden, die der Autor für Studenten der Mathematik, Informatik und Technikwissenschaften an der Universität Halle gehalten hat.

Um den Rahmen des Buches nicht zu sprengen, wird die *mathematische Theorie* der betrachteten Aufgaben nur soweit behandelt, wie es für eine Lösung mittels MATHCAD erforderlich ist. Deshalb werden jegliche Beweise weggelassen. Das soll aber nicht bedeuten, daß auf *mathematische Strenge* verzichtet wird, wie es in zahlreichen Büchern über Computeralgebra-Systeme zu beobachten ist.

Der *Schwerpunkt* des *Buches* liegt auf der *Umsetzung* der zu lösenden *mathematischen Grundprobleme* in die *Sprache* von MATHCAD und der *Interpretation* der *gelieferten Ergebnisse*. Dabei wird Wert auf eine *kurze Darstellung* gelegt, um den Anwender langes *Blättern* und *Suchen* bei der Lösung eines Problems zu *ersparen.*

Wenn beim Anwender *Unklarheiten mathematischer Natur* auftreten, so sollten entsprechende *Fachbücher* (siehe Literaturverzeichnis) herangezogen werden.

Das *Buch* ist in *zwei Teile* aufgeteilt:

I. Kap. 1 - 11 :
   Einführung: Einleitung, Installation, Aufbau, Benutzeroberfläche und grundlegende Eigenschaften von MATHCAD

II. Kap. 12 - 27 :
   Hauptteil: Lösung mathematischer Aufgaben aus Technik und Naturwissenschaften mittels MATHCAD

Alle behandelten *mathematischen Probleme* werden durch zahlreiche *Beispiele* illustriert, die zum Üben genutzt werden sollten. Diese Beispiele zeigen dem Nutzer *Möglichkeiten* und *Grenzen* bei der *Anwendung* von MATHCAD auf.

Die *Anwendung* von *Computeralgebra-Systemen* zur Lösung *mathematischer Probleme* mittels *Computer* wird in Zukunft weiter an *Bedeutung gewinnen*, weil Taschenrechner durch Computer ersetzt werden, auf denen derartige Systeme installiert sind.

Da sich diese Systeme ohne größere Programmier- und Computerkenntnisse anwenden lassen und einen großen Teil mathematischer Standardaufgaben lösen, wird ihre Rolle für den Anwender wachsen. Ehe man *Software* in Programmiersprachen wie BASIC, C, FORTRAN und PASCAL anwendet bzw. schreibt, wird man zuerst versuchen, das Problem mit einem verfügbaren *Computeralgebra-System* zu lösen, da sich dies wesentlich einfacher gestaltet. Erst wenn dies versagt, muß man auf *Numeriksoftware* zurückgreifen.

Im vorliegenden Buch wird am Beispiel von MATHCAD gezeigt, wie sich zahlreiche *mathematische Probleme* unter Verwendung von *Computeralgebra-Systemen mittels Computer* ohne großen Aufwand lösen lassen. Dazu werden zuerst die Möglichkeiten für eine *exakte Lösung* untersucht, ehe die *numerische (näherungsweise) Lösung* in Angriff genommen wird. Dies wird dadurch gerechtfertigt, weil das *System* MATHCAD eine gelungene *Mi-*

schung aus *Computeralgebra-* und *numerischen Methoden* unter einer gemeinsamen WINDOWS-Benutzeroberfläche darstellt. Diese *Benutzeroberfläche* gestattet interaktives Arbeiten und eine *anschauliche Darstellung numerischer Rechnungen.*

Der Autor hofft, daß diese Einführung in MATHCAD den Leser anregt, sich nicht nur an der schnellen Lösung eines mathematischen Problems mittels MATHCAD zu erfreuen, sondern auch intensiv über den mathematischen Hintergrund nachzudenken.

MATHCAD kann wie die anderen *Computeralgebra-Systeme* nicht die Mathematik ersetzen. Es kann aber von langwierigen Rechnungen befreien und Rechenfehler vermeiden, so daß für den Anwender Zeit geschaffen wird, sich um eine schöpferische Anwendung der Mathematik zu bemühen.

An dieser Stelle möchte ich allen *danken,* die mich bei der *Realisierung* des vorliegenden *Buchprojekts* unterstützten:

- Bei Herrn Dr. Merkle und Frau Grünewald-Heller vom Springer-Verlag für die Aufnahme des Buchvorschlags in das Verlagsprogramm und die technische Hilfe.
- Bei meiner Gattin Doris, die großes Verständnis für meine Arbeit an den Abenden und Wochenenden aufgebracht hat.
- Bei meiner Tochter Uta, die das Manuskript mehrmals kritisch gelesen hat und viele nützliche Hinweise gab.
- Bei der Europaniederlassung *MathSoft Europe* von *MathSoft* in Bagshot (Großbritannien) für die kostenlose Überlassung der neuen Version 8 von MATHCAD und neuer *Elektronischer Bücher.*

Abschließend werden noch einige *Hinweise* bzgl. der *Gestaltung* des vorliegenden *Buches* gegeben:

- Neben den *Überschriften* werden *Funktionen, Kommandos* und *Menüs/Untermenüs* von MATHCAD im *Fettdruck* dargestellt. Dies gilt auch für *Vektoren* und *Matrizen.*
- *Programm-, Datei-* und *Verzeichnisnamen* und die *Namen* von *Computeralgebra-Systemen* werden in *Großbuchstaben* dargestellt.
  Beispiele und *Abbildungen* werden in jedem Kapitel von 1 beginnend *durchnumeriert,* wobei die *Kapitelnummer vorangestellt* wird. So bezeichnen z.B. *Abb.2.3* und *Beispiel 3.12* die *Abbildung 3* aus *Kapitel 2* bzw. das *Beispiel 12* aus *Kapitel 3. Beispiele* werden mit dem *Symbol*
  ♦
  beendet.
- *Wichtige Textstellen* werden im *Buch* durch das vorangehende *Symbol*
  ☞
  gekennzeichnet und mit dem *Symbol*
  ♦
  beendet.

- *Wichtige Begriffe* und *Bezeichnungen* sind *kursiv* geschrieben. Dies gilt auch für *erläuternde Texte* zu den von MATHCAD durchgeführten *Rechnungen*, die direkt aus dem MATHCAD-Arbeitsfenster übernommen wurden.
- Die einzelnen *Menüs* einer *Menüfolge* von MATHCAD werden mittels *Pfeil* ⇒ *getrennt*, der gleichzeitig für einen *Mausklick* steht.

Merseburg, im Januar 1999   Hans Benker

Inhaltsverzeichnis

1	**Einleitung** 1	
	1.1 Struktur und Arbeitsweise von Computeralgebra-Systemen 3	
	1.2 Einsatzgebiete von Computeralgebra-Systemen 7	
	1.3 Entwicklung von MATHCAD 12	
	1.4 MATHCAD im Vergleich mit anderen Systemen 14	
2	**Installation von MATHCAD** 16	
	2.1 Programminstallation 16	
	2.2 Dateien von MATHCAD 17	
	2.3 Hilfesystem 18	
	2.4 AXUM 21	
3	**Benutzeroberfläche von MATHCAD** 22	
	3.1 Menüleiste 23	
	3.2 Symbolleiste 26	
	3.3 Formatleiste 27	
	3.4 Rechenpalette 28	
	3.5 Arbeitsfenster 33	
	3.6 Nachrichtenleiste 35	
4	**MATHCAD-Arbeitsblatt** 36	
	4.1 Textgestaltung 41	
	4.2 Gestaltung von Berechnungen 43	
	4.3 Verwaltung der Arbeitsblätter 45	
	4.3.1 Öffnen, Speichern und Drucken 45	
	4.3.2 Layout 46	
	4.3.3 Verweise und Hyperlinks 47	
	4.3.4 Einfügen von Objekten 48	
	4.3.5 MathConnex 48	
5	**Elektronische Bücher** 49	
	5.1 Eigenschaften, Aufbau und Handhabung 50	
	5.2 Vorhandene Bücher, Erweiterungspakete und Bibliotheken 56	
6	**Exakte und numerische Berechnungen** 60	

	6.1	Exakte Berechnungen mittels Computeralgebra 63
		6.1.1 Symbolisches Gleichheitszeichen 64
		6.1.2 Schlüsselwörter 68
	6.2	Numerische Berechnungen 71
	6.3	Steuerung der Berechnungen 74
		6.3.1 Automatikmodus 74
		6.3.2 Manueller Modus 75
		6.3.3 Abbruch von Berechnungen 75
		6.3.4 Ausdrücke deaktivieren 76
		6.3.5 Optimierung 77
	6.4	Fehlermeldungen 79

7 Zahlen 80
    7.1   Reelle Zahlen 81
    7.2   Komplexe Zahlen 83
    7.3   Integrierte Konstanten 86

8 Variablen 87
    8.1   Vordefinierte Variablen 87
    8.2   Einfache und indizierte Variablen 88
    8.3   Bereichsvariablen 91
    8.4   Zeichenketten 95

9 Datenverwaltung 97
    9.1   Dateneingabe 99
    9.2   Datenausgabe 105
    9.3   Datenaustausch 110

10 Programmierung 111
    10.1   Vergleichsoperatoren und logische Operatoren 113
    10.2   Definition von Operatoren 114
    10.3   Zuweisungen 117
    10.4   Verzweigungen 118
    10.5   Schleifen 121
    10.6   Erstellung einfacher Programme 128
            10.6.1 Fehlersuche 129
            10.6.2 Beispiele 130

11 Dimensionen und Maßeinheiten 139

12 Grundrechenoperationen 144

13 Umformung von Ausdrücken 146
    13.1   Einführung 146
    13.2   Vereinfachung 149

Inhaltsverzeichnis

    13.3 Partialbruchzerlegung 150
    13.4 Potenzieren 152
    13.5 Multiplikation 153
    13.6 Faktorisierung 154
    13.7 Auf einen gemeinsamen Nenner bringen 156
    13.8 Substitution 157
    13.9 Umformung trigonometrischer Ausdrücke 158

14 Summen und Produkte 161

15 Vektoren und Matrizen 166
    15.1 Eingabe 168
        15.1.1 Eingabe von Vektoren 168
        15.1.2 Eingabe von Matrizen 173
    15.2 Vektor- und Matrixfunktionen 178
    15.3 Rechenoperationen 181
        15.3.1 Addition und Multiplikation 184
        15.3.2 Transponieren 187
        15.3.3 Inverse 188
        15.3.4 Skalar-, Vektor- und Spatprodukt 190
    15.4 Determinanten 192
    15.5 Eigenwerte und Eigenvektoren 195

16 Gleichungen und Ungleichungen 199
    16.1 Lineare Gleichungssysteme und analytische Geometrie 199
    16.2 Polynome 210
    16.3 Nichtlineare Gleichungen 217
    16.4 Numerische Lösungsmethoden 225
    16.5 Ungleichungen 233

17 Funktionen 238
    17.1 Allgemeine Funktionen 239
        17.1.1 Rundungsfunktionen 239
        17.1.2 Sortierfunktionen 240
        17.1.3 Zeichenkettenfunktionen 245
    17.2 Mathematische Funktionen 246
        17.2.1 Elementare Funktionen 247
        17.2.2 Höhere Funktionen 249
        17.2.3 Definition von Funktionen 250
        17.2.4 Approximation von Funktionen 256

18 Grafik 264
    18.1 Kurven 264
    18.2 Flächen 279
    18.3 Punktgrafiken 288

	18.4	Diagramme 295
	18.5	Animationen 297
	18.6	Import und Export von Grafiken 300

19 Differentiation 302
  19.1 Berechnung von Ableitungen 302
  19.2 Taylorentwicklung 311
  19.3 Fehlerrechnung 316
  19.4 Berechnung von Grenzwerten 319
  19.5 Kurvendiskussion 323

20 Integration 330
  20.1 Unbestimmte Integrale 330
  20.2 Bestimmte Integrale 337
  20.3 Uneigentliche Integrale 340
  20.4 Numerische Methoden 343
  20.5 Mehrfache Integrale 350

21 Reihen 353
  21.1 Zahlenreihen und -produkte 353
  21.2 Potenzreihen 357
  21.3 Fourierreihen 358

22 Vektoranalysis 362
  22.1 Felder und ihre grafische Darstellung 362
  22.2 Gradient, Rotation und Divergenz 366
  22.3 Kurven- und Oberflächenintegrale 370

23 Differentialgleichungen 372
  23.1 Gewöhnliche Differentialgleichungen 372
   23.1.1 Anfangswertprobleme 373
   23.1.2 Randwertprobleme 387
  23.2 Partielle Differentialgleichungen 393

24 Transformationen 397
  24.1 Laplacetransformation 397
  24.2 Fouriertransformation 401
  24.3 Z-Transformation 403
  24.4 Wavelet-Transformation 405
  24.5 Lösung von Differenzen- und Differentialgleichungen 408

25 Optimierungsaufgaben 416
  25.1 Extremwertaufgaben 418
  25.2 Lineare Optimierung 426
  25.3 Nichtlineare Optimierung 431

Inhaltsverzeichnis

    25.4 Numerische Algorithmen 433

26 Wahrscheinlichkeitsrechnung 446
    26.1 Kombinatorik 447
    26.2 Wahrscheinlichkeit und Zufallsgröße 449
    26.3 Erwartungswert und Streuung 453
    26.4 Verteilungsfunktionen 454
    26.5 Zufallszahlen 463

27 Statistik 467
    27.1 Statistische Maßzahlen 469
    27.2 Korrelation und Regression 476
            27.2.1 Grundlagen 477
            27.2.2 Lineare Regressionskurven 478
            27.2.3 Nichtlineare Regressionskurven 481
    27.3 Simulationen 488
    27.4 Elektronische Bücher zur Statistik 492

28 Zusammenfassung 503

Literaturverzeichnis 506

Sachwortverzeichnis 509

1 Einleitung

MATHCAD war *zu Beginn* seiner Entwicklung ein reines *Numeriksystem*, d.h., es bestand aus einer Sammlung *numerischer Algorithmen* (*Näherungsmethoden*) zur *näherungsweisen Lösung mathematischer Aufgaben* mittels Computer unter einer einheitlichen *Benutzeroberfläche*. In die *neueren Versionen* (ab Version 3) wurde in *Lizenz* eine *Minimalvariante* des *Symbolprozessors* des *Computeralgebra-Systems* MAPLE für *exakte* (*symbolische*) *Rechnungen* (*Formelmanipulation*) aufgenommen.

Alle existierenden universellen *Computeralgebra-Systeme* besitzen folgende *Möglichkeiten* zur *Lösung mathematischer Aufgaben* mittels *Computer:*

* *Exakte* (*symbolische*) *Berechnung* (*Formelmanipulation*) auf Basis der *Computeralgebra*.
* Bereitstellung *numerischer Standardalgorithmen* (*Näherungsmethoden*) zur *näherungsweisen Lösung*.

Deshalb kann man MATHCAD ebenfalls zur Klasse der *Computeralgebra-Systeme* zählen, die wir im folgenden kurz als *Systeme bezeichnen*.
Dabei überwiegen in den *Systemen* AXIOM, DERIVE, MACSYMA, MAPLE, MATHEMATICA, MuPAD und REDUCE die *Methoden* der *Computeralgebra*, während in den *Systemen* MATHCAD und MATLAB die *numerischen Algorithmen* stark vertreten sind und die *Computeralgebra* von einem *anderen System* (MAPLE) übernommen wurde.

♦

Die Notwendigkeit, *Algorithmen* zur *näherungsweisen Berechnung* in die *Systeme* aufzunehmen, liegt darin begründet, daß die *exakte Lösung* einer *mathematischen Aufgabe* einen *endlichen Algorithmus* erfordert, der sich für viele Problemstellungen nicht finden läßt. Dabei versteht man unter einem *endlichen Lösungsalgorithmus* eine *Methode*, die die *exakte Lösung* einer Aufgabe in *endlich vielen Schritten* liefert.
Der *Unterschied* zwischen *exakten* und *näherungsweisen Berechnungen* wird im Abschn.1.2 und Kap.6 diskutiert und an Beispielen veranschaulicht.

♦

Das vorliegende *Buch* ist in *zwei Teile* aufgeteilt:

I. Kap. 1 - 11 :

Einführung: Einleitung, Installation, Aufbau, Benutzeroberfläche und grundlegende Eigenschaften von MATHCAD.

II. Kap. 12 - 27 :

Hauptteil: Lösung mathematischer Aufgaben aus Technik und Naturwissenschaften mittels MATHCAD.

♦

Im Rahmen des vorliegenden Buches ist es natürlich nicht möglich, alle mathematischen Gebiete umfassend zu behandeln. Es werden *mathematische Grundaufgaben* und *wichtige Spezialaufgaben* mittels MATHCAD gelöst, die in *Technik* und *Naturwissenschaften* aber auch in den *Wirtschaftswissenschaften* auftreten.
Die ausführliche Behandlung spezieller Gebiete (wie z.B. Statistik) muß weiteren Abhandlungen über MATHCAD vorbehalten bleiben, in denen auch auf die vorhandenen *Elektronischen Bücher* eingegangen werden sollte.

♦

Um den Rahmen des Buches nicht zu sprengen, wird die *mathematische Theorie* der betrachteten Aufgaben nur soweit behandelt, wie es für eine Lösung mittels MATHCAD erforderlich ist. Deshalb werden jegliche Beweise weggelassen. Das soll aber nicht bedeuten, daß auf *mathematische Strenge* verzichtet wird, wie es in zahlreichen Büchern über Computeralgebra-Systeme zu beobachten ist.
Der *Schwerpunkt* des vorliegenden *Buches* liegt auf der *Umsetzung* der zu lösenden *mathematischen Probleme* in die *Sprache* von MATHCAD und der *Interpretation* der *gelieferten Ergebnisse*. Dabei wird Wert auf eine *kurze Darstellung* gelegt, um dem Anwender eine schnelle Anwendung zu ermöglichen.
Wenn beim Anwender *Unklarheiten mathematischer Natur* auftreten, so sollten entsprechende *Fachbücher* (siehe Literaturverzeichnis) herangezogen werden.

♦

Im Buch werden alle mit MATHCAD durchgeführten *Berechnungen* direkt aus dem MATHCAD-*Arbeitsfenster übernommen*, wobei der von MATHCAD gelieferte *erläuternde Text kursiv* gesetzt ist. Damit lassen sich die Rechnungen für den Nutzer einfach nachvollziehen, indem die zu berechnenden Ausdrücke auf die gleiche Art in das Arbeitsfenster eingegeben werden.

♦

Da von MATHCAD sowohl eine *englisch-* als auch eine *deutschsprachige Version* existieren, geben wir die Vorgehensweise für *beide Versionen* an, wobei wir *zuerst* die *englische Version* verwenden und *anschließend* die

Bezeichnungen für Menüfolgen und Funktionen der *deutschen Version* in Klammern angeben. Wir stellen absichtlich die *englischsprachige Version* in den Vordergrund, da die

* neuen Versionen immer zuerst in englischer Sprache erscheinen,
* deutschsprachige i.a. auch die Funktionen der englischsprachigen Version versteht,
* deutschsprachige durch Übersetzung des englischsprachigen Textes erstellt wird, wobei natürlich kleine Fehler entstehen.

♦

1.1 Struktur und Arbeitsweise von Computeralgebra- Systemen

MATHCAD hat wie alle *Computeralgebra-Systeme* folgende *Struktur:*

* *Benutzeroberfläche* (englisch: *Front End*)

  Sie dient zur *interaktiven Arbeit* mit dem *System*.

* *Kern* (englisch: *Kernel*)

  Er wird beim Start eines Systems in den Hauptspeicher des Computers *geladen*. In ihm befinden sich Programme zur *Lösung* von mathematischen *Grundaufgaben*.

* *Zusatzprogramme/Zusatzpakete* (englisch: *Packages*)

  Bei MATHCAD werden sie als *Arbeitsblätter, Dokumente* bzw. *Elektronische Bücher* (englisch: *Worksheets, Documents* bzw. *Electronic Books*) bezeichnet.
  Sie enthalten *weiterführende Anwendungen* und müssen nur *bei Bedarf geladen* werden.

In der *deutschsprachigen Computerliteratur* wird häufig für *Benutzeroberfläche, Kern* und *Zusatzprogramme* die entsprechende *englische Bezeichnung* verwendet.

♦

Die *Struktur* der *Computeralgebra-Systeme* hat wesentlichen Anteil bei der Einsparung von Speicherplatz im Hauptspeicher und läßt laufende Erweiterungen durch den Nutzer zu, indem für zu lösende Probleme eigene *Zusatzprogramme* geschrieben werden.

♦

Die *Arbeitsweise* von MATHCAD und den anderen Computeralgebra-Systemen wird von der *Computeralgebra* und dem Einsatz *numerischer Algorithmen* geprägt.

Die *exakte* (*symbolische*) *Verarbeitung mathematischer Ausdrücke* mit *Computern* bezeichnet man als *Computeralgebra* oder *Formelmanipulation*. Beide Begriffe werden *synonym* verwandt, wobei die Bezeichnung *Formelmanipulation* aus nachfolgend genannten Gründen den Sachverhalt besser trifft :
- Der Begriff *Computeralgebra* könnte leicht zu dem Mißverständnis führen, daß sie nur die Lösung algebraischer Probleme untersucht.
- Die Bezeichnung *Algebra* steht aber für die verwendeten Methoden zur *symbolischen Manipulation mathematischer Ausdrücke*, d.h., die Algebra liefert im wesentlichen das Werkzeug zur
  * *Umformung* von *Ausdrücken*, z.B. durch
    - Vereinfachung
    - Partialbruchzerlegung
    - Multiplikation
    - Faktorisierung
    - Substitution
  * *Entwicklung endlicher Lösungsalgorithmen*, z.B. für die
    - Lösung von Gleichungen
    - Differentiation
    - Integration

Es lassen sich mittels *Computeralgebra* nur solche mathematischen Probleme berechnen, deren Bearbeitung nach endlich vielen Schritten (*endlicher Algorithmus*) die *exakte Lösung* liefert. Der Grund hierfür liegt in dem Sachverhalt, daß in der *Computeralgebra* alle *Berechnungen/Umformungen exakt* (*symbolisch*) ausgeführt werden.

Im Gegensatz zur Computeralgebra stehen die *numerischen Methoden* (*Näherungsmethoden*), die mit *gerundeten Dezimalzahlen* (*Gleitkommazahlen* oder *Gleitpunktzahlen*) rechnen und nur *Näherungswerte* für die Lösung liefern. Hier können *folgende Fehler* auftreten:

* *Rundungsfehler* resultieren aus der endlichen *Rechengenauigkeit* des Computers, da er nur *endliche Dezimalzahlen* verarbeiten kann.
* *Abbruchfehler* können entstehen, da die *Methoden* nach einer *endlichen Anzahl* von *Schritten abgebrochen* werden müssen, obwohl in den meisten Fällen die Lösung noch nicht erreicht wurde. Als Beispiel sei die bekannte *Regula falsi* zur Nullstellenbestimmung von Funktionen erwähnt.
* Es können völlig *falsche Ergebnisse* geliefert werden, da numerische Methoden *nicht immer konvergieren*, d.h, gegen eine Lösung streben.
  ♦

1.1 Struktur und Arbeitsweise von Computeralgebra-Systemen 5

Aus den eben diskutierten Eigenschaften *numerischer Methoden* ist zu erkennen, daß man mit den Systemen *exakte Berechnungen* immer *vorziehen* sollte, falls diese erfolgreich sind.
Für eine Reihe mathematischer Aufgaben lassen sich jedoch keine exakten Berechnungsvorschriften (endlichen Algorithmen) angeben, wie wir im folgenden Beispiel 1.1 für die Integralrechnung diskutieren.

♦

Beispiel 1.1:

Man ist nicht in der Lage, jedes *bestimmte Integral mittels* der aus dem Hauptsatz der Differential- und Integralrechnung bekannten *Formel*

$$\int_a^b f(x)\,dx = F(b) - F(a)$$

exakt zu *berechnen* (siehe Kap.20).
Man kann nur diejenigen *Integrale berechnen,* bei denen die *Stammfunktion* F(x) der *Funktion* f(x), für die gilt

$F'(x) = f(x)$

nach *endlich vielen Schritten* in *analytischer Form* angebbar ist, z.B. durch bekannte *Integrationsmethoden* wie *partielle Integration, Substitution, Partialbruchzerlegung.*

♦

MATHCAD *arbeitet* wie alle *Computeralgebra-Systeme interaktiv.* Dies ist ein großer Vorteil im Gegensatz zu *Numerikprogrammen,* die mit herkömmlichen *Programmiersprachen* (BASIC, C, FORTRAN, PASCAL usw.) erstellt wurden.
Beim *interaktiven Arbeiten* besteht ein laufender *Dialog* zwischen *Anwender* und *Computer* mittels des Computerbildschirms, wobei sich fortlaufend der folgende *Zyklus* wiederholt :

I. *Eingabe* des zu *berechnenden Ausdrucks* in das *Arbeitsfenster* des Systems durch den *Anwender.*

II. *Berechnung* des *Ausdrucks* durch das System.

III. *Ausgabe* der *berechneten Ergebnisse* in das *Arbeitsfenster* des Systems.

IV. Das *berechnete Ergebnis steht* für *weitere Rechnungen* zur *Verfügung.*

♦

Betrachten wir die beiden *grundlegenden Tätigkeiten* beim *interaktiven Arbeiten* mit *Computeralgebra-Systemen* etwas näher, d.h. die *Eingabe* des zu berechnenden *Ausdrucks* und die *Auslösung* der *Berechnung:*

- Die *Eingabe* eines zu berechnenden *mathematischen Ausdrucks* in das aktuelle *Arbeitsfenster* kann auf folgende *zwei Arten* geschehen:

I. über die *Tastatur*, wobei einige *Systeme* (DERIVE, MATHCAD, MATHEMATICA und MAPLE) in ihrer Benutzeroberfläche zusätzlich *mathematische Symbole* bereitstellen.

II. durch *Kopieren* aus anderen Arbeitsblättern oder Zusatzprogrammen (über die Zwischenablage)

- Die *Auslösung* der *Berechnung* eines *mathematischen Ausdrucks* kann auf eine der folgenden *zwei Arten* geschehen:

I. *Anwendung* von *Funktionen*, wobei der zu *berechnende Ausdruck* im *Argument* steht. Die Argumente werden dabei in Klammern eingeschlossen.

II. *Auswahl* einer *Menüfolge* aus der *Menüleiste* der *Benutzeroberfläche* des *Systems* mittels *Mausklick*, nachdem der zu *berechnende Ausdruck eingegeben* wurde. Erforderliche *Menüfolgen* werden im Rahmen des Buches in der Form

Menü_1 ⇒ Menü_2 ⇒ ... ⇒ Menü_n

geschrieben, wobei der *Pfeil* ⇒ jeweils für einen *Mausklick* steht und die *gesamte Menüfolge* ebenfalls durch *Mausklick abgeschlossen* wird.

Da die einzelnen *Computeralgebra-Systeme* von verschiedenen Softwarefirmen erstellt werden, kann man bei der Bezeichnung der Menüs/Kommandos/Funktionen zur Lösung eines Problems keine einheitliche Schreibweise erwarten. Ein Bezeichnungsstandard wäre für alle Systeme wünschenswert, da dies die Arbeit mit verschiedenen Systemen wesentlich erleichtern würde.

♦

In MATHCAD lassen sich bei einer Reihe von *Aufgaben beide Berechnungsmöglichkeiten* I. und II. anwenden, d.h., man kann die Aufgaben sowohl mittels *Funktionen* als auch *Menüfolgen* berechnen. Wir werden in den entsprechenden Kapiteln darauf hinweisen.

♦

Die Arbeit mit MATHCAD wird dadurch erleichtert, daß analog wie bei den anderen Systemen eine leicht zu bedienende WINDOWS-*Benutzeroberfläche* (*Benutzerschnittstelle/Benutzerinterface*) existiert, über die man mit dem *System* in den *Dialog* tritt (siehe Kap.3).

♦

Die *Benutzeroberfläche* von MATHCAD gestattet es, im *Arbeitsfenster* die durchgeführten Rechnungen so in Form von *Arbeitsblättern/Rechenblättern* zu gestalten, wie es bei Rechnungen per Hand üblich ist (siehe Kap.3 und 4).

In der *Gestaltung* der *Arbeitsblätter* ist MATHCAD allen anderen *Systemen überlegen*, da es die zu berechnenden mathematischen Ausdrücke in *mathematischer Standardnotation* darstellt (siehe Kap.4).
Für die *Arbeitsblätter/Rechenblätter* werden in den Computeralgebra-Systemen auch *englische Bezeichnungen* wie *Document, Notebook, Scratchpad* bzw. *Worksheet* verwendet.
MATHCAD benutzt in der englischsprachigen Version für das *Arbeitsblatt* genau wie für das *Arbeitsfenster* die beiden *Begriffe Worksheet* oder *Document*.
♦

1.2 Einsatzgebiete von Computeralgebra-Systemen

Obwohl die *Computeralgebra* stark von der *Algebra beeinflußt* wird und hierfür viele *Probleme löst*, können auch *Probleme* der *mathematischen Analysis* und darauf aufbauende Anwendungen mittels *Computeralgebra* gelöst werden. Hierzu zählen vor allem Aufgaben, deren *Lösung* auf *algebraischem Wege* erhalten werden kann, d.h. durch <u>symbolische Manipulation</u> mathematischer Ausdrücke. Wir diskutieren dies im folgenden Beispiel 1.2 für die Differentialrechnung.
♦

Beispiel 1.2:

Ein *typisches Beispiel* für die *Anwendung* der *Computeralgebra* liefert die *Differentiation* von *Funktionen* (siehe Abschn.19.1):
Durch *Kenntnis* der *Regeln* für die *Ableitung elementarer Funktionen*

x^n, $\sin x$, e^x usw.

und der bekannten *Differentiationsregeln*
* *Produktregel*
* *Quotientenregel*
* *Kettenregel*

kann formal die *Differentiation* jeder noch so komplizierten (differenzierbaren) Funktion durchgeführt werden, die sich aus elementaren Funktionen zusammensetzt. Dies kann man als eine *algebraische Behandlung* der *Differentiation* interpretieren.
In ähnlicher Art und Weise wie bei der Differentiation können Verfahren zur *Berechnung* gewisser Klassen von *Integralen* und *Differentialgleichungen* formuliert und folglich im Rahmen der *Computeralgebra* durchgeführt werden.
♦

☞

Aufgaben aus *folgenden Gebieten* lassen sich aufgrund der geschilderten Sachverhalte *exakt* mit *Computeralgebra-Systemen* und damit ebenfalls mit MATHCAD *lösen* :

- *Grundrechenarten* (siehe Kap.12)
  * Bei der *Addition* von Brüchen, z.B.
    $$\frac{1}{3}+\frac{1}{7}$$
    wird das *Ergebnis* wieder als Bruch geliefert
    $$\frac{10}{21}$$
    da exakt gerechnet wird.
  * Bei der Eingabe *reeller Zahlen*, wie z.B.
    $$\sqrt{2} \text{ und } \pi$$
    erfolgt keine weitere Veränderung, da diese exakt nur durch Symbole darstellbar sind.
  * MATHCAD kann *rationale* und *reelle Zahlen* durch *endliche Dezimalzahlen* mit *vorgegebener Genauigkeit annähern:*
    Die *Eingabe* des *numerischen Gleichheitszeichens* = nach der eingegebenen Zahl liefert die *Näherung*, wie die folgenden Beispiele zeigen:

    $\frac{10}{21}$ = 0.476190476190476 $\sqrt{2}$ = 1.414213562373095

    π = 3.141592653589793   e = 2.718281828459045

- *Umformung* von *Ausdrücken* (siehe Kap.13)
  Sie gehört zu den *Grundfunktionen* von *Computeralgebra-Systemen*. Dazu zählen:
  * *Vereinfachung*
  * *Partialbruchzerlegung*
  * *Potenzierung*
  * *Multiplikation*
  * *Faktorisierung*
  * *Auf einen gemeinsamen Nenner bringen*
  * *Substitution*
  * *Umformung trigonometrischer Ausdrücke*

- *Lineare Algebra* (siehe Kap.15 und 16)
  Außer der *Addition*, *Multiplikation*, *Transponierung* und *Invertierung* von *Matrizen* lassen sich *Eigenwerte*, *Eigenvektoren* und *Determinanten* berechnen und *lineare Gleichungssysteme* lösen.

- *Funktionen*

    Alle *Computeralgebra-Systeme*

    * kennen die ganze Palette *elementarer Funktionen* und eine Reihe *höherer Funktionen* (siehe Abschn.17.2).
    * gestatten die Definition eigener Funktionen (siehe Abschn.17.2.3).
    * können gegebene Funktionen *differenzieren* und im Rahmen der vorhandenen Integrationsregeln *integrieren* (siehe Kap.19 und 20).
    * können gewisse Klassen von *Differentialgleichungen* lösen (siehe Kap.23).

- *Grafische Darstellungen* (siehe Kap.18)

    Es lassen sich 2D- und 3D-Grafiken erzeugen, so daß man *Funktionen* von einer bzw. zwei Variablen *grafisch darstellen* kann. Des weiteren sind bewegte Grafiken (Animationen) möglich.

- *Programmierung*

    Die *Systeme* AXIOM, MACSYMA, MAPLE, MATHEMATICA, MuPAD und REDUCE besitzen eigene Programmiersprachen.
    Damit können Programme erstellt werden, die es erlauben, komplexe Probleme zu lösen. Diese Programmierung besitzt gegenüber der Anwendung klassischer Programmiersprachen den Vorteil, daß alle vorhandenen Kommandos und Funktionen der Systeme mit verwendet werden können.
    Die *Programmierfähigkeiten* von MATHCAD sind etwas beschränkt (siehe Kap.10). Es gestattet aber die prozedurale Programmierung, die ausreicht, um kleine Programme zu schreiben, wie wir im Verlaufe des Buches sehen.
    Die Programmierung komplexerer Algorithmen, wie man sie in zahlreichen *Elektronischen Büchern* findet, wird in MATHCAD durch Einbindung von Programmen gelöst, die in der *Programmiersprache* C geschrieben sind.

♦

Wenn die exakte (symbolische) Berechnung mittels Computeralgebra versagt, kann man die in den Systemen integrierten Algorithmen zur numerischen (näherungsweisen) Berechnung heranziehen. Damit lassen sich mit MATHCAD und den anderen Systemen die wesentlichen *Techniken realisieren*, die man zur *Lösung mathematischer Aufgaben* benötigt:

* Umformung und exakte Berechnung von Ausdrücken.
* Anwendung von Formeln und Gleichungen aus verschiedenen mathematischen Disziplinen.
* Anwendung numerischer Algorithmen.
* Grafische Darstellungen.

♦

Zusammenfassend läßt sich die Anwendung von *Computeralgebra-Methoden* und *numerischen Methoden* zur Lösung eines mathematischen Problems auf dem *Computer* wie folgt charakterisieren:
- Die *Vorteile* der *Computeralgebra* bestehen in folgendem:
  * *formelmäßige Eingabe* des zu lösenden *Problems.*
  * Das *Ergebnis* wird ebenfalls wieder als *Formel* geliefert. Diese Vorgehensweise ist der manuellen Lösung mit Papier und Bleistift angepaßt und deshalb ohne große Programmierkenntnisse anwendbar.
  * Da auch mit Zahlen *exakt* (*symbolisch*) *gerechnet* wird, treten *keine Rundungsfehler* auf.
- Der einzige (aber nicht unwesentliche) *Nachteil* der *Computeralgebra* besteht darin, daß sich nur solche Probleme lösen lassen, für die ein *endlicher Lösungsalgorithmus* existiert.
- Um einen *numerischen Algorithmus* mit dem Computer zu realisieren, muß man ein *Programm* in einer *Programmiersprache* wie BASIC, C, FORTRAN oder PASCAL schreiben oder auf vorhandene *Programmbibliotheken* zurückgreifen. Dies erfordert erheblich tiefere Kenntnisse und einen größeren Aufwand als die Anwendung von *Computeralgebra-Systemen*.
- Der *Vorteil* der *Numerik* liegt in der *Universalität*, d.h., für die meisten auftretenden Probleme können *numerische Lösungsalgorithmen entwickelt* werden.
- *Nachteile* der *Numerik* bestehen darin, daß
  * *Rundungsfehler* das Ergebnis verfälschen können,
  * die *Konvergenz* der Verfahren nicht immer gesichert ist, so daß *falsche Ergebnisse* auftreten können,
  * auch im Falle der Konvergenz i.a. *Abbruchfehler* auftreten.

  Damit liefern *numerische Methoden* i.a. nur *Näherungslösungen*.

♦

Zwei Beispiele sollen die *Unterschiede* zwischen *Computeralgebra* und *Numerik* veranschaulichen.

Beispiel 1.3:

a) Die *reellen Zahlen*

$\sqrt{2}$ und π

werden nach der Eingabe von der *Computeralgebra* nicht durch eine *Dezimalzahl*

$\sqrt{2} \approx 1.414214$ bzw. $\pi \approx 3.141593$

approximiert, wie dies für numerische Methoden erforderlich ist, sondern *formelmäßig (symbolisch) erfaßt*, so daß z.B. bei einer weiteren Rechnung für

$$(\sqrt{2})^2$$

als exakter Wert 2 folgt.

b) An der Lösung des einfachen *linearen Gleichungssystems*

a·x + y = 1
x + b·y = 0

das zwei frei wählbare *Parameter* a und b enthält, läßt sich ebenfalls ein typischer *Unterschied* zwischen *Computeralgebra* und *Numerik* zeigen. Der Vorteil der *Computeralgebra* liegt darin, daß die *Lösung* in *Abhängigkeit* von a und b gefunden wird, während *numerische Lösungsmethoden* für a und b Zahlenwerte fordern.
Die *Computeralgebra-Systeme* liefern die *formelmäßige Lösung*

$$x = \frac{b}{-1 + a \cdot b}, \quad y = \frac{-1}{-1 + a \cdot b}$$

Der Anwender muß lediglich erkennen, daß für die Parameter a und b die Ungleichung a·b ≠ 1 zu fordern ist, da sonst keine Lösung existiert.

♦

Da in Zukunft die *Anwendung* der *Mathematik* hauptsächlich mittels *Computer* realisiert wird (*Computermathematik*), gewinnt der Einsatz von *Computeralgebra-Systemen* ständig an Bedeutung.
Deshalb gehen die Bestrebungen in der *Weiterentwicklung* der *Computermathematik* dahin, in den *Computeralgebra-Systemen* die Methoden von *Computeralgebra* und *Numerik weiterzuentwickeln* und beide zu *kombinieren*:

* Die Methoden der Computeralgebra bilden einen aktuellen Forschungsschwerpunkt, um für immer größere Klassen von Aufgaben effektive endliche Lösungsalgorithmen zu erhalten.
* In die neuen Versionen der Systeme werden wirkungsvolle neu entwickelte numerische Algorithmen aufgenommen, die man heranziehen kann, wenn die exakte Berechnung mittels Computeralgebra scheitert.

☞

Man kann jedoch von MATHCAD wie auch von den anderen Computeralgebra-Systemen *keine Wunder* erwarten:

* Es lassen sich nur solche Probleme *exakt lösen*, für die die mathematische Theorie einen *endlichen Lösungsalgorithmus* bereitstellt.
* Für die *numerische Lösung* werden (moderne) *Standardverfahren* angeboten, die zwar häufig akzeptable Näherungen liefern, aber nicht immer konvergieren müssen.

MATHCAD und die anderen Computeralgebra-Systeme befreien jedoch von vielen aufwendigen Rechnungen, und lassen sich vom Anwender durch eigene Programme ergänzen.

Zusätzlich gestattet MATHCAD die druckreife Abfassung der durchgeführten Berechnungen. Damit hat sich MATHCAD zu einem *wirksamen Hilfsmittel* für die *Lösung mathematischer Probleme* in *Technik* und *Naturwissenschaften* entwickelt.

♦

1.3 Entwicklung von MATHCAD

MATHCAD war *ursprünglich* ein reines *System* für *numerische Rechnungen*. Die neueren Versionen unter WINDOWS (ab Version 3) besitzen jedoch eine *Lizenz* von MAPLE für *exakte* (*symbolische*) *Rechnungen* (*Computeralgebra*), d.h., sie enthalten eine *Minimalvariante* des *Symbolprozessors* von MAPLE.

Mit dieser *Minimalvariante* des *Symbolprozessors* von MAPLE für *exakte* (*symbolische*) *Berechnungen* lassen sich wesentliche *mathematische Operationen exakt* (*symbolisch*) durchführen, so u.a.

* *Umformung* und *Berechnung* von *Ausdrücken*
* *Matrizenrechnungen*
* *Lösung* von *Gleichungen*
* *Berechnungen* von *Summen* (*Reihen*) und *Produkten*
* *Differentiationen*
* *Taylorentwicklungen*
* *Integrationen* (für hinreichend einfache Funktionen)
* *Berechnungen* aus *Wahrscheinlichkeitsrechnung* und *Statistik*

♦

Im vorliegenden Buch wird die *Version 8 Professional* (deutsche Version: *für Profis*) von 1998 unter WINDOWS 95/98 für IBM-*kompatible Personalcomputer* (PCs) zugrunde gelegt.

MATHCAD existiert auch für APPLE-Computer und Computer, die unter dem Betriebssystem UNIX laufen. Die Bedienung ist unter den verschiedenen Betriebssystemen analog.

♦

Die *aktuelle Version 8 Professional* von MATHCAD besitzt folgende *verbesserte Bedienung* und *neue Leistungsmerkmale* gegenüber der *Vorgängerversion 7*:

1.3 Entwicklung von MATHCAD

* *Erweiterung* der *mathematischen Funktionen* und *Verbesserung* der *Rechengeschwindigkeit*. So wurden erstmals *Funktionen* zur *Optimierung* (Maximierung/Minimierung) aufgenommen, mit deren Hilfe man auch Aufgaben mit Beschränkungen lösen kann.
* *Höherdimensionale Probleme* mit bis zu hundert Variablen und Nebenbedingungen können gelöst werden.
* *Verbesserung* der *3D-Grafikmöglichkeiten*.
* Eine *Reihe* von *Fehlern* der vorangehenden Versionen wurden *beseitigt*.
* *Bessere Zusammenarbeit* mit *anderen Systemen* wie EXCEL, LOTUS, MATHLAB und WORD,
* *Verbesserte Benutzeroberfläche*.
* *Verbesserungen* in der *Textverarbeitung*.
* *Unterstützung* aller wichtigen *Standards*, wie z.B. SI-Einheiten, volle *Kompatibilität* mit WINDOWS 95/98/NT und OLE2.
* Die *Abspeicherung* der MATHCAD-Arbeitsblätter (*Worksheets*) ist in folgenden *Formaten* möglich:
  - MATHCAD 7- und MATHCAD 6-Format
  - HTML-Format
  - RTF-Format

Die gegenüber der *Standardversion 8* leistungsstärkere *Version 8 Professional* ist für diejenigen Anwender gedacht, die

* eine größere Auswahl an mathematischer Funktionalität benötigen,
* eigene Programme schreiben wollen,
* andere Systeme wie EXCEL und MATLAB in MATHCAD nutzen möchten.

♦
MATHCAD wird von der 1984 gegründeten Firma MATHSOFT aus den USA entwickelt und vermarktet. So wurden seit 1986 Jahre die *Versionen*
* 1 (1986)
* 2 (1988)
* 3 (1991)
* 4 (1993)
* 5 (1994)
* 6 (1995)
* 7 (1997)
* 8 (1998)

erstellt.
Für den kleinen Geldbeutel gibt es eine mit dem Namen MATHCAD 99 bezeichnete Version mit verringertem Funktionsumfang (entspricht der Vollversion 3.1) und zu den Versionen 6, 7 und 8 auch eine billigere Studentenversion.

Da die Benutzeroberfläche der im Buch behandelten Version 8 gegenüber der Version 7 nur geringfügig geändert wurde, lassen sich die meisten im Buch behandelten Probleme auch auf die gleiche Art mit der Version 7 berechnen. Für die Versionen 5 und 6 gilt ähnliches. Hierzu findet man zusätzliche Details in den Büchern [2,3,4] des Autors. Bei allen früheren Versionen ist allerdings zu beachten, daß ihre Leistungsfähigkeiten geringer sind und daß weniger Funktionen als in der Version 8 zur Verfügung stehen.

♦

1.4 MATHCAD im Vergleich mit anderen Systemen

In den Büchern [1,3,4] des Autors werden ein Überblick über die Funktionsweise, Haupteinsatzgebiete und Geschichte von *Computeralgebra-Systemen* gegeben, die wichtigsten *Systeme* AXIOM, DERIVE, MACSYMA, MAPLE, MATHEMATICA, MATHCAD, MATLAB und MuPAD für PCs vorgestellt und bei der Lösung der einzelnen mathematischen Aufgaben miteinander verglichen.

Weitere *Gegenüberstellungen* findet man in [28] und im Oktoberheft 1994 der englischen Computerzeitschrift *PC Magazine*. In letzterer belegt MATHCAD 5.0 PLUS in der allgemeinen Einschätzung hinter MAPLE und in der Nutzerfreundlichkeit hinter MATHEMATICA jeweils den zweiten Platz.

Obwohl die anderen Systeme inzwischen ebenfalls verbessert wurden, müßte nach *Ansicht* des *Autors* MATHCAD in der *Nutzerfreundlichkeit* an *erster Stelle* stehen, da die *Gestaltungsmöglichkeiten* des *Arbeitsblatts* von keinem anderen System erreicht werden.

♦

Für den Autor stellt das neue MATHCAD auch in seinen *Rechenfähigkeiten* ein *ebenbürdiges System* im Vergleich zu AXIOM, DERIVE, MACSYMA, MAPLE, MATHEMATICA, MATLAB und MuPAD dar:

* In der *Leistungsfähigkeit* bzgl. *exakter* (*symbolischer*) *Berechnungen* ist MATHCAD den *universellen Computeralgebra-Systemen* AXIOM, MACSYMA, MAPLE, MATHEMATICA und MuPAD etwas unterlegen.

* Bezüglich der *integrierten Näherungsmethoden* ist MATHCAD dafür den anderen Systemen überlegen.

♦

1.4 MATHCAD im Vergleich mit anderen Systemen

☞

Zusammenfassend läßt sich sagen, daß sich MATHCAD für diejenigen anbietet, die

* neben exakten Berechnungen häufig Probleme zu lösen haben, die sich nur näherungsweise berechnen lassen,
* Wert auf eine leicht lesbare Darstellung der durchgeführten Berechnungen legen,
* Berechnungen mit Maßeinheiten benötigen.

Aufgrund dieser und weiterer im Buch besprochener Eigenschaften hat sich MATHCAD zu einem *bevorzugten System* für *Ingenieure* und *Naturwissenschaftler* entwickelt.

♦

2 Installation von MATHCAD

Für die *Installation* von MATHCAD 8 *Professional* benötigt man einen PC mit *Pentium-Prozessor*, der 16 MB RAM (besser 32) und ca. 80 MB Speicherplatz auf der *Festplatte* (bei vollständiger Installation) besitzt.
Da MATHCAD auf CD-ROM ausgeliefert wird, braucht man für die *Installation* auch ein entsprechendes *Laufwerk*.

2.1 Programminstallation

Die *Installation* von MATHCAD geschieht unter WINDOWS 95 *menügesteuert* in *folgenden Schritten:*
I. *Start* der *Datei* SETUP.EXE von der *Programm-CD*.
II. Die *Eingabe* der *Seriennummer* wird gefordert.
III. Man kann zwischen einer *vollständigen* bzw. *minimalen Installation* oder einer *benutzerdefinierten Installation* auswählen. Für den Einsteiger wird die *vollständige Installation empfohlen*, bei der sämtliche Programmdateien für MATHCAD und MathConnex und die Dateien des *Elektronischen Buches*
Resource Center (deutsche Version: **Informationszentrum**)
installiert werden.
IV. Ein *Name* für das *Verzeichnis* auf der *Festplatte* kann gewählt werden, in das die *Dateien* von MATHCAD *kopiert* werden.
V. Ein *Name* für die WINDOWS-*Programmgruppe* kann gewählt werden.
VI. Abschließend werden alle *Dateien* von der CD auf die *Festplatte* in das gewählte Verzeichnis *kopiert.*

Nach *erfolgreicher Installation* von MATHCAD öffnet sich durch *Aktivierung* der *Menüfolge*
Start ⇒ Programme
das WINDOWS-*Programmfenster*, in dem sich jetzt der neue Eintrag (*Programmgruppe*) mit dem bei der Installation gewählten Namen befindet.

2.2 Dateien von MATHCAD 17

Nach Anklicken dieses Namens erscheint die *Programmgruppe*, aus der man *folgendes aktivieren* kann : Mittels
* *Mathcad 8 Professional* (deutsche Version: *Mathcad 8 für Profis*) das System MATHCAD.
* *Math Connex* ein Zusatzprogramm zum Verknüpfen von MATHCAD-Arbeitsblättern.
* *Release Notes* (deutsche Version: *Wichtige Informationen anzeigen*) die Anzeige wichtiger Informationen zur neuen Version 8 von MATHCAD.

♦

Auf der *MATHCAD-Installations-CD* befindet sich *noch folgendes:*
* Das *Programm* ADOBE ACROBAT READER 3.0 (*Datei* AR32E30.EXE) im *Verzeichnis* DOC, das man zum *Lesen* des *MATHCAD-Benutzerhandbuches* und einer *Anleitung* zu *MathConnex* benötigt.
* Das *MATHCAD-Benutzerhandbuch* und eine *Anleitung* zu *MathConnex* im *Verzeichnis* DOC.
* Der *Internet Explorer* von MICROSOFT im *Verzeichnis* IE, den man installieren kann, falls dies nicht bereits bei der Installation von WINDOWS geschehen ist. Selbst wenn der Computer keinen *Internetanschluß* besitzt, benötigt man den *Explorer* zur Arbeit mit dem **Resource Center** (deutsche Version: **Informationszentrum**).
* Das *Elektronische Buch* **Practical Statistics**, mit dem man Aufgaben aus der mathematischen Statistik lösen kann (siehe Abschn.27.4). Dieses Buch muß man gesondert mittels der enthaltenen Datei SETUP.EXE installieren.

♦

2.2 Dateien von MATHCAD

Nach der *Installation* befindet sich die Dateien von MATHCAD auf der Festplatte im bei der Installation gewählten *Verzeichnis* :
* Hier steht u.a. die Datei MATHCAD.EXE (*ausführbare Programmdatei*) zum Start von MATHCAD.
* Weiterhin stehen hier eine Reihe von *Unterverzeichnissen*, wobei sich im *Unterverzeichnis*
  * MAPLE eine *Minimalvariante* des *Symbolprozessor* von MAPLE zur Durchführung *exakter* (*symbolischer*) *Berechnungen,*
  * QSHEET *Beispiele* und *Vorlagen* zur Programmierung und zur Lösung mathematischer Aufgaben (*Dateien* mit der *Endung* .MCD),

* TEMPLATE *Vorlagen* für Arbeitsblätter (*Dateien* mit der *Endung* .MCT)

befinden.

2.3 Hilfesystem

Das *Hilfesystem* von MATHCAD wurde weiter ausgebaut und vervollkommnet, so daß der Nutzer zu allen auftretenden Fragen und Problemen Antworten bzw. Hilfen erhält.

Das *Hilfefenster*
Mathcad Help
(deutsche Version: **Mathcad-Hilfe**)
von MATHCAD wird durch eine der *folgenden Aktivitäten geöffnet:*

* Anklicken des Symbols

in der Symbolleiste.

* Drücken der [F1]-Taste
* *Aktivierung* der *Menüfolge*

Help ⇒ Mathcad Help
(deutsche Version: **? ⇒ Mathcad-Hilfe**)

♦

In dem geöffneten *Hilfefenster* von MATHCAD kann man mittels

* **Inhalt** (englisch: **Contents**)

  ausführliche Informationen zu *einzelnen Gebieten,*

* **Index**

  Erläuterungen zu allen für MATHCAD relevanten *Begriffen* und *Bezeichnungen,*

* **Suchen** (englisch: **Search**)

  Informationen zu einem *Suchbegriff*

erhalten.

Weitere Hilfen und *Anleitungen* zur Anwendung von MATHCAD erhält man aus dem *integrierten Elektronischen Buch*

Resource Center
(deutsche Version: **Informationszentrum**)

das auf eine der folgenden zwei Arten

* Anwendung der *Menüfolge*

   Help ⇒ Resource Center
   (deutsche Version: **? ⇒ Informationszentrum**)

* Anklicken des Symbols

   in der Symbolleiste

geöffnet wird (siehe Abb.2.1).

♦

Das

Resource Center
(deutsche Version: **Informationszentrum**)

besteht aus einer Sammlung von Ausschnitten aus Elektronischen Büchern, wobei *folgende Bücher enthalten* sind:

* **Overview**
   (deutsche Version: **Übersicht**)

   liefert eine *Übersicht* über die Version 8 von MATHCAD.

* **Getting Started**
   (deutsche Version: **Einführung**)

   gibt eine schrittweise *Einführung* in die Arbeit mit MATHCAD.

* **Advanced Topics**

   gibt einen Einblick in die Neuheiten der Version 8 von MATHCAD, so u.a. zur Lösung von Differentialgleichungen und Optimierungsaufgaben.

* **Quick Sheets**

   ermöglicht den *Zugriff* auf *fertige* MATHCAD-*Arbeitsblätter* zur Lösung einer Reihe *mathematischer Aufgaben.*

* **Reference Tables**
   (deutsche Version: **Wissenswertes zum Nachschlagen**)

   Die *Referenztabellen* enthalten *wichtige Formeln* und *Konstanten* aus *Mathematik, Technik* und *Naturwissenschaften.*

* **Mathcad in Action**

   Gibt einen Einblick in *technische Disziplinen,* für die MATHCAD Lösungsmöglichkeiten bereitstellt.

* **Web Library**
   (deutsche Version: **Web-Bibliothek**)

   ermöglicht den *Zugriff* auf die MATHCAD-*WWW-Bibliothek,* falls man über einen *Internetanschluß* verfügt und der *Internet Explorer* von Microsoft auf dem Computer installiert ist. In dieser *Bibliothek* sind *Elektro-*

nische Bücher und interessante *Arbeitsblätter* enthalten, die man *herunterladen* kann.

* **Collaboratory**

  Hiermit kann man bei einem *Internetanschluß* und installiertem *Internet Explorer* am <u>Online-Forum</u> von MATHCAD-Nutzern teilnehmen.

Das für das
Resource Center
(deutsche Version: **Informationszentrum**)
erscheinende *Fenster* enthält eine eigene *Symbolleiste* (siehe Abb.2.1), deren Symbole erklärt werden, wenn man den Mauszeiger auf das entsprechende Symbol stellt. Mittels dieser *Symbole* kann man in den Büchern *blättern, suchen* und interessante Teile *ausdrucken*.

♦

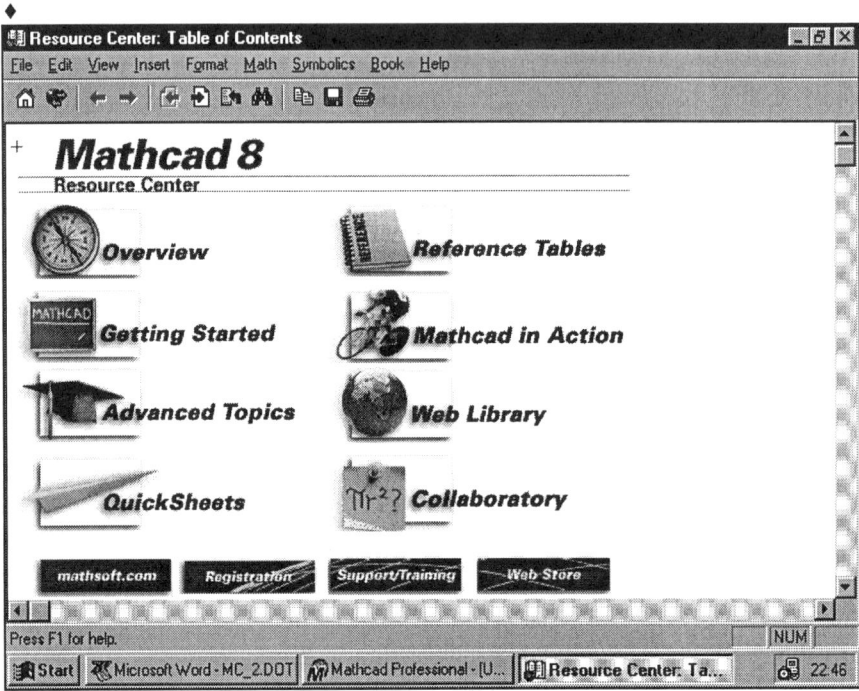

Abb.2.1. Resource Center

MATHCAD besitzt noch *weitere Möglichkeiten*, um bei Unklarheiten *Hilfen* zu *erhalten*. Wir geben im folgenden noch einige interessante an:
- Nach *Aktivierung* der *Menüfolge*

  Help ⇒ Tip of the Day...
  (deutsche Version: **? ⇒ Tips und Tricks...**)

  erscheint eine *Dialogbox*, die einen *nützlichen Tip* zu MATHCAD enthält.

- Wenn man den *Mauszeiger* auf ein *Symbol* der *Symbol-*, *Formatleiste* oder *Rechenpalette* stellt, wird dessen *Bedeutung* angezeigt und zusätzlich in der *Nachrichtenleiste* eine *kurze Erklärung* gegeben.
- Zu den durchgeführten *Operationen* werden in der *Nachrichtenleiste* Hinweise gegeben. Des weiteren werden in der *Nachrichtenleiste* die *Untermenüs* (siehe Abschn.3.1) kurz erklärt, wenn man den Mauszeiger auf das entsprechende Menü stellt.
- Wenn sich *der Kursor/die Bearbeitungslinien* auf einem *Kommando*, einer *Funktion* oder *Fehlermeldung* befindet, kann durch Drücken der [F1]-Taste eine *Hilfe* im Arbeitsfenster *eingeblendet* werden.
- Eine *Hilfe* zu den *Untermenüs* in der *Menüleiste* und den *Symbolen* in der *Symbol-* und *Formatleiste* erhält man *folgendermaßen:*
  I. Durch *Drücken* der *Tastenkombination* [↑][F1] wird der *Kursor* in ein *Fragezeichen* verwandelt.
  II. Durch *Klicken* mit diesem *Fragezeichen* auf ein *Untermenü* bzw. *Symbol* wird eine *Hilfe* hierzu *angezeigt.*
  III. Durch *Drücken* der [Esc]-Taste verwandelt sich das *Fragezeichen* wieder zum normalen *Kursor.*

☞
Da die *Hilfefunktionen* von MATHCAD sehr *komplex* sind, wird dem Nutzer empfohlen, mit den Hilfen zu *experimentieren*, um Erfahrungen zu sammeln.
♦

2.4 AXUM

AXUM ist ein von MATHSOFT neben MATHCAD vertriebenes *Programm-System* zur
* *Datenanalyse*
* *Erstellung von Grafiken*

und kann in die Arbeit mit MATHCAD integriert werden.
Ausführliche Hinweise hierüber findet man im Handbuch von AXUM, das man auf der *MATHCAD-Installations-CD* im Verzeichnis DOC findet, so daß wir auf weitere Erklärungen verzichten.

3 Benutzeroberfläche von MATHCAD

Die *Benutzeroberfläche* der *Version 8* von MATHCAD wurde gegenüber der *Vorgängerversion 7* nur geringfügig *verändert*. Im folgenden diskutieren wir ihre wesentlichen *Eigenschaften*.
Im Verlaufe des Buches werden wir zur Lösung der einzelnen Aufgaben weitere spezielle Eigenschaften der Benutzeroberfläche kennenlernen.
Wer schon mit *WINDOWS-Programmen* gearbeitet hat, wird keine großen Schwierigkeiten mit der *Benutzeroberfläche* von MATHCAD haben, da sie den *gleichen Aufbau* in

* *Menüleiste*
* *Symbolleiste*
* *Formatleiste*
* *Arbeitsfenster*
* *Nachrichtenleiste*

hat. Hinzu kommt noch die

* *Rechenpalette*

die häufig bei der Arbeit mit MATHCAD eingesetzt wird, da man sie für alle *mathematischen Operationen*, zur *Erzeugung* von *Grafiken* und zur *Programmierung* benötigt.
Nach dem *Starten* von MATHCAD 8 *Professional* unter WINDOWS erhält man die in Abb.3.1 dargestellte *Benutzeroberfläche*, wobei die englischsprachige Version mit *eingeblendeter Symbol-* und *Formatleiste* und *Rechenpalette* zu sehen ist.

3.1 Menüleiste 23

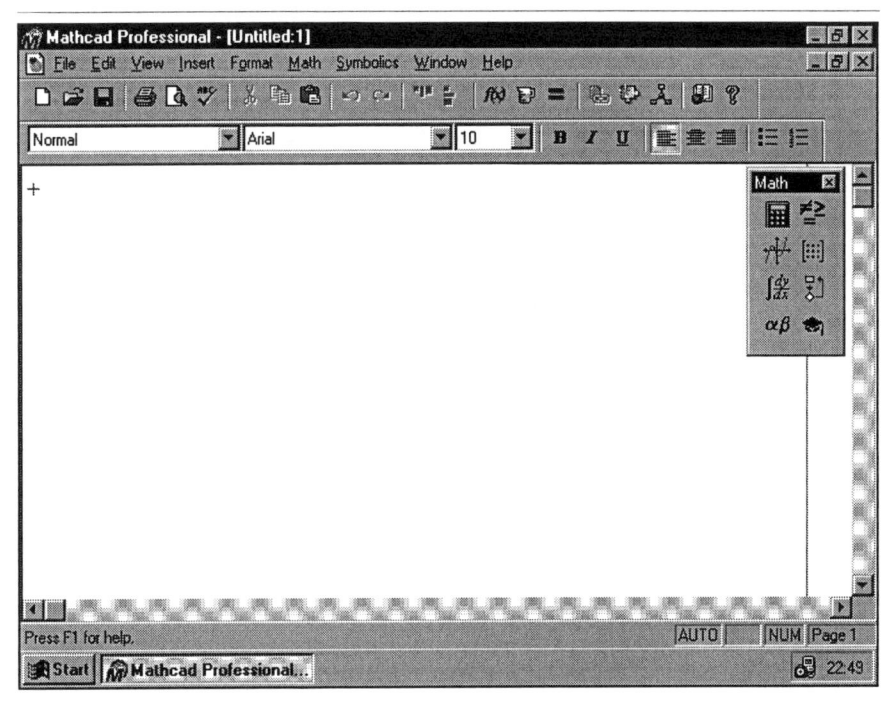

Abb.3.1. Benutzeroberfläche von MATHCAD 8 Professional

In den *folgenden Abschnitten* dieses Kapitels werden wir die einzelnen *Bestandteile* der *Benutzeroberfläche* näher *beschreiben*.

3.1 Menüleiste

Die *Menüleiste* (englisch: *Menu Bar*) am oberen Rand der Benutzeroberfläche enthält *folgende Menüs:*
File - Edit - View - Insert - Format - Math - Symbolics - Window - Help
(deutsche Version: **Datei - Bearbeiten - Ansicht - Einfügen - Format - Rechnen - Symbolik - Fenster - ?**)

Die einzelnen *Menüs* beinhalten u.a. *folgende Untermenüs*, wobei drei Punkte nach dem Menünamen auf eine erscheinende *Dialogbox* hinweisen, in der gewünschte Einstellungen vorgenommen werden können:

- **File**
  (deutsche Version: **Datei**)
  Enthält die bei WINDOWS-Programmen üblichen *Dateioperationen* Öffnen, Schließen, Speichern, Drucken usw.
- **Edit**

(deutsche Version: **Bearbeiten**)

Enthält die bei WINDOWS-Programmen üblichen *Editieroperationen* Ausschneiden, Kopieren, Einfügen, Suchen, Ersetzen, Rechtschreibung usw.

- **View**

    (deutsche Version: **Ansicht**)

    Dient zum

    * *Ein-* und *Ausblenden* der *Symbol-* und *Formatleiste* und *Rechenpalette*
    * *Erstellen* von *Animationen* (*bewegter Grafiken*) durch Anklicken von **Animate...**
      (deutsche Version: **Animieren...**)
    * *Vergrößern* durch Anklicken von **Zoom...**

- **Insert**

    (deutsche Version: **Einfügen**)

    Hier kann folgendes aktiviert werden:

    * **Graph**
      (deutsche Version: **Diagramm**)
      Öffnen von *Grafikfenstern* (siehe Kap.18)
    * **Matrix...**
      Einfügen einer *Matrix* (siehe Abschn.15.1)
    * **Function...**
      (deutsche Version: **Funktion...**)
      Einfügen einer *integrierten Funktion* (siehe Abschn.17.1)
    * **Unit...**
      (deutsche Version: **Einheit...**)
      Einfügen von *Maßeinheiten* (siehe Kap.11)
    * **Picture**
      (deutsche Version: **Bild**)
      Einfügen von *Bildern* (siehe Abschn.18.6)
    * **Math Region**
      (deutsche Version: **Rechenbereich**)
      Umschaltung in den *Rechenmodus* (siehe Abschn.4.2)
    * **Text Region**
      (deutsche Version: **Textbereich**)
      Umschaltung in den *Textmodus* (siehe Abschn.4.1)
    * **Page Break**
      (deutsche Version: **Seitenumbruch**)
      Bewirkt einen *Seitenumbruch*
    * **Hyperlink...**

3.1 Menüleiste 25

Einrichten von *Hyperlinks* zwischen *MATHCAD-Arbeitsblättern* und *-Vorlagen* (siehe Abschn.4.3.3)

* **Reference...**
  (deutsche Version: **Verweis...**)

  dient dem *Verweis* auf andere *MATHCAD-Arbeitsblätter* (siehe Abschn.4.3.3)

* **Component...**
  (deutsche Version: **Komponente...**)

  dient zum *Datenaustausch* zwischen *MATHCAD-Arbeitsblättern* und anderen Anwendungen (siehe Abschn.9.3)

* **Object...**
  (deutsche Version: **Objekt...**)

  dient zum *Einfügen* eines *Objekts* in ein *MATHCAD-Arbeitsblatt* (siehe Abschn.4.3.4).

- **Format**

  dient u.a. zur *Formatierung* von Zahlen, Gleichungen, Text, Grafiken.

- **Math**
  (deutsche Version: **Rechnen**)

  Hier können u.a. mittels

  * **Calculate**
    (deutsche Version: **Berechnen**)

  * **Calculate Worksheet**
    (deutsche Version: **Arbeitsblatt berechnen**)

  * **Automatic Calculation**
    (deutsche Version: **Automatische Berechnung**)

  die *Berechnungen* von MATHCAD *gesteuert* werden (siehe Abschn.6.3).

  * **Optimization**
    (deutsche Version: **Optimierung**)

    die *Zusammenarbeit* zwischen *symbolischer* und *numerischer Berechnung optimiert* werden (siehe Abschn.6.3.5)

  * **Options...**
    (deutsche Version: **Optionen...**)

    in der erscheinenden *Dialogbox* bei

    – **Built–In Variables**
       (deutsche Version: **Vordefinierte Variablen**)

       die *vordefinierten Variablen* wie z.B. der *Startwert* **ORIGIN** für die *Indexzählung* oder die *Genauigkeit* **TOL** für numerische Rechnungen *geändert werden*

    – **Calculation**
       (deutsche Version: **Berechnung**)

die automatische Wiederberechnung und die Optimierung von Ausdrücken vor der Berechnung eingestellt werden

- **Unit System**
  (deutsche Version: **Einheitensystem**)

  ein *Maßeinheitensystem eingestellt werden*

- **Dimensions**
  (deutsche Version: **Dimensionen**)

  Dimensionsnamen eingestellt werden.

- **Symbolics**
  (deutsche Version: **Symbolik**)

  In diesem Menü befinden sich alle *Untermenüs* zur *exakten* (*symbolischen*) *Berechnung*, die wir ab Kap.12 verwenden und erklären.

- **Window**
  (deutsche Version: **Fenster**)

  Dient zur *Anordnung* der *Arbeitsfenster*.
  Sind *mehrere Arbeitsfenster* geöffnet, so lassen sich diese mittels

  * **Cascade**
    (deutsche Version: **Überlappend**)

  * **Tile Horizontal**
    (deutsche Version: **Untereinander**)

  * **Tile Vertical**
    (deutsche Version: **Nebeneinander**)

  anordnen.

- **Help**
  (deutsche Version: **?**)

  Beinhaltet die *Hilfefunktionen* von MATHCAD, die wir im Abschn.2.3 erläutern.

☞

Zusätzliche Erläuterungen zu den *Menüs* und *Untermenüs* erhält man aus den in MATHCAD integrierten *Hilfefunktionen* (siehe Abschn.2.3).
Des weiteren werden wir im Hauptteil des Buches die wesentlichen Menüs und Untermenüs ausführlich kennenlernen.

♦

3.2 Symbolleiste

Unterhalb der *Menüleiste* befindet sich die *Symbolleiste* (englisch: *Standard Toolbar*) mit einer Reihe schon aus anderen WINDOWS-*Programmen* bekannten *Symbolen* für

* *Dateiöffnung*
* *Dateispeicherung*
* *Drucken*
* *Ausschneiden*
* *Kopieren*
* *Einfügen*

und weiteren *MATHCAD-Symbolen*, die wir im Laufe des Buches kennenlernen.

☞

MATHCAD *benennt* ein *Symbol*, wenn man den *Mauszeiger* auf das entsprechende *Symbol* stellt, so daß wir hier auf weitere Ausführungen verzichten können.

♦

☞

Die *Symbolleiste* kann mittels der *Menüfolge*

View ⇒ Toolbars ⇒ Standard
(deutsche Version: **Ansicht ⇒ Symbolleisten ⇒ Standard**)

ein- oder *ausgeblendet* werden.

♦

3.3 Formatleiste

Unterhalb der *Symbolleiste* gibt es eine *Formatleiste* (englisch: *Formatting Toolbar*) zur *Einstellung* der *Schriftarten* und *-formen*, wie man sie aus Textverarbeitungssystemen kennt, so daß wir hier nicht näher darauf eingehen brauchen.

☞

Die *Formatleiste* kann mittels der *Menüfolge*

View ⇒ Toolbars ⇒ Formatting
(deutsche Version: **Ansicht ⇒ Symbolleisten ⇒ Format**)

ein- oder *ausgeblendet* werden.

♦

3.4 Rechenpalette

Die *Rechenpalette* (englisch: *Math Toolbar*) wird am häufigsten bei der Arbeit mit MATHCAD eingesetzt, da man sie
* für alle *mathematischen Operationen*
* zur *Erzeugung* von *Grafiken*
* zur *Programmierung*

benötigt.

☞

Die *Rechenpalette*

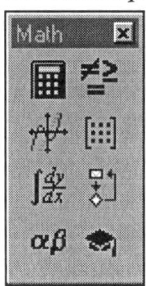

kann mittels der *Menüfolge*
View ⇒ Toolbars ⇒ Math
(deutsche Version: **Ansicht ⇒ Symbolleisten ⇒ Rechnen**)
ein- oder *ausgeblendet* werden.

♦

Die *Rechenpalette* von MATHCAD enthält die *Symbole* der acht *Operatorpaletten*, mittels der diese Paletten durch Mausklick geöffnet werden. Im folgenden zeigen wir diese *Palettensymbole*, wobei der *Palettenname* mit angegeben wird:

1. *Arithmetic Toolbar* (deutsche Version: *Arithmetik-Palette*)

2. *Evaluation and Boolean Toolbar*
   (deutsche Version: *Auswertungs- und Boolesche Palette*)

3. *Graph Toolbar* (deutsche Version: *Diagrammpalette*)

4. *Vector and Matrix Toolbar* (deutsche Version: *Vektor- und Matrixpalette*)

3.4 Rechenpalette

5. *Calculus Toolbar* (deutsche Version: *Differential- und Integralpalette*)

6. *Programming Toolbar* (deutsche Version: *Programmierungspalette*)

7. *Greek Symbol Toolbar* (deutsche Version: *Palette griechischer Buchstaben*)

8. *Symbolic Keyword Toolbar*
   (deutsche Version: *Palette symbolischer Schlüsselwörter*)

☞

Falls man den *Namen* eines *Palettensymbols* nicht weiß, so kann man ihn *einblenden lassen,* wenn man den *Mauszeiger* auf dem entsprechenden *Symbol* stehen läßt.

♦

☞

Durch Mausklick auf eines der acht *Symbole* der *Rechenpalette* erscheint im Arbeitsfenster die entsprechende *Operatorpalette* mit den zugehörigen *Symbolen/Operatoren,* die durch Mausklick an der durch den Kursor im Arbeitsfenster markierten Stelle eingefügt werden können.
Des weiteren lassen sich die Operatorpaletten mittels der Menüfolge

View ⇒ Toolbars ⇒...
(deutsche Version: **Ansicht ⇒ Symbolleisten ⇒...**)

einblenden.

♦

☞

Die acht *Operatorpaletten* der *Rechenpalette* enthalten

* *mathematische Symbole/Operatoren*
  so u.a. Differentiations-, Grenzwert-, Integral-, Summen-, Produkt-, Wurzelzeichen, Matrixsymbol
* *Operatoren* zur *Erzeugung* von *Grafikfenstern*
* *griechische Buchstaben*
* *Programmieroperatoren*
* *Schlüsselwörter*

und sind bis auf wenige Ausnahmen unmittelbar verständlich. Im Hauptteil des Buches werden die für die einzelnen Berechnungen benötigten Symbole und Operatoren ausführlich erläutert.

Falls man die *Bedeutung* eines *Symbols/Operators* einer *Operatorpalette* nicht erkennt, so kann man sie *einblenden* lassen, wenn man den *Mauszeiger* auf dem entsprechenden *Symbol/Operator* stehen läßt.
♦

Im folgenden zeigen wir die *acht Operatorpaletten* in der gleichen Reihenfolge wie die eben behandelten Palettensymbole:

1. *Arithmetic Toolbar* (deutsche Version: *Arithmetik-Palette*)

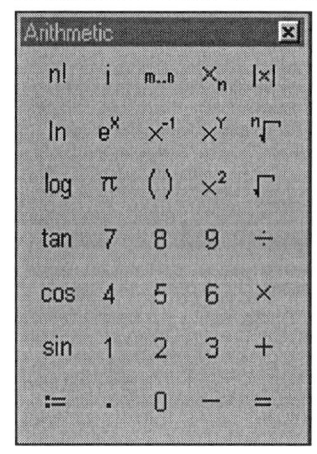

2. *Evaluation and Boolean Toolbar*
   (deutsche Version: *Auswertungs- und Boolesche Palette*)

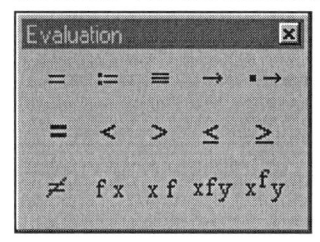

3. *Graph Toolbar* (deutsche Version: *Diagrammpalette*)

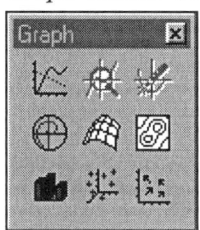

4. *Vector and Matrix Toolbar* (deutsche Version: *Vektor- und Matrixpalette*)

3.4 Rechenpalette

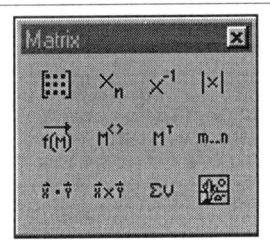

5. *Calculus Toolbar* (deutsche Version: *Differential- und Integralpalette*)

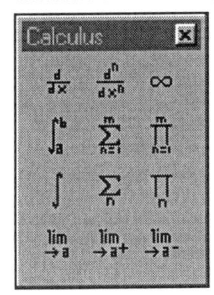

6. *Programming Toolbar* (deutsche Version: *Programmierungspalette*)

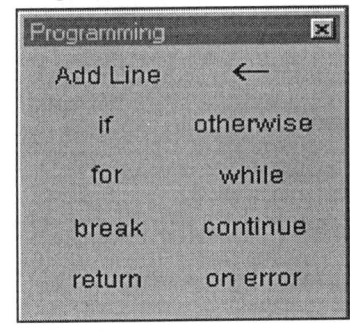

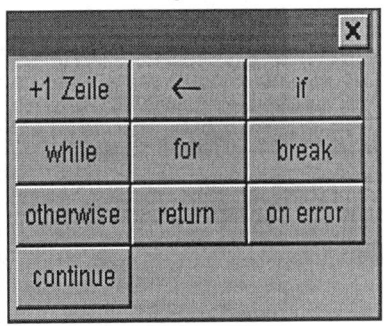

   englische Version   *deutsche Version*

7. *Greek Symbol Toolbar* (deutsche Version: *Palette griechischer Buchstaben*)

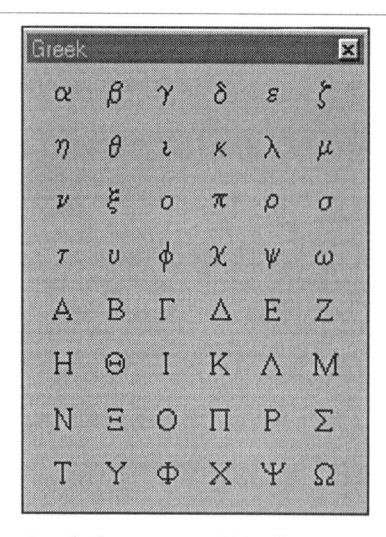

```
┌─────────────────────┐
│ Greek           ☒ │
│                     │
│  α   β   γ   δ   ε   ζ │
│  η   θ   ι   κ   λ   μ │
│  ν   ξ   ο   π   ρ   σ │
│  τ   υ   φ   χ   ψ   ω │
│  A   B   Γ   Δ   E   Z │
│  H   Θ   I   K   Λ   M │
│  N   Ξ   O   Π   P   Σ │
│  T   Y   Φ   X   Ψ   Ω │
└─────────────────────┘
```

8. *Symbolic Keyword Toolbar*
   (deutsche Version: *Palette symbolischer Schlüsselwörter*)

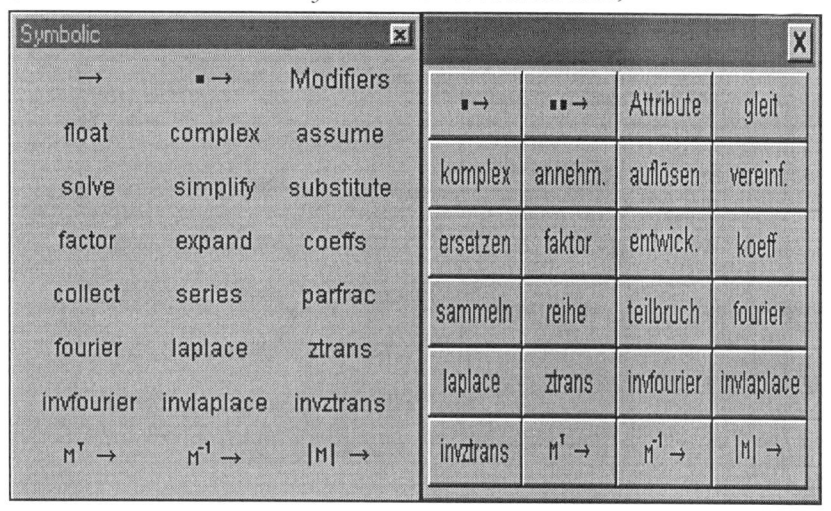

Symbolic		☒
→	■→	Modifiers
float	complex	assume
solve	simplify	substitute
factor	expand	coeffs
collect	series	parfrac
fourier	laplace	ztrans
invfourier	invlaplace	invztrans
M^T →	M^{-1} →	|M| →

			☒
■→	■■→	Attribute	gleit
komplex	annehm.	auflösen	vereinf.
ersetzen	faktor	entwick.	koeff
sammeln	reihe	teilbruch	fourier
laplace	ztrans	invfourier	invlaplace
invztrans	M^T →	M^{-1} →	|M| →

englische Version   *deutsche Version*

☞
Im Rahmen des Buches werden wir die eben besprochenen *Operatorpaletten* immer durch die gegebene *Nummer kennzeichnen*.
♦

☞
Die *geöffneten Operatorpaletten* bleiben im *Arbeitsfenster* stehen, wenn man sie nicht wieder schließt. So kann man im Prinzip *alle Operatorpaletten öffnen*. Da bei mehreren geöffneten Operatorpaletten im Arbeitsfenster nur noch wenig Platz verbleibt, empfiehlt es sich, nur die bei laufenden Rechnungen mehrfach *benötigte Palette geöffnet* zu lassen.♦

☞

Die *Operatoren* und *Symbole* der *Operatorpaletten* dienen sowohl zur Durchführung *exakter* als auch *numerischer Rechnungen* und werden im Laufe des Buches bei der Lösung der einzelnen Aufgaben ausführlich erläutert.

♦

3.5 Arbeitsfenster

Das *Arbeitsfenster* (englisch: *Worksheet* oder *Document*)
- schließt sich an die Formatleiste an und wird nach unten durch die Nachrichtenleiste begrenzt
- nimmt den *Hauptteil* der *Benutzeroberfläche* ein und dient der *Hauptarbeit* mit MATHCAD:
    * *Eingabe mathematischer Ausdrücke, Formeln* und *Gleichungen*
    * *Durchführung* von *Berechnungen*
    * *Erstellung* von *Grafiken*
    * *Eingabe* von *Text*
- kann wie ein *Arbeitsblatt/Rechenblatt* gestaltet werden, das durch eine *Sammlung* von
    * *Rechenbereichen*
      zur *Durchführung* sämtlicher *Berechnungen* und *Eingabe* von *Ausdrücken, Formeln* und *Gleichungen*
    * *Grafikbereichen*
      zur *Darstellung* von *2D-* und *3D-Grafiken*
    * *Textbereichen*
      zur *Eingabe* von *erläuterndem Text*
    charakterisiert ist.

☞

Das *Arbeitsfenster* von MATHCAD kann als *druckreifes Arbeitsblatt/Rechenblatt* gestaltet werden.
Die *Einteilung* des *Arbeitsblatts/Rechenblatts* in *Rechen-, Grafik-* und *Textbereiche* finden wir auch bei anderen *Computeralgebra-Systemen*. Man hat hier aber nicht so umfangreiche *Gestaltungsmöglichkeiten* wie bei MATHCAD (siehe Kap.4):
- *Ausdrücke, Formeln, Gleichungen, Grafiken* und *Text* lassen sich an jeder *beliebigen Stelle* des *Arbeitsfensters* einfügen.

Befinden sie sich bereits im Arbeitsfenster, so können sie *verschoben* werden.
- Die von MATHCAD verwendete *mathematische Symbolik* enspricht dem *mathematischen Standard*, d.h., *mathematische Ausdrücke* können dank der umfangreichen *Operatorpaletten* in *druckreifer Form* erstellt werden. Deshalb kann man *Ausarbeitungen,* die *Berechnungen enthalten*, komplett *mit* MATHCAD *erstellen,* d.h., auf ein Textverarbeitungssystem verzichten.
- Alle gängigen *Möglichkeiten* von *Textverarbeitungssystemen* wie *Ausschneiden, Kopieren, Wechsel* der *Schriftart* und *Schriftgröße, Rechtschreibprüfung* usw. sind in MATHCAD *integriert.*

In *Abb.3.2* demonstrieren wir am *Beispiel* der *Gleichungslösung* eine *mögliche Gestaltung* des *Arbeitsfensters*. Ein *weiteres Beispiel* findet man in Abb.4.1.

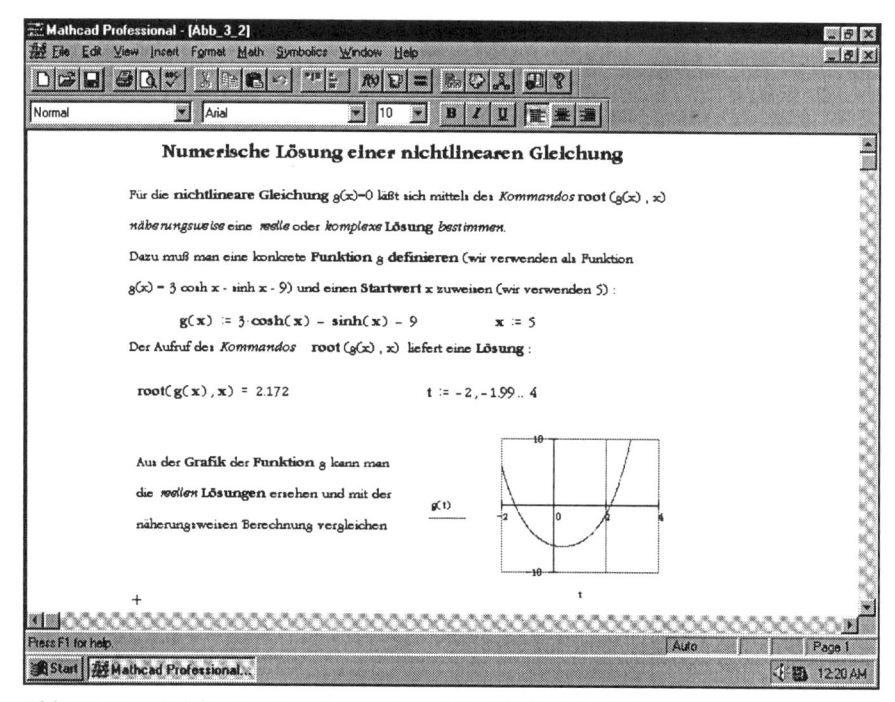

♦

Abb.3.2. Beispiel für die Gestaltung eines MATHCAD-Arbeitsfensters

☞

Auch wenn zum *Schreiben* einer *Arbeit* professionelle *Textverarbeitungssysteme* unter WINDOWS wie WORD oder WORDPERFECT verwendet werden, kann man erforderliche *Rechnungen* mit MATHCAD durchführen. In diesem Fall kann die gesamte Rechnung über die Zwischenablage in die

3.6 Nachrichtenleiste 35

Textverarbeitung übernommen werden, da MATHCAD die übliche *mathematische Symbolik* verwendet.
Ein Beispiel für diese Empfehlung liefert das vorliegende Buch, das mittels WORD für WINDOWS (Version 6.0c) erstellt wurde und in das sämtliche Rechnungen und Grafiken direkt von MATHCAD übernommen wurden.
♦

3.6 Nachrichtenleiste

Unter dem Arbeitsfenster liegt die aus vielen WINDOWS-Programmen bekannte *Nachrichtenleiste/Statusleiste* (englisch: *Status Bar*), aus der man bei MATHCAD u.a. *Informationen über*

* die *aktuelle Seitennummer* des geöffneten *Arbeitsblatts*
* die gerade *durchgeführten Operationen*
* den *Rechenmodus* (z.B. *auto* im *Automatikmodus*)
* *Hilfefunktionen*

erhält.

☞

Die *Nachrichtenleiste* kann mittels der *Menüfolge*
View ⇒ Status Bar
(deutsche Version: **Ansicht ⇒ Statusleiste**)
ein- oder *ausgeblendet* werden.
♦

4 MATHCAD-Arbeitsblatt

Das *Arbeitsfenster* (englisch: *Worksheet* oder *Document*) von MATHCAD kann wie ein *Arbeitsblatt/Rechenblatt* (englisch: *Worksheet* oder *Document*) gestaltet werden, das durch *Einteilung* in

* *Textbereiche* (*Textfelder*)

    zur *Eingabe* von *erläuterndem Text*

* *Rechenbereiche* (*Rechenfelder*)

    zur *Durchführung* sämtlicher *Berechnungen* und *Eingabe* von *Ausdrücken, Formeln* und *Gleichungen*

* *Grafikbereiche*

    zur *Darstellung* von *2D-* und *3D-Grafiken*

charakterisiert ist, wobei diese *Bereiche* an der durch den *Kursor markierten Stelle* im *Arbeitsfenster eingefügt* werden und man von *Eingabe* im

* *Textmodus*
* *Rechenmodus* (*Formelmodus*)
* *Grafikmodus*

spricht.

☞

MATHCAD benutzt im Englischen für das *Arbeitsblatt* genau wie für das *Arbeitsfenster* die *Begriffe Worksheet* oder *Document* (deutsch: *Dokument*).

♦

Bervor wir uns den Text- und Rechenbereichen widmen, betrachten wir noch einige *allgemeine Eigenschaften* des *Arbeitsfensters*.

Beginnen wir mit den verschiedenen *Formen* des *Kursors* in MATHCAD, der für Eingabe und Korrektur benötigt wird:

* **Einfügekreuz** (Fadenkreuz) **+**

    Das *Einfügekreuz* erscheint beim *Start* von MATHCAD oder wenn man mit der *Maus* auf eine *beliebige freie Stelle* im *Arbeitsfenster* klickt.
    Mit ihm kann man die *Position* im Arbeitsfenster *festlegen*, an der die *Eingabe* im *Text-, Rechen-* oder *Grafikmodus* stattfinden soll. Dies bedeutet, daß man an der durch das *Einfügekreuz markierten Stelle* einen

    * *Textbereich* (*Textfeld*)

4.1 Textgestaltung

öffnet, indem man die *Texteingabe beginnt*, wie im Abschn.4.1 beschrieben wird.

* *Rechenbereich* (*Rechenfeld*)

  öffnet, indem man *mathematischen Ausdrücke* eingibt, wie im Abschn.4.2 erläutert wird.

* *Grafikbereich* (*Grafikfenster*)

  öffnet, wie im Kap.18 erläutert wird.

- **Einfügebalken** (Einfügemarke) |

  Der *Einfügebalken* erscheint im *Textfeld*, wenn man in den *Textmodus umschaltet*. Er ist schon aus *Textverarbeitungssystemen* bekannt und dient bei MATHCAD

  * zur *Kennzeichnung* der *aktuellen Position* im *Text*.
  * zum *Einfügen* oder *Löschen* von *Zahlen* oder *Buchstaben*.

- **Bearbeitungslinien**

  Bearbeitungslinien erscheinen im *Rechenfeld*, wenn man in den *Rechenmodus umschaltet* und dienen zum

  * *Markieren* einzelner *Ziffern*, *Konstanten* oder *Variablen* für die *Eingabe*, für die *Korrektur* bzw. für die *symbolische Berechnung* (siehe Beispiel 4.1) und haben hier eine der *Formen*

    y| bzw. |y

    d.h., sie können davor oder dahinter gesetzt werden.

  * *Markieren* ganzer *Ausdrücke* für die *Eingabe* (siehe Beispiel 4.1), zum *Kopieren* oder für die *symbolische* bzw. *numerische Berechnung* und haben hier die *Form*

    Ausdruck|

☞

Erzeugt werden *Bearbeitungslinien* durch *Mausklick* auf die entsprechenden Ausdrücke und/oder Betätigung der

▭- bzw. ↓↑←→-*Tasten*.

♦

Da derartige *Bearbeitungslinien* bei anderen Computeralgebra-Systemen nicht vorkommen, empfehlen sich einige Übungen, wobei das folgende Beispiel 4.1 als Hilfe dienen kann.

Beispiel 4.1:

a) Wenn der *Ausdruck*

$x^2 + \sin(x) + 1$

z.B. bzgl. x *symbolisch differenziert* oder *integriert* werden soll, muß die *Variable* x vor dem Aufruf der entsprechenden *Menüfolge* einmal mit *Bearbeitungslinien markiert* werden, d.h.

$x^2 + \sin(x) + 1$ oder $x^2 + \sin(x) + 1$

bzw.

$x^2 + \sin(x) + 1$ oder $x^2 + \sin(x) + 1$

d.h., die *Bearbeitungslinien* können *hinter* oder *vor* der *Variablen* stehen.

b) Wir möchten den *Ausdruck*

$$\frac{x+1}{x-1} + 2^x + 1$$

eingeben.

Wir *beginnen* mit der *Eingabe* von x+1 und *erhalten*

x + 1|

Jetzt wird der *gesamte Ausdruck* durch Drücken der ⬜-*Taste* mit *Bearbeitungslinien markiert*, d.h.

x + 1|

Anschließend geben wir den *Bruchstrich* / und *danach* x−1 ein und *erhalten*

$$\frac{x+1}{x-1|}$$

Um

2^x

zu *addieren*, muß durch *zweimaliges Drücken* der ⬜-*Taste* der *gesamte Ausdruck* durch *Bearbeitungslinien markiert* werden, d.h.

$$\frac{x+1|}{x-1|}$$

Jetzt kann man

+ 2^x

eingeben und *erhält*

$$\frac{x+1}{x-1} + 2^{x|}$$

Um noch

1

addieren zu können, muß 2^x durch Drücken der ⬜-*Taste* mit *Bearbeitungslinien markiert* werden, d.h.

$$\frac{x+1}{x-1} + 2^{x|}$$

Jetzt kann man +1 *eingeben*.

4.1 Textgestaltung

Die *Bearbeitungslinien* dienen bei der *Eingabe* von *Ausdrücken* dazu, den *Ausdruck aufzubauen*, d.h., in das gewünschte Niveau des Ausdrucks zurückzukehren.
Statt der ⬚-*Taste*, die am besten funktioniert, kann man bei der *Eingabe* von *Bearbeitungslinien* auch den Mausklick oder Anwendung der ↓↑←→-*Tasten* versuchen.

♦

Betrachten wir *weitere allgemeine Eigenschaften* des *Arbeitsfensters:*

- In MATHCAD ist eine *Trennung* des *Arbeitsfensters* in *Text-, Rechen-* und *Grafikbereiche* notwendig. Dies ist ein *Unterschied* zu *Textverarbeitungssystemen.*

- Falls sich *Text-, Rechen-* und/oder *Grafikbereiche* in einem *Arbeitsblatt überlappen*, so können sie mittels der *Menüfolge*
  Format ⇒ Separate Regions
  (deutsche Version: **Format ⇒ Bereiche trennen**)
  getrennt werden.

- Im *Arbeitsblatt* stehende *Ausdrücke, Formeln, Gleichungen, Grafiken* und *Texte* kann man mittels folgender Schritte *verschieben:*
  I. Durch *Mausklick* werden sie mit einem *Auswahlrechteck* umgeben.
  II. Durch *Stellen* des *Mauszeigers* auf den *Rand* des *Auswahlrechtecks* erscheint eine *Hand*.
  III. Mit *gedrückter Maustaste* kann abschließend *verschoben* werden.

- *Text-* und *Rechenbereichen* kann man *Schriftarten* und *-formate* mittels der *Formatleiste* zuweisen.
  Weitere Gestaltungsmöglichkeiten sind mit dem *Menü* **Format** möglich, die sich durch einfaches Probieren erkunden lassen, so daß wir auf eine weitere Beschreibung verzichten.

- MATHCAD besitzt bereits eine Reihe von *Vorlagen* (*Dateien* mit *Endung* .MCT), in denen schon *Formate, Schriftarten* usw. für *Text* und *Berechnungen* festgelegt sind und die dem Nutzer die Gestaltung des Arbeitsblatts erleichtern. Des weiteren kann man selbst Vorlagen erstellen. *Vorlagen* werden im *Unterverzeichnis* TEMPLATE von MATHCAD abgespeichert.
  Diese *Vorlagen* haben ähnliche Eigenschaften wie bekannte Vorlagen aus *Textverarbeitungssystemen*, so daß wir auf weitere Erläuterungen verzichten können.

♦

☞
Nachdem wir bereits im Kap.3 in Abb.3.2 ein *Beispiel* für die *Gestaltung* eines *Arbeitsfenster* mit *Text-, Rechen-* und *Grafikbereichen* gegeben haben, zeigen wir in Abb.4.1 ein weiteres *Arbeitsfenster*, das wir am *Beispiel* der *Umformung* von *Ausdrücken* (Kap.13) gestalten und als *Datei* TRANSFOR.MCD *abspeichern.*

In dem abgebildeten *Arbeitsblatt* zeigt MATHCAD zu jeder Rechnung einen kurzen *Kommentar* an. Dies kann man mittels der *Menüfolge*

Symbolics ⇒ Evaluation Style...

(deutsche Version: **Symbolik ⇒ Auswertungsformat...**)

in der erscheinenden *Dialogbox* durch Anklicken von

Show Comments

(deutsche Version: **Kommentare anzeigen**)

erreichen. In dieser *Dialogbox* kann man zusätzlich *einstellen*, ob ein berechnetes *Ergebnis neben* oder *unter* dem Ausdruck *angezeigt* werden soll.

♦

Umformung von Ausdrücken

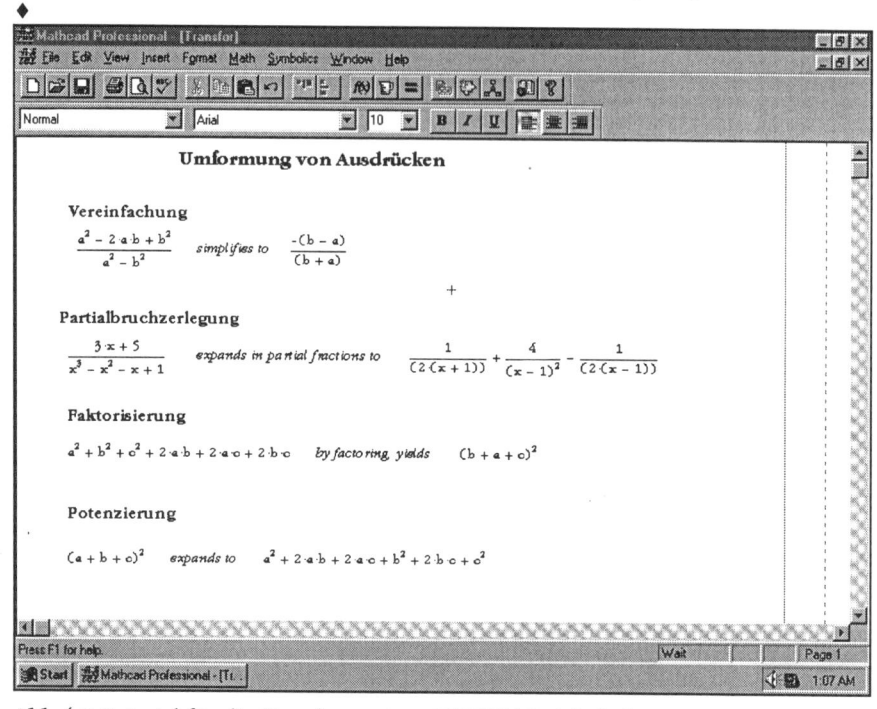

Vereinfachung

$$\frac{a^2 - 2 \cdot a \cdot b + b^2}{a^2 - b^2} \quad \text{simplifies to} \quad \frac{-(b - a)}{(b + a)}$$

Partialbruchzerlegung

$$\frac{3 \cdot x + 5}{x^3 - x^2 - x + 1} \quad \text{expands in partial fractions to} \quad \frac{1}{(2 \cdot (x + 1))} + \frac{4}{(x - 1)^2} - \frac{1}{(2 \cdot (x - 1))}$$

Faktorisierung

$$a^2 + b^2 + c^2 + 2 \cdot a \cdot b + 2 \cdot a \cdot c + 2 \cdot b \cdot c \quad \text{by factoring, yields} \quad (b + a + c)^2$$

Potenzierung

$$(a + b + c)^2 \quad \text{expands to} \quad a^2 + 2 \cdot a \cdot b + 2 \cdot a \cdot c + b^2 + 2 \cdot b \cdot c + c^2$$

Abb.4.1. Beispiel für die Gestaltung eines MATHCAD-Arbeitsfensters

☞

In den *folgenden Abschnitten* 4.1 und 4.2 dieses Kapitels behandeln wir die *Gestaltung* von *Text-* und *Rechenbereichen* ausführlicher, während die Darstellung von *Grafikbereichen* im Kap.18 diskutiert wird.

♦

4.1 Textgestaltung

Beim *Start* von MATHCAD ist man automatisch im *Rechenmodus,* d.h., man kann an der durch den Kursor markierten Stelle im *Arbeitsfenster mathematische Ausdrücke eingeben.*

☞
Um erläuternden *Text* an einer durch den Kursor markierten Stelle im *Arbeitsfenster eingeben* zu können, muß in den *Textmodus* umgeschaltet werden. Dies kann auf eine der *folgenden Arten* geschehen:
- *Eingabe* des *Anführungszeichens* ["] mittels *Tastatur*.
- *Aktivierung* der *Menüfolge*

  Insert ⇒ Text Region
  (deutsche Version: **Einfügen ⇒ Textbereich**)
- Falls man im *Rechenmodus bereits Zeichen eingegeben* hat, durch *Drücken* der [___]-*Taste*.

♦

☞
Man erkennt den *Textmodus* am *Textfeld*, in dem der *Einfügebalken* | steht und das von einem *Rechteck* (*Auswahlrechteck*) *umrahmt* ist. Während der *Texteingabe* wird das *Textfeld* laufend *erweitert* und der *Einfügebalken* befindet sich hinter dem letzten eingegebenen Zeichen.

♦

☞
Die *Texteingabe* kann nicht mit der [↵]-Taste beendet werden. Dies bewirkt nur einen *Zeilenwechsel* im Text.
Das *Verlassen* des *Textmodus* geschieht auf eine der *folgenden Arten:*
* mittels *Mausklick* außerhalb des Textes
* Eingabe der *Tastenkombination* [Strg][⇧][↵]

♦

☞
Die wichtigsten aus *Textverarbeitungssystemen* unter WINDOWS *bekannten Funktionen* sind auch in MATHCAD *realisiert.* Man findet diese in

* den *Menüs* **File, Edit, View, Insert, Format**
  (deutsche Version: **Datei, Bearbeiten, Ansicht, Einfügen, Format**)
  der *Menüleiste*
* bekannten (standardisierten) *Symbolen*

  der *Symbol-* und *Formatleiste.*

♦

Da die *Textverarbeitungsfunktionen* in MATHCAD die gleiche Bedeutung wie bei Textverarbeitungssystemen haben, betrachten wir im folgenden nur einige *wichtige* bzw. *MATHCAD-spezifische:*

- *Schriftarten* und *Schriftgrößen* können in der *Formatleiste* eingestellt werden.
- Man kann in den laufenden *Text* eine *Gleichung* oder *Formel einfügen* :
  I. *Zuerst* aktiviert man die *Menüfolge* zur *Erzeugung* eines *Rechenbereichs*

  Insert ⇒ Math Region
  (deutsche Version: **Einfügen ⇒ Rechenbereich**)

  II. *Danach* kann man die gewünschte *Gleichung/Formel eingeben.*

  III. *Abschließend klickt* man wieder auf den *Text*, um in den *Textmodus zurückzukehren.*

  Falls sich die einzufügende *Gleichung/Formel* bereits im *Arbeitsfenster* befindet, braucht man sie bloß auf die übliche Art an die gewünschte Textstelle zu *kopieren*.

  Hat die eingefügte *Gleichung/Formel* nur *illustrativen Charakter*, d.h., sie soll nicht berechnet werden, so kann sie nach Markierung mit Bearbeitungslinien mittels der *Menüfolge*

  Format ⇒ Properties...
  (deutsche Version: **Format ⇒ Eigenschaften...**)

  in der erscheinenden *Dialogbox* bei

  Calculation
  (deutsche Version: **Berechnung**)

  durch Anklicken von

  Disable Evaluation
  (deutsche Version: **Auswertung deaktivieren**)

  deaktiviert werden.

- Im Arbeitsfenster befindlicher *Text* kann
  * *gelöscht* werden,

    indem er mit gedrückter Maustaste markiert bzw. mit einem *Auswahlrechteck* umgeben und anschließend die ⌊Entf⌋*-Taste* betätigt oder das bekannte *Ausschneidesymbol* aus der Symbolleiste

    [✂]

    angeklickt wird.

  * *korrigiert* werden,

    indem man den Kursor (Einfügebalken) an der entsprechenden Stelle plaziert und anschließend korrigiert.

  * *verschoben* werden,

    indem man den entsprechenden *Text* durch *Mausklick* (gedrückte Maustaste) mit einem *Auswahlrechteck* umgibt, danach den Mauszeiger auf den Rand des Rechtecks stellt, bis eine Hand erscheint, und abschließend mit gedrückter Maustaste das Textfeld verschiebt.♦

☞

Die *Textverarbeitungsfunktionen* von MATHCAD können aber nicht darüber hinwegtäuschen, daß MATHCAD professionellen *Textverarbeitungssystemen* wie WORD oder WORDPERFECT unterlegen ist :

* Wenn *Rechnungen* in einer Ausarbeitung *überwiegen*, kann man mit MATHCAD auch den dazugehörigen Text schreiben.
* Falls *Text* in einer Ausarbeitung *überwiegt*, sollte man ein Textverarbeitungssystem wie z.B. WORD für WINDOWS anwenden und die mit MATHCAD durchgeführten Rechnungen über die Zwischenablage in den Text übernehmen.

Diese letzte Vorgehensweise ist immer erforderlich, wenn man Zeitschriften- oder Buchveröffentlichungen erstellen möchte. Das vorliegende Buch ist ein Beispiel hierfür. Es wurde mit WORD für WINDOWS (Version 6.0c) erstellt und die enthaltenen Berechnungen und Grafiken aus MATHCAD übernommen.

♦

4.2 Gestaltung von Berechnungen

Wenn der *Kursor* an einer *freien Stelle* des *Arbeitsfensters* die *Gestalt* des *Einfügekreuzes* + hat, so kann mit der *Eingabe* von *mathematischen Ausdrücken, Formeln* und *Gleichungen* begonnen, d.h., damit in den *Rechenmodus* übergegangen werden.
Beim Aufruf von MATHCAD ist man automatisch im *Rechenmodus*. Wenn man sich im Textmodus befindet, kann man mittels der *Menüfolge*

Insert ⇒ Math Region
(deutsche Version: **Einfügen ⇒ Rechenbereich**)

in den *Rechenmodus umschalten.*

☞

Man erkennt den *Rechenmodus* nach Eingabe des ersten Zeichens am *Rechenfeld*, in dem *Bearbeitungslinien* stehen und das von einem *Rechteck* (*Auswahlrechteck*) umrahmt ist. Während der *Eingabe* eines *mathematischen Ausdrucks* wird das *Rechenfeld* laufend *erweitert* und die *Bearbeitungslinien* befinden sich hinter dem letzten eingegebenen Zeichen (siehe Beispiel 4.1b).

♦

☞

Für die *Eingabe* von *Ausdrücken, Formeln* und *Gleichungen* stehen verschiedene

* *mathematische Operatoren*

* *mathematische Symbole*
* *griechische Buchstaben*

aus den *Operatorpaletten* der *Rechenpalette* per Mausklick zur Verfügung. Die *Operatoren* und *Symbole* erscheinen gegebenenfalls mit *Platzhaltern* für benötigte Werte. Nach der Eingabe der entsprechenden Werte in die *Platzhalter* und Einschließung des gesamten Ausdrucks mit *Bearbeitungslinien* kann auf eine der *folgenden Arten*

- *Aktivierung* des *Menüs*

  Symbolics

  (deutsche Version: **Symbolik**)

- *Eingabe* des
  * *symbolischen Gleichheitszeichens* → (z.B. mittels der Tastenkombination [Strg][.])
  * *numerischen Gleichheitszeichens* = mittels Tastatur

die *exakte* (*symbolische*) *Berechnung* bzw. die *näherungsweise* (*numerische*) *Berechnung* mit der eingestellten *Genauigkeit* ausgelöst werden (siehe Kap.6).

♦

☞

Ein im *Arbeitsfenster* befindlicher *Rechenbereich* kann

- *gelöscht* und *verschoben* werden.

  Dies geschieht genauso wie bei Text (siehe Abschn.4.1)

- *korrigiert* werden.

  Mathematische Ausdrücke können auf vielfältige Art und Weise *korrigiert* werden:

  * *Einzelne Zeichen korrigiert* man folgendermaßen:

    Mittels Mausklick setzt man *Bearbeitungslinien* vor oder hinter das zu korrigierende Zeichen. Danach kann man mittels der [Entf]- bzw. [⇐]-*Taste* das Zeichen löschen und ein neues einfügen.

  * Einen *mathematischen Operator* kann man folgendermaßen *einfügen:*

    Durch Mausklick werden an die entsprechende Stelle *Bearbeitungslinien* gesetzt und anschließend der Operator eingegeben.

  * Einen *mathematischen Operator* kann man folgendermaßen *löschen:*

    Mittels Mausklick setzt man die *Bearbeitungslinien* vor oder hinter den zu löschenden Operator. Danach kann man mittels der [Entf]- bzw. [⇐]-*Taste* den Operator löschen.

Da wir nur *wesentliche Korrekturmöglichkeiten* diskutiert haben, empfehlen wir dem Nutzer zu Beginn seiner Arbeit mit MATHCAD einige Übungen, um die Korrekturmöglichkeiten zu erkunden.

♦

☞

Die *Rechenbereiche* werden in einem *Arbeitsblatt* von MATHCAD von *links nach rechts* und *von oben nach unten abgearbeitet.* Dies muß man bei der Verwendung *definierter Größen* (Funktionen, Variablen) berücksichtigen (siehe Kap.8, Abschn.10.3, 17.2.3). Sie können für *Berechnungen* erst genutzt werden, wenn diese rechts oder unterhalb der *Zuweisung* durchgeführt werden. Größen, die bei der Verwendung noch *nicht definiert* sind, werden von MATHCAD in einer anderen Farbe dargestellt und es wird eine Fehlermeldung ausgegeben.

♦

4.3 Verwaltung von Arbeitsblättern

Nachdem wir in den vorangehenden Abschnitten schon wesentliche Eigenschaften der MATHCAD-Arbeitsblätter kennengelernt haben, behandeln wir in diesem Abschnitt noch einige *globale Eigenschaften*, wie *Öffnen, Speichern* und *Drucken*, das *Layout, Hyperlinks,* das *Einfügen* von *Objekten* und weisen auf das integrierte *MathConnex* hin.

4.3.1 Öffnen, Speichern und Drucken

Das *Öffnen, Speichern* und *Drucken* von *Dateien* gehört bei allen WINDOWS-Programmen zu den *Standardoperationen.*
MATHCAD kann eine *Datei*

- *öffnen*
  mittels der bei WINDOWS-Programmen üblichen *Menüfolge*

  File ⇒ Open...
  (deutsche Version: **Datei ⇒ Öffnen...**)

  wobei *zwischen*

  * *Arbeitsblättern* (Dateiendung .MCD)
  * *Vorlagen* (Dateiendung .MCT)
  * *Elektronischen Büchern* (Dateiendung .HBK)

  unterschieden wird.

- *speichern*
  mittels der bei WINDOWS-Programmen üblichen *Menüfolge*

  File ⇒ Save As...
  (deutsche Version: **Datei ⇒ Speichern unter...**)

  auf Diskette oder Festplatte mit *folgenden Endungen* :

* .MCD
  Stellt die *Standardendung* für *Arbeitsblätter* dar und steht für MATH-CAD-*Dokument*.
* .MCT
  Hiermit wird das *Arbeitsblatt* als *Vorlage* abgespeichert.
* .RTF
  Hiermit wird das *Arbeitsblatt* in einer *Form abgespeichert* (*Rich Text Format*), die auch von *Textverarbeitungssystemen gelesen* werden kann.

- *drucken*

  mittels der bei WINDOWS-Programmen üblichen *Menüfolge*

  File ⇒ Print...
  (deutsche Version: **Datei ⇒ Drucken...**)

☞

Eine *neue Datei* (*neues Arbeitsblatt*) wird in MATHCAD ebenfalls auf die übliche Art von WINDOWS-Programmen mittels der *Menüfolge*

File ⇒ New...
(deutsche Version: **Datei ⇒ Neu...**)

erstellt, wobei in der erscheinenden Dialogbox die Form bzw. Vorlage ausgewählt werden kann.

♦

4.3.2 Layout

Unter *Layout* vestehen wir das übliche *Einrichten* des *Arbeitsblattes* vor dem Ausdrucken. Das bedeutet die *Festlegung* von *Seitenrändern, Seitenumbrüchen, Kopf-* und *Fußzeilen*. Dies geschieht bei MATHCAD analog zu Textverarbeitungssystemen *folgendermaßen:*
Mittels der *Menüfolge*

- **File ⇒ Page Setup...**
  (deutsche Version: **Datei ⇒ Seite einrichten...**)

  können in der erscheinenden *Dialogbox* die

  * *Seitengröße*
  * *Seitenränder*
  * *Seitenausrichtung*

  eingestellt werden

- **Insert ⇒ Page Break**
  (deutsche Version: **Einfügen ⇒ Seitenumbruch**)

  kann ein *manueller Seitenumbruch* eingefügt werden.

MATHCAD fügt ansonsten *automatisch* einen *Seitenumbruch* nach den für die Seite eingerichteten Größen ein.

- **Format** ⇒ **Headers/Footers...**
  (deutsche Version: **Format** ⇒ **Kopf-/Fußzeile...**)
  kann in der erscheinenden *Dialogbox* die *Seitenzahl* und *Text* für *Kopf-* und *Fußzeile* eingegeben werden.

4.3.3 Verweise und Hyperlinks

MATHCAD gestattet *zwei Arten* von *Verbindungen* zwischen seinen *Arbeitsblättern*:

- *Verweise*
  Hier kann auf ein *anderes Arbeitsblatt zugegriffen* werden, ohne es zu öffnen, d.h., man kann die in diesem Arbeitsblatt vorhandenen *Ausdrücke, Formeln* und *Gleichungen anwenden*, ohne sie neu eingeben bzw. kopieren zu müssen.

- *Hyperlinks*
  Diese kann man in *Arbeitsblätter einfügen*, um hieraus *andere Arbeitsfenster* zu *öffnen*.

Im folgenden betrachten wir die *Erzeugung* und wesentliche *Eigenschaften* von *Verweisen* und *Hyperlinks*:

- *Verweis*
  Er kann an einer *beliebigen Stelle* des *Arbeitsblattes* mittels der *Menüfolge*

  Insert ⇒ **Reference...**
  (deutsche Version: **Einfügen** ⇒ **Verweis...**)

  eingefügt werden.
  MATHCAD fügt an der Stelle das *Symbol*

  ▶ Reference:A:\test_1.mcd   (include)

  ein. Hier wurde auf das *Arbeitsblatt* test_1.mcd *verwiesen*, das sich auf Diskette im Laufwerk A befindet. Unterhalb dieses Verweises können nun alle *Berechnungen* und *Ergebnisse* aus test_1.mcd *verwendet* werden, ohne test_1.mcd öffnen zu müssen.

- *Hyperlink*
  Er kann an einer *beliebigen Stelle* des *Arbeitsblattes* mittels der *Menüfolge*

  Insert ⇒ **Hyperlink**
  (deutsche Version: **Einfügen** ⇒ **Hyperlink**)

  erzeugt werden, wenn man in der erscheinenden *Dialogbox* den *Pfad* des MATHCAD-*Arbeitsblattes* angibt, auf das die Verbindung verweisen soll. Diese *Menüfolge* ist aber erst *anwendbar*, wenn vorher im MATHCAD-*Arbeitsfenster*

* ein Stück *Text markiert*
* der *Einfügebalken* in einem *Textbereich plaziert*
* die *Bearbeitungslinien* in einem *Rechenbereich plaziert*
* ein *Grafikbereich angeklickt*

wurde.

Man erkennt einen gesetzten *Hyperlink* an der erscheinenden *Hand*, wenn man den Mauszeiger an der entsprechenden Stelle plaziert.
Ein *doppelter Mausklick* auf einen *gesetzten Hyperlink öffnet* das bezeichnete *Arbeitsblatt*.

☞

Der *Vorteil* von *Verweisen* und *Hyperlinks* liegt auf der Hand. Man kann <u>*mehrere Arbeitsblätter* miteinander *verbinden* und damit *gleichzeitig nutzen*.</u>
Wir empfehlen den Nutzer hiermit zu experimentieren und bei eventuell auftretenden Unklarheiten die integrierte Hilfe zu verwenden.

♦

4.3.4 Einfügen von Objekten

Das *Einfügen* von *Objekten* geschieht in MATHCAD analog zu den bekannten Textverarbeitungssystemen auf eine der *folgenden Arten:*
* über die *Zwischenablage*
* mittels der *Menüfolge*

   Insert ⇒ Object...
   (deutsche Version: **Einfügen ⇒ Objekt...**)
   über die erscheinende Dialogbox.

4.3.5 MathConnex

Das *System* MathConnex, das <u>in *MATHCAD 8 Professional*</u> integriert ist, gestattet weiterführende Verbindungen zwischen MATHCAD-Arbeitsblättern und anderen Programm-Systemen.

☞

Eine *Anleitung* zu MathConnex befindet sich im *Verzeichnis* DOC auf der *MATHCAD-Programm-CD* (siehe Abschn.2.1), so daß wir auf weitere Erläuterungen verzichten.

♦

5 Elektronische Bücher

MATHCAD hat wie alle *Computeralgebra-Systeme* folgende *Struktur* (siehe Abschn.1.1) :

- *Benutzeroberfläche*
  zur *interaktiven Arbeit* zwischen *Nutzer* und *Computer*.
- *Kern*
  wird bei *jeder Anwendung* des *Systems geladen*. Hier befinden sich die Programme zur *Lösung* von *Grundaufgaben*.
- *Zusatzprogramme*
  dienen zur *Erweiterung* des Systems und brauchen nur bei *Bedarf geladen/geöffnet* werden.
  In MATHCAD gibt es *drei Arten* dieser *Zusatzprogramme:*
  * *Elektronische Bücher* (englisch: *Electronic Books*)
    bestehen aus einer *Sammlung* von *Arbeitsblättern* zu einzelnen *Gebieten* aus Mathematik, Technik, Natur- und Wirtschaftswissenschaften und sind in Form eines *Buches* erstellt, d.h. sie enthalten die *grundlegenden Formeln, Berechnungsmethoden* und *Sachverhalte* mit *Erläuterungen* und sind in Kapitel unterteilt.
  * *Erweiterungspakete* (englisch: *Extension Packs*)
    Diese erweitern und ergänzen die in MATHCAD integrierten Funktionen.
  * *Elektronische Bibliotheken* (englisch: *Electronic Libraries*)
    Hier sind jeweils drei Elektronische Bücher für technische Gebiete zusammengefaßt.

☞

Elektronische Bücher und *Erweiterungspakete* lösen weiterführende bzw. komplexe Aufgaben. So gibt es für MATHCAD über 50 *Elektronische Bücher* und einige *Erweiterungspakete* und *Elektronische Bibliotheken* (siehe Abschn.5.2) zur Lösung von Aufgaben aus Mathematik, Technik, Natur- und Wirtschaftswissenschaften, die von Spezialisten der jeweiligen Gebiete erarbeitet wurden.

Deshalb sollte man zuerst in vorhandenen *Elektronischen Büchern* bzw. *Erweiterungspaketen* suchen, wenn man für ein zu lösendes Problem in MATHCAD keine Realisierung findet.

◆

☞

Ein weiteres umfangreiches Gebiet zur Erstellung von Elektronischen Büchern liegt in der Ausarbeitung von Lehrveranstaltungen mittels MATHCAD. Als Vorlage hierzu können die *Elektronischen Bücher* von MATHCAD für *Ausbildung* und *Lehre* dienen, die unter dem Namen *Education Library* vertrieben werden.

◆

5.1 Eigenschaften, Aufbau und Handhabung

Die *Elektronischen Bücher* für MATHCAD
- *erweitern* MATHCAD, da sie eine *Sammlung* von *MATHCAD-Arbeitsblättern* darstellen, die Probleme behandeln, die nicht mit den in MATHCAD integrierten Menüs/Kommandos/Funktionen lösbar sind.
- sind im übertragenen Sinne *Bücher*, da
  * man in ihnen wie in einem *Buch* mittels der entsprechenden Symbole der Symbolleiste *blättern*
  * sie ein *Inhaltsverzeichnis* (siehe Abb.5.1 und 5.2) besitzen, wobei man die einzelnen *Kapitel* durch *Mausklick öffnen*
  * sie eine *Suchfunktion* besitzen, mit der man nach beliebigen *Begriffen suchen*

  kann. *Darüberhinaus* lassen sich
  * eigene *Anmerkungen* und *Zusätze* anbringen,
  * vorhandene *Formeln ergänzen* bzw. den *eigenen Bedürfnissen anpassen*

  und das *Buch* in dieser veränderten bzw. erweiterten Form *abspeichern*. Hierbei ist allerdings zu beachten, daß beim Schließen eines Buches die vorgenommenen *Änderungen* nicht mit abgespeichert werden. Man kann jedoch das *geänderte Buch* auf die übliche Art in ein gewünschtes Verzeichnis abspeichern oder man benutzt zur *Abspeicherung* bei neueren Büchern ihre *Menüleiste*, indem man die *Menüfolgen*

  Book ⇒ Save Section

  Book ⇒ Save All Changes

  aktiviert. Möchte man das so abgespeicherte geänderte Buch wieder lesen, so ist die *Menüfolge*

5.1 Eigenschaften, Aufbau und Handhabung

Book ⇒ View Edited Section
anzuwenden.

- *enthalten Gleichungen, Formeln, Funktionen, Konstanten, Tabellen, Erklärungen* (*erläuternden Text*), *Grafiken, Algorithmen* und *Berechnungsmethoden* zu *zahlreichen Gebieten*, die sich auf die übliche Art mit den Kopier- und Einfügesymbol über die Zwischenablage in das eigene *MATHCAD-Arbeitsblatt übernehmen* lassen und umgekehrt. Damit hat man einen *Online-Zugriff* während der Arbeit mit MATHCAD und somit entfällt das umständliche Abtippen von Rechen- und Textpassagen und das oft langwierige Suchen in Büchern und Tabellen.
- *werden laufend erweitert* und für neue Gebiete erstellt.
- *besitzen* den *Vorteil*, daß sie in der *Form* eines *Lehrbuchs* geschrieben sind., d.h. in der Sprache des Anwenders.
- sind bis auf wenige Ausnahmen in *englischer Sprache* geschrieben.
- werden durch *Dateien* mit der *Endung* .HBK aufgerufen.
- *gehören nicht* zum Lieferumfang von MATHCAD, sondern müssen *extra gekauft* und folglich auch *extra installiert* werden.
- *werden* sowohl von der Firma MATHSOFT als auch von anderen Firmen *angeboten.*

☞
Ein *Elektronisches Buch* kann *mittels* einer der *Menüfolgen*
* **File ⇒ Open...**
  (deutsche Version: **Datei ⇒ Öffnen...**)
* **Help ⇒ Open Book...**
  (deutsche Version: **? ⇒ Buch öffnen...**)

geöffnet werden, indem man in die erscheinenden *Dialogbox* den *Pfad* der *Datei* mit der *Endung* .HBK eingibt, mittels der das gesuchte Buch aufgerufen wird.
Nach dem *Öffnen* eines *Elektronisches Buches* erscheint ein *Fenster* (*Titelseite*) mit eigener *Symbolleiste* (siehe Abb.5.1 und 5.2). Diese *Symbole* dienen unter anderem zum

* *Suchen*
  nach Begriffen
* *Blättern*
  im Buch
* *Kopieren*
  ausgewählter Bereiche
* *Drucken*
  von Abschnitten

Die *Bedeutung* der einzelnen *Symbole* wird analog wie bei allen modernen WINDOWS-Programmen *angezeigt,* wenn man den Mauszeiger auf dem entsprechenden Symbol stehen läßt.

♦

Abb.5.1. Titelseite des Elektronischen Buchs **Resource Center**

☞

Die *Arbeit* mit den *Elektronischen Bücher* gestaltet sich *interaktiv,* d.h., für spezielle Rechnungen können Parameter, Konstanten und Variablen geändert werden und MATHCAD berechnet dann im Automatikmodus das dazugehörige Ergebnis.

So kann man z.B. in dem in *Abb.5.3* zu sehenden *Ausschnitt* zur *Lösung quadratischer Gleichungen* aus dem *Elektronischen Buch*
Quick Sheets
andere Koeffizienten a, b und c *eingeben* und MATHCAD *berechnet* die entsprechenden *Lösungen.*

♦

☞

Die gegebenen *Hinweise* für das Arbeiten mit *Elektronischen Büchern* gelten allerdings nur für *neuere Bücher.* Bei Büchern älteren Datums stehen diese Hilfsmittel noch nicht alle zur Verfügung. Hier müssen die einzelnen Do-

5.1 Eigenschaften, Aufbau und Handhabung

kumente des Buches, die als Dateien mit der Endung **.MCD** vorliegen, auf die übliche Art in das Arbeitsfenster von MATHCAD geladen werden.

♦

☞

Einen ersten Eindruck über die *Elektronischen Bücher* von MATHCAD erhält man durch das *integrierte*

Resource Center
(deutsche Version: **Informationszentrum**)

das mittels der *Menüfolge*

Help ⇒ Resource Center
(deutsche Version: **? ⇒ Informationszentrum**)

geöffnet wird. Die *Titelseite* ist in *Abb.5.1* zu sehen.
Es enthält in den folgenden Teilen über 600 Arbeitsblätter aus einigen *Elektronischen Büchern* und liefert anhand von Beispielen *Hilfen* zu vielen Problemen:

* **Overview**
  (deutsche Version: **Übersicht**)
  liefert eine *Übersicht* über die Version 8 von MATHCAD.

* **Getting Started**
  (deutsche Version: **Einführung**)
  gibt eine schrittweise *Einführung* in die Arbeit mit MATHCAD.

* **Advanced Topics**
  gibt einen Einblick in die Neuheiten der Version 8 von MATHCAD, so u.a. zur Lösung von Differentialgleichungen und Optimierungsaufgaben.

* **Quick Sheets**
  ermöglicht den *Zugriff* auf *fertige* MATHCAD-*Arbeitsblätter* zur Lösung einer Reihe *mathematischer Aufgaben*.

* **Reference Tables**
  (deutsche Version: **Wissenswertes zum Nachschlagen**)
  Die *Referenztabellen* enthalten *wichtige Formeln* und *Konstanten* aus *Mathematik, Technik* und *Naturwissenschaften*.

* **Mathcad in Action**
  Gibt einen Einblick in *technische Disziplinen*, für die MATHCAD Lösungsmöglichkeiten bereitstellt.

* **Web Library**
  (deutsche Version: **Web-Bibliothek**)
  ermöglicht den *Zugriff* auf die MATHCAD-*WWW-Bibliothek*, falls man über einen *Internetanschluß* verfügt und der *Internet Explorer* von Microsoft auf dem Computer installiert ist. In dieser *Bibliothek* sind *Elektronische Bücher* und interessante *Arbeitsblätter* enthalten, die man *herunterladen* kann.

* **Collaboratory**

    Hiermit kann man bei einem *Internetanschluß* und installiertem *Internet Explorer* am *Online-Forum* von MATHCAD-Nutzern teilnehmen.

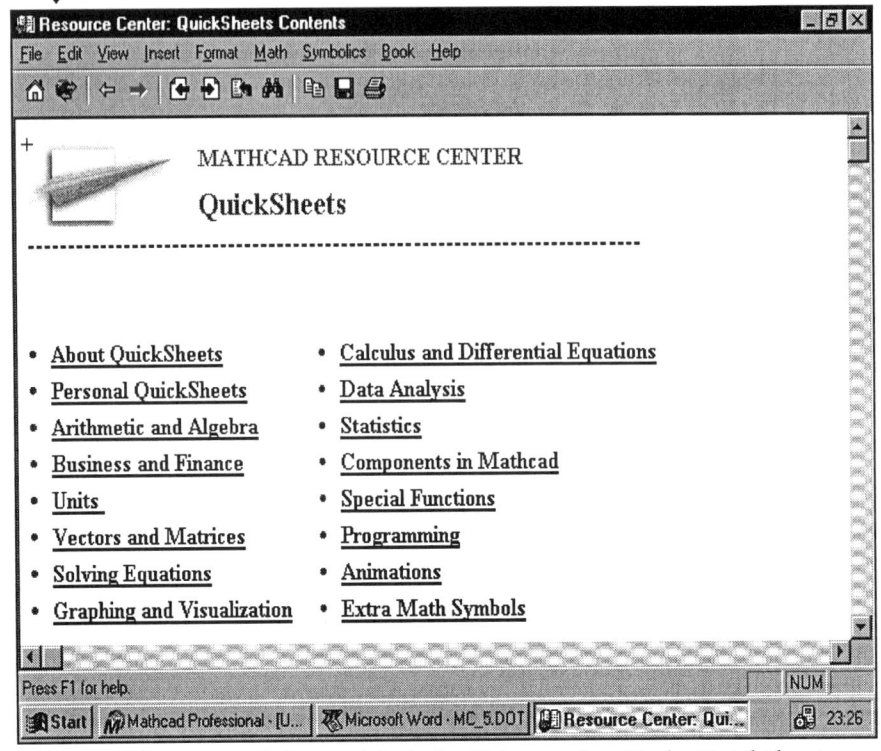

    ◆

Abb.5.2. Titelseite mit Inhaltsverzeichnis des Elektronischen Buchs **QuickSheets** aus dem **Resource Center**

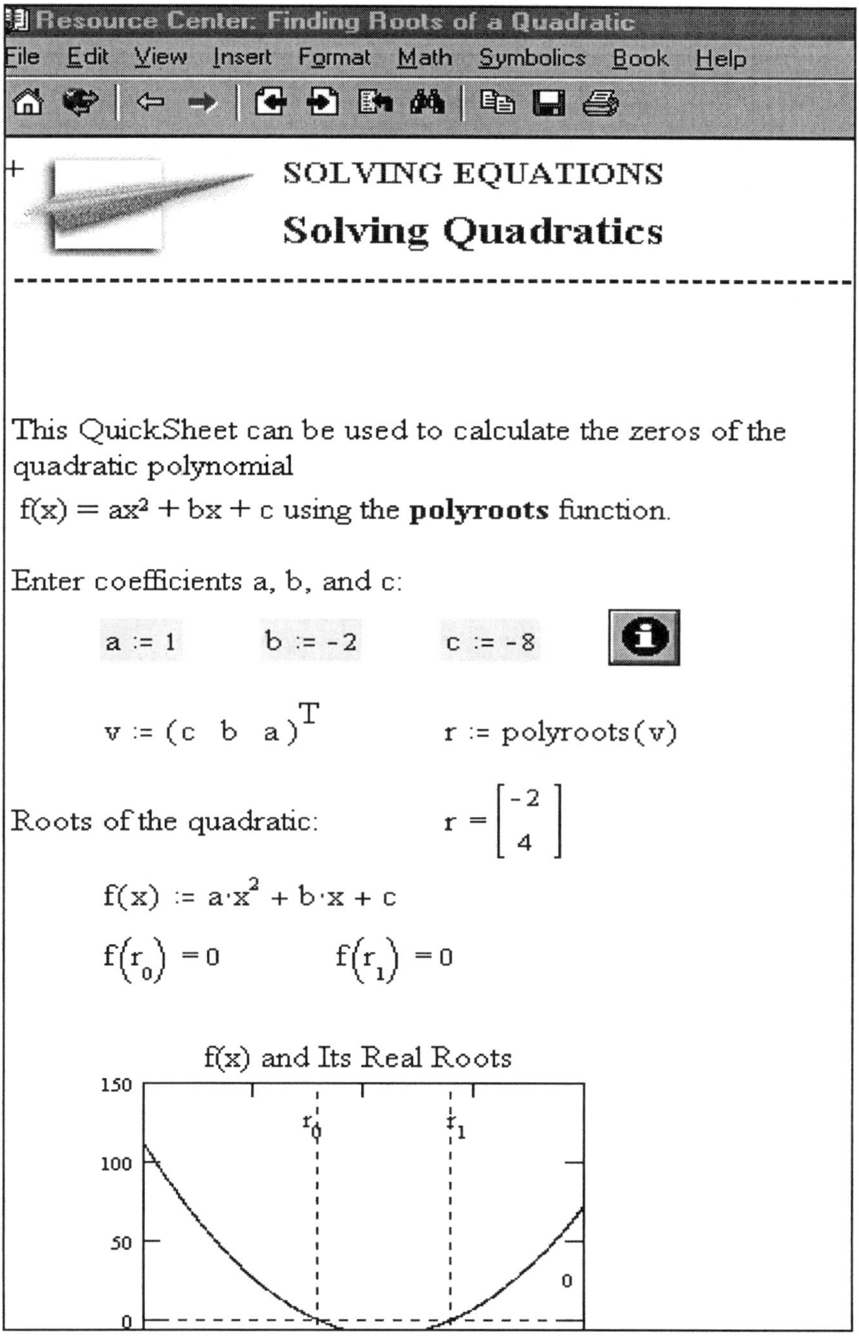

SOLVING EQUATIONS
Solving Quadratics

This QuickSheet can be used to calculate the zeros of the quadratic polynomial

$f(x) = ax^2 + bx + c$ using the **polyroots** function.

Enter coefficients a, b, and c:

$a := 1 \qquad b := -2 \qquad c := -8$

$v := (c \ b \ a)^T \qquad r := \text{polyroots}(v)$

Roots of the quadratic: $\qquad r = \begin{bmatrix} -2 \\ 4 \end{bmatrix}$

$f(x) := a \cdot x^2 + b \cdot x + c$

$f(r_0) = 0 \qquad f(r_1) = 0$

f(x) and Its Real Roots

Abb. 5.3. Ausschnitt aus dem Kapitel *Solving Equations* des *Elektronischen Buchs* **QuickSheets**

5.2 Vorhandene Bücher, Erweiterungspakete und Bibliotheken

Mehr als 50 Elektronische Bücher stehen gegenwärtig für die Gebiete *Elektrotechnik, Maschinenbau, Hoch-* und *Tiefbau, Mathematik, Wirtschafts-* und *Naturwissenschaften* zur Verfügung. Für die *Mathematik* sind dies *Elektronische Bücher* für

* *höhere Mathematik*
* *Differentialgleichungen*
* *numerische Methoden*
* *Finanzmathematik*
* *Statistik*

☞

Die *Elektronischen Bücher* gehören nicht zum Lieferumfang von MATHCAD und müssen extra gekauft werden.

♦

Im folgenden geben wir die Titel *wichtiger*
* *Elektronischer Bücher*:
    * **Standard Handbook of Engineering Calculus (Machine Design and Analysis and Metalworking)**

        Hier befinden sich über 125 Anwendungen aus den Bereichen der Maschinenkonstruktion und -berechnung sowie aus der Metallverarbeitung; Berechnungen zum Fräsen, Stanzen, Bohren; Getriebeberechnungen; Spannungs- und Dehnungsberechnungen; Kraftübertragungen usw.

    * **Standard Handbook of Engineering Calculus (Electrical and Electronics Engineering)**

        Dieses Buch enthält über 70 praktische Beispiele aus den Gebieten Motore, Starkstromtechnik, elektronische Bauteile und Schaltkreise, elektrische Geräte, Optik, elektronische Schaltungsanalyse, Berechnung von Transformatoren und Verstärkern usw.

    * **CRC Material Science and Engineering**

        Hier findet man Materialkonstanten (Dichte, Schmelzpunkt, Kristallstrukturen,...), Keramik- und Polymerberechnungen, Datentabellen für Verbundwerkstoffe, Metalle und Oxide usw.

    * **Tables from the CRC Handbook of Chemistry and Physics**

        Hier findet man Formeln, Grafiken und über 80 Tabellen zur Chemie und Physik.

    * **Theory and Problems of Electric Circuits**

        Hier findet man u.a. Schaltkreiskonzepte, komplexe Frequenzberechnungen, Fourieranalyse und Laplacetransformation.

* **Mathcad Electrical Power Systems Engineering**

  Hier findet man u.a. Berechnungen zur Energieumwandlung, Schutz von Energiesystemen, Simulation und Schutz von Wechselstrommotoren.

* **Topics in Mathcad: Electrical Engineering**

  Hier findet man u.a. Berechnungen zum Elektromagnetismus, zu Schaltkreisanalysen, zur Signalverarbeitung und zum Filter Design.

* **Building Thermal Analysis**

  Hier befinden sich u.a. Berechnungen zur Wärmeübertragung in Wänden, Röhren und Gebäuden.

* **Formulas for Stress and Strain**

  Hier findet man u.a. Tabellen mit Materialkonstanten, Berechnungen von Elastizitätsmodulen, Torsionen, Biegespannungen, Dehnungen, Stabilitäten.

* **Astronomical Formulas**

  Hier findet man u.a. astronomische und physikalische Konstanten, Fakten über astronomische Phänomene, Sterne und Sternsysteme.

* **Topics in Mathcad: Advanced Math**

  Hier werden u.a. Differentialgleichungen gelöst, Eigenwerte berechnet, konforme Abbildungen und Matrizenoperationen durchgeführt.

* **Topics in Mathcad: Differential Equations**

  Hier findet man eine Reihe von numerischen Verfahren zur Lösung von Anfangs- und Randwertaufgaben für gewöhnliche und partielle Differentialgleichungen, die in der Physik vorkommen

* **Finite Element Beginnings**

  Hier findet man eine Einführung in die Theorie und Anwendung der Methode der finiten Elemente.

* **Topics in Mathcad: Numerical Methods**

  Hier findet man weiterführende numerische Methoden zur Lösung von Rand- und Eigenwertproblemen, partiellen Differentialgleichungen, Integralgleichungen und elliptischen Integralen.

* **Mathcad Selections from Numerical Recipes Function Pack**

  Dieses Funktionspaket enthält 140 numerische Methoden u.a. zur Interpolation, Optimierung, Integration und zur Lösung von algebraischen Gleichungen und Differentialgleichungen.

* **Explorations with Mathcad: Exploring Numerical Recipes**

  zeigt an über 140 Beispielen die Wirkungsweise von numerischen Algorithmen.

* **Exploration with Mathcad: Exploring Statistics**

Leitfaden für statistische Methoden. Behandelt parametrische und nichtparametrische Hypothesentests.

* **Topics in Mathcad: Statistics**

  Hier findet man u.a. Fakten zur Kombinatorik, Zeitreihenanalyse, zum Kendall-Rangkorrelations-Koeffizienten und Kolmogorov-Smirnov-Test.

* **Mathcad Treasury of Statistics, Volume I : Hypothesis Testing**

  Hier findet man u.a. parametrische und nichtparametrische Hypothesentests, Varianzanalysen, Rangwertverfahren nach Wilcoxon, Rangsummentests nach Mann-Whitney und die Student-, Chi-Quadrat- und F-Verteilung.

* **Mathcad Treasury of Statistics, Volume II : Data Analysis**

  Hier findet man u.a. Punktschätzungen, Varianzanalysen, Mehrfachregressionen, Zeitreihenanalysen, die Methode der kleinsten Quadrate und die Berechnung von Konfidenzintervallen.

* **Personal Finance**

  Hier findet man u.a. grafische Methoden zur Ermittlung von Wertminderungen, Methoden zur Analyse von Anlagen und zur Refinanzierung von Ratenzahlungen, Fakten über Kreditkosten und Hypotheken.

* **Mathcad Education Library: Algebra I and II**

  Diese Bücher lösen Grundprobleme der Algebra.

* **Mathcad Education Library: Calculus**

  beinhaltet Übungen zu grundsätzlichen mathematischen Berechnungsmethoden.

* **Mc Graw Hill's Financial Analyst**

  beinhaltet einen Führer durch die Finanzwirtschaft.

* **Mathcad 7 Treasury**

  beinhaltet einen Führer zur Anwendung von MATHCAD 7.

* **The MathSoft Electronic Book Sampler**

  gibt einen Querschnitt durch die Elektronischen Bücher von MATHCAD.

* **Queuing Theory**

  behandelt die Theory von Warteschlangensystemen.

* **Engineering Calculations**

  enthält 70 Beispiele aus dem Standardhandbuch Elektrotechnik und Berechnungen.

- *Erweiterungspakete:*

  * **Signal Processing Extension Pack**

5.2 Vorhandene Bücher, Erweiterungspakete und Bibliotheken

- * **Image Processing Extension Pack**
- * **Steam Tables Extension Pack**
- * **Numerical Recipes Extension Pack**
- * **MATHCAD Expert Solver**
- * **Wavelets Extension Pack**
- *Elektronische Bibliotheken:*
  - * **Electrical Engineering Library**
  - * **Civil Engineering Library**
  - * **Mechanical Engineering Library**

6 Exakte und numerische Rechnungen

Bei der *Lösung mathematischer Aufgaben* gehen wir im Hauptteil des Buches (Kap.12-27) *folgendermaßen* vor:
- *Zuerst* erklären wir die *Funktionen/Kommandos/Menüs* von MATHCAD zur *exakten* (*symbolischen*) *Lösung*.
- Da die exakte Lösung nicht immer erfolgreich ist, behandeln wir *anschließend* die *näherungsweise* (*numerische*) *Lösung* mit den in MATHCAD integrierten *Numerikfunktionen/Numerikkommandos*. Bei dieser Vorgehensweise wird als *Näherung* für das *Ergebnis* eine endliche *Dezimalzahl* geliefert.

☞

Wir haben die *Vorgehensweise* für *Berechnungen* deswegen so gewählt, da wir *zuerst* die *exakte Berechnungsart* empfehlen (falls möglich). Erst wenn diese versagt, sollte die *numerische* (*näherungsweise*) *Berechnung* angewandt werden.

♦

Die *Durchführung* der *exakten* (*symbolischen*) bzw. *numerischen* (*näherungsweisen*) *Lösung* eines gegebenen *Problems* gestaltet sich in MATHCAD in *folgenden Schritten*:

I. Zuerst kann man mittels der *Menüfolge*

   Symbolics ⇒ Evaluation Style...
   (deutsche Version: **Symbolik ⇒ Auswertungsformat...**)

   in der erscheinenden *Dialogbox* durch Anklicken von

   Show Comments
   (deutsche Version: **Kommentare anzeigen**)

   veranlassen, daß MATHCAD zu jeder *Rechnung* einen kurzen *Kommentar anzeigt*. In dieser *Dialogbox* kann man zusätzlich *einstellen*, ob das *Ergebnis neben* oder *unter* dem zu *berechnenden Ausdruck* angezeigt werden soll.

II. Bevor man mit *Berechnungen* beginnen kann, muß man die zu *berechnenden Probleme* in das *Arbeitsfenster eingeben*. Dafür steht folgendes zur Verfügung:
   - Aus den *Operatorpaletten* der *Rechenpalette* per Mausklick verschiedene

* *mathematische Operatoren*
  * *mathematische Symbole*
  * *griechische Buchstaben*

  Die *Operatoren* und *Symbole* erscheinen gegebenenfalls mit *Platzhaltern* für benötigte Werte.

- *Funktionen/Kommandos*

  die auf eine der *folgenden Arten eingegeben* werden können:
  * über die *Tastatur*
  * durch *Kopieren*
  * durch *Anklicken* des *Symbols* (bei *Funktionen*)

    ▫️ *f(x)*

    in der *Symbolleiste* über die erscheinende *Dialogbox*,
  * durch *Aktivierung* der *Menüfolge* (bei *Funktionen*)

    Insert ⇒ Function...
    (deutsche Version: **Einfügen ⇒ Funktion...**)
    über die erscheinende *Dialogbox*.

  Bei der Anwendung von *Funktionen* muß i.a. ein *Ausdruck* im *Argument* stehen, das durch *runde Klammern* gekennzeichnet ist.
  Möchte man *mehrere Ausdrücke/Funktionen* nacheinander berechnen bzw. ausführen so besteht die Möglichkeit, diese alle einzugeben und erst nach der Eingabe des letzten die Berechnung auszulösen. Diese Vorgehensweise besprechen wir im Abschn.6.3.

III. *Nach* der *Eingabe* eines Ausdrucks und *Markierung* durch *Bearbeitungslinien* (siehe Kap.4) kann die *Auslösung* der *Berechnung* (im *Automatikmodus* – siehe Abschn.6.3.1) auf eine der *folgenden Arten* geschehen:

- Eingabe des
  * *symbolischen Gleichheitszeichens* → (für *exakte Berechnung*) z.B. durch die Tastenkombination [Strg][.] mit abschließender Betätigung der [↵]-Taste
  * *numerischen Gleichheitszeichens =* (für *numerische Berechnung*) mittels Tastatur
- *Anwendung* von *Menüfolgen* aus der *Menüleiste*, wobei das *Menü*
  Symbolics
  (deutsche Version: **Symbolik**)
  Anwendung findet
  Unter einer *Menüfolge* verstehen wir dabei die *Nacheinanderausführung* von *Menüs* und *Untermenüs*, die wir in der Form
  Menü_1 ⇒ Menü_2 ⇒ ... ⇒ Menü_n

schreiben, wobei der *Pfeil* ⇒ jeweils für einen *Mausklick* steht und die *gesamte Menüfolge* ebenfalls durch *Mausklick* abgeschlossen wird.

Stehen nach einem *Untermenü* drei Punkte, so bedeutet dies, daß eine *Dialogbox* erscheint, die auszufüllen ist.

Bei der Anwendung von *Menüfolgen* muß i.a. der zu berechnende *Ausdruck* oder eine *Variable* des Ausdrucks mit *Bearbeitungslinien markiert* werden.

☞

Bei einigen Aufgaben gestattet MATHCAD *beide angegebenen Berechnungsarten*, d.h., man kann zur *exakten Berechnung* sowohl das *symbolische Gleichheitszeichen* → als auch eine *Menüfolge* anwenden.

Aufgrund der einfachen Handhabung empfehlen sich für *exakte Berechnungen* die Anwendung des *symbolischen* → und für *numerische Berechnungen* die Anwendung des *numerischen Gleichheitszeichens* =, falls die zu lösenden Aufgaben dies zulassen.

Die genaue *Vorgehensweise* bei der *Lösung* einer gegebenen *Aufgabe* wird in den entsprechenden Kapiteln erläutert.

♦

☞

Falls bei der *Eingabe* von *Funktionen/Kommandos* bzw. *Ausdrücken* ein *Zeilenwechsel* gewünscht oder erforderlich wird, so geschieht dies bei MATHCAD unter Verwendung der *Tastenkombination* [Strg][↵]. So erhält man z.B. den Ausdruck

1 + 2 + 3 ... = 10 ∎
+ 4

wenn man nach der Eingabe von 3 diese Tastenkombination verwendet.

♦

☞

Bei der Arbeit mit MATHCAD möchte man häufig die erhaltenen *Ergebnisse* in folgenden Rechnungen *weiterverwenden*. Für die dafür benötigten *Zuweisungen* (*Lösungszuweisungen*) gibt es mehrere Möglichkeiten. Hinweise und Beispiele hierzu werden in den entsprechenden Kapiteln gegeben, so im

* Kap.16 für die Lösung von Gleichungen
* Kap.19 für das Ergebnis einer Differentiation
* Kap.20 für das Ergebnis einer Integration

♦

☞

Falls MATHCAD bei der *Berechnung* eines Problems *keine Lösung* findet, kann sich dies auf verschiedene Weise äußern:

I. Es wird eine *Meldung ausgegeben*, daß keine Lösung gefunden wurde.

II. Das *Rechenkommando* wird *unverändert zurückgegeben*.

III. Die *Rechnung* wird *nicht* in angemessener Zeit *beendet*.

IV. Es wird der *Hinweis ausgegeben,* daß das *Ergebnis MAPLE-spezifisch* ist und ob es in die *Zwischenablage gespeichert* werden soll. Dabei zeigt sich aber in den meisten dieser Fälle, daß kein Ergebnis berechnet wurde. Man sieht dies, wenn man sich den Inhalt der Zwischenablage im Arbeitsfenster anzeigen läßt.

Möchte man im Fall III. die *Rechnung abbrechen*, so geschieht dies bei MATHCAD durch Drücken der (Esc)-Taste.

♦

☞

Für die Durchführung sämtlicher *Berechnungen* gestattet MATHCAD *zwei Formen:*
* *Autmatikmodus*
* *Manueller Modus*

die wir in den Abschn.6.3.1 und 6.3.2 kennenlernen.

♦

☞

In den folgenden beiden Abschn.6.1 und 6.2 beschreiben wir ausführlicher die Vorgehensweise zur *Durchführung* von *exakten* bzw. *numerischen Berechnungen* mittels MATHCAD. Weitere *Einzelheiten* werden im Hauptteil des Buches (Kap.12-27) gegeben.

♦

6.1 Exakte Berechnung mittels Computeralgebra

Zur *Durchführung exakter (symbolischer) Berechnungen* verwendet MATHCAD eine Minimalvariante des *Symbolprozessors* von MAPLE, der beim Start von MATHCAD *automatisch geladen* wird.

☞

Für die *exakte (symbolische) Berechnung* von im Arbeitsfenster befindlichen *Ausdrücken/Funktionen* bietet MATHCAD *zwei Möglichkeiten*, nachdem man *Ausdruck/Funktion* bzw. eine *Variable* mit *Bearbeitungslinien* markiert hat:

I. *Anwendung* einer *Menüfolge* des *Menüs*
   Symbolics
   (deutsche Version: **Symbolik**)
   aus der *Menüleiste*.

II. *Eingabe* des *symbolischen Gleichheitszeichens* → (siehe Abschn.6.1.1) mit abschließender Betätigung der (⏎)-Taste.

Jede dieser beiden *Verfahrensweisen*
* *löst* die *Arbeit* des von MAPLE übernommenen *Symbolprozessors* aus.
* wird bei der *Lösung* der *einzelnen Aufgaben* im Laufe des Buches *ausführlich beschrieben*.

♦

☞

Da die *Anwendung* des *symbolischen Gleichheitszeichens*, die auch in Verbindung mit sogenannten *Schlüsselwörtern* geschehen kann, bei anderen Systemen nicht vorkommt, werden wir in den folgenden beiden Abschnitten 6.1.1 und 6.1.2 ausführlicher hierauf eingehen.

♦

☞

Verwendet man in *Ausdrücken* für die *exakte Berechnung Dezimalzahlen*, so wird das *Ergebnis* ebenfalls als *Dezimalzahl* geliefert.

♦

☞

Möchte man ein *exaktes Ergebnis* als *Dezimalzahl* (*Dezimalnäherung*) darstellen, so umrahmt man den Ausdruck mit Bearbeitungslinien und aktiviert die *Menüfolge*

Symbolics ⇒ Evaluate ⇒ Floating Point...
(deutsche Version: **Symbolik ⇒ Auswerten ⇒ Gleitkomma...**)

In die erscheinende *Dialogbox*

Floating Point Evaluation
(deutsche Version: **Gleitkommaauswertung**)

kann die gewünschte *Genauigkeit* (bis 4000 Kommastellen) eingetragen werden.

♦

6.1.1 Symbolisches Gleichheitszeichen

Die *Anwendung* des *symbolischen Gleichheitszeichens* → bringt eine Reihe von *Vorteilen* bei der *Durchführung exakter* (*symbolischer*) *Berechnungen*: Das *symbolische Gleichheitszeichen* kann

* die Aktivierung entsprechender *Untermenüs* aus dem *Menü*
  Symbolics
  (deutsche Version: **Symbolik**)

  ersparen, wie im Laufe des Buches an konkreten Berechnungen illustriert wird. Dazu dient auch die zusätzliche *Anwendung* von *Schlüsselwörtern* (siehe Abschn.6.1.2).

* zur *exakten Berechnung* von *Funktionswerten* herangezogen werden (siehe Beispiel 6.1f).

6.1 Exakte Berechnung mittels Computeralgebra

* auch eine *Dezimalnäherung* für einen mathematischen Ausdruck *liefern*, wenn man alle im Ausdruck vorkommenden *Zahlen* in *Dezimalschreibweise* eingibt (siehe Beispiel 6.1g).

☞

Zur *Aktivierung* des *symbolischen Gleichheitszeichens* → gibt es *zwei Möglichkeiten:*

I. *Anklicken* des *Symbols*

[→]

in den *Operatorpaletten Nr.2* oder *8* oder *Eingabe* der *Tastenkombination*

[Strg][.]

nachdem der damit zu *berechnende Ausdruck* in das *Arbeitsfenster* eingegeben und mit *Bearbeitungslinien markiert* wurde. Man kann auch zuerst das Symbol anklicken und anschließend in den erscheinenden Platzhalter den Ausdruck eintragen.

II. *Anklicken* des *Symbols*

[■→]

in der *Operatorpalette Nr.8.*
Im Unterschied zu I. besitzt hier das symbolische Gleichheitszeichen zwei Platzhalter

■ ■ →

in die der zu berechnende Ausdruck und ein Schlüsselwort einzugeben sind.

♦

☞

Wenn man *nach Eingabe* des *symbolischen Gleichheitszeichens* eine der *folgenden Aktivitäten* durchführt:

* *Mausklick* außerhalb des Ausdrucks
* *Drücken* der [↵]-Taste

wird die *exakte (symbolische) Berechnung* des *Ausdrucks* ausgelöst, falls vorher mittels der *Menüfolge*

Math ⇒ Automatic Calculation
(deutsche Version: **Rechnen ⇒ Automatische Berechnung**)

die *automatische Berechnung (Automatikmodus)* aktiviert wurde. Man erkennt sie am <u>Wort **Auto**</u> in der <u>*Nachrichtenleiste.*</u>
Wenn der *Automatikmodus ausgeschaltet* ist (*manueller Modus*), so löst das

* *Drücken* der [F9]-Taste

die *Berechnung* aus (siehe Abschn.6.3.2).

♦

Erste Anwendungen des *symbolischen Gleichheitszeichen* werden wir im *Beispiel 6.1 kennenlernen*. Weitere Beispiele finden wir im Hauptteil des Buches (Kap.12-27).

Beispiel 6.1:

Lösen wir folgende Aufgaben mit dem *symbolischen Gleichheitszeichen*:

a)
$$\int_1^2 x^x \, dx \rightarrow \int_1^2 x^x \, dx$$

Dieses *Integral* kann von MATHCAD *nicht exakt berechnet* werden und wird nach Eingabe des symbolischen Gleichheitszeichens unverändert wieder ausgegeben.

b)
$$\int_0^5 x^6 \cdot e^x \, dx \rightarrow 6745 \cdot \exp(5) - 720$$

Dieses *Integral* wird mit dem *symbolischen Gleichheitszeichen* exakt berechnet.

c)
$$\frac{d^2}{dx^2} \frac{1}{x^4 + 1} \rightarrow \frac{32}{(x^4 + 1)^3} \cdot x^6 - \frac{12}{(x^4 + 1)^2} \cdot x^2$$

Diese *Differentiation* wird mit dem *symbolischen Gleichheitszeichen* exakt durchgeführt.

d)
$$\prod_{k=1}^n \frac{1}{k+4} \rightarrow \frac{24}{\Gamma(n+5)}$$

Dieses *Produkt* wird mit dem *symbolischen Gleichheitszeichen* exakt berechnet.

e) *Definierte Funktionen* lassen sich unter Verwendung des *symbolischen Gleichheitszeichens*

e1) *exakt differenzieren*:

$f(x) := \sin(x) + \ln(x) + x + 1$

$\frac{d}{dx} f(x) \rightarrow \cos(x) + \frac{1}{x} + 1$

e2) *exakt integrieren*:

$f(x) := \sin(x) + \ln(x) + x + 1$

$\int f(x) \, dx \rightarrow -\cos(x) + x \cdot \ln(x) + \frac{1}{2} \cdot x^2$

6.1 Exakte Berechnung mittels Computeralgebra

e3) *zur Grenzwertberechnung verwenden*:

$$f(x) := \frac{2 \cdot x + \sin(x)}{x + 3 \cdot \ln(x+1)}$$

$$\lim_{x \to 0} f(x) \to \frac{3}{4}$$

f) Berechnen wir den *Wert* der *Funktion* sin x an der *Stelle* $\frac{\pi}{3}$ *exakt* und *numerisch*:

exakte Berechnung mittels des symbolischen Gleichheitszeichens:

$$\sin\left(\frac{\pi}{3}\right) \to \frac{1}{2} \cdot \sqrt{3}$$

numerische Berechnung mittels des numerischen Gleichheitszeichens:

$$\sin\left(\frac{\pi}{3}\right) = 0.866$$

g) *Reelle Zahlen* in *symbolischer Schreibweise* werden mittels des symbolischen Gleichheitszeichens *nicht verändert*, wie z.B.

$$\sqrt{2} \to \sqrt{2}$$

Dasselbe gilt für *mathematische Ausdrücke*, die reelle Zahlen in symbolischer Schreibweise enthalten, wie z.B.

$$\frac{\sqrt{5} + \ln(7)}{e^3 + \sqrt[3]{2}} \to \frac{\left(\sqrt{5} + \ln(7)\right)}{\left[\exp(3) + 2^{\left(\frac{1}{3}\right)}\right]}$$

Da sich in diesem Ausdruck die enthaltenen reellen Zahlen nicht weiter exakt vereinfachen lassen, wird mit dem symbolischen Gleichheitszeichen der gleiche Ausdruck zurückgegeben, wobei MATHCAD nur die Schreibweise etwas ändert.

Ändert man jedoch in den vorangehenden Ausdrücken die Schreibweise der enthaltenen *Zahlen*, indem man sie in *Dezimalschreibweise* eingibt, so liefert das *symbolische Gleichheitszeichen* die folgenden *Dezimalnäherungen*:

$$\sqrt{2.0} \to 1.4142135623730950488$$

$$\frac{\sqrt{5.0} + \ln(7.0)}{e^{3.0} + \sqrt[3]{2.0}} \rightarrow .19591887566098330253$$

◆

6.1.2 Schlüsselwörter

Schlüsselwörter bieten eine effektive Möglichkeit, um im Zusammenhang mit dem *symbolischen Gleichheitszeichen* → *exakte Berechnungen ohne Anwendung* des *Menüs*
Symbolics
(deutsche Version: **Symbolik**)
ausführen zu lassen.

☞

In den Versionen 7 und 8 von MATHCAD wurde die Vorgehensweise bei der Verwendung von Schlüsselwörtern gegenüber den Vorgängerversionen etwas verändert. Für die Versionen 5 und 6 von MATHCAD findet man die Anwendung von Schlüsselwörtern in den Büchern [2] und [4] des Autors.

◆

☞

Die *komplette Palette* der *symbolischen Schlüsselwörter* (*Operatorpalette Nr.8*) erhält man durch Anklicken des *Symbols*

in der *Rechenpalette* (siehe Abb.6.1).
Die *Palette symbolischer Schlüsselwörter* (englisch: *Symbolic Keyword Toolbar*) dient zur *Aktivierung* der *Schlüsselwörter*, wofür *zwei Möglichkeiten* bestehen:

I. *Verwendung* des *Operators*

der ein *symbolisches Gleichheitszeichen* mit *zwei Platzhaltern erzeugt*, wobei der zu berechnende *Ausdruck* in den *ersten* und das verwendete *Schlüsselwort* in den *zweiten Platzhalter* geschrieben werden.

II. Anklicken des entsprechenden *Schlüsselwortsymbols*, wobei ein *Ausdruck* der *folgenden Form* an der im Arbeitsfenster durch den Kursor bestimmten Stelle erscheint

■ Schlüsselwort →

in dem für *Schlüsselwort* das verwendete steht. In den *Platzhalter* links neben dem Schlüsselwort ist i.a. der zu berechnende *Ausdruck einzutragen*. Es gibt auch Schlüsselwörter, die *mehrere Platzhalter* besitzen (siehe Beispiel 6.2).

6.1 Exakte Berechnung mittels Computeralgebra

Aus den beiden Vorgehensweisen ist schon ersichtlich, daß die Methode II. vorzuziehen ist, da hier bereits das Schlüsselwort von MATHCAD eingetragen wird.

♦

☞

Wenn man *nach* der eben beschriebenen *Eingabe* eines *Schlüsselworts* eine der *folgenden Aktivitäten* durchführt:

* *Mausklick* außerhalb des Ausdrucks
* *Drücken* der ⏎-Taste

wird die *exakte (symbolische) Berechnung* des *Ausdrucks* ausgelöst, falls vorher mittels der *Menüfolge*

Math ⇒ Automatic Calculation
(deutsche Version: **Rechnen ⇒ Automatische Berechnung**)

der *Automatikmodus (automatische Berechnung)* aktiviert wurde. Man erkennt ihn am *Wort* **Auto** in der *Nachrichtenleiste*.
Wenn der *Automatikmodus ausgeschaltet* ist (*manueller Modus*), so löst das

* *Drücken* der F9-Taste

die *Berechnung* aus (siehe Kap.6.3).

♦

Betrachten wir die *Vorgehensweise* an *zwei Schlüsselwörtern* zur *Umformung* von *Ausdrücken* (siehe Kap.13):

* *Vereinfachung* von *Ausdrücken* (siehe Abschn.13.1) durch *Anklicken* des *Operators*

  simplify

  deutsche Version:

  vereinf.

  für das *Schlüsselwort*

  simplify
  (deutsche Version: **vereinfachen**)

  wobei in den *Platzhalter links* neben dem *erscheinenden Schlüsselwort* der zu vereinfachende *Ausdruck einzutragen* ist (siehe Beispiel 6.2).

* *Entwickeln (Ausmultiplizieren/Potenzieren)* von *Ausdrücken* (siehe Abschn.13.4 und 13.5) durch *Anklicken* des *Operators*

  expand

  deutsche Version:

  entwick.

  für das *Schlüsselwort*

expand
(deutsche Version: **entwickeln**)

wobei in den *linken Platzhalter* der zu entwickelnde *Ausdruck* und in den *rechten Platzhalter* die *Entwicklungsvariablen* (durch Komma getrennt) *einzutragen* sind (siehe Beispiel 6.2).

Weitere Schlüsselwörter zur Umformung von Ausdrücken findet man im Kap.13.

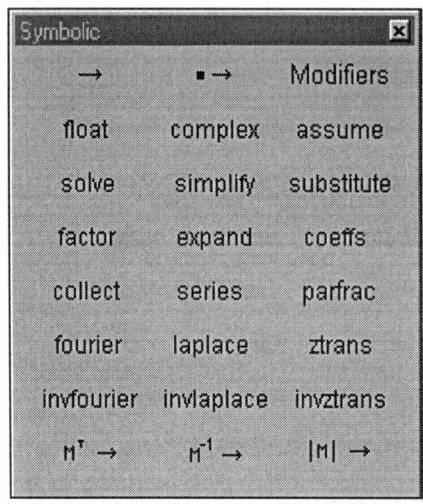

```
Symbolic
    →        ■→       Modifiers
  float    complex    assume
  solve    simplify   substitute
  factor   expand     coeffs
  collect  series     parfrac
  fourier  laplace    ztrans
 invfourier invlaplace invztrans
   Mᵀ →      M⁻¹ →      |M| →
```

Abb.6.1. Palette symbolischer Schlüsselwörter der englischen Version

☞

Weitere Schlüsselwörter der *Palette* aus *Abb.6.1* werden wir im Hauptteil des Buches kennenlernen.
Dem Leser wird empfohlen, anhand des gegebenen Beispiels 6.2 den Einsatz von *Schlüsselwörtern* in Verbindung mit dem *symbolischen Gleichheitszeichen* zu üben.

♦
Beispiel 6.2:
Bei den folgenden beiden Aufgaben werden die *Schlüsselwörter*
simplify und **expand**
zur *Umformung* von *Ausdrücken* angewandt:

a) Durch Verwendung des *Schlüsselworts*
   simplify
   werden *Ausdrücke* mit dem symbolischen Gleichheitszeichen *vereinfacht*, wobei der Ausdruck in den linken Platzhalter zu schreiben ist:

   $$\frac{x^4 - 1}{x + 1} \text{ simplify} \to x^3 - x^2 + x - 1$$

Verwendet man das *symbolische Gleichheitszeichen ohne Schlüsselwort*, so wird der Ausdruck *nicht vereinfacht*:

$$\frac{x^4-1}{x+1} \rightarrow \frac{(x^4-1)}{(x+1)}$$

b) Durch Verwendung des *Schlüsselworts*
   expand
   werden *Ausdrücke* mit dem symbolischen Gleichheitszeichen *entwickelt* bzw. *ausmultipliziert* bzw. *potenziert*, wobei der Ausdruck in den linken und die Variablen in den rechten Platzhalter zu schreiben sind:

$$(a+b)^3 \text{ } \mathbf{expand}, a, b \rightarrow a^3 + 3 \cdot a^2 \cdot b + 3 \cdot a \cdot b^2 + b^3$$

Verwendet man das *symbolische Gleichheitszeichen ohne Schlüsselwort*, so wird der Ausdruck *nicht potenziert*:

$$(a+b)^3 \rightarrow (a+b)^3$$

♦

☞
Mit dem *symbolischen Gleichheitszeichen allein* können *Ableitungen, Grenzwerte, Integrale, Produkte* und *Summen berechnet* werden, wie man in den Beispielen 6.1a)-e) sieht.
Dagegen lassen sich *Ausdrücke* mit dem *symbolischen Gleichheitszeichen* nur *umformen*, wenn man ein entsprechendes *Schlüsselwort* verwendet (siehe Beispiel 6.2).
♦

6.2 Numerische Berechnungen

Bei *numerischen (näherungsweisen) Berechnungen* unterscheidet MATH-CAD zwischen *zwei Möglichkeiten*:

I. Gewisse im Arbeitsfenster befindliche *mathematische Ausdrücke* können unmittelbar *numerisch* (näherungsweise) *berechnet* werden, wenn man im *Autmatikmodus* (siehe Abschn.6.3.1) nach der *Markierung* mit *Bearbeitungslinien* eine der folgenden Operationen durchführt:
   * *Eingabe* des *numerischen Gleichheitszeichens* =
   * *Aktivierung* der *Menüfolge*
     Symbolics ⇒ Evaluate ⇒ Floating Point...
     (deutsche Version: **Symbolik ⇒ Auswerten ⇒ Gleitkomma...**)
   Diese Möglichkeit ist u.a. bei algebraischen und transzendenten Ausdrücken, Integralen, Summen, Produkten und Berechnungen mit Matrizen anwendbar.

II. Eine in MATHCAD integrierte *Numerikfunktion* muß zur *numerischen Berechnung* eines mathematischen Problems herangezogen werden.
Nachdem die entsprechende Numerikfunktion mit Bearbeitungslinien markiert wurde, löst die Eingabe des numerischen Gleichheitszeichens = den Berechnungsvorgang aus.
Diese Möglichkeit ist u.a. bei der Lösung von Gleichungen und Differentialgleichungen, bei Interpolation und Regression zu verwenden.

☞
Welche *Möglichkeit* der *numerischen Berechnung* für ein gegebenes Problem anzuwenden ist, wird bei der *Lösung* der *einzelnen Aufgaben* im Laufe des Buches *beschrieben*.

♦
☞
Die *Eingabe* des *numerischen Gleichheitszeichens* = ist bei allen *numerischen Berechnungen* aufgrund der einfachen Handhabung zu empfehlen und kann auf folgende *zwei Arten* geschehen:

* mittels *Tastatur*
* durch Anklicken des *Symbols*

[=]

in der *Operatorpalette Nr.1* oder *2*

♦
☞
Das *numerische Gleichheitszeichen* = darf man *nicht* mit dem *symbolischen Gleichheitszeichen*

[→]

oder dem *Gleichheitsoperator* (*Gleichheitssymbol*)

[=]

verwechseln, die sich in der *Operatorpalette Nr.2* befinden.

♦
☞
Im Beispiel 6.1g) haben wir gesehen, daß man auch das *symbolische Gleichheitszeichen* → zur *numerischen Berechnung* eines mathematischen *Ausdrucks* heranziehen kann. Dies funktioniert genau dann, wenn alle im Ausdruck vorkommenden Zahlen in Dezimalschreibweise dargestellt sind.

♦
☞
Bei *numerischen* (*näherungsweisen*) *Berechnungen* existieren in MATHCAD drei Formen für die Einstellung der *Genauigkeit*:

• Die Anzahl der *Kommastellen* (maximal 15) für das *Ergebnis* (*Dezimalnäherung*) kann mittels der *Menüfolge*

6.2 Numerische Berechnungen

Format ⇒ Result...
(deutsche Version: **Format ⇒ Ergebnis...**)
in der erscheinenden *Dialogbox*
Result Format
(deutsche Version: **Ergebnisformat**)
auf maximal 15 Stellen bei
Displayed Precision
(deutsche Version: **Angezeigte Genauigkeit**)
eingestellt werden (*Standardwert 3*). Bei einer *Dezimalnäherung* muß in der *Dialogbox*
Decimal
(deutsche Version: **Dezimal**)
eingestellt sein.

- Möchte man ein *exaktes Ergebnis* oder eine *reelle Zahl* als *Dezimalnäherung* darstellen, so umrahmt man den Ausdruck mit Bearbeitungslinien und aktiviert die *Menüfolge*
Symbolics ⇒ Evaluate ⇒ Floating Point...
(deutsche Version: **Symbolik ⇒ Auswerten ⇒ Gleitkomma...**)
In der erscheinenden *Dialogbox*
Floating Point Evaluation
(deutsche Version: **Gleitkommaauswertung**)
kann die *gewünschte Genauigkeit bis 4000 Kommastellen* eingestellt werden (*Standartwert 20*).

- Die gewünschte *Genauigkeit* der verwendeten *numerischen Methode* (*Standardwert* 0.001) kann mit der *Menüfolge*
Math ⇒ Options...
(deutsche Version: **Rechnen ⇒ Optionen...**)'
in der erscheinenden *Dialogbox*
Math Options
(deutsche Version: **Rechenoptionen**)
in
Built-In Variables
(deutsche Version: **Vordefinierte Variablen**)
bei
Convergence Tolerance
(deutsche Version: **Konvergenztoleranz**)
eingestellt werden. Das gleiche wird lokal durch Eingabe der *Zuweisung*
TOL := .....
in das Arbeitsfenster erreicht.

Man darf allerdings nicht erwarten, daß das angegebene Resultat die eingestellte Genauigkeit besitzt. Man weiß nur, daß die angewandte numerische Methode abbricht, wenn die Differenz zweier aufeinanderfolgender Näherungen kleiner als **TOL** ist.

♦

6.3 Steuerung der Berechnung

Im folgenden beschreiben wir eine Reihe von *Methoden*, mit denen MATHCAD die auszuführenden *Berechnungen steuert*.
Hierzu gehören

* *automatische Durchführung* von *Berechnungen* (*Automatikmodus*)
* *manuelle Durchführung* von *Berechnungen* (*manueller Modus*)
* *Abbruch* von *Berechnungen*
* *Deaktivierung* von *Berechnungen*
* *Optimierung* der *Zusammenarbeit* von *exakter* (symbolischer) und *numerischer* (näherungsweiser) *Berechnung*.

6.3.1 Automatikmodus

Der *Automatikmodus* ist die *Standardeinstellung* von MATHCAD. Man erkennt seine *Aktivierung* im *Menü*
Math
(deutsche Version: **Rechnen**)
am Häkchen bei
Automatic Calculation
(deutsche Version: **Automatische Berechnung**)
Hier kann man durch *Mausklick* den *Automatikmodus* ein- oder *ausschalten*.

☞

Den *eingeschalteten Automatikmodus* erkennt man am Wort **Auto** in der *Nachrichtenleiste*. Ist der *Automatikmodus ausgeschaltet*, so spricht man vom *manuellen Modus*.

♦

☞

Im *Automatikmodus* wird

* jede *Berechnung* nach der Eingabe des symbolischen oder numerischen Gleichheitszeichens *sofort ausgeführt*.

6.3 Steuerung der Berechnung

* das gesamte *aktuelle Arbeitsblatt neu berechnet*, wenn *Konstanten, Variablen* oder *Funktionen* verändert werden. Für *exakte Berechnungen* gilt dies nur bei Anwendung des *symbolischen Gleichheitszeichens*.

♦

☞

Möchte man ein eingelesenes *Arbeitsblatt* nur *durchblättern*, kann sich der *Automatikmodus* hemmend auswirken, da man auf die Berechnung sämtlicher im Dokument enthaltener Ausdrücke, Gleichungen usw. warten muß. In diesem Fall empfiehlt sich der Übergang zum *manuellen Modus* (siehe Abschn.6.3.2).

♦

6.3.2 Manueller Modus

Der *manuelle Modus* wird durch *Ausschalten* des *Automatikmodus* erhalten und ist durch folgende *Eigenschaften* gekennzeichnet:

* Eine *Berechnung* wird erst dann durchgeführt, wenn man die
  [F9]-*Taste*
  drückt. Dies gilt für das gesamte *aktuelle Arbeitsblatt*.
* Werden *Variablen* und *Funktionen verändert*, so *bleiben* alle darauf aufbauenden *Berechnungen* im Arbeitsblatt *unverändert*, wenn man sie nicht durch *Betätigung* der [F9]-*Taste* auslöst.

☞

Der *manuelle Modus* ist zu *empfehlen*, wenn man

* ein *Arbeitsblatt durchblättert,*
* *Auswirkungen* von *Änderungen* nur für einige Ausdrücke im aktuellen *Arbeitsblatt* untersuchen möchte.

Der *Vorteil* des *manuellen Modus* liegt folglich darin, daß man bei der *Eingabe* von *Ausdrücken, Formeln* und *Gleichungen* oder beim *Blättern* nicht auf die Berechnungen durch MATHCAD warten muß.

♦

6.3.3 Abbruch von Berechnungen

Möchte man laufende *Berechnungen* von MATHCAD aus irgendwelchen Gründen *unterbrechen* bzw. *abbrechen*, so ist die
[Esc]-*Taste*
zu *drücken* und in der erscheinenden *Dialogbox*
Interrupt processing
(deutsche Version: **Verarbeitung unterbrechen**)
OK anzuklicken.

Daraufhin zeigt MATHCAD eine *Meldung* an, daß die *Berechnung unterbrochen* wurde.
Möchte man diese *unterbrochene Berechnung fortsetzen,* so muß man den entsprechenden Ausdruck anklicken und anschließen eine der *folgenden Aktivitäten* durchführen:

* *Aktivierung* der *Menüfolge*

    Math ⇒ Calculate
    (deutsche Version: **Rechnen ⇒ Berechnen**)

* *Drücken* der F9-*Taste.*

6.3.4 Ausdrücke deaktivieren

Möchte man in einem *Arbeitsblatt* die *Berechnung einzelner Ausdrücke, Formeln* bzw. *Gleichungen ausschalten* (d.h. *deaktivieren*), obwohl man im *Automatikmodus* (siehe Abschn.6.3.1) ist, empfiehlt sich *folgende Vorgehensweise,* nachdem der zu deaktivierende Ausdruck mit Bearbeitungslinien markiert wurde: Nach *Aktivierung* der *Menüfolge*

Format ⇒ Properties...
(deutsche Version: **Format ⇒ Eigenschaften...**)

ist in der erscheinenden *Dialogbox*

Properties
(deutsche Version: **Eigenschaften**)

bei

Calculation
(deutsche Version: **Berechnung**)

in

Calculation Options
(deutsche Version: **Berechnungsoptionen**)

folgendes anzuklicken:

Disable Evaluation
(deutsche Version: **Auswertung deaktivieren**)

☞

Die *Deaktivierung* wird von MATHCAD mit einem kleinen schwarzen Rechteck hinter dem entsprechenden Ausdruck *angezeigt.*

♦

☞

Möchte man eine *Deaktivierung* wieder *rückgängig* machen, d.h., möchte man die *Berechnung* von *Ausdrücken, Formeln* bzw. *Gleichungen* wieder *aktivieren,* so ist die gleiche Vorgehensweise wie bei der Deaktivierung erforderlich, wobei jetzt allerdings bei

Calculation Options

(deutsche Version: **Berechnungsoptionen**)
die *Markierung* bei
Disable Evaluation
(deutsche Version: **Auswertung deaktivieren**)
zu *entfernen* ist.
Danach verschwindet das Rechteck der Deaktivierung.
◆

6.3.5 Optimierung

In MATHCAD werden exakte und numerische Berechnungen i.a. unabhängig voneinander durchgeführt.
Man kann allerdings MATHCAD dazu veranlassen, vor einer *numerischen Berechnung* erst eine *symbolische Berechnung* bzw. eine *symbolische Vereinfachung* zu versuchen. Dies wird bei MATHCAD als *Optimierung* von *Berechnungen* bezeichnet.

☞
Eine *Optimierung* der von MATHCAD durchgeführten *Berechnungen* kann durch *Aktivierung* der *Menüfolge*
Math ⇒ Optimization
(deutsche Version: **Rechnen ⇒ Optimierung**)
ein- oder *ausgeschaltet* werden.
Sie ist *eingeschaltet*, wenn sich neben
Optimization
(deutsche Version: **Optimierung**)
ein *Häkchen* befindet.
◆
Die *eingeschaltete Optimierung* ist in MATHCAD durch *folgende Eigenschaften charakterisiert:*

- Sie versucht <u>*vor* einer *numerischen* eine *symbolische Berechnung* bzw. *Veinfachung*</u>, wenn man den zu *berechnenden Ausdruck* in einer *Zuweisung* (*Ergibtanweisung*) stehen hat (siehe Beispiel 6.3).
- Wenn nach Aktivierung der Zuweisung neben dem zu *berechnenden Ausdruck* ein *Sternchen* erscheint, so war eine *exakte Berechnung* oder *Vereinfachung erfolgreich*.
- Durch *zweifaches Anklicken* des *Sternchens* erscheint eine *Dialogbox*
  Optimized Result
  (deutsche Version: **Optimiertes Ergebnis**)
  in der das *exakte Ergebnis* der *Berechnung angezeigt* wird.

Beispiel 6.3:

Bei den folgenden Aufgaben wird eine *Optimierung* der *Berechnungen* angewandt:

a) Wir *berechnen* ein in einer Ergibtanweisung stehendes *Integral numerisch* mit

a1) *ausgeschalteter Optimierung:*

$$a := \int_0^1 \sqrt{1-x^2}\, dx \qquad a = 0.785208669629317$$

a2) *eingeschalteter Optimierung:*

$$a := \int_0^1 \sqrt{1-x^2}\, dx \quad * \qquad a = 0.785208669629317$$

Das neben dem eingegebenen Integral erscheinende *Sternchen* zeigt an, daß eine *exakte Lösung* für das *Integral gefunden* wurde. Das danebenstehende Ergebnis für a ist eine *Dezimalnäherung* des *exakten Ergebnisses*
$a = \pi/4$
das durch *Doppelklick* auf das *Sternchen* in der *Dialogbox*
Optimized Result
(deutsche Version: **Optimiertes Ergebnis**)
angezeigt wird.

b) Wir *berechnen* einen in einer Ergibtanweisung *stehenden algebraischen Ausdruck numerisch* mit

b1) *ausgeschalteter Optimierung:*

$$a := \frac{\sqrt{64} + \sin\left(\frac{\pi}{3}\right) + 5^2}{\cos\left(\frac{\pi}{3}\right) + \sqrt[3]{27}} \qquad a = 9.676007258224127$$

b2) *eingeschalteter Optimierung:*

$$a := \frac{\sqrt{64} + \sin\left(\frac{\pi}{3}\right) + 5^2}{\cos\left(\frac{\pi}{3}\right) + \sqrt[3]{27}} \quad * \qquad a = 9.676007258224127$$

Das neben dem eingegebenen Ausdruck erscheinende *Sternchen* zeigt an, daß ein *exakter Wert* für den *Ausdruck gefunden* wurde. Das danebenstehende Ergebnis für a ist eine *Dezimalnäherung* des *exakten Ergebnisses*

$$\frac{66}{7} + \frac{1}{7}\sqrt{3}$$

das durch *Doppelklick* auf das *Sternchen* in der *Dialogbox*
Optimized Result
(deutsche Version: **Optimiertes Ergebnis**)
angezeigt wird.

c) Wir *berechnen* einen in einer Ergibtanweisung *stehenden algebraischen Ausdruck numerisch* mit *eingeschalteter Optimierung*:

$$b := \frac{\sqrt{5} + \ln(2)}{\sin\left(\frac{\pi}{3}\right) + \sqrt[3]{2}} \qquad b = 1.377840515686663$$

Hier erscheint *kein Sternchen*, obwohl sich

$$\sin\left(\frac{\pi}{3}\right) = \frac{1}{2} \cdot \sqrt{3}$$

umformen läßt. Dies mag darin begründet liegen, daß diese Umformung wieder eine reelle Zahl liefert, so daß sich der gesamte Ausdruck exakt nicht weiter vereinfachen läßt.
Die Eingabe des *symbolischen Gleichheitszeichens* liefert allerdings das *vereinfachte Ergebnis*

$$b \rightarrow \frac{\left(\sqrt{5} + \ln(2)\right)}{\left(\frac{1}{2}\sqrt{3} + \sqrt[3]{2}\right)}$$

♦

6.4 Fehlermeldungen

Bei *Berechnungen* können in MATHCAD *Fehler* auftreten, die
* vom Nutzer begangen werden (z.B. Division durch Null),
* bei MATHCAD-Funktionen auftreten.

Wenn ein *Fehler* auftritt, so wird der entsprechende *Ausdruck* mit einer *Fehlermeldung* markiert und der Teil des Ausdrucks, in dem der Fehler vorkommt, in einer anderen Farbe (rot) angezeigt.

☞
Eine *Hilfe* zur angezeigten *Fehlermeldung* erhält man durch *Drücken* der [F1]-*Taste*.
♦

7 Zahlen

In diesem Kapitel beschäftigen wir uns ausführlicher mit *Zahlenarten* (*Zahlenbereichen*), die für die Arbeit mit MATHCAD eine wesentliche Rolle spielen. MATHCAD

* *kennt* sowohl *reelle* als auch *komplexe Zahlen*, deren mögliche Darstellungen wir in den folgenden beiden Abschn.7.1 bzw. 7.2 näher betrachten.
* *interpretiert* jede *Bezeichnung* als *Zahl*, die mit einer *Ziffer beginnt*.
* *kennt* die *Zahlenwerte* einer Reihe von *Konstanten*, von denen wir wichtige im Abschn.7.3 kennenlernen.

☞
Das *Zahlenformat* für alle *Zahlenarten* kann mittels der *Menüfolge*

Format ⇒ Result...
(deutsche Version: **Format ⇒ Ergebnis...**)

in der erscheinenden *Dialogbox*

Result Format
(deutsche Version: **Ergebnisformat**)

eingestellt werden. Diese in Abb.7.1 zu sehende *Dialogbox* wird uns bei konkreten Berechnungen im Laufe des Buches öfters begegnen, so daß wir jetzt nicht näher hierauf eingehen.
♦

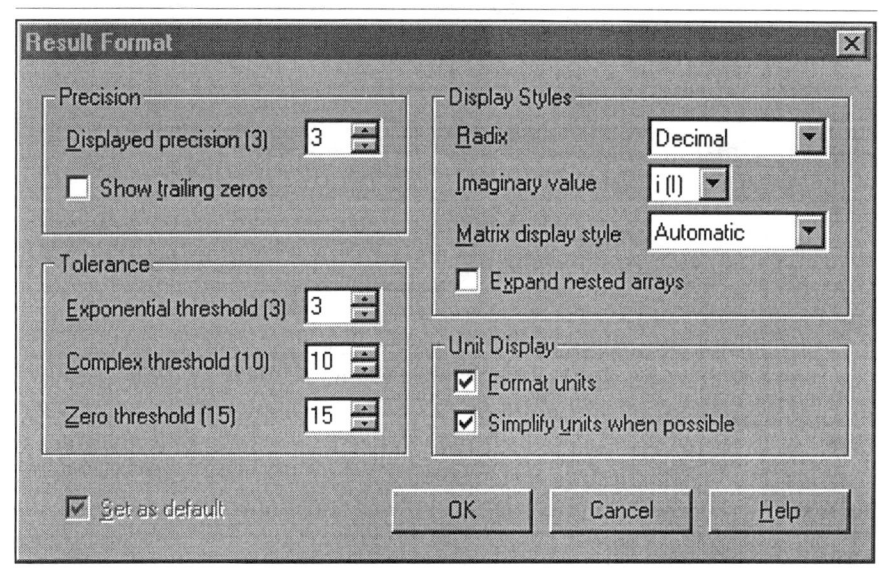

Abb.7.1. Dialogbox **Result Format** für die Einstellung des Zahlenformats

7.1 Reelle Zahlen

Relle Zahlen können in MATHCAD *folgendermaßen dargestellt* werden:
- *exakt* als *Symbole*, wie z.B.
    * e (*Eulersche Zahl*)
    * π (*Pi*)
    * $\sqrt{2}$
    * $\dfrac{\sqrt{5} + \ln(2)}{\sin\left(\dfrac{\pi}{3}\right) + \sqrt[3]{2}}$

    (*algebraischer Ausdruck* mit *reellen Zahlen* in *symbolischer Darstellung*)
- *numerisch* (*näherungsweise*) in
    * *Dezimaldarstellung*
    * *Binärdarstellung*
    * *Oktaldarstellung*
    * *Hexadezimaldarstellung*

    Die *Einstellung* hierzu ist in der *Dialogbox*

Result Format
(deutsche Version: **Ergebnisformat**)

mittels

* **Decimal**
* **Binary**
* **Octal**
* **Hexadecimal**

vorzunehmen.
Im Rahmen des vorliegenden Buches verwenden wir in *numerischen Berechnungen* für *reelle Zahlen* die *Dezimaldarstellung*, wobei MATHCAD statt des *Dezimalkommas* den *Dezimalpunkt* benötigt.

☞
Bei der *Dezimaldarstellung reeller Zahlen* ist zu *beachten*, daß hier *Näherungswerte* auftreten können, da diese Darstellung auf dem Computer nur durch endlich viele Ziffern möglich ist. MATHCAD gestattet die Annäherung durch maximal *4000 Dezimalstellen*.
Die *gewünschte Anzahl* von *Dezimalstellen* kann mittels der *Menüfolge*
Symbolics ⇒ Evaluate ⇒ Floating Point...
(deutsche Version: **Symbolik ⇒ Auswerten ⇒ Gleitkomma...**)
in der *Dialogbox*
Floating Point Evaluation
(deutsche Version: **Gleitkommaauswertung**)
eingestellt und berechnet werden.

♦

☞

In der *Dialogbox*
Result Format
(deutsche Version: **Ergebnisformat**)
lassen sich für die *Dezimaldarstellung reeller Zahlen* die *folgenden Einstellungen* vornehmen:

* **Displayed precision**
  (deutsche Version: **Angezeigte Genauigkeit**)

  Hier können <u>maximal 15 Dezimalstellen</u> (*Standardwert=3*) für die *Genauigkeit* bei *Verwendung* des *numerischen Gleichheitszeichens* = (*numerische Berechnung*) eingestellt werden.

* **Exponential threshold**
  (deutsche Version: **Exponentialschwelle**)

  Hier kann eine *ganze Zahl* n zwischen 0 und 15 eingegeben werden (*Standardwert=3*), die bewirkt, daß MATHCAD <u>reelle Zahlen, die größer als 10^n oder kleiner als 10^{-n} sind, in *Exponentialschreibweise* darstellt.</u>

* **Zero threshold**

(deutsche Version: **Null-Toleranz**)

Hier kann eine *ganze Zahl* n zwischen 0 und 307 eingegeben werden (*Standardwert=15*), die bewirkt, daß MATHCAD *reelle Zahlen*, die kleiner als 10^{-n} sind, als Null darstellt.

* **Show trailing Zeros**
(deutsche Version: **Nachfolgende Nullen**)

Wenn dies aktiviert ist, wird jede *Zahl* mit soviel *Dezimalstellen dargestellt*, wie bei

* **Displayed Precision**
(deutsche Version: **Angezeigte Genauigkeit**)

eingestellt wurde. Ist z.B. die Genauigkeit 6 eingestellt, so wird hier 3 als 3.000000 dargestellt.

♦

☞

Informationen zu den *Grundrechenoperationen* mit *reellen Zahlen* findet man im Kap.12.

♦

7.2 Komplexe Zahlen

Komplexe Zahlen z müssen in MATHCAD in einer der *Formen*

* z := a + bi
* z := a + bj

eingegeben und *dargestellt* werden, d.h. ohne Multiplikationszeichen zwischen dem Imaginärteil b und der imaginären Einheit i bzw. j, wobei

* der *Realteil* a mittels

   Re (z)

* der *Imaginärteil* b mittels

   Im (z)

* das *Argument* $\varphi = \arctan \dfrac{b}{a}$ mittels

   arg (z)

berechnet werden,

* der *Betrag*

   |z|

   mittels des *Betragsoperators*

   |x|

aus der *Operatorpalette Nr. 1 oder 4* gebildet wird.

* die zur komplexen Zahl z *konjugiert komplexe Zahl* $\bar{z}$ gebildet wird, indem man nach der Eingabe z mit *Bearbeitungslinien umrahmt* und die *Taste*

  ☐

  drückt.

☞

Die *imaginäre Einheit*

$\sqrt{-1}$

läßt sich durch i oder j *eingeben.* Dabei ist zu beachten, daß zwischen dem Imaginärteil b und der imaginären Einheit kein Multiplikationszeichen und auch kein Leerzeichen stehen darf.
Ob MATHCAD die *imaginäre Einheit* bei der *Ausgabe* im Arbeitsfenster durch i oder j darstellt, kann in der *Dialogbox*
Result Format
(deutsche Version: **Ergebnisformat**)
eingestellt werden.

♦

☞

Die *Operationen* für komplexe Zahlen lassen sich in MATHCAD sowohl *exakt* als auch *numerisch* durchführen, d.h. durch Eingabe des symbolischen bzw. numerischen Gleichheitszeichens (siehe Beispiel 7.1).

♦

☞

Wenn es *mehrere Ergebnisse* für eine *Rechenoperation* mit *komplexen Zahlen* gibt, so wird von MATHCAD i.a. der *Hauptwert* ausgegeben (siehe Beispiel 7.1c).

♦

MATHCAD führt für *komplexe Zahlen* die *Grundrechenarten* und die eben gegebenen *Operationen* problemlos durch, wie wir im folgenden Beispiel 7.1 demonstrieren.

Beispiel 7.1:

Wir definieren zwei *komplexe Zahlen*

$z_1 := 2 + 3i \qquad z_2 := 1 - 5i$

und führen hiermit *Operationen* unter Verwendung des *numerischen* bzw. *symbolischen Gleichheitszeichens* durch:

a)

    Realteil : $\qquad \text{Re}(z_1) = 2 \qquad \text{Re}(z_2) = 1$

$\qquad\qquad\qquad\qquad \text{Re}(z_1) \rightarrow 2 \qquad \text{Re}(z_2) \rightarrow 1$

7.2 Komplexe Zahlen

Imaginärteil: $\quad \operatorname{Im}(z_1) = 3 \qquad \operatorname{Im}(z_2) = -5$

$\qquad\qquad\qquad \operatorname{Im}(z_1) \rightarrow 3 \qquad \operatorname{Im}(z_2) \rightarrow -5$

Argument: $\quad \arg(z_1) = 0.983 \qquad \arg(z_2) = -1.373$

$\qquad\qquad\qquad \arg(z_1) \rightarrow \operatorname{atan}\left(\dfrac{3}{2}\right) \qquad \arg(z_2) \rightarrow -\operatorname{atan}(5)$

Betrag: $\quad |z_1| = 3.606 \qquad |z_2| = 5.099$

$\qquad\qquad\qquad |z_1| \rightarrow \sqrt{13} \qquad |z_2| \rightarrow \sqrt{26}$

Konjugierte: $\quad \overline{z_1} = 2 - 3i \qquad \overline{z_2} = 1 + 5i$

$\qquad\qquad\qquad \overline{z_1} \rightarrow 2 - 3i \qquad \overline{z_2} \rightarrow 1 + 5i$

b) Im folgenden führen wir die Grundrechenarten *Addition, Subtraktion, Multiplikation* und *Division* durch:

$z_1 + z_2 = 3 - 2i \qquad z_1 - z_2 = 1 + 8i$

$z_1 + z_2 \rightarrow 3 - 2i \qquad z_1 - z_2 \rightarrow 1 + 8i$

$z_1 \cdot z_2 = 17 - 7i \qquad \dfrac{z_1}{z_2} = -0.5 + 0.5i$

$z_1 \cdot z_2 \rightarrow 17 - 7i \qquad \dfrac{z_1}{z_2} \rightarrow \dfrac{-1}{2} + \dfrac{1}{2} \cdot i$

c) Wenn es *mehrere Ergebnisse* für eine *Rechenoperation* mit *komplexen Zahlen* gibt, so wird i.a. der *Hauptwert* ausgegeben:

$\sqrt{z_1} = 1.674 + 0.896i \qquad \sqrt{z_2} = 1.746 - 1.432i$

$\sqrt{z_1} \rightarrow \sqrt{\dfrac{1}{2} \cdot \sqrt{13} + 1} + i \cdot \sqrt{\dfrac{1}{2} \cdot \sqrt{13} - 1}$

$\sqrt{z_2} \rightarrow \sqrt{\dfrac{1}{2} \cdot \sqrt{26} + \dfrac{1}{2}} - i \cdot \sqrt{\dfrac{1}{2} \cdot \sqrt{26} - \dfrac{1}{2}}$

Eine *Ausnahme* bildet die *Berechnung* der *n-ten Wurzel* mit dem entsprechenden *Wurzeloperator* aus der *Operatorpalette Nr.1*, wie das folgende Beispiel zeigt:
Für die *Kubikwurzel* von −1 wird das *Ergebnis* in *Abhängigkeit* von der *Schreibweise* geliefert:

In der *Form*

$$(-1)^{\frac{1}{3}} = 0.5 + 0.866\,i$$

wird der *Hauptwert berechnet*, während unter *Verwendung* des *n-ten Wurzeloperators* aus der *Operatorpalette Nr.1*

$$\sqrt[3]{-1} = -1$$

das *relle Ergebnis* −1 geliefert wird. Dies liegt an der Eigenschaft des n-ten *Wurzeloperators*, der immer ein reelles Ergebnis liefert (falls vorhanden).

♦

7.3 Integrierte Konstanten

MATHCAD sind u.a. folgende *Konstanten* bekannt, wobei wir die *Bezeichnungen* für die *Eingabe* in Klammern angeben:

* $\pi = 3.14159...$ (π aus der *Operatorpalette Nr.1*)
* *Eulersche Zahl* **e** = 2.718281... (e über die *Tastatur*)
* *Imaginäre Einheit* **i** = $\sqrt{-1}$ (1i über die *Tastatur*)
* *Unendlich* ∞ (∞ aus der *Operatorpalette Nr.5*)
* *Prozentzeichen* %=0.01 (% über die *Tastatur*)

☞
Bei der *Verwendung* der *imaginären Einheit* i ist unbedingt zu beachten, daß diese von MATHCAD nur erkannt wird, wenn eine Zahl (ohne Multiplikationspunkt) vor ihr steht. Statt i kann noch j für die *imaginäre Einheit* geschrieben werden (siehe Abschn.7.2).

♦

☞
In *numerischen Berechnungen* verwendet MATHCAD für Unendlich ∞ den Zahlenwert 10^{307} .

♦

☞
Die *Bezeichnungen* für *vordefinierte Konstanten* sind in MATHCAD *reserviert* und sollten nicht für andere Größen (Variablen oder Funktionen) verwendet werden, da dann die vordefinierten Werte verloren sind.

♦

8 Variablen

MATHCAD kennt für die *Darstellung* von *Variablen* eine Reihe von Möglichkeiten, wobei zwischen *folgenden Variablenformen* unterschieden wird:
* *vordefinierte Variablen* (englisch: *Built-In Variables*)
* *einfache Variablen*
* *indizierte Variablen* mit *Literalindex*
* *indizierte Variablen* mit *Feldindex*

Im folgenden diskutieren wir wesentliche *Eigenschaften* dieser von MATHCAD verwendeten *Variablen*.

8.1 Vordefinierte Variablen

MATHCAD besitzt eine Reihe von *vordefinierten* (*integrierten*) *Konstanten* und *Variablen*, von denen wir Konstanten bereits im Abschn.7.3 kennenlernten. Die *Bezeichnungen* für *vordefinierte Konstanten* und *Variablen* sind in MATHCAD *reserviert* und sollten nicht für andere Größen (z.B. Funktionen) verwendet werden, da sie dann nicht mehr zur Verfügung stehen.

☞
Während den *vordefinierten* (*integrierten*) *Konstanten*, wie
e, π, i, %
feste Werte zugeordnet sind (siehe Abschn.7.3), können *vordefinierten* (*integrierten*) *Variablen andere* als die von MATHCAD verwendeten *Standardwerte* zugewiesen werden.

♦
Im folgenden betrachten wir *wichtige vordefinierten Variablen*, wobei die von MATHCAD verwendeten *Standardwerte* in *Klammern* angegeben werden:

* **TOL** (=0.001)

    Gibt die bei *numerischen Berechnungen* von MATHCAD *verwendete Genauigkeit* an (siehe Abschn.6.2), wobei als *Standardwert* 0.001 verwendet wird.

- **ORIGIN** (=0)

  Gibt bei *Vektoren* und *Matrizen* (*Feldern*) den *Index* (*Feldindex*) des ersten Elements an (*Startindex*), für den MATHCAD als *Standardwert* 0 verwendet. Dies ist bei der Rechnung mit Matrizen und Vektoren zu beachten, da man hier i.a. mit dem *Feldindex* 1 beginnt (siehe Kap.15), so daß man **ORIGIN** den Wert 1 zuordnen muß.

- **PRNCOLWIDTH** (=8)

  Bestimmt die *Spaltenbreite*, die beim *Schreiben* mit der *Funktion* **WRITEPRN** (deutsche Version: **PRNSCHREIBEN**)

  verwendet wird (siehe Kap.9).

- **PRNPRECISION** (=4)

  Bestimmt die *Anzahl* der *Stellen*, die beim *Schreiben* mit der *Funktion* **WRITEPRN** (deutsche Version: **PRNSCHREIBEN**)

  ausgegeben werden sollen (siehe Kap.9).

☞

Möchte man für *vordefinierte Variablen andere Werte* als die von MATHCAD verwendeten Standardwerte benutzen, so kann dies mittels der *Menüfolge*

Math ⇒ Options...
(deutsche Version: **Rechnen ⇒ Optionen...**)

in der erscheinenden *Dialogbox*

Math Options
(deutsche Version: **Rechenoptionen**)

bei

Built-In Variables
(deutsche Version: **Vordefinierte Variablen**)

global für das *gesamte Arbeitsblatt eingestellt* werden.
Mittels des Zuweisungsoperators := können den vordefinierten Variablen nur *lokal* andere *Werte zugewiesen* werden, so wird z.B. durch
ORIGIN := 1
lokal der Startwert 1 für die Indexzählung festgelegt.

♦

8.2 Einfache und indizierte Variablen

Variablen spielen bei allen mathematischen Berechnungen eine große Rolle, wobei *einfache* und *indizierte Variable* Verwendung finden. MATHCAD berücksichtigt dies und kann alle Variablentypen darstellen.

8.2 Einfache und indizierte Variablen

In MATHCAD lassen sich *Namen* (*Bezeichnungen*) von *Variablen* für

- *einfache Variablen*

  als *Kombination* von *Buchstaben* (auch griechischen), *Zahlen* und gewissen *Zeichen* wie Unterstrich _ usw., z.B.

  x, y, x1, y2, ab3, x_3

- *indizierte Variablen*

  in *indizierte Form* wie x_1, y_n, z_a, $a_{i,k}$

darstellen, wobei MATHCAD zwischen Groß- und Kleinschreibung unterscheidet und jeder Variablenname mit einem Buchstaben beginnen muß.

☞

Bei MATHCAD ist zu beachten, daß *nicht zwischen* den *Namen* von *Variablen* und *Funktionen* (siehe Abschn.17.2.3) *unterschieden* wird.
Deshalb sollte man bei der Festlegung von *Variablennamen* berücksichtigen, daß man keine *Namen* in MATHCAD *integrierter Funktionen* oder *vordefinierter Konstanten* verwendet, da diese dann nicht mehr verfügbar sind.

♦

Bei der *Darstellung indizierter Variablen* bietet MATHCAD in Abhängigkeit vom Verwendungszweck *zwei Möglichkeiten*:

I. Möchte man eine Variable x_i als *Komponente* eines *Vektors* **x** interpretieren, so muß man diese unter Verwendung des *Operators*

   $\boxed{x_n}$

   aus der *Operatorpalette Nr. 1* oder *4* erzeugen, indem man in die erscheinenden *Platzhalter*

   $\boxed{\blacksquare_\blacksquare}$

   x und den *Index* (*Feldindex*) i einträgt und damit

   x_i

   erhält.

II. Ist man nur an einer *Variablen* x mit *tiefgestelltem Index* i interessiert, so erhält man diese, indem man nach der Eingabe von x mittels der Tastatur einen Punkt eintippt. Die anschließende Eingabe von i erscheint jetzt tiefgestellt und man erhält

   x $_i$

   Man bezeichnet diese Art von Index als *Literalindex* im Gegensatz zum *Feldindex* aus I.

☞

In MATHCAD ist der *Unterschied* zwischen beiden Arten von *indizierten Variablen* schon *optisch* zu *erkennen*, da beim *Literalindex* zwischen Variablen und Index ein Leerzeichen steht und der Literalindex die gleiche Größe wie die Variable besitzt, während beim *Feldindex* der Index kleiner als die Variable dargestellt wird.

♦

☞

Variablen können durch die *Zuweisungsoperatoren* := und ≡ *Zahlen* oder *Konstanten* zugewiesen werden (siehe Abschn.10.3), wobei sich der *Zuweisungsoperator*

- :=

    durch

    * *Eingabe* des *Doppelpunktes* mittels *Tastatur*
    * *Anklicken* des *Operators*

        [:=]

        in der *Operatorpalette Nr.1*

- ≡

    durch *Anklicken* des *Operators*

    [≡]

    in der *Operatorpalette Nr.2*

erzeugen läßt.

♦

☞

Der *Unterschied* zwischen beiden *Zuweisungsoperatoren* besteht darin, daß

* :=

    die Zuweisung *lokal*,

* ≡

    die Zuweisung *global*

definieren.
Durch diese beiden verschiedenen *Zuweisungsarten* lassen sich analog zu Programmiersprachen *lokale* und *globale Variablen* definieren.
MATHCAD analysiert bei der *Abarbeitung* eines *Arbeitsblatts* von links oben nach rechts unten zuerst alle *globalen Variablen*. Erst danach werden die *lokalen Variablen* bei der Berechnung vorhandener Ausdrücke berücksichtigt.

♦

☞

Bei *Zuweisungen* ist folgendes zu *beachten:*

* Bei *symbolischen Berechnungen* (z.B. Differentiation) dürfen den verwendeten Variablen vorher noch keine Zahlenwerte zugewiesen worden sein.
Hat man der Variablen x schon einen Zahlenwert zugewiesen und möchte man diese später z.B. zur Differentiation einer Funktion f(x) wieder als symbolische Variable verwenden, so kann man sich durch eine *Neudefinition*

x := x
helfen.

* Bei *numerischen Berechnungen* müssen allen *Variablen* vorher *Zahlenwerte zugewiesen* werden.
  Nichtdefinierte Variablen werden hier andersfarbig gekennzeichnet und es wird mit einer kurzen *Fehlermeldung* auf die Nichdefinition hingewiesen.

♦

8.3 Bereichsvariablen

MATHCAD kennt sogenannte *Bereichsvariablen*, denen man *mehrere Werte* aus einem *Bereich* (*Intervall*) *zuweisen* kann.

☞

Definiert werden *Bereichsvariablen* in der *Form*

v := a, a + Δv .. b

wobei die *beiden Punkte* .. auf eine der *folgenden Arten eingegeben* werden können:

* Anklicken des *Operators*

  [m..n]

  in der *Operatorpalette Nr.1* oder *4*

* *Eingabe* des *Semikolons* mittels Tastatur.

Statt des *lokalen Zuweisungsoperators* := kann man auch den *globalen Zuweisungsoperator* ≡ zur *Definition* von *Bereichsvariablen* verwenden.

♦

☞

Eine so definierte *Bereichsvariable* v nimmt alle *Werte zwischen* a (*Anfangswert*) und b (*Endwert*) mit der *Schrittweite* Δv an.
Fehlt die *Schrittweite* Δv, d.h., hat man eine *Bereichsvariable* v in der *Form*

v := a .. b

definiert, so werden von v die *Werte* zwischen a und b mit der *Schrittweite* 1 *angenommen*, d.h. für

* a < b

   gilt i = a , a+1 , a+2 , ... , b

* a > b

   gilt i = a , a−1 , a−2 , ... , b

♦

☞
Bei *Bereichsvariablen* ist zu beachten, daß
* nur *einfache Variablen* auftreten dürfen, d.h., indizierte Variablen sind hier nicht erlaubt.
* MATHCAD *Bereichsvariablen* nur *maximal 50 Werte zuweisen* kann.
♦

☞
In MATHCAD können *Bereichsvariable* und damit auch ihre Anfangswerte, Schrittweiten und Endwerte *beliebige reelle Zahlen* sein. Beispiele für *nichtganzzahlige Bereichsvariablen* lernen wir im Kap.14 und 18 bei Bereichssummen und Bereichsprodukten bzw. der grafischen Darstellung von Funktionen kennen.
♦

☞
Die einer *Bereichsvariablen zugewiesenen Werte* kann man sich als *Wertetabelle (Ausgabetabelle) anzeigen* lassen, wenn man das *numerische Gleichheitszeichen* = eingibt (siehe Beispiel 8.1a). Dabei ist zu beachten, daß MATHCAD nur die ersten 50 Werte in dieser Tabelle darstellt. Wenn man mehr Werte benötigt, muß man mehrere Bereichsvariablen verwenden.
♦

☞
Bereichsvariablen nehmen zwar mehrere Werte an, können aber nicht wie Vektoren verwendet werden (siehe Kap.15). Man kann sie nur als *Listen* auffassen. Wie man *Vektoren* mittels Bereichsvariablen *erzeugen* kann, wird im Beispiel 8.1c3) illustriert.
♦

☞
Bereichsvariablen benötigt man u.a. zur
* *grafischen Darstellung* von Funktionen (siehe Kap.18),
* *Bildung* von *Schleifen* bei der *Programmierung* (siehe Abschn.10.5),
* *Berechnung* von *Summen* und *Produkten* (siehe Kap.14),
* *Berechnung* von *Funktionswerten* (siehe Beispiel 8.1b),
* *Definition* von *Vektoren* und *Matrizen* (siehe Beispiel 8.1c).
♦

Illustrieren wir die Funktionsweise von Bereichsvariablen an einigen charakteristischen Beispielen.

Beispiel 8.1:

a) Wir definieren *Bereichsvariablen* u und v in den *Intervallen*
[1.2,2.1] bzw. [-3,5]
mit der *Schrittweite*
0.1 bzw. 1

8.3 Bereichsvariablen

und geben die *berechneten* Werte durch *Eingabe* des *numerischen Gleichheitszeichens* = als *Wertetabelle* (*Ausgabetabelle*) aus:

u := 1.2 , 1.3 .. 2.1   v := - 3 .. 5

u
1.2
1.3
1.4
1.5
1.6
1.7
1.8
1.9
2
2.1

v
-3
-2
-1
0
1
2
3
4
5

b) Berechnen wir die *Funktion*

sin x

für die *Werte*

x = 1, 2, 3, ... , 7

indem wir x als *Bereichsvariable* mit der *Schrittweite 1* definieren:
x := 1 .. 7

x   sin(x)

x	sin(x)
1	0.841
2	0.909
3	0.141
4	- 0.757
5	- 0.959
6	- 0.279
7	0.657

Die Eingabe des *numerischen Gleichheitszeichens* = nach x und sin(x) liefert die *Wertetabelle* (*Ausgabetabelle*) der *definierten Bereichsvariablen* x bzw. die *Wertetabelle* (*Ausgabetabelle*) der zugehörigen *Funktionswerte* von sin x.

c) Erzeugen wir Vektoren und Matrizen (siehe Abschn.15.1) unter Verwendung von Bereichsvariablen:

c1) Mittels einer *Bereichsvariablen* j kann man einen *Spaltenvektor* **x** folgendermaßen *erzeugen*, wenn man den *Startindex* mittels der *vordefinierten Variablen* **ORIGIN** (siehe Abschn.8.1) auf 1 stellt. In unserem Beispiel berechnet sich die j-te Komponente des Vektors x aus j+1:

$j := 1 .. 9 \qquad x_j := j+1$

$$x = \begin{pmatrix} 2 \\ 3 \\ 4 \\ 5 \\ 6 \\ 7 \\ 8 \\ 9 \\ 10 \end{pmatrix}$$

c2) Mit zwei *Bereichsvariablen* i und k läßt sich eine *Matrix* **A** folgendermaßen *erzeugen*, wenn man den *Startindex* mittels der *vordefinierten Variablen* **ORIGIN** (siehe Abschn.8.1) auf 1 stellt. In unserem Beispiel berechnet sich das Element der i-ten Zeile und k-ten Spalte der Matrix A aus i+k:

$i := 1 .. 2 \qquad k := 1 .. 3 \qquad A_{ik} := i+k$

$$A = \begin{pmatrix} 2 & 3 & 4 \\ 3 & 4 & 5 \end{pmatrix}$$

c3) Wenn man eine gegebene *Zahlentabelle* (*Eingabetabelle*) einem *Vektor zuordnen* möchte, so kann man ebenfalls *Bereichsvariablen* heranziehen, wie wir im folgenden Beispiel zeigen:
Möchte man z.B. dem *Vektor* **x** die fünf Werte (*Zahlentabelle*)
4 , 6 , 2 , 9 , 1
zuordnen, so *definiert* man eine *Bereichsvariable* i mit den fünf Indexwerten 1, 2, 3, 4, 5:
$i := 1 .. 5$
Danach kann man *folgende Ergibtanweisung* für x mit dem Feldindex i
$x_i :=$
und anschließend die einzelnen *Zahlen* der *Zahlentabelle* durch *Komma getrennt* eingeben und MATHCAD zeigt folgendes an:
$x_i :=$

4
6
2
9
1

Gibt man abschließend die Bezeichnung des *Vektors* **x** mit numerischen Gleichheitszeichen = ein, so wird der eingegebene Vektor angezeigt, wenn man den *Startindex* mittels der *vordefinierten Variablen* **ORIGIN** (siehe Abschn.8.1) auf 1 gestellt hat:

$$x = \begin{pmatrix} 4 \\ 6 \\ 2 \\ 9 \\ 1 \end{pmatrix}$$

◆

8.4 Zeichenketten

MATHCAD kann neben Zahlen, Konstanten, Variablen auch *Zeichenketten/Zeichenkettenausdrücke* verarbeiten.

☞

Unter einer *Zeichenkette* versteht MATHCAD eine *endliche Folge* von *Zeichen*, die auf der *Tastatur* vorhanden sind.
Zusätzlich sind in Zeichenketten noch *ASCII-Zeichen* zulässig.

◆

☞

Zeichenketten können in MATHCAD nicht allein auftreten. Sie können

* *Variablen zugewiesen,*
* als *Elemente* einer *Matrix eingegeben,*
* als *Argument* einer *Funktion eingegeben*

werden, d.h., nur an Stellen, wo sich ein leerer *Platzhalter* befindet.

◆

☞

Zeichenketten werden in einen leeren Platzhalter in folgenden Schritten *eingegeben:*

I. Anklicken des Platzhalters,
II. Eingabe von Anführungszeichen ["] mittels Tastatur,
III. Eingabe der gewünschten Zeichenfolge mittels Tastatur.

◆

☞

Bei der *Eingabe* von *ASCII-Zeichen* innerhalb einer Zeichenkette muß man *folgendermaßen vorgehen:*

I. Drücken der [Alt]-Taste

II. Eingabe einer 0

III. Eingabe des ASCII-Codes

♦

☞

Zeichenketten können bei einer Reihe von Operationen *erfolgreich eingesetzt* werden, so z.B. bei der

* *Erzeugung* eigener *Fehlermeldungen*,
* *Programmierung*

und können mittels *Zeichenkettenfunktionen* (siehe Abschn.17.1.3) bearbeitet werden.

♦

Beispiel 8.2:

Definieren wir zur Übung mit Zeichenketten einen *Vektor* **v**, dessen *Komponenten* aus *Zeichenketten* bestehen und betrachten anschließend die einzelnen Komponenten:

$$v := \begin{pmatrix} "Eins" \\ "Zwei" \\ "Drei" \end{pmatrix}$$

$v_1 = "Eins" \quad v_2 = "Zwei" \quad v_3 = "Drei"$

♦

9 Datenverwaltung

In diesem Kapitel befassen wir uns mit der *Verwaltung* von *Daten* (*Datenverwaltung*) in MATHCAD. Diese *Daten* sind im allgemeinen in *Dateien* zusammengefaßt. Bei der *Datenverwaltung* unterscheidet MATHCAD zwischen

* *Eingabe/Import/Lesen* von *Dateien* von Festplatte oder anderen Datenträgern,
* *Ausgabe/Export/Schreiben* von *Dateien* auf Festplatte oder andere Datenträger,
* *Austausch* von *Dateien* mit *anderen Systemen*.

☞
MATHCAD kann *Dateien* in einer Reihe von *Dateiformaten*, z.B. für

* AXUM
* EXCEL

    Dateien mit der *Endung* .XLS
* MATLAB

    Dateien mit der *Endung* .MAT
* ASCII-Editoren

    Dateien mit der *Endung* .DAT, .PRN, .TXT

eingeben, ausgeben bzw. *austauschen*.

☞
Allgemein werden *Eingabe, Ausgabe* bzw. *Austausch* von *Dateien* über die *Menüfolge*

Insert ⇒ Component...
(deutsche Version: **Einfügen ⇒ Komponente...**)

gesteuert, wobei in dem erscheinenden *Komponentenassistenten* (englische Version: *Component Wizard*) in der

* *ersten Seite*

    eingestellt wird, um welche *Art* von *Komponente* es sich handelt.
* *zweiten Seite*

    eingestellt wird, ob *eingegeben* (*gelesen*) oder *ausgegeben* (*geschrieben*) werden soll.
* *dritten Seite*

das *Dateiformat* und der *Pfad* der *Datei* eingestellt werden.

In den anschließenden Abschnitten dieses Kapitels werden wir diese *allgemeine Form* neben anderen speziellen Möglichkeiten für die *Ein-* und *Ausgabe* von Daten kennenlernen.

♦

Im *folgenden* befassen wir uns mit der *Verwaltung* (Ein- und Ausgabe) von *ASCII-Dateien,* die bei Anwendungsaufgaben hauptsächlich aus Zahlen bestehen (*Zahlendateien*).

Die Verwaltung anderer Komponenten vollzieht sich analog. So kann man z.B. mit EXCEL Zahlen in Form von Matrizen austauschen (siehe Beispiel 9.2d).

☞

MATHCAD besitzt zusätzlich *Ein-* und *Ausgabefunktionen* (*Lese-* und *Schreibfunktionen*), die man auch als *Dateizugriffsfunktionen* bezeichnet, zum

* *Eingeben* (*Lesen*)
* *Ausgeben* (*Schreiben*)

von *Daten* (*Zahlen*) aus bzw. in *unstrukturierte(n)/strukturierte(n) ASCII-Dateien*.

♦

Der *Unterschied* zwischen *unstrukturierten* und *strukturierten ASCII-Dateien* besteht im folgenden:

- *unstrukturierte Dateien*

    sind dadurch *gekennzeichnet,* daß in ihnen die *Zahlen hintereinander angeordnet* und durch eines der *Trennzeichen/Separatoren*

    * *Leerzeichen*
    * *Komma*
    * *Tabulator*
    * *Zeilenvorschub*

    getrennt sind.

    Unstrukturierte Dateien werden meistens durch die *Endung* .DAT *gekennzeichnet*. Es können ab der Version 7 von MATHCAD jedoch auch andere Endungen benutzt werden.

- *strukturierte Dateien*

    unterscheiden sich nur durch die *Anordnung* der *Zahlen* von unstrukturierten Dateien. Die Zahlen müssen in *strukturierter Form* (*Matrixform* mit *Zeilen* und *Spalten*) angeordnet sein, d.h., in jeder Zeile muß die gleiche Anzahl von Zahlen stehen, die durch *Trennzeichen* getrennt sind.

    Bis auf das Trennzeichen *Zeilenvorschub,* das hier zur Kennzeichnung der Zeilen benötigt wird, können die gleichen wie bei unstrukturierten Dateien verwendet werden.

Strukturierte Dateien werden meistens durch die Endung .PRN gekennzeichnet. Es können ab der Version 7 von MATHCAD jedoch auch andere Endungen benutzt werden.

☞
Streng genommen bilden *unstrukturierte Dateien* einen *Spezialfall* von *strukturierten Dateien*, so daß auch die Ein- und Ausgabefunktionen für strukturierte auf unstrukturierte Dateien anwendbar sind. *Unstrukturierte Dateien* kann man als Matrizen vom Typ (1,n) bzw. (n,1) auffassen, d.h. als Zeilen- bzw. *Spaltenvektoren*.
♦

9.1 Dateneingabe

Wie wir bereits zu Beginn dieses Kapitels erwähnten, kann MATHCAD eine Reihe von Dateiformaten lesen, wobei wir uns im folgenden auf den wichtigen Fall von *ASCII-Dateien* konzentrieren. Das Lesen anderer Dateiformate gestaltet sich analog.

☞
MATHCAD kann unstrukturierte/strukturierte Dateien im *ASCII-Format* lesen, wobei in *praktischen Anwendungen* hauptsächlich *Zahlendateien* auftreten.
Beim *Lesen* von *Dateien* muß natürlich bekannt sein, wo MATHCAD die *gewünschte Datei* zu *lesen* hat. Ohne weitere Vorkehrungen sucht MATHCAD die Datei im *Arbeitsverzeichnis*. Dies ist das Verzeichnis, aus dem das aktuelle MATHCAD-Arbeitsblatt geladen oder in das zuletzt gespeichert wurde.
Wenn sich die *Datei* in einem *anderen Verzeichnis* befindet, so muß man MATHCAD den *Pfad* mitteilen, wie wir im folgenden sehen.
♦

Zum *Lesen* stehen folgende *zwei Möglichkeiten* zur Verfügung:
I. Verwendung der *Menüfolge*

 Insert ⇒ Component...
 (deutsche Version: **Einfügen ⇒ Komponente...**)
 wobei in dem erscheinenden *Komponentenassistenten* (englisch: *Component Wizard*) in der

  * *ersten Seite*

   File Read or Write
   (deutsche Version: **Datei lesen/schreiben**)
   anzuklicken

* *zweiten Seite*
  Read from a file
  (deutsche Version: **Daten aus einer Datei lesen**)
  anzuklicken
* *dritten Seite*

  das *Dateiformat*
  (für *ASCII-Dateien:* **Text Files**, deutsche Version: **Textdateien**)
  bei
  File Format
  (deutsche Version: **Dateiformat**)
  und der *Pfad* der *Datei* (z.B. A:\daten.prn)
  einzutragen
  sind. In das abschließend erscheinende *Symbol* ist in den freien Platzhalter der Name für die Variable/Matrix einzutragen, der die eingelesene Datei zugewiesen werden soll (siehe Beispiel 9.1a).

II. *Verwendung* von *Eingabefunktionen (Lesefunktionen):*
  * **READ** (*daten*)
    (deutsche Version: **LESEN**)

    liest eine *Zahl* aus der unstrukturierten/strukturierten Datei *daten*, die einer Variablen zugewiesen werden kann. Die Anwendung ist aus den Beispielen 9.1c) und d) ersichtlich.

  * **READPRN** (*daten*)
    (deutsche Version: **PRNLESEN**)

    liest die strukturierte Datei *daten* in eine Matrix. Jeder Zeile bzw. Spalte der Matrix wird eine Zeile bzw. Spalte von *daten* zugeordnet. Mit dieser Funktion kann man aber auch eine unstrukturierte Datei einlesen, die als Zeilen- bzw. Spaltenvektor erscheint (siehe Beispiel 9.1c2).
    Bei den *Eingabefunktionen* ist für *daten* der vollständige *Pfad* der *Datei* als *Zeichenkette* einzugeben.
    Soll z.B. die strukturierte Datei *daten.prn* von *Diskette* im *Laufwerk A* gelesen und einer *Matrix* **B** zugewiesen werden, so ist
    B := READPRN (*" A:\ daten.prn "*)
    einzugeben.

♦

☞

Beide Lesemöglichkeiten werden mit einem Mausklick außerhalb des Ausdrucks oder Betätigung der ⏎-Taste ausgelöst.

♦

☞

Es wird empfohlen, zum *Einlesen* von *ASCII-Dateien* die *Eingabefunktionen* zu verwenden, wobei diese immer in *Großbuchstaben* zu schreiben sind.

9.1 Dateneingabe

◆

☞

Beim *Einlesen* ist zu beachten, daß bei der *Anzeige* mit *Indizes* (Standardeinstellung von MATHCAD) die eingelesenen Werte als *rollende Ausgabetabelle* angezeigt werden, wenn die Datei mehr als neun Zeilen oder Spalten besitzt (siehe Beispiele 9.1a) und b).

◆

Die *Verwendung* der *Eingabefunktionen* wird im folgenden *Beispiel 9.1* demonstriert. Da die hier verwendeten *Matrizen* erst im Kap.15 eingeführt werden, ist bei Unklarheiten dort nachzusehen.

Beispiel 9.1:

Die in den folgenden Beispielen verwendeten *Startwerte* für die *Indizierung* sind unmittelbar ersichtlich.

a) Auf *Diskette* im *Laufwerk* A des Computers *befindet* sich die *strukturierte* ASCII-Datei *daten.prn* folgender Form (*Spaltenform:* 19 Zeilen, 2 Spalten):

1 20
2 21
3 22
4 23
5 24
6 25
7 26
8 27
9 28
10 29
11 30
12 31
13 32
14 33
15 34
16 35
17 36
18 37
19 38

Die Datei soll *gelesen* und einer *Matrix* **B** *zugewiesen* werden. Hierzu können die beiden behandelten *Möglichkeiten* folgendermaßen herangezogen werden:

- Anwendung der *Menüfolge*

   Insert ⇒ Component...
   (deutsche Version: **Einfügen ⇒ Komponente...**)

wobei in die einzelnen Seiten des erscheinenden *Komponentenassistenten* folgendes einzugeben ist:

* daß eine Datei *gelesen* werden soll
* das *Dateiformat* für *ASCII-Dateien:*
  Text Files
  (deutsche Version: **Textdateien**)
* der *Pfad* A:\daten.prn

In das abschließend erscheinende *Symbol* ist in den freien Platzhalter der Name der *Matrix* **B** einzutragen, der die eingelesene Datei zugewiesen werden soll. Damit ergibt sich auf dem Bildschirm folgendes:

$B :=$ 🖫
A:\daten.prn

- Anwendung der *Eingabefunktion:*
  B := READPRN ("A:\daten.prn")

Beide Vorgehensweisen werden mit einem Mausklick außerhalb des Ausdrucks oder Betätigung der ⏎-Taste ausgelöst und liefern folgendes für die *Matrix* **B**:

$B = $

	0	1
0	1	20
1	2	21
2	3	22
3	4	23
4	5	24
5	6	25
6	7	26
7	8	27
8	9	28
9	10	29
10	11	30
11	12	31
12	13	32
13	14	33
14	15	34

b) Auf *Diskette* im *Laufwerk* A des Computers *befindet* sich die *strukturierte* ASCII-Datei *daten.prn* folgender Form (*Zeilenform:* 2 Zeilen, 19 Spalten):

9.1 Dateneingabe

1 2 3 4 5 6 7 8 9 10 11 12 13 14 15 16 17 18 19
20 21 22 23 24 25 26 27 28 29 30 31 32 33 34 35 36 37 38

Die Datei soll *gelesen* und einer *Matrix* **B** *zugewiesen* werden. Die Vorgehensweise ist die gleiche wie bei Beispiel a).
MATHCAD liefert folgendes für die gelesene *Matrix* **B**:

	0	1	2	3	4	5	6	7	8	9	10	11
B =	0	1	2	3	4	5	6	7	8	9	10	11	12
	1	20	21	22	23	24	25	26	27	28	29	30	31

Beide Beispiele a) und b) für das Lesen zeigen den bereits erwähnten Effekt, daß bei der *Darstellung* mit *Angabe* der *Indizes* (Standardeinstellung von MATHCAD) nicht alle eingelesenen Werte direkt auf dem Bildschirm angezeigt werden. Es wird eine *rollende Ausgabetabelle* angezeigt. Man erreicht die Einsicht in alle eingelesenen Werte, wenn man die angezeigte Darstellung mit der Maus anklickt. Danach ist ein *Scrollen* der *Datei* möglich. Aus der folgenden *Bildschirmkopie* ist dies für die in Beispiel b) *eingelesene Datei* ersichtlich:

	7	8	9	10	11	12	13	14	15	16	17	18
B = 0	8	9	10	11	12	13	14	15	16	17	18	19
1	27	28	29	30	31	32	33	34	35	36	37	38

Eine *Darstellung* der *eingelesenen Datei* auf dem Bildschirm in *Matrixform* (d.h. *ohne Indizes*) erhält man folgendermaßen:
Nach *Aktivierung* der *Menüfolge*

Format ⇒ Result...
(deutsche Version: **Format ⇒ Ergebnis...**)
wird in der erscheinenden *Dialogbox*
Result Format
(deutsche Version: **Ergebnisformat**)
bei
Matrix display style
(deutsche Version: **Matrixanzeige**)
die *Option*
Matrix
eingestellt.
Bei der *Darstellung* in *Matrixform* werden *alle Werte* direkt *angezeigt,* wie man im folgenden für die Datei aus Beispiel b) sieht:

$$B = \begin{bmatrix} 1 & 2 & 3 & 4 & 5 & 6 & 7 & 8 & 9 & 10 & 11 & 12 & 13 & 14 & 15 & 16 & 17 & 18 & 19 \\ 20 & 21 & 22 & 23 & 24 & 25 & 26 & 27 & 28 & 29 & 30 & 31 & 32 & 33 & 34 & 35 & 36 & 37 & 38 \end{bmatrix}.$$

c) Bei Verwendung der *unstrukturierten* ASCII-Datei *daten.dat*

9, 7, 8, 5, 4, 6, 7, 8, 3, 2, 3, 4, 5, 6, 7, 1, 2, 3, 4, 5, 6, 7, 6, 5, 4, 3, 2

die sich auf Diskette im Laufwerk A befindet, liefern

c1) die *Lesefunktion* **READ**

a := **READ** ("A:\daten.dat")

a = 9

u n d

i := 19 .. 27

j := 1 .. 10

a_i := **READ** ("A:\daten.dat")

b_j := **READ** ("A:\daten.dat")

a_i

| 9 |
| 7 |
| 8 |
| 5 |
| 4 |
| 6 |
| 7 |
| 8 |
| 3 |

b_j

| 9 |
| 7 |
| 8 |
| 5 |
| 4 |
| 6 |
| 7 |
| 8 |
| 3 |
| 2 |

Das Einlesen der a_i zeigt, daß immer von Beginn der Datei gelesen wird, auch wenn man andere Indizes verwendet. Falls man nur einzelne Werte der Datei benötigt, so muß man alle Werte bis zu den benötigten einlesen und anschließend die gewünschten auswählen.

c2) die *Lesefunktion* **READPRN**

C := READPRN ("A:\daten.dat")

das *Ergebnis* in der *Form*

C = (9 7 8 5 4 6 7 8 3 2 3 4 5 6 7 1 2 3 4 5 6 7 6 5 4 3 2)

d.h. als *Matrix* **C** mit einer Zeile (*Zeilenvektor*), deren Elemente mittels

$C_{1,k}$

aufgerufen werden.

d) Bei Verwendung der *strukturierten* ASCII-Datei *daten.txt*

2 4

6 8

die sich auf *Diskette* im *Laufwerk A* befindet, liefern

d1) die *Lesefunktion* **READ**

   a := **READ** ("A:\daten.txt")

   a = 2

   u n d

   i := 1 .. 3

     a_i := **READ** ("A:\daten.txt")

$$a = \begin{pmatrix} 2 \\ 4 \\ 6 \end{pmatrix}$$

d2) die *Lesefunktion* **READPRN**

   B := **READPRN** ("A:\daten.txt")

$$B := \begin{pmatrix} 2 & 4 \\ 6 & 8 \end{pmatrix}$$

♦

9.2 Datenausgabe

Wie wir bereits zu Beginn dieses Kapitels erwähnten, kann MATHCAD eine Reihe von Dateiformaten schreiben, wobei wir uns im folgenden auf den wichtigsten Fall von *ASCII-Dateien* konzentrieren:
MATHCAD kann *Matrizen* mit *Elementen* im *ASCII-Format* in *strukturierte* und *unstrukturierte Dateien schreiben.*
Das Schreiben anderer Dateiformate gestaltet sich analog, wie wir im Beispiel 9.2d) für eine EXCEL-Datei zeigen.

☞

Beim *Schreiben* von *Dateien* muß natürlich bekannt sein, wohin MATHCAD die *gewünschte Datei* zu *schreiben* hat. Ohne weitere Vorkehrungen schreibt MATHCAD die Datei in das *Arbeitsverzeichnis*. Dies ist das Verzeichnis, aus dem das aktuelle MATHCAD-Arbeitsblatt geladen oder in das zuletzt gespeichert wurde.
Wenn sich die *Datei* in einem *anderen Verzeichnis* stehen soll, so muß man MATHCAD den *Pfad* mitteilen, wie wir im folgenden sehen.

♦

Zum *Schreiben* stehen folgende *zwei Möglichkeiten* zur Verfügung:

I. *Ausgabe* über die *Menüfolge*

   Insert ⇒ Component...
   (deutsche Version: **Einfügen ⇒ Komponente...**)

wobei in dem erscheinenden *Komponentenassistenten* in der

* *ersten Seite*

    File Read or Write
    (deutsche Version: **Datei lesen/schreiben**)

    anzuklicken

* *zweiten Seite*

    Write to a file
    (deutsche Version: **Daten in eine Datei schreiben**)

    anzuklicken

* *dritten Seite*

    das *Dateiformat*
    (für *ASCII-Dateien*: **Formatted Text**, deutsche Version: **Formatierter Text**)
    bei

    File Format
    (deutsche Version: **Dateiformat**)

    und der *Pfad* der *Datei* (z.B. A:\daten.prn)

    einzutragen

sind. In das abschließend erscheinende *Symbol* ist in den freien Platzhalter der Name der zu schreibenden Variablen/Matrix einzutragen (siehe Beispiel 9.2a).

II. *Verwendung* von *Ausgabefunktionen* (*Schreibfunktionen*):

* **WRITE** (*daten*)
    (deutsche Version: **SCHREIBEN**)

    schreibt eine *Zahl* in die neue unstrukturierte Datei *daten*.

* **APPEND** (*daten*)
    (deutsche Version: **ANFÜGEN**)

    fügt eine *Zahl an* die vorhandene unstrukturierte Datei *daten* an.

* **WRITEPRN** (*daten*)
    (deutsche Version: **PRNSCHREIBEN**)

    schreibt eine Matrix in die strukturierte Datei *daten*, d.h., jeder Zeile bzw. Spalte von *daten* wird eine Zeile bzw. Spalte der Matrix zugeordnet.

* **APPENDPRN** (*daten*)
    (deutsche Version: **PRNANFÜGEN**)

    fügt eine *Matrix an* die vorhandene, strukturierte Datei *daten* an, d.h., Matrix und Datei müssen die gleiche Anzahl von Spalten besitzen. Die Datei *daten* enthält danach zusätzlich die Zeilen der Matrix.

Bei den *Schreibfunktionen* ist für *daten* der vollständige *Pfad* der *Datei* als *Zeichenkette* einzugeben.

9.2 Datenausgabe

Soll z.B. die im Arbeitsfenster stehende *Matrix* **B** in die strukturierte Datei *daten.prn* auf *Diskette* im *Laufwerk A* geschrieben werden, so ist

WRITEPRN (*"A:\ daten.prn"*) := **B**

einzugeben.

☞

Beide Schreibmöglichkeiten werden mit einem Mausklick außerhalb des Ausdrucks oder Betätigung der ⏎-Taste ausgelöst.

♦

☞

Mittels der *Menüfolge*

Math ⇒ Options...
(deutsche Version: **Rechnen ⇒ Optionen...**)

kann in der erscheinenden *Dialogbox* bei

Built-In Variables
(deutsche Version: **Vordefinierte Variablen**)

in

PRN File Settings
(deutsche Version: **PRN-Dateieinstellungen**)

mit den *vordefinierten Variablen* (*Built-In Variables*)

PRNPRECISION

und

PRNCOLWIDTH

für die *Ausgabefunktion*

WRITEPRN
(deutsche Version: **PRNSCHREIBEN**)

die verwendete

* *Stellengenauigkeit* (Standardwert 4)
* *Spaltenbreite* (Standardwert 8)

festlegen.

♦

☞

Es wird empfohlen, zum *Schreiben* die *Ausgabefunktionen* zu verwenden, wobei diese immer in *Großbuchstaben* einzugeben sind.

♦

Die *Verwendung* von *Ausgabefunktionen* wird im folgenden *Beispiel* demonstriert. Da die hier verwendeten *Matrizen* erst im Kap.15 eingeführt werden, ist bei Unklarheiten dort nachzusehen.

Beispiel 9.2:

a) Für die im folgenden verwendete *Matrix* **B** haben wir als Startwert für die Indizierung den Wert 1 eingestellt,
d.h. **ORIGIN:=1**.

Schreiben wir die im Arbeitsfenster befindliche *Matrix* **B**

$$\mathbf{B} := \begin{pmatrix} 1 & 2 & 3 & 4 \\ 5 & 6 & 7 & 8 \\ 9 & 10 & 11 & 12 \end{pmatrix}$$

mittels der

- *Menüfolge*

    Insert ⇒ Component...
    (deutsche Version: **Einfügen ⇒ Komponente...**)

    wobei in die einzelnen Seiten des erscheinenden *Komponentenassistenten* einzugeben ist:

    * daß eine *Datei geschrieben* werden soll
    * das *Dateiformat*

        Formatted Text
        (deutsche Version: **Formatierter Text**)

    * der *Pfad* A:*daten.prn*

    In das erscheinende *Symbol* ist in den freien Platzhalter der Name der *zu schreibenden Matrix* **B** einzutragen:

    A:\\daten.prn
    B

- *Ausgabefunktion*

    WRITEPRN ("A:*daten.prn*") := **B**

auf *Diskette* im *Laufwerk* A als strukturierte ASCII-Datei *daten.prn*, indem beide Vorgehensweisen mit einem Mausklick außerhalb des Ausdrucks oder Betätigung der ⏎-Taste abgeschlossen werden.
Danach befindet sich die *Matrix* **B** in folgender Form auf *Diskette* in der Datei *daten.prn* :

```
1   2   3   4
5   6   7   8
9  10  11  12
```

b) *Fügen* wir mittels der *Ausgabefunktion* **APPENDPRN** die im Arbeitsfenster befindliche *Matrix* **C**

$$\mathbf{C} := \begin{pmatrix} 4 & 3 & 2 & 1 \\ 8 & 7 & 6 & 5 \end{pmatrix}$$

9.2 *Datenausgabe*

an die im Beispiel b) erzeugte Datei *daten.prn* auf Diskette im Laufwerk A an:

APPENDPRN ("A:\ *daten.prn*") := **C**

Danach hat die Datei *daten.prn* folgende Gestalt:

```
1   2   3   4
5   6   7   8
9  10  11  12
4   3   2   1
8   7   6   5
```

c) *Schreiben* wir mittels

WRITE ("A:\ *daten.dat*") := 3

die Zahl 3 in die neu erzeugte unstrukturierte Datei *daten.dat*

und fügen an diese Datei mittels

APPEND ("A:\ *daten.dat*") := 4

die Zahl 4 an. Danach hat die Datei *daten.dat* auf der Diskette die folgende Gestalt:

3
4

d) *Schreiben* wir die im Arbeitsfenster befindliche *Matrix* **B** als *EXCEL-Datei daten.xls* auf *Diskette* im Laufwerk A:

$$\mathbf{B} := \begin{pmatrix} 1 & 2 & 3 & 4 \\ 5 & 6 & 7 & 8 \\ 9 & 10 & 11 & 12 \end{pmatrix}$$

Dies geschieht durch Anwendung der *Menüfolge:*

Insert ⇒ Component...
(deutsche Version: **Einfügen ⇒ Komponente...**)

wobei in die einzelnen Seiten des erscheinenden *Komponentenassistenten* folgendes einzugeben ist:

* daß eine *Datei geschrieben* werden soll
* das *Dateiformat*
  Excel
* der *Pfad* A:\ *daten.xls*

In das erscheinende *Symbol* ist in den freien Platzhalter der Name der *zu schreibenden Matrix* **B** einzutragen:

A:\daten.xls
B

Abschließend wird das Schreiben mit einem Mausklick außerhalb des Ausdrucks oder Betätigung der ⏎-Taste ausgelöst.

♦

9.3 Datenaustausch

In den beiden vorangehenden Abschnitten haben wir bereits eine Form des *Datenaustausches* von MATHCAD kennengelernt:
Eingabe und *Ausgabe* von *Dateien*.
Dies ist aber nicht die einzige Form für den Datenaustausch ab Version 7 von MATHCAD. Jetzt ist auch der Datenaustausch mit anderen *Programm-Systemen* wie AXUM, EXCEL und MATLAB möglich. Dieser Datenaustausch wird ebenfalls mit den in den Abschn.9.1 und 9.2 verwendeten Komponentenassistenten durchgeführt. Bezüglich weiterer Einzelheiten hierzu verweisen wir auf das Handbuch und die integrierte Hilfe.

10 Programmierung

Falls MATHCAD zur Lösung eines Problem keine Funktionen zur Verfügung stellt, bietet es dem Anwender *Programmiermöglichkeiten,* um *eigene Programme* zu erstellen.
In einigen *Computeralgebra-Systemen* wie AXIOM, MACSYMA, MAPLE und MATHEMATICA lassen sich die bekannten *Programmierstile:*
- *prozedurales*
- *rekursives* bzw. *regelbasiertes*
- *funktionales*
- *objektorientiertes*

Programmieren verwirklichen. Diese Systeme kann man auch als *Programmiersprachen* bezeichnen.

☞

MATHCAD besitzt nicht so umfangreiche Programmiermöglichkeiten, beherrscht aber die *prozedurale Programmierung* mit den *Grundbausteinen*
- *Zuweisungen*
- *Verzweigungen/Entscheidungen*
- *Schleifen/Wiederholungen*

Des weiteren lassen sich einfache Aufgaben der *rekursiven Programmierung* in MATHCAD realisieren (siehe Beispiel 10.3c).

♦

☞

Eine Besonderheit von MATHCAD bzgl. der Programmierung besteht darin, daß alle Programme in Form von *Funktionsunterprogrammen* geschrieben werden müssen. Dieser aus der Programmierung bekannte Programmtyp liefert als Ergebnis eine Zahl, einen Vektor bzw. eine Matrix.

♦

☞

Zusätzlich können bei der *Programmierung* in *Computeralgebra-Systemen* und damit auch in MATHCAD die enthaltenen Funktionen einbezogen werden. Dies stellt einen großen Vorteil gegenüber der Programmierung mit herkömmlichen Programmiersprachen wie BASIC, C, FORTRAN und PASCAL dar.

♦

☞

Seit der *Version 6* besitzt MATHCAD eine *Programmierungspalette* (englische Version: *Programming Palette*), die die *Programmierung erleichtert* da sie die einzelnen Operatoren für Zuweisungen, Verzweigungen und Schleifen enthält, die durch Mausklick eingefügt werden können.
Diese *Programmierungspalette* (*Operatorpalette Nr.6* der *Rechenpalette*) ist in Abb.10.1 zu sehen. Die einzelnen *Operatoren* dieser Palette werden im Laufe dieses Kapitels *erläutert*.
Des weiteren gestattet MATHCAD für die Programmierung noch die Eingabe von Befehlen mittels Tastatur.

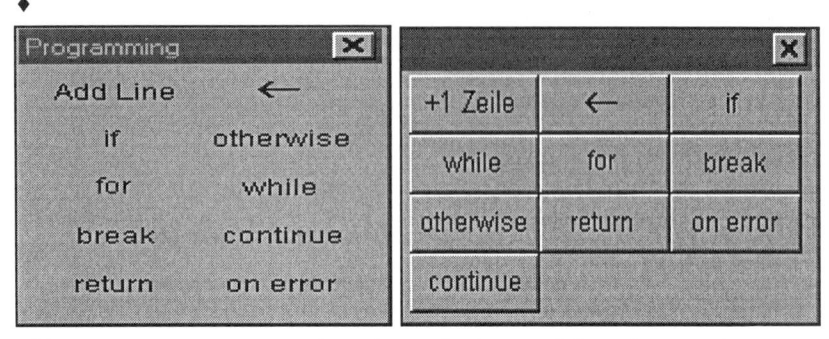

♦

Programming					
Add Line	←	+1 Zeile	←	if	
if	otherwise	while	for	break	
for	while	otherwise	return	on error	
break	continue	continue			
return	on error				

Abb.10.1. Programmierungspalette der englischen und deutschen Version

In den folgenden Abschnitten werden wir die einzelnen Bestandteile der in MATHCAD gegebenen *Programmiermöglichkeiten diskutieren* und Hinweise zur Erstellung eigener Programme geben. Dafür betrachten wir

- *zuerst* (Abschn.10.1 und 10.2)
  Vergleichsoperatoren, *logische Operatoren* und die *Definition* eigener *Operatoren*.
- *anschließend* (Abschn.10.3 bis 10.5)
  die drei *Grunbestandteile* der *prozeduralen Programmierung*
  * *Zuweisungen*
  * *Verzweigungen*
  * *Schleifen*
- *abschließend* (Abschn.10.6)
  das *Erstellen* kleiner *Programme*.

☞

Die in den folgenden Abschnitten gegebenen Beispiele sollen den Anwender anregen und befähigen, selbst Programme in MATHCAD für anfallende Aufgaben zu schreiben.

♦

10.1 Vergleichsoperatoren und logische Operatoren

Vergleichsoperatoren, die auch als *Boolesche Operatoren* bezeichnet werden, und *logische Operatoren* benötigt man zur Bildung *logischer Ausdrücke*, die bei der *Programmierung* von *Verzweigungen* (siehe Abschn.10.4) Anwendung finden.
In MATHCAD kann man *folgende Vergleichsoperatoren* verwenden:

* *gleich*

    =

* *kleiner*

    <

* *größer*

    >

* *kleiner gleich*

    ≤

* *größer gleich*

    ≥

* *ungleich*

    ≠

die alle über die *Operatorpalette Nr.2* durch Mausklick eingefügt werden können.
Zusätzlich lassen sich die beiden Operatoren < und > noch mittels Tastatur eingeben.

☞

Der *Gleichheitsoperator* = , der mittels des *Symbols*

=

aus der *Operatorpalette Nr.2* erzeugt wird, ist nicht mit dem numerischen *Gleichheitszeichen* = (siehe Abschn.6.2) zu verwechseln, das mittels Tastatur oder über die Operatorpalette Nr.1 oder Nr.2 eingegeben wird. Beide unterscheiden sich optisch, da der Gleichheitsoperator mit dicken Strichen dargestellt wird.

♦

☞

Alle *Vergleichsoperatoren* sind für *reelle Zahlen* und *Zeichenketten* (siehe Abschn.8.4) anwendbar.
Für *komplexe Zahlen* haben nur die beiden Operatoren = und ≠ einen Sinn.

♦

Mit den *Vergleichsoperatoren* und den beiden *logischen Operatoren*

* *logisches* UND

* *logisches* ODER

die man in MATHCAD mittels des Multiplikationszeichens * bzw. Pluszeichens + eingibt, können *logische Ausdrücke* gebildet werden.
Im Unterschied zu algebraischen Ausdrücken (siehe Kap.13) können logische Ausdrücke nur die beiden *Werte* 0 (*falsch*) oder 1 (*wahr*) annehmen.

Beispiel 10.1:

a) Die folgenden Ausdrücke sind Beispiele für logische Ausdrücke:

    $x = y$ $x \leq y$ $x \neq y$ $(a \geq b) + (c \leq d)$ $(a < b) * (c > b)$

b) Der *logische Ausdruck*

   b1) $u := (1 < 2) + (3 < 2)$

     mit dem *logischen* ODER liefert den Wert 1 (wahr).

   b2) $v := (1 < 2) * (3 < 2)$

     mit dem *logischen* UND liefert den Wert 0 (falsch).

♦

10.2 Definition von Operatoren

MATHCAD gestattet die Definition eigener *Operatoren*, die man als *benutzerdefinierte Operatoren* bezeichnet. Sie haben analoge Eigenschaften wie Funktionen (siehe Abschn.17.2.3). Die *Besonderheiten* von *definierten Operatoren* gegenüber *definierten Funktionen* besteht darin, daß

* sie nach der Definition mit einem der *Operatoren*

    $\boxed{f\,x}$ $\boxed{x\,f}$ $\boxed{xfy}$ $\boxed{x^f y}$

   aus der *Operatorpalette Nr.2* aktiviert werden können (siehe Beispiel 10.2), die man als

   * *Präfix-*
   * *Postfix-*
     (deutsche Version: *Suffix-*)
   * *Infix-*
   * *Tree-*
     (deutsche Version: *Baum-*)

   Operatoren bezeichnet. Man kann die *definierten Operatoren* aber auch durch Eingabe ohne die Operatorpalette Nr.2 verwenden (siehe Beispiele 10.2a) und b).

* man für die Operatoren häufig *Symbole* verwendet.

☞

10.2 Definition von Operatoren

Da für Operatoren oft *Symbole* verwendet werden, die sich nicht auf der Tastatur befinden, kann man diese durch *Kopieren* über die *Zwischenablage* aus dem **QuickSheet**
Extra Math Symbols
(deutsche Version: **Rechensymbole**)
des
Resource Center
(deutsche Version: **Informationszentrum**)
einfügen. Dieses **QuickSheet** wird mittels der *Menüfolge*
Help ⇒ **Resource Center** ⇒ **QuickSheets** ⇒ **Extra Math Symbols**
(deutsche Version: **?** ⇒ **Informationszentrum** ⇒ **QuickSheets** ⇒ **Rechensymbole**)
geöffnet.

♦

☞

MATHCAD bietet auch die Möglichkeit, *definierte Operatoren* über die *Menüfolge*
Help ⇒ **Resource Center** ⇒ **QuickSheets** ⇒ **Personal QuickSheets** ⇒ **My Operators**
(deutsche Version: **?** ⇒ **Informationszentrum** ⇒ **QuickSheets** ⇒ **Persönliche QuickSheets** ⇒ **Meine Operatoren**)
in das *persönliche Quicksheet*
My Operators
(deutsche Version: **Meine Operatoren**)
zu *kopieren*, so daß man sie später wieder verwenden kann.

♦

Im folgenden Beispiel 10.2 demonstrieren wir die Verwendung eigener Operatoren an drei einfachen Aufgaben. Es wird dem Anwender empfohlen, diese drei Aufgaben ebenfalls auszuprobieren, um ein ein Gefühl für die Definition und Verwendung derartiger Operatoren zu bekommen.

Beispiel 10.2:

a) Definieren wir mittels des *Operators* ÷ die *Division zweier Zahlen* x und y, wobei dieser Operator aus dem **Quicksheet**
   Extra Math Symbols (deutsche Version: **Rechensymbole**)
   kopiert wird:
   ÷ (x,y) := x/y
   Die Anwendung des *Operators* ÷ zur Lösung einer konkreten Aufgabe (z.B. 1/2) geschieht durch Anklicken des *Infix-Operators*

`xfy`

und anschließendem *Ausfüllen* der drei erscheinenden *Platzhalter* wie folgt
1 ÷ 2
Die abschließende *Eingabe* des symbolischen oder numerischen *Gleichheitszeichens* liefert das *Ergebnis*:
1 ÷ 2 → 1/2   bzw.   1 ÷ 2 = 0.5
Man kann natürlich auch *ohne* den *Infix-Operator* arbeiten:
÷ (1,2) → 1/2   bzw.   ÷ (1,2) = 0.5

b) Statt Symbole sind für einen zu definierenden Operator natürlich auch Namen zulässig, wie am folgenden *Operator* **Plus** für die *Addition zweier Zahlen* x und y zu sehen ist:

Plus (x,y) := x + y

Dieser Operator wird ganz normal im Formelmodus über die Tastatur eingegeben.
Die Anwendung des *Operators* **Plus** zur Lösung einer konkreten Aufgabe (z.B. 1+2) geschieht durch Anklicken des *Infix-Operators*

`xfy`

und anschließendem *Ausfüllen* der drei erscheinenden *Platzhalter* wie folgt
1 **Plus** 2
Die abschließende *Eingabe* des symbolischen oder numerischen *Gleichheitszeichens* liefert das *Ergebnis*:
1 **Plus** 2 → 3   bzw.   1 **Plus** 2 = 3
Man kann natürlich auch *ohne* den *Infix-Operator* arbeiten:
Plus (1,2) → 3   bzw.   **Plus** (1,2) = 3

c) Definieren wir mittels des *Operators*
√
die *Wurzel* aus einer *Zahl* x, wobei dieser Operator aus dem **Quicksheet**
Extra Math Symbols (deutsche Version: **Rechensymbole**)
kopiert wird:

√ (x) := $\sqrt{x}$

Die Anwendung des *Operators* √ zur Lösung einer konkreten Aufgabe (z.B. Wurzel aus 2) geschieht durch Anklicken des *Präfix-Operators*

`f x`

und anschließendem *Ausfüllen* der zwei erscheinenden *Platzhalter* wie folgt
√ 2

Hier ist nur die abschließende *Eingabe* des numerischen *Gleichheitszeichens* sinnvoll, da das Ergebnis eine reelle Zahl ist, die häufig durch eine endliche Dezimalzahl nur angenähert werden kann, z.B.

√ 2 = 1.414213562373095
Man kann natürlich auch *ohne* den *Präfix-Operator* arbeiten:
√ (2) = 1.414213562373095
♦

10.3 Zuweisungen

Zuweisungen spielen bei der Arbeit mit MATHCAD eine dominierende Rolle. Wir haben sie in den vorangehenden Kapiteln schon öfters verwendet. Man benötigt sie zur *Zuordnung* von *Werten* an *Variablen* und zur *Definition* von *Funktionen* und *Operatoren*.
Man unterscheidet in MATHCAD wie in den Programmiersprachen zwischen lokalen und globalen *Zuweisungen*, für die wir im Kap.8 bereits folgende Operatoren kennengelernt haben:

- *Lokale Zuweisungen* werden in MATHCAD mittels des Zeichens := realisiert, das durch *eine* der *folgenden Operationen* erzeugt wird:

    * Anklicken des *Zuweisungsoperators*

      [:=]

      in der *Operatorpalette Nr.1* oder *2*.

    * *Eingabe* des *Doppelpunktes* mittels *Tastatur*.

- *Globale Zuweisungen* werden mittels des Zeichens ≡ realisiert, das durch Anklicken des *Zuweisungsoperators*

  [≡]

  in der *Operatorpalette Nr.2* erzeugt wird.

☞
Lokale Zuweisungen innerhalb von *Funktionsunterprogrammen* können nur mittels des *Zuweisungsoperators*

[←]

aus der *Operatorpalette Nr.6* (*Programmierungspalette*) realisiert werden, wie in den folgenden Beispielen zu sehen ist.
♦
☞
Durch *lokale* und *globale Zuweisungen* lassen sich analog zu Programmiersprachen *lokale* und *globale Variablen* definieren.
MATHCAD analysiert bei der *Abarbeitung* eines *Arbeitsblatts* von links oben nach rechts unten zuerst alle *globalen Variablen*. Erst danach werden die

lokalen Variablen bei der Berechnung vorhandener Ausdrücke berücksichtigt.
♦

10.4 Verzweigungen

Verzweigungen (*bedingte Anweisungen*) werden in den Programmiersprachen meistens mit dem **if**-Befehl gebildet und liefern in Abhängigkeit von *Ausdrücken* verschiedene Resultate. Hierzu werden neben arithmetischen und transzendenten meistens logische Ausdrücke verwandt.

☞
Beispiele für *logische Ausdrücke* haben wir im Abschn.10.1 (Beispiel 10.1) kennengelernt.
♦

MATHCAD verwendet für die Programmierung von *Verzweigungen* den **if**-Befehl und zusätzlich noch den **until**-Befehl:

- Der **if**-Befehl (siehe Beispiel 10.3)

    kann auf zwei Arten eingegeben bzw. angewandt werden:

    * *Eingabe* über die *Tastatur* in der *Form*

        if (*ausdr*, *erg1*, *erg2*)

        Hier wird das Ergebnis *erg1* ausgegeben, wenn der Ausdruck *ausdr* ungleich *Null* (bei arithmetischen und transzendenten Ausdrücken) bzw. *wahr* (bei logischen Ausdrücken) ist, ansonsten das Ergebnis *erg2*.

    * *Eingabe* durch *Anklicken* des **if**-Operators

        [if]

        in der *Operatorpalette Nr.6* (*Programmierungspalette*).

- Der **until**-Befehl (siehe Beispiel 10.4)

    hat folgende *Form:*

    until (*ausdr* , *w*)

    Hier wird der Wert von *w* solange berechnet, bis der Ausdruck *ausdr* einen *negativen Wert* annimmt. Falls *ausdr* ein *logischer Ausdruck* ist, muß man beachten, daß MATHCAD für *wahr* 1 und für *falsch* 0 setzt. Deshalb muß man bei *logischen Ausdrücken* eine Zahl zwischen 0 und 1 abziehen, damit bei *falsch* der Ausdruck w nicht mehr berechnet wird.

☞
In der *deutschen Version* von MATHCAD kann man die Befehle **if** und **until** auch in der übersetzten Form **wenn** bzw. **bis** benutzen. ♦

10.4 Verzweigungen

☞

Bei den *Befehlen* **if** und **until** treten Probleme auf, wenn man für die Argumente *erg1*, *erg2* bzw. *w* statt Ausdrücke Ergibtanweisungen einsetzt, wie wir im Beispiel 10.5a) zeigen.

♦

Im folgenden Beispiel 10.3 illustrieren wir für konkrete Aufgaben Details bei der Anwendung des **if**- und im Beispiel 10.4 bei der Anwendung des **until**-Befehls.

Beispiel 10.3:

a) *Definieren* wir die folgende *stetige Funktion* zweier Variablen

$$z = f(x,y) = \begin{cases} x^2 + y^2 & \text{wenn} \quad x^2 + y^2 \leq 1 \\ 1 & \text{wenn} \quad 1 < x^2 + y^2 \leq 4 \\ \sqrt{x^2 + y^2} - 1 & \text{wenn} \quad 4 < x^2 + y^2 \end{cases}$$

um die Anwendung des **if**-Befehls zu demonstrieren. In MATHCAD gestaltet sich die *Definition* dieser *Funktion*

entweder

* mittels

$$f(x,y) := \mathbf{if}\left(x^2 + y^2 \leq 1, x^2 + y^2, \mathbf{if}\left(x^2 + y^2 \leq 4, 1, \sqrt{x^2 + y^2} - 1\right)\right)$$

wobei der **if**-Befehl über die Tastatur in *geschachtelter Form* eingegeben wird.

oder

* mittels

$$f(x,y) := \begin{vmatrix} x^2 + y^2 & \text{if} \quad x^2 + y^2 \leq 1 \\ 1 & \text{if} \quad 1 < x^2 + y^2 \leq 4 \\ \sqrt{x^2 + y^2} - 1 & \text{otherwise} \end{vmatrix}$$

unter zweimaliger Verwendung des *Operators* zum Einfügen von Zeilen

Add Line   (englische Version)

+1 Zeile   (deutsche Version)

und des **if**-Operators

if

aus der *Operatorpalette Nr.6 (Programmierungspalette)*

b) Die Anzahl der positiven Komponenten *pos_anz* eines im Arbeitsfenster befindlichen Spaltenvektors **a** läßt sich mit dem **if**-Befehl und dem Summenoperator (siehe Kap.14) folgendermaßen berechnen, wenn die Anfangsindizierung mittels **ORIGIN:**=1 auf 1 gestellt wurde:

$$\text{pos\_anz} := \sum_{i=1}^{\text{last}(a)} \text{if}\left(a_i \geq 0, 1, 0\right)$$

oder

$$\text{pos\_anz} := \sum_{i=1}^{\text{rows}(a)} \text{if}\left(a_i \geq 0, 1, 0\right)$$

Die verwendeten *Funktionen* **last** bzw. **rows** liefern die *Anzahl* der *Komponenten* des *Vektors* **a** (siehe Abschn.15.2).

c) Verwenden wir den **if**-Befehl zum Erstellen eines einfachen *rekursiven Programms* zur *Berechnung* der *Fakultät* einer positiven ganzen Zahl n:

n! = n · (n−1) · (n−2) · ... · 1

Dabei soll die *Meldung* "Fehler" (als Zeichenkette) ausgegeben werden, falls für n versehentlich eine negative ganze Zahl verwendet wird.

Wir erstellen das zugehörige *rekursive Funktionsunterprogramm* ohne und mit Verwendung der Programmierungspalette:

c1) Eine erste Variante des *Funktionsunterprogramms* kann durch Eingabe eines geschachtelten **if**-Befehls über die Tastatur in der *Form*

fak(n) := **if** (n < 0 , "Fehler" , **if** (n = 0 , 1 , n*fak(n−1)))

erhalten werden.

c2) Als zweite Variante ergibt sich das *Funktionsunterprogramm* in der *Form:*

$$\text{fak}(n) := \begin{vmatrix} 1 & \text{if} & n = 0 \\ n \cdot \text{fak}(n-1) & \text{if} & n > 0 \\ \text{"Fehler"} & \text{otherwise} \end{vmatrix}$$

bei zweimaliger Verwendung des *Operators* zum Einfügen von Zeilen

| Add Line |

(englische Version)

| +1 Zeile |

(deutsche Version)

des **if**-Operators

| if |

und des **otherwise**-Operators

> **otherwise**

aus der *Operatorpalette Nr.6* (*Programmierungspalette*)

♦

10.5 Schleifen

Schleifen (*Laufanweisungen*) dienen zur Wiederholung von Befehlsfolgen und werden in den Programmiersprachen mit **for**- oder **while**-Befehlen gebildet.
MATHCAD bietet zur *Bildung* von *Schleifen* folgende Möglichkeiten:
- *Verwendung* von *Bereichsvariablen* (siehe Beispiel 10.4):

    Diese *Schleifen* mit *vorgegebener Anzahl* von *Durchläufen* beginnen in MATHCAD mit einer *Bereichszuweisung* (*Laufbereich*) für den *Schleifenindex* (*Schleifenzähler/Laufvariable*) i
    i := m .. n
    die unter Verwendung des *Zuweisungsoperators* := und des *Operators*

    > **m..n**

    aus der *Operatorpalette Nr.1* oder *4* gebildet wird.
    Eine wie der *Schleifenindex* i definierte *Variable* wird in MATHCAD als *Bereichsvariable* bezeichnet (siehe Abschn.8.3).
    Die Zahlen m und n bestimmen den *Laufbereich* für den *Schleifenindex* i und stehen für den *Anfangswert* (*Startwert*) bzw. *Endwert*, wobei mit der Schrittweite 1 gezählt wird, d.h. für
    * m < n
        gilt i = m , m+1 , m+2 , ... , n
    * m > n
        gilt i = m , m−1 , m−2 , ... , n
    Benötigt man für den *Schleifenindex* i eine *Schrittweite* Δi ungleich 1, so schreibt man
    i := m , m+Δi .. n

    ☞

    Da die *Schleifenindizes* in MATHCAD wie *Bereichsvariablen* definiert werden, können ihre Anfangswerte, Schrittweiten und Endwerte *beliebige reelle Zahlen* sein. In den folgenden Beispielen 10.4b) und 10.5b) verwenden wir derartige *Schleifenindizes*.
    ♦

An die Definition des Schleifenindex i schließen sich die in der Schleife auszuführenden *Kommandos/Befehle/Funktionen* an, die meistens vom Schleifenindex i abhängen.

Möchte man *mehrere Schleifen schachteln*, muß man die einzelnen Bereichsvariablen hintereinander oder untereinander definieren. So schreibt man z.B. für eine zweifache Schleifen mit den Bereichsvariablen i und k

i := m .. n   k := s .. r

- Mittels des **for**-Operators (siehe Beispiele 10.4c) und d1)

  for

  aus der *Operatorpalette Nr.6* (*Programmierungspalette*) für *Schleifen* mit *vorgegebener Anzahl* von *Durchläufen*. Durch Mausklick auf diesen Operator erscheint folgendes an der durch den Kursor markierten Stelle im Arbeitsfenster:

  for ∎ ∈ ∎

  ∎

  Hier sind in die Platzhalter *hinter* **for** der *Schleifenindex* und der *Laufbereich* und *unter* **for** die auszuführenden *Kommandos/Befehle/Funktionen* einzutragen. Möchte man *mehrere Schleifen schachteln*, muß man den **for**-Operator entsprechend oft aktivieren.

- Mittels des **while**-Operators

  while

  aus der *Operatorpalette Nr.6* (*Programmierungspalette*). Hiermit können Schleifen ohne eine vorgegebene Anzahl von Durchläufen gebildet werden, wie man sie bei Iterationsverfahren benötigt (siehe Beispiel 10.4d2).

☞
MATHCAD benötigt Schleifen sowohl für Rechnungen (Iterationen) als auch zur grafischen Darstellung von Funktionen und Daten.

♦
Die genaue *Vorgehensweise* bei der *Anwendung* von *Schleifen* ist aus dem folgenden Beispiel 10.4 zu ersehen.

Beispiel 10.4:

a) *Grafische Darstellungen* von *Funktionen*

z=f(x,y)

zweier Variablen können in MATHCAD nur realisiert werden, wenn vorher eine *Matrix* **M** berechnet wurde, die als Elemente die Funktionswerte f(x,y) in vorgegebenen (x,y)-Werten enthält.

Diese *Matrix* **M** kann unter Verwendung einer *geschachtelten Schleife* mit *Bereichsvariablen* i und k berechnet werden, wie z.B.

10.5 Schleifen

N := 12

i := 1 .. N   k := 1 .. N

$x_i := -3 + 0.5 \cdot i$ $y_k := -3 + 0.5 \cdot k$

$M_{i,k} := f(x_i, y_k)$

Hier werden über dem *Quadrat*

$-3 \leq x \leq 3$, $-3 \leq y \leq 3$

die *Funktionswerte* einer vorher definierten *Funktion* f(x,y) in 144 gleichabständigen Punkten berechnet und in der *Matrix* **M** gespeichert. Mittels dieser berechneten *Matrix* **M** kann die *Funktion* f(x,y) in einem *Grafikfenster* (3D-Grafik) *gezeichnet* werden, wie im Abschn.18.2 ausführlich erläutert wird.

b) Betrachten wir am Beispiel von *Funktionswertberechnungen* die Handhabung *nichtganzzahliger Schleifenindizes*:
Dazu verwenden wir die *einfache Funktion*

$f(x) := x^2 + 1$

die wir an den Stellen x = 1.1, 1.3, 1.5, ..., 2.9 berechnen möchten (d.h. mit der *Schrittweite* 0.2).
Dies gelingt in MATHCAD mit der *Bereichsvariablen*
x := 1.1 , 1.3 .. 2.9
Die abschließende *Eingabe* des *numerischen Gleichheitszeichens* nach f(x) liefert die gewünschten Funktionswerte für die Werte der definierten Bereichsvariablen x:

x	f(x)
1.1	2.21
1.3	2.69
1.5	3.25
1.7	3.89
1.9	4.61
2.1	5.41
2.3	6.29
2.5	7.25
2.7	8.29
2.9	9.41

Die mittels der Bereichsvariablen x berechneten Funktionswerte f(x) lassen sich in MATHCAD grafisch darstellen (siehe Abschn.18.1):

x := 1.1, 1.3 .. 2.9

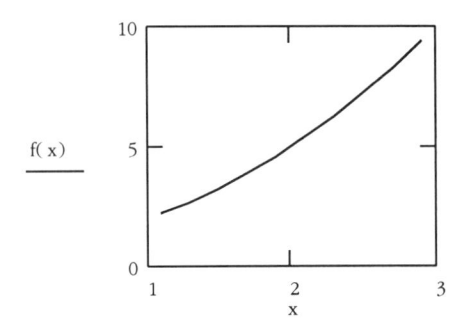

$$\begin{array}{c}\text{(graph of f(x) from x=1 to x=3, y from 0 to 10)}\end{array}$$

c) Falls die *Elemente* einer *Matrix* **A** nach einer gegebenen Regel zu *berechnen* sind, so kann dies durch *geschachtelte Schleifen* geschehen.
Dies demonstrieren wir auf zwei verschiedene Arten im folgenden Beispiel, in dem wir die Elemente einer Matrix **A** vom Typ (5,6) als Summe von Zeilen- und Spaltennummer berechnen:

* *geschachtelte Schleifen* unter *Verwendung* von *Bereichsvariablen*:

   i := 1..5   k := 1..6

   $A_{i,k} := i + k$

* *geschachtelte Schleifen* mittels des **for**-Operators:

   Dazu verwenden wir die folgenden *Operatoren*

   | Add Line | for | ← |

   aus der *Operatorpalette Nr.6 (Programmierungspalette)*

   $A :=$ | for i ∈ 1..5
          | for k ∈ 1..6
          | $A_{i,k} \leftarrow i + k$
          | A

Jede der beiden angewandten Schleifen erzeugt die *Matrix*

$$A = \begin{pmatrix} 2 & 3 & 4 & 5 & 6 & 7 \\ 3 & 4 & 5 & 6 & 7 & 8 \\ 4 & 5 & 6 & 7 & 8 & 9 \\ 5 & 6 & 7 & 8 & 9 & 10 \\ 6 & 7 & 8 & 9 & 10 & 11 \end{pmatrix}$$

d) Führen wir die *Berechnung* der *Quadratwurzel* einer positiven Zahl a mittels des bekannten konvergenten *Iterationsverfahren*

   $x_1 := a$

10.5 Schleifen

$$x_{i+1} := \frac{1}{2} \cdot \left(x_i + \frac{a}{x_i} \right) \quad , \quad i = 1, 2, \ldots$$

durch.

Dies läßt sich in MATHCAD durch eine der folgenden *Schleife* realisieren, wobei wir konkret die Wurzel aus 2 berechnen (d.h. a=2):

d1)*Schleifen* mit einer *vorgegebenen Anzahl* N von *Durchläufen:*

* unter *Verwendung* von *Bereichsvariablen:*

   a:= 2   N:= 10

   $x_1 := a$ i:= 1..N

   $$x_{i+1} := \frac{1}{2} \cdot \left(x_i + \frac{a}{x_i} \right)$$

   $x_{N+1} = 1.414213562373095$

* Man kann man folgendes *Funktionsunterprogramm* schreiben:

   qroot(a, N) := | $x \leftarrow a$
                   | for $i \in 1..N$
                   | $\quad x \leftarrow \frac{1}{2} \cdot \left(x + \frac{a}{x} \right)$

wobei man die *Operatoren*

| Add Line | for | ← |

aus der *Operatorpalette Nr.6* (*Programmierungspalette*) verwendet.

Bei einem 10-fachen Durchlauf der Schleife ergibt sich folgendes *Ergebnis* für die *Quadratwurzel* aus 2:

qroot (2, 10) = 1.414213562373095

☞

In den vorangehenden beiden *Schleifen* haben wir eine *feste Anzahl* N von *Durchläufen* (Iterationen) vorgegeben. Dies ist aber für Iterationsverfahren wenig praktikabel, da man von vornherein nicht weiß, wann eine gewünschte Genauigkeit erreicht ist.

Deshalb betrachten wir im folgenden Schleifen mit einer variablen Anzahl von Durchläufen.

♦

d2)*Schleifen* mit einer *variablen Anzahl* von *Durchläufen:*

Eine *variable Anzahl* von *Schleifendurchläufen* läßt sich in MATHCAD realisieren, indem man die Berechnung durch Genauigkeitsprüfung mittels des relativen oder absoluten *Fehlers* zweier aufeinanderfolgender Ergebnisse beendet.

Bei unserem einfachen Iterationsverfahren zur *Quadratwurzelberechnung* wird man die effektiven *Fehlerabschätzungen*

$$\left| x_i^2 - a \right| < \varepsilon$$

für den *absoluten Fehler* bzw.

$$\left| \frac{x_i^2 - a}{a} \right| < \delta$$

für den *relativen Fehler* verwenden.

Im folgenden führen wir mit MATHCAD *Iteration* durch, indem wir die Berechnung abbrechen, wenn die geforderte *Genauigkeit* (*absoluter Fehler* ε) erreicht ist:

- *Schleife* unter *Verwendung* von *Bereichsvariablen* und des **until**-Befehls:

  Bei der folgenden Programmvariante muß eine *Anzahl* N von *Schleifendurchläufen fest vorgegeben* werden. Die Berechnung wird aber abgebrochen, wenn vorher die gegebene Genauigkeit erreicht ist.

  $a := 2 \quad \varepsilon := 10^{-15} \quad N := 10$

  $i := 1 .. N$

  $x_1 := a$

  $$x_{i+1} := \textbf{until}\left(\left| x_i^2 - a \right| - \varepsilon \, , \, \frac{1}{2} \cdot \left(x_i + \frac{a}{x_i} \right) \right)$$

  $$x = \begin{pmatrix} 2 \\ 1.5 \\ 1.416666666666667 \\ 1.41421568627451 \\ 1.41421356237469 \\ 1.414213562373095 \\ 0 \end{pmatrix}$$

  Aus dem Vektor **x** der Iterationswerte ist ersichtlich, daß die vorletzte Komponente das Ergebnis liefert und daß die geforderte Genauigkeit mit weniger als N Iterationsschritten erreicht wurde, wenn die letzte Komponente des Vektors 0 ist:

  $x_{\text{last}(x) - 1} = 1.414213562373095$

- *Schleife mittels* des **while**-Operators:

  Dazu verwenden wir die *Operatoren*

10.5 Schleifen

[while] [Add Line] [←] [return]

aus der *Operatorpalette Nr.6* (*Programmierpalette*).

Hier braucht man keine feste Anzahl von Schleifendurchläufen festzulegen, da die Schleife bei erreichter Genauigkeit verlassen wird. Wir geben *zwei Varianten* für ein *Funktionsunterprogramm:*

* Verwendung der *Genauigkeitsschranke* **TOL**, die eine *vordefinierte Variable* (englisch: *Built-In Variable*) von MATHCAD ist:

$$\text{qroot}(a) := \begin{vmatrix} x \leftarrow a \\ \text{while } |x^2 - a| > \text{TOL} \\ \quad x \leftarrow \frac{1}{2} \cdot \left(x + \frac{a}{x} \right) \end{vmatrix}$$

qroot (2) = 1.414213562373095

Die in der Schleife vorhandene *Genauigkeitsschranke* **TOL** kann auf eine der folgenden Arten festgelegt werden:

– Mittels der *Menüfolge*

   Math ⇒ Options... ⇒ Built-In Variables
   (deutsche Version: **Rechnen ⇒ Optionen... ⇒ Vordefinierte Variablen**)

– Durch eine *Zuweisung* der Form

   TOL := ......

   vor dem Aufruf von **qroot**.

* Verwendung einer *Genauigkeitsschranke* ε, die beim Funktionsaufruf mit eingegeben wird:

$$\text{qroot}(a, \varepsilon) := \begin{vmatrix} \text{return "Zahl kleiner Null" if } a < 0 \\ x \leftarrow a \\ \text{while } |x^2 - a| > \varepsilon \\ \quad x \leftarrow \frac{1}{2} \cdot \left(x + \frac{a}{x} \right) \end{vmatrix}$$

qroot(2 , 10^{-10}) = 1.41421356237469

qroot(- 2 , 10^{-10}) = "Zahl kleiner Null"

In diesem Programm haben wir zusätzlich den *Befehl* **return** verwendet, um eine *Fehlermeldung* auszugeben, wenn man versehentlich eine negative Zahl zur Wurzelberechnung eingibt.

♦

10.6 Erstellung einfacher Programme

In den *Computeralgebra-Systemen* AXIOM, MACSYMA, MAPLE und MATHEMATICA sind *Programmiersprachen* integriert, die das Erstellen von Programmen in ähnlicher Qualität wie mit den herkömmlichen Programmiersprachen BASIC, C, FORTRAN und PASCAL gestatten.
Obwohl MATHCAD mit seinen Programmiermöglichkeiten dagegen etwas abfällt, kann man auch hier den Vorteil aller Computeralgebra-Systeme ausnutzen:
Sämtliche integrierten Kommandos/Funktionen lassen sich in die Programmierung einbeziehen.

☞

In MATHCAD kann man die erstellten *Programme* als *Arbeitsblätter* abspeichern. Wie bereits im Kap.4 besprochen, können hier neben den Programmelementen *erläuternder Text* und *Grafiken* aufgenommen werden.
Für ein bestimmtes Gebiet kann man diese Arbeitsblätter zu kleinen eigenen *Elektronischen Büchern* zusammenstellen. Zu deren Gestaltung erhält man Anregungen aus den professionellen Elektronischen Büchern, indem man sich deren Dateien mit einem ASCII-Editor betrachtet.
Allerdings unterscheiden sich die *selbsterstellten Elektronischen Bücher* etwas von den *professionellen*, die eine komfortablere Benutzeroberfläche besitzen und in die Unterprogramme in herkömmlichen Programmiersprachen einbezogen sind, um komplexere Algorithmen zu realisieren.

♦

☞

Bei der Erstellung von *Programmen* ist zu beachten, daß MATHCAD sie von *links* nach *rechts* und von *oben* nach *unten* abarbeitet. Dies ist bei der Verwendung definierter Variablen und Funktionen zu berücksichtigen. Sie lassen sich erst rechts bzw. unterhalb der Definition verwenden.

♦

☞

In den folgenden beiden Abschnitten wenden wir zusätzlich die *Befehle* **on error**, **break** und **return** an, die mittels der *Operatoren*

| on error | break | return |

aus der *Operatorpalette Nr.6* (*Programmierungspalette*) realisiert werden. Damit haben wir bis auf den *Befehl* **continue**, der mittels des Operators

| continue |

aktiviert wird, alle Operatoren der *Programmierungspalette* angewandt. Dieser Befehl dient zum Abbruch der aktuellen Berechnung in einer Schleife, wobei aber die Schleife insgesamt nicht abgebrochen, sondern mit dem folgenden Schleifenindex weitergeführt wird. ♦

10.6 Erstellung einfacher Programme

Im Abschn.10.6.2 werden wir im Beispiel 10.6 die Erstellung eigener *MATH-CAD-Programme* demonstrieren.
Damit möchten wir den Leser anregen, selbst kleine *Elektronische Bücher* zu schreiben, wobei natürlich nicht die Form der gekauften Bücher erreicht wird. Dies sollte aber den Anwender von MATHCAD nicht abschrecken, sich an einfachen *eigenen Elektronischen Büchern* zu versuchen.
So können während des Studiums anzufertigende Beleg-, Praktikums- und Diplomarbeiten mit MATHCAD in Form eines Elektronischen Buches erstellt werden. Das gleiche gilt für den Praktiker, der seine Untersuchungen und Berechnungen, und den Dozenten, der seine Lehrveranstaltungen in dieser Form abfassen kann.

10.6.1 Fehlersuche

Bei den im Rahmen dieses Buches gegebenen Programmen spielt die Fehlersuche keine große Rolle, da diese Programme und die darin verwendeten Algorithmen überschaubar sind.
Bei größeren Programmen ist dagegeben der *Fehlersuche* große Aufmerksamkeit zu widmen, da MATHCAD natürlich Fehler in einem programmierten Algorithmus (*Programmierfehler*) im Gegensatz zu *syntaktischen Fehlern* nicht erkennen kann.
Derartige *Programmierfehler* erkennt man daran, daß

* *falsche Ergebnisse* geliefert werden,
* eine von MATHCAD angezeigte *Division durch Null* auftritt,
* die *Rechnung nicht beendet* wird.

Ab der Version 7 von MATHCAD werden zusätzlich die beiden *Befehle* **return** und **on error** mitgeliefert, die mittels der *Operatoren*

| return | on error |

aus der *Operatorpalette Nr.6* (*Programmierungspalette*) realisiert werden.
Den *Befehl* **return** lernen wir in den Beispielen 10.4d2) und 10.6 kennen.
Der *Befehl* **on error** funktioniert folgendermaßen:

* Nach Anklicken des Operators in der Programmierungspalette erscheint der folgende Ausdruck mit zwei Platzhaltern im Arbeitsfenster

    ∎ on error ∎

* In den rechten Platzhalter ist der im Programm *auszuwertende Ausdruck* einzutragen. Treten hierbei *Fehler* auf, so wird der in den linken Platzhalter eingetragene Ausdruck ausgewertet.

Die Anwendung dieser Art der Fehlersuche überlassen wir dem Leser.

10.6.2 Beispiele

Betrachten wir zuerst im Beispiel 10.5 weitere Anwendungen von Verzweigungen und Schleifen. Die hier behandelten Aufgaben sollen den Anwender anregen

* mit den Programmiermöglichkeiten zu experimentieren,
* auftretende Probleme zu meistern.

Beispiel 10.5:

a) Von zwei *Vektoren* **a** und **b** (der gleichen Dimension) ist die *Anzahl* der *Komponenten* von **a** zu bestimmen, die *kleiner* oder *gleich* denen von **b** sind:
  Zuerst werden die beiden *Vektoren* **a** und **b** *eingelesen*, deren Komponenten sich in den strukturierten Dateien *daten_a* bzw. *daten_b* auf Diskette oder Festplatte befinden. Die genaue Vorgehensweise für das Einlesen findet man im Abschn.9.1:

  a := READPRN(daten_a)   b := READPRN(daten_b)

$$a = \begin{pmatrix} 3 \\ 4 \\ 5 \\ 7 \\ 1 \\ 2 \\ 4 \\ 8 \\ 9 \\ 3 \end{pmatrix} \quad b = \begin{pmatrix} 1 \\ 2 \\ 4 \\ 5 \\ 7 \\ 8 \\ 9 \\ 2 \\ 9 \\ 6 \end{pmatrix}$$

Die *Anzahl* der *Komponenten* von **a**, die *kleiner* oder *gleich* denen von **b** sind:

* *erhält man* unter Verwendung des **if**-Befehls mittels

$$\text{Anzahl} := \sum_{i=1}^{\text{rows}(a)} \text{if}\left(a_i \le b_i, 1, 0\right)$$

Anzahl = 5

oder

10.6 Erstellung einfacher Programme

$$\text{Anzahl} := \sum_{i=1}^{\text{last}(a)} \text{if}\left(a_i \leq b_i, 1, 0\right)$$

Anzahl = 5

wenn die Indexzählung mit 1 beginnt, d.h., man
ORIGIN := 1
eingestellt hat.

* *erhält man nicht,* falls man versucht im **if**-Befehl *Ergibtanweisungen* als Argumente zu verwenden, wie der folgende Versuch zeigt:

Anzahl := 0   i := 1 .. rows(a)

if ($a_i \leq b_i$, Anzahl := Anzahl + 1, Anzahl)

Anzahl = 0

* *erhält man nicht,* wenn man die folgende Programmvariante verwendet :

Anzahl := 0   i := 1 .. rows(a)

$$\boxed{\text{Anzahl} := \text{Anzahl} + \text{if}\left(a_i \leq b_i, 1, 0\right)}$$

You are trying to use an array or range as a scalar. Press F1 for help.

* *erhält man,* wenn die beiden letzten *Fehlversuche* durch die folgenden *Kunstgriffe* (u.a. Verwendung von *Anzahl* als Vektor mit einer Komponente) verändert werden:

$\text{Anzahl}_1 := 0$ i := 1 .. rows(a)

$\text{Anzahl}_1 := \text{if}\left(a_i \leq b_i, \text{Anzahl}_1 + 1, \text{Anzahl}_1\right)$

$\text{Anzahl}_1 = 5$

oder

$\text{Anzahl}_1 := 0$ i := 1 .. rows(a)

$\text{Anzahl}_1 := \text{Anzahl}_1 + \text{if}\left(a_i \leq b_i, 1, 0\right)$

$\text{Anzahl}_1 = 5$

* *erhält man* unter Verwendung der *Operatoren*

| Add Line | ← | for | if |

aus der *Operatorpalette Nr.6* (*Programmierungspalette*) folgendermaßen mittels eines *Funktionsunterprogramms*

$$\text{Anzahl}(a,b) := \begin{array}{|l} \text{Anzahl} \leftarrow 0 \\ \text{for } i \in 1..\text{rows}(a) \\ \quad \text{Anzahl} \leftarrow \text{Anzahl} + 1 \quad \text{if } a_i \leq b_i \\ \text{Anzahl} \end{array}$$

Anzahl(a, b) = 5 ∎

b) Im folgenden einfachen Beispiel verwenden wir im **if**-Befehl einen logischen Ausdruck, der das logische ODER enthält, um die Anzahl der Werte aus 0, 0.1, 0.2, ... , 1 zu bestimmen, die kleiner oder gleich 0.4 oder größer oder gleich 0.7 sind.
Wir geben zwei Möglichkeiten zur Lösung des Problems:

* mittels *nichtganzzahliger Bereichsvariablen* und des *Summenoperators*

  $\boxed{\sum_n}$

  aus der *Operatorpalette Nr.5:*
  $x := 0, 0.1 .. 1$

  $$v := \sum_x \text{if}((x \leq 0.4) + (x \geq 0.7), 1, 0)$$

  $v = 9$

* unter Verwendung der *Operatoren*

  $\boxed{\text{Add Line}} \quad \boxed{\leftarrow} \quad \boxed{\text{for}} \quad \boxed{\text{if}}$

  aus der *Operatorpalette Nr.6 (Programmierungspalette)*

  $$v := \begin{array}{|l} v \leftarrow 0 \\ \text{for } x \in 0, 0.1 .. 1 \\ \quad v \leftarrow v + 1 \quad \text{if } (x \leq 0.4) + (x \geq 0.7) \\ v \end{array}$$

  $v = 9$
  ♦

Betrachten wir abschließend drei kleine Programme zur Lösung einfacher Probleme aus Wahrscheinlichkeitsrechnung und numerischer Mathematik. Diese Programme kann man in der gegebenen Form abspeichern und bei späteren Rechnungen wieder einlesen.
In diesen Beispielen wenden wir auch die *Befehle* **break** und **return** an, die mittels der *Operatoren*

$\boxed{\text{break}} \quad \boxed{\text{return}}$

10.6   Erstellung einfacher Programme

aus der *Operatorpalette Nr.6* (*Programmierungspalette*) realisiert werden.

Beispiel 10.6:

a) Im folgenden erstellen wir ein kleines Programm (Elektronisches Buch) zur *Berechnung* von *Wahrscheinlichkeiten* und *Verteilungsfunktionen* für diskrete Wahrscheinlichkeitsverteilungen, die im Abschn.26.4 behandelt werden. Obwohl MATHCAD die Wahrscheinlichkeiten

dbinom (k , n , p)   (*Binomialverteilung*)

dhypergeom (k , M , N–M , n)   (*hypergeometrische Verteilung*)

dpois (k , λ)   (*Poissonverteilung*)

und die zugehörigen Verteilungsfunktionen kennt, berechnen wir diese zu Übungszwecken nochmals:

Diskrete Verteilungsfunktionen

Zur Berechnung diskreter Verteilungsfunktionen benötigt man den **Binomialkoeffizienten** :

$$\text{Binomial}(a, k) := \text{if}\left(k = 0, 1, \frac{\prod_{i=0}^{k-1}(a-i)}{k!}\right)$$

Die Wahrscheinlichkeit für die **Binomialverteilung** *berechnet sich aus (p-Wahrscheinlichkeit, n-Anzahl der Versuche)* :

$$PB(n, p, k) := \text{Binomial}(n, k) \cdot p^k \cdot (1-p)^{n-k}$$

Daraus ergibt sich die Verteilungsfunktion

$$FB(x, n, p) := \text{if}\left(x \leq 0, 0, \text{if}\left(\text{floor}(x) \leq n, \sum_{k=0}^{\text{floor}(x)} PB(n, p, k), 1\right)\right)$$

Die Wahrscheinlichkeit für die **hypergeometrische Verteilung** *berechnet sich aus (N-Gesamtheit der Elemente, von denen M die gewünschte Eigenschaft haben, n-Anzahl der Versuche)* :

$$PH(N, M, n, k) := \text{Binomial}(M, k) \cdot \frac{\text{Binomial}(N-M, n-k)}{\text{Binomial}(N, n)}$$

Daraus ergibt sich die Verteilungsfunktion

$$FH(x, N, M, n) := \text{if}\left(x \leq 0, 0, \text{if}\left((\text{floor}(x) > n) + (\text{floor}(x) > M), 1, \sum_{k=0}^{\text{floor}(x)} PH(N, M, n, k)\right)\right)$$

*Die Wahrscheinlichkeit für die **Poisson-Verteilung** berechnet sich aus (λ-Erwartungswert):*

$$PP(\lambda, k) := \lambda^k \cdot \frac{e^{-\lambda}}{k!}$$

Daraus ergibt sich die Verteilungsfunktion

$$FP(x, \lambda) := if\left(x \leq 0, 0, \sum_{k=0}^{floor(x)} PP(\lambda, k)\right)$$

Es empfiehlt sich die Abspeicherung des gegebenen Programms als Arbeitsblatt z.B. unter den Namen DISKVERT.MCD. Bei späteren Arbeitssitzungen unter MATHCAD können dieses Arbeitsblatt wieder eingelesen und die darin definierten Funktionen verwendet werden.

Mit dem erstellten Programm läßt sich beispielsweise die folgende Aufgabe lösen:

Man möchte die in einem See lebende Anzahl von Fischen bestimmen. Dazu werden M der Fische gefangen, markiert und anschließend wieder in den See ausgesetzt. Danach werden wieder Fische gefangen und zwar n Stück. Aus der darunter befindlichen Anzahl k markierter Fische kann man auf die Gesamtzahl der im See befindlichen Fische schließen.

Dazu muß man erkennen, daß diese Aufgabe mit der *hypergeometrischen Verteilung* gelöst werden kann.

Mittels der in unserem Arbeitsblatt DISKVERT.MCD definierten *Wahrscheinlichkeit* der *hypergeometrischen Verteilung*
PH (N,M,n,k)
kann man nun für eine Reihe von N-Werten die Wahrscheinlichkeiten berechnen. Nach der *Maximum-Likelihood-Schätzung*, nimmt man denjenigen N-Wert als Schätzwert für die Gesamtzahl der Fische, der die größte Wahrscheinlichkeit besitzt. Das wären für die angenommenen Zahlen (M=60, n=100 und k=10) 600 Fische:

PH(500, 60, 100, 10) = 0.11322

PH(550, 60, 100, 10) = 0.13711

PH(570, 60, 100, 10) = 0.14192

PH(580, 60, 100, 10) = 0.14335

PH(590, 60, 100, 10) = 0.14416

PH(595, 60, 100, 10) = 0.14436

PH(600, 60, 100, 10) = 0.14441

PH(610, 60, 100, 10) = 0.14412

PH(620, 60, 100, 10) = 0.14335 ♦

10.6 Erstellung einfacher Programme

b) Schreiben wir ein *Funktionsunterprogramm* für das bekannte *Newtonsche Iterationsverfahren* zur *Bestimmung* einer *reellen Nullstelle* einer gegebenen differenzierbaren *Funktion* f(x) einer reellen Variablen:

$$x^{k+1} = x^k - \frac{f(x^k)}{f'(x^k)} \qquad k = 1, 2, ...$$

Im Falle der Konvergenz bieten sich folgende *Abbruchschranken* an:

* Der *absolute Fehler* zweier aufeinanderfolgender berechneter Werte ist kleiner als ε, d.h.

$$\left| x^{k+1} - x^k \right| = \left| \frac{f(x^k)}{f'(x^k)} \right| < \varepsilon$$

* Der *Absolutbetrag* der *Funktion* f(x) ist kleiner als ε, d.h.

$$\left| f(x^k) \right| < \varepsilon$$

Das Verfahren muß jedoch nicht konvergieren, selbst wenn der *Startwert* x^1
nahe bei der gesuchten Nullstelle liegt. Dies werden wir in den Versionen b4) und b5) unserer Programmvarianten berücksichtigen, indem wir die *Anzahl* N der *Iterationen* von vornherein fest vorgeben.

Für alle im folgenden gegebenen Varianten für ein Funktionsunterprogramm **newton** muß vorher die *Funktion* f(x) in einer *Funktionsdefinition* (siehe Abschn. 17.2.3) definiert sein. Als Argument darf dann aber in den einzelnen Unterprogrammen nur der Name f der Funktion erscheinen. Die weiteren Größen im Argument von **newton** bedeuten:

* s

    Startwert für die Iterationen (*Anfangsnäherung*)

* ε

    Genauigkeitsschranke

b1) Eine einfache Programmvariante hat folgende Form:

$$\text{newton}(s, f, \varepsilon) := \left| \begin{array}{l} x \leftarrow s \\ \text{while} \quad |f(x)| > \varepsilon \\ \qquad x \leftarrow x - \dfrac{f(x)}{\dfrac{d}{d\underline{x}} f(x)} \end{array} \right.$$

Diese Variante hat folgende *Nachteile*:

I. Die Rechnung wird nicht beendet, falls das Verfahren nicht konvergiert.

II. Es kann eine Division durch Null auftreten, wenn die Ableitung der Funktion in einem berechneten Punkt Null wird.

b2) In der folgenden Programmvariante wird der Nachteil II. aus b1) behoben:

$$\text{newton}(s,f,\varepsilon) := \left| \begin{array}{l} x \leftarrow s \\ \text{while } \left(|f(x)| > \varepsilon\right) \cdot \left(\left|\dfrac{d}{dx}f(x)\right| > \varepsilon\right) \\ \quad x \leftarrow x - \dfrac{f(x)}{\dfrac{d}{dx}f(x)} \end{array} \right.$$

b3) Gegenüber der Variante b2) wird hier zusätzlich eine *Meldung* unter Verwendung des *Befehls* **return** *ausgegeben*, wenn eine berechnete Ableitung Null ist:

$$\text{newton}(s,f,\varepsilon) := \left| \begin{array}{l} x \leftarrow s \\ \text{while } |f(x)| > \varepsilon \\ \quad \left| \begin{array}{l} \text{return "f'(x)=0" if } \left|\dfrac{d}{dx}f(x)\right| < \varepsilon \\ x \leftarrow x - \dfrac{f(x)}{\dfrac{d}{dx}f(x)} \end{array} \right. \end{array} \right.$$

b4) Die folgende Programmvariante behebt beide Nachteile aus b1), wobei die vorgegebene Anzahl N von Iterationen mittels einer Schleife realisiert wird.

Zusätzlich wird unter Verwendung des *Befehls* **return** eine *Meldung ausgegeben*, wenn eine berechnete Ableitung Null ist:

$$\text{newton}(s,f,\varepsilon,N) := \left| \begin{array}{l} x \leftarrow s \\ \text{for } i \in 1..N \\ \quad \left| \begin{array}{l} \text{while } |f(x)| > \varepsilon \\ \quad \left| \begin{array}{l} \text{return "f'(x)=0" if } \left|\dfrac{d}{dx}f(x)\right| < \varepsilon \\ x \leftarrow x - \dfrac{f(x)}{\dfrac{d}{dx}f(x)} \end{array} \right. \end{array} \right. \end{array} \right.$$

b5) Die folgende Programmvariante gibt zusätzlich gegenüber b4) unter Verwendung des *Befehls* **return** eine *Meldung* aus, wenn die vorgegebene Anzahl N von Iterationen überschritten wird.

Des weiteren wird anstelle einer **for**-Schleife der *Befehl* **break** eingesetzt, um eine vorgegebene Anzahl von Iterationen zu realisieren:

10.6 Erstellung einfacher Programme

$$\text{newton}(s, f, \varepsilon, N) := \begin{vmatrix} x \leftarrow s \\ i \leftarrow 0 \\ \text{while } |f(x)| > \varepsilon \\ \quad \begin{vmatrix} \text{return "f'(x)=0"} & \text{if } \left|\dfrac{d}{dx}f(x)\right| < \varepsilon \\ i \leftarrow i + 1 \\ \text{break if } i > N \\ x \leftarrow x - \dfrac{f(x)}{\dfrac{d}{dx}f(x)} \end{vmatrix} \\ \text{return "i>N"} \quad \text{if } i > N \end{vmatrix}$$

Verwenden wir die letzte Programmvariante b5) zur *Bestimmung* der einzigen reellen *Nullstelle* der *Polynomfunktion*

$f(x) := x^7 + x + 1$

Eine *Anfangsnäherung* für das *Newtonsche Verfahren* kann man aus der folgenden Grafik entnehmen

$x := -1, -0.99 .. 1$

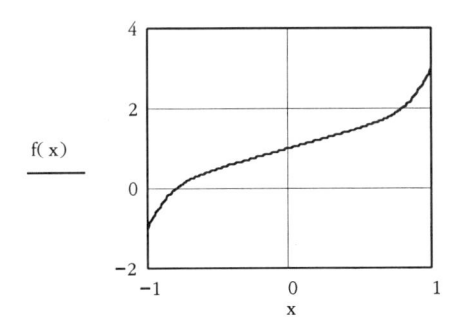

Die Anwendung des Programms gestaltet sich folgendermaßen, wenn wir als

Startwert s=0,

Anzahl der *Iterationen* N=100,

Genauigkeitsschranke ε=0.0001

nehmen:

newton (0 , f , 0.0001 , 100) = −0.796544857980085

c) Schreiben wir ein *Funktionsunterprogramm* **Max (A)**, das das *maximale Element* einer *beliebigen Matrix* **A** berechnet. Dazu verwenden wir eine *geschachtelte Schleife* (siehe Abschn.10.5) und die *Matrixfunktionen* **cols** und **rows** zur Bestimmung der *Spalten*- bzw. *Zeilenanzahl* der *Matrix* **A** und stellen den Startindex für die Indizierung auf 1, d.h. **ORIGIN** := 1 :

$$\text{Max}(A) := \left| \begin{array}{l} \text{Max} \leftarrow A_{1,1} \\ \text{for } i \in 1 \mathinner{..} \text{cols}(A) \\ \quad \text{for } k \in 1 \mathinner{..} \text{rows}(A) \\ \quad \quad \text{Max} \leftarrow A_{i,k} \quad \text{if } \text{Max} \leq A_{i,k} \\ \text{Max} \end{array} \right.$$

Für die folgende *konkrete Matrix* **A** wird durch den Funktionsaufruf Max(A) das maximale Element berechnet:

$$A := \begin{bmatrix} -3 & 1 & 3 \\ 2 & -5 & -6 \\ -7 & 3 & 4 \end{bmatrix} \quad \text{Max}(A) = 4$$

Dieses Funktionsunterprogramm wurde nur zu Übungszwecken geschrieben, da MATHCAD eine entsprechende *Matrixfunktion* **max (A)** kennt (siehe Abschn.15.2).

♦

11 Dimensionen und Maßeinheiten

Ein Vorteil von MATHCAD gegenüber anderen Computeralgebra-Systemen besteht darin, daß sämtliche Rechnungen mit *Maßeinheiten* durchgeführt werden können. Dies ist vor allem für *Ingenieure* und *Naturwissenschaftler* interessant.
MATHCAD kennt alle gängigen (*Maß-*) *Einheitensysteme:*
SI, MKS, CGS und US
wobei in Europa hauptsächlich das *SI-Einheitensystem* Anwendung findet, in dem die *Grunddimensionen* (in Klammern die englische Bezeichnung):

* *Masse* (mass)
* *Länge* (length)
* *Uhrzeit* (time)
* *Ladung* (charge)
* *Temperatur* (temperature)
* *Leuchstärke* (luminosity)
* *Stoff* (substance)

vorkommen.

☞
Mittels der *Menüfolge*
Math ⇒ Options...
(deutsche Version: **Rechnen ⇒ Optionen...**)
lassen sich in der erscheinenden *Dialogbox*
Math Options
(deutsche Version: **Rechenoptionen**)
bei

* **Unit System**
(deutsche Version: **Einheitensystem**)
das gewünschte *Einheitensystem*
* **Dimensions**
(deutsche Version: **Dimensionen**)
die *Dimensionen* für das gewählte Einheitensystem
einstellen.♦

☞

Die zu den einzelnen *Dimensionen gehörigen Maßeinheiten* lassen sich mittels der *Menüfolge*

Insert ⇒ Unit...

(deutsche Version: **Einheit ⇒ Einfügen...**)

aus der erscheinenden *Dialogbox* (siehe Abb.11.1)

Insert Unit

(deutsche Version: **Einheit einfügen**)

entnehmen und durch Mausklick an der durch den Kursor bestimmten Stelle im Arbeitsblatt *einfügen*.

♦

☞

Möchte man einer *Zahl* eine *Maßeinheit zuordnen*, so wird die Zahl einfach mit der Maßeinheit multipliziert. Dabei kann man die Bezeichnung der Maßeinheit direkt über die Tastatur oder unter Verwendung der eben gegebenen Menüfolge eingeben.

♦

☞

Wenn man in der *Dialogbox*

Math Options

(deutsche Version: **Rechenoptionen**)

bei

Dimensions

(deutsche Version: **Dimensionen**)

den *Kontrollkasten*

Display dimensions

(deutsche Version: **Dimensionen anzeigen**)

anklickt (aktiviert), dann werden bei allen Berechnungen mit Maßeinheiten die Ergebnisse nicht mit der Maßeinheit sondern mit dem Dimensionsnamen angezeigt.
Wenn man anstelle der Grunddimensionen *andere Dimensionen* wie z.B. *Stückzahl*, *Währung* verwenden möchte, so kann man jetzt die *Dimensionsnamen* im entsprechenden *Textfeld* der *Dialogbox* ändern.

♦

☞

Man kann die *Maßeinheit* des Ergebnisses einer Berechnung in eine *andere Maßeinheit umformen*, indem man das *Ergebnis* mit der *Maus anklickt*. Danach können *folgende Fälle* auftreten:

- Falls rechts neben dem Ergebnis ein *Einheitenplatzhalter* erscheint, kann man die *neue Maßeinheit* auf eine der folgenden Arten eintragen:
  * *Eingabe* in den *Einheitenplatzhalter* mittels *Tastatur*.

* *Einfügung* durch *zweifachen Mausklick* auf den *Einheitenplatzhalter* mittels der erscheinenden *Dialogbox*

  Insert Unit
  (deutsche Version: **Einheit einfügen**).

- Falls *kein Einheitenplatzhalter* erscheint, kann man die *neue Maßeinheit* auf eine der folgenden Arten eintragen:

  * *Löschung* der *alten Maßeinheit* und *Eingabe* der *neuen Maßeinheit* in den erscheinenden Platzhalter mittels *Tastatur*.

  * *Einfügung* durch *zweifachen Mausklick* auf die alte Maßeinheit mittels der erscheinenden *Dialogbox*

    Insert Unit
    (deutsche Version: **Einheit einfügen**).

Bei beiden Vorgehensweisen berechnet das abschließende Drücken der ⏎-Taste oder ein Mausklick (außerhalb) das *Ergebnis* in der *neuen Maßeinheit* (siehe Beispiel 11.1b).

MATHCAD setzt den *Einheitenplatzhalter* automatisch bei der numerischen Berechnung von Ausdrücken. Er verschwindet erst beim Mausklick außerhalb des Ausdrucks.

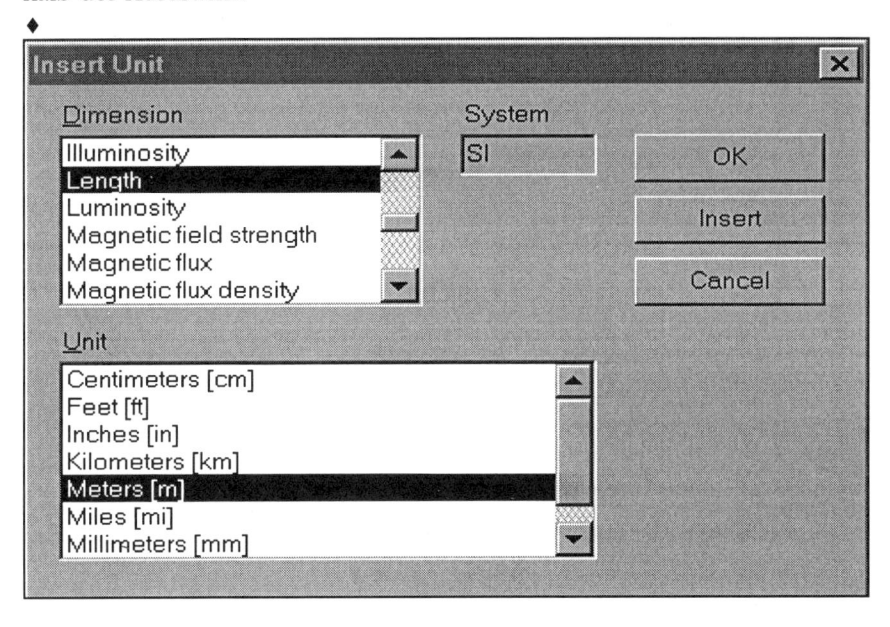

♦

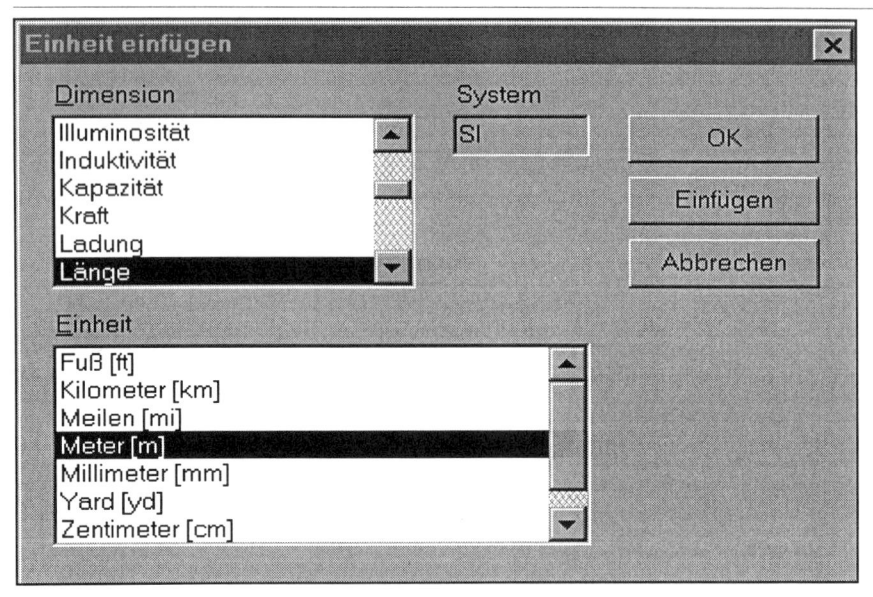

Abb.11.1. Dialogbox **Einheit einfügen** der englischen und deutschen Version

Betrachten wir die Möglichkeiten von MATHCAD bei der Rechnung mit Maßeinheiten an einigen Beispielen.

Beispiel 11.1:

a) Der Versuch, *Einheiten* zu *addieren*, die *nicht kompatibel* sind, wird von MATHCAD erkannt:

$$25 \cdot kg + 7 \cdot s =$$

The units in this expression do not match.

und es wird *kein Ergebnis berechnet*.

b) Bei der *Addition kompatibler Maßeinheiten* wird das Ergebnis mit einer dieser Maßeinheiten ausgegeben:

b1) Wir addieren Gramm

$25 \cdot gm + 250 \cdot gm = 0.275 \cdot kg$ ∎

b2) Wir addieren Kilogramm und Gramm

$20 \cdot kg + 12 \cdot gm = 20.012 \cdot kg$ ∎

Der rechts neben dem Ergebnis stehende Platzhalter ist der *Einheitenplatzhalter* zur Umwandlumg der Maßeinheiten.

Möchte man die in Kilogramm *kg* angegebenen Ergebnisse in Gramm *gm* umrechnen, so trägt man in den *Einheitenplatzhalter* die Bezeichnung *gm* für Gramm ein oder man läßt sich durch Doppelklick auf den Einheitenplatzhalter die *Dialogbox* (siehe Abb.11.1)

Insert Unit
(deutsche Version: **Einheit einfügen**)

anzeigen, aus der man die für Gramm verwendete Bezeichnung *gm* entnehmen und einfügen kann.

Ein Mausklick außerhalb des Ausdrucks liefert das *Resultat* in *Gramm*, so z.B. für b1):

$25 \cdot gm + 250 \cdot gm = 275$ ▪gm

c) Führen wir eine Berechnung mit den zwei Maßeinheiten *Länge* und *Zeit* durch

$$a := \frac{3 \cdot cm + 23 \cdot mm}{4 \cdot s + 2 \cdot min} \qquad a = 4.274 \bullet 10^{-4} \ \bullet m \bullet s^{-1} \ \blacksquare$$

Der rechts neben dem Ergebnis stehende Platzhalter ist der *Einheitenplatzhalter* zur Umwandlumg der Maßeinheiten.

♦

12 Grundrechenoperationen

Die Durchführung von *Grundrechenoperationen* zählt natürlich nicht zu den Haupteinsatzgebieten von MATHCAD. Hierfür kann man auch weiterhin den Taschenrechner verwenden. Im Verlaufe einer Arbeitssitzung mit MATHCAD sind aber öfters derartige Operationen durchzuführen, so daß wir kurz darauf eingehen.

Für die *Grundrechenarten* verwendet MATHCAD die folgenden *Operationssymbole*

- \+ (*Addition*)
- \- (*Subtraktion*)
- * (*Multiplikation*)
- / (*Division*)
- ^ (*Potenzierung*)
- ! (*Fakultät*)

die sich mittels Tastatur eingeben lassen, wobei *Multiplikations-*, *Divisions-* und *Potenzierungssymbol* unmittelbar nach der Eingabe von MATHCAD in die übliche Darstellung als *Malpunkt* bzw. *Bruchstrich* bzw. *Exponent* umgewandelt werden.

☞

Neben der Tastatur lassen sich *Potenzen* und *Wurzeln* noch mittels folgender *Operatoren* eingeben:

* *Potenzen* durch den *Potenzoperator*

  $\boxed{x^y}$

* *Quadratwurzeln* durch den *Wurzeloperator*

  $\boxed{\sqrt{}}$

* *n-te Wurzeln* durch den *Wurzeloperator*

  $\boxed{\sqrt[n]{}}$

aus der *Operatorpalette Nr.1*.

♦

Einen Ausdruck, der aus reellen Zahlen und diesen Operationssymbolen gebildet wird, bezeichnet man als (algebraischen) *Zahlenausdruck*.

Für die Durchführung der Operationen in einem Zahlenausdruck gelten die üblichen *Prioritäten*, d.h., es wird

* *zuerst* potenziert,
* *dann* multipliziert (dividiert),
* *zuletzt* addiert (subtrahiert).

Ist man sich bzgl. der Reihenfolge der durchgeführten Operationen nicht sicher, so empfiehlt sich das Setzen zusätzlicher Klammern.

☞

In *Dezimalzahlen*, die als

* *Resultate* von *numerischen Rechnungen*
* *Näherungen* für *reelle Zahlen*

auftreten (siehe Kap.6. und 7), wird in MATHCAD statt des *Dezimalkommas* der *Dezimalpunkt* verwendet.

♦

☞

Die *Berechnung* eines *Zahlenausdrucks* ist in MATHCAD auf eine der *folgenden Arten* möglich:

* *exakt* (*symbolisch*)
* *näherungsweise* (*numerisch*)

Beide Möglichkeiten haben wir bereits im Kap.6 kennengelernt.

♦

☞

MATHCAD und die anderen *Computeralgebra-Systeme* sind bereits bei den *Grundrechenoperationen* dem *Taschenrechner überlegen*, da dieser nur numerisch rechnet, während die Systeme sowohl numerisch als auch exakt rechnen können.

♦

13 Umformung von Ausdrücken

Unter *Ausdrücken* verstehen wir in diesem Kapitel *algebraische* und *transzendente Ausdrücke*.
Die *Umformung* (*Manipulation*) derartiger *Ausdrücke* gehört zum *Standard* von Computeralgebra-Systemen und damit ebenfalls von MATHCAD.
Große und komplizierte Ausdrücke werden in vielen Fällen von MATHCAD schnell und fehlerfrei umgeformt bzw. berechnet.

13.1 Einführung

Geben wir zuerst eine kurze, anschauliche Beschreibung *algebraischer* und *transzendenter Ausdrücke*:
- Unter einem *algebraischen Ausdruck* stellen wir uns eine beliebige Zusammenstellung von *Ziffern* und *Buchstaben* (Zahlen, Konstanten und Variablen) vor, die durch die *Rechenoperationen* (siehe Kap.12)
    * + (*Addition*)
    * − (*Subtraktion*)
    * · (*Multiplikation*)
    * / (*Division*)
    * ^ (*Potenzierung*)

  verbunden sind.

Beispiel 13.1:
Im folgenden sehen wir *algebraische Ausdrücke*:

a) $(a+b+c+d)^4$ b) $c^2 - 2 \cdot c \cdot d + d^2$ c) $\dfrac{a \cdot x + b}{c \cdot x + x^2} + \dfrac{d}{\sqrt{x}}$

d) $c + \sqrt{\dfrac{d}{a}} + 5^3 + \dfrac{a - 5 \cdot c}{3^2 \cdot d - 25}$ e) $\dfrac{a}{\sqrt[3]{b-x}} + \dfrac{a}{\sqrt[5]{b+x}}$ f) $\dfrac{x^4 - 1}{x^2 + 1}$

♦

13.1 Einführung

- *Transzendente Ausdrücke* bildet man wie algebraische Ausdrücke, wobei zusätzlich Exponentialfunktionen, trigonometrische und hyperbolische Funktionen und deren Umkehrfunktionen auftreten können.

Beispiel 13.2:

Im folgenden sehen wir *transzendente Ausdrücke*:

a) $\dfrac{\tan(a+b) + \sqrt{x} + x^2}{\sin x \cdot \sin y + c^2}$ b) $\dfrac{a^x + 3 + b^3}{\sin x + 1}$ c) $\dfrac{\log(c+d) + e^x + a \cdot b}{\cos x + a^{2x} + 1}$

♦

Algebraische und *transzendente* Ausdrücke kann man *umformen*, wobei nur *exakte* (*symbolische*) *Operationen* betrachtet werden. Wir unterscheiden zwischen folgenden Umformungen:

- *Algebraische Ausdrücke* lassen sich
  * *vereinfachen*, d.h. kürzen, zusammenfassen usw. (siehe Abschn.13.2

  Beispiel 13.3:

  a) $\dfrac{x^4 - 1}{x^2 + 1} = x^2 - 1$ b) $\dfrac{b}{a-b} - \dfrac{a}{a-b} = -1$

  c) $\dfrac{x^3 - 3 \cdot x^2 \cdot y + 3 \cdot x \cdot y^2 - y^3}{x - y} = (x-y)^2$ d) $\dfrac{b^2 - a^2}{(a+b)^2} = \dfrac{b-a}{a+b}$

  ♦

  * *in Partialbrüche zerlegen* (siehe Abschn.13.3).

  Beispiel 13.4:

  a) $\dfrac{5 \cdot x + 1}{x^2 + x - 6} = \dfrac{11}{5} \cdot \dfrac{1}{x - 2} + \dfrac{14}{5} \cdot \dfrac{1}{x + 3}$

  b) $\dfrac{x^3 + x^2 + x + 2}{x^4 + 3 \cdot x^2 + 2} = \dfrac{1}{x^2 + 1} + \dfrac{x}{x^2 + 2}$

  c) $\dfrac{x^4 - x^3 - x - 1}{x^3 - x^2} = x + 2 \cdot \dfrac{1}{x} + \dfrac{1}{x^2} - \dfrac{2}{x - 1}$

  ♦

  * *potenzieren*, d.h. Anwendung des binomischen Satzes (siehe Abschn.13.4)

  Beispiel 13.5:

  $(a + b + c)^2 = a^2 + b^2 + c^2 + 2 \cdot (a \cdot b + a \cdot c + b \cdot c)$

  ♦

  * *multiplizieren* (siehe Abschn.13.5).

  Beispiel 13.6:

a) $\dfrac{x^2+1}{x^4-1} \cdot \dfrac{x-1}{x+1} = \dfrac{1}{(x+1)^2}$

b) $(x^2 + x + 1) \cdot (x^3 - x^2 + 1) = x^5 + x + 1$

♦

* *faktorisieren* als inverse Operation zum Multiplizieren (siehe Abschn.13.6 und 16.2).

Beispiel 13.7:

a) $x^5 + x + 1 = (x^2 + x + 1) \cdot (x^3 - x^2 + 1)$

b) $a^2 + b^2 + c^2 + 2 \cdot (a \cdot b + a \cdot c + b \cdot c) = (a + b + c)^2$

c) $x^3 - 10 \cdot x^2 + 31 \cdot x - 30 = (x - 2) \cdot (x - 3) \cdot (x - 5)$

♦

* auf einen *gemeinsamen Nenner* bringen (siehe Abschn.13.7).

Beispiel 13.8:

a) $\dfrac{1}{x-1} + \dfrac{1}{x+1} = \dfrac{2 \cdot x}{(x-1) \cdot (x+1)}$

b) $\dfrac{1}{x^2+1} + \dfrac{x}{x^2+2} = \dfrac{x^3 + x^2 + x + 2}{x^4 + 3 \cdot x^2 + 2}$

♦

* *ersetzen* (*substituieren*), d.h. gewisse Teilausdrücke (Konstanten und Variablen) können durch andere Ausdrücke ersetzt werden (siehe Abschn.13.8).

Beispiel 13.9:

Man erhält

$$\dfrac{x^2 - 1}{a + x} = \dfrac{(\sin t)^2 - 1}{a + \sin t}$$

wenn man x durch sin t ersetzt.

♦

- *Transzendente Ausdrücke* lassen sich ebenfalls umformen, wobei in praktischen Anwendungen hauptsächlich *trigonometrische Ausdrücke* vorkommen (siehe Abschn.13.9).

☞

Im folgenden betrachten wir *Menüfolgen* und *Schlüsselwörter*, die in MATHCAD zur Durchführung der angegebenen *Umformungen* vorhanden sind. Dabei wird ein konkreter *Ausdruck* mit A abgekürzt und angenommen, daß sich der Ausdruck bereits im Arbeitsfenster befindet.

♦

13.2 Vereinfachung

Der gesamte im Arbeitsfenster stehende *Ausdruck* A wird zuerst mit *Bearbeitungslinien markiert*. Danach bietet MATHCAD *drei Möglichkeiten* zur *Vereinfachung*:

I. Anwendung der *Menüfolge*

Symbolics ⇒ **Simplify**
(deutsche Version: **Symbolik** ⇒ **Vereinfachen**)

II. Anklicken des *Operators*

[■→]

in der *Operatorpalette Nr.8* (*Schlüsselwortpalette*) und Eintragen des *Schlüsselwortes*

simplify
(deutsche Version: **vereinfachen**)
in den freien Platzhalter.

Abschließend lösen die Betätigung der ⏎-*Taste* oder ein *Mausklick* (außerhalb) die *Vereinfachung* aus.

III. Anklicken des *Operators*

[simplify] (englische Version)

[vereinf.] (deutsche Version)

für das *Schlüsselwort*
simplify
(deutsche Version: **vereinfachen**)
in der *Operatorpalette Nr.8* (*Schlüsselwortpalette*).

Abschließend lösen die Betätigung der ⏎-*Taste* oder ein *Mausklick* (außerhalb) die *Vereinfachung* aus.

☞
Wenn man bei den Methoden II. und III. nach dem *Schlüsselwort* **simplify** ein Komma eingibt, kann man in den erscheinenden Platzhalter ein *Attribut* (*Modifikator*) unter Verwendung des *Operators*

[Modifiers] (englische Version)

[Attribute] (deutsche Version)
aus der *Operatorpalette Nr.8* und des *Gleichheitsoperators* aus der *Operatorpalette Nr.2* eintragen (siehe Beispiel 13.10), so wird z.B. mittels

assume = real
angezeigt, daß es sich um eine *Vereinfachung* im *Reellen* handelt.
♦
Beispiel 13.10:
Vereinfachen wir den *Ausdruck*

$$\frac{x^4 - 1}{x^2 + 1}$$

mittels der *drei* gegebenen *Möglichkeiten:*

* Methode I.

$$\frac{x^4 - 1}{x^2 + 1} \quad simplifies\ to \quad x^2 - 1$$

* Methode II.

$$\frac{x^4 - 1}{x^2 + 1}\ simplify \rightarrow x^2 - 1$$

* Methode III.

$$\frac{x^4 - 1}{x^2 + 1}\ simplify,\ assume\texttt{=}real \rightarrow x^2 - 1$$

Hier haben wir zusätzlich noch das Attribut reell verwendet.
♦

13.3 Partialbruchzerlegung

Wir nehmen an, daß der von der Variablen x abhängende *algebraische Ausdruck* A(x) *gebrochenrational* ist, d.h. sich als Quotient aus zwei Polynomen darstellt.
Möchte man einen derartigen im Arbeitsfenster befindlichen *Ausdruck* A(x) in *Partialbrüche zerlegen*, so bietet MATHCAD *zwei Möglichkeiten:*

I. Nachdem eine *Variable* x in dem Ausdruck A(x) mit *Bearbeitungslinien markiert* wurde, kann man die *Menüfolge*
    Symbolics ⇒ Variable ⇒ Convert to Partial Fraction
    (deutsche Version: **Symbolik ⇒ Variable ⇒ Partialbruchzerlegung**)
    anwenden.

II. *Anklicken* des *Operators*
    parfrac (englische Version)

13.3 Partialbruchzerlegung

teilbruch (deutsche Version)
für das *Schlüsselwort*
convert, parfrac
(deutsche Version: **konvert, teilbruch**)
in der *Operatorpalette Nr.8* (*Schlüsselwortpalette*), wobei folgendes erscheint:

- convert, parfrac, ■ → (englische Version)

- konvert, teilbruch, ■ → (deutsche Version)

Hier ist in den *linken Platzhalter* der Ausdruck A(x) und in den *rechten* die Variable x einzutragen.
Abschließend lösen die Betätigung der ⏎-*Taste* oder ein *Mausklick* (außerhalb) die *Zerlegung* aus.

☞
Da die *Partialbruchzerlegung* eng mit den Nullstellen (siehe Abschn.16.2) des Nennerpolynoms zusammenhängt, ist es nicht verwunderlich, wenn MATHCAD dieses Problem nicht immer lösen kann. Dies liegt darin begründet, daß es für die Nullstellenbestimmung für Polynome ab 5.Grades keinen endlichen Algorithmus gibt. Bei ganzzahligen Nullstellen ist MATHCAD aber auch für Nennerpolynome höheren Grades in vielen Fällen erfolgreich.
Des weiteren hat MATHCAD Schwierigkeiten mit der Partialbruchzerlegung, wenn das Nennerpolynom *komplexe Nullstellen* besitzt (siehe Beispiel 13.11a).

◆
Beispiel 13.11:
a) MATHCAD scheitert an der einfachen Funktion

$$\frac{1}{x^4+1}$$

die die *Partialbruchzerlegung*

$$\frac{1}{2\sqrt{2}} \cdot \frac{x+\sqrt{2}}{x^2+\sqrt{2}\cdot x+1} - \frac{1}{2\sqrt{2}} \cdot \frac{x-\sqrt{2}}{x^2-\sqrt{2}\cdot x+1}$$

besitzt, da das Nennerpolynom komplexe Nullstellen hat.
Dagegen liefert es problemlos *folgende Partialbruchzerlegungen*, wobei wir die beiden gegebenen Möglichkeiten anwenden:
b) Anwendung von Methode I.:

$$\frac{x^4-x^3-x-1}{x^3-x^2} \quad \text{expands in partial fractions to} \quad x + \frac{1}{x^2} + \frac{2}{x} - \frac{2}{(x-1)}$$

c) Anwendung von Methode II.:

$$\frac{x^3 + x^2 + x + 2}{x^4 + 3 \cdot x^2 + 2} \quad \text{convert, parfrac, x} \quad \rightarrow \quad \frac{1}{(x^2 + 1)} + \frac{x}{(x^2 + 2)}$$
♦

13.4 Potenzieren

Der gesamte im Arbeitsfenster befindliche *Ausdruck* A wird zuerst mit *Bearbeitungslinien markiert*. Danach bietet MATHCAD *drei Möglichkeiten* zum *Potenzieren*:

I. *Anwendung* der *Menüfolge*

Symbolics ⇒ Expand
(deutsche Version: **Symbolik ⇒ Entwickeln**)

II. *Anklicken* des *Operators*

■→

in der *Operatorpalette Nr.8* (*Schlüsselwortpalette*) und Eintragen des *Schlüsselwortes*

expand
(deutsche Version: **entwickeln**)

in den freien Platzhalter.
Abschließend berechnen die Betätigung der ⏎-*Taste* oder ein *Mausklick* (außerhalb) die Potenz.

III. *Anklicken* des *Operators*

expand (englische Version)

entwick. (deutsche Version)

für das *Schlüsselwort*
expand
(deutsche Version: **entwickeln**)
in der *Operatorpalette Nr.8* (*Schlüsselwortpalette*) und Eintragen der *Entwicklungsvariablen* in den freien *rechten Platzhalter*.
Abschließend berechnen die Betätigung der ⏎-*Taste* oder ein *Mausklick* (außerhalb) die Potenz.

☞
Damit lassen sich *Ausdrücke* der *folgenden Form* problemlos *berechnen* (n ganze Zahl):

13.5 Multiplikation

$(a+b+c+...+f)^n$

◆
Beispiel 13.12:
Im folgenden wenden wir alle drei gegebenen Möglichkeiten zum Potenzieren des Ausdrucks

$(a+b+c)^2$

an:
* Methode I.

   $(a+b+c)^2$ *expands to* $a^2 + 2 \cdot a \cdot b + 2 \cdot a \cdot c + b^2 + 2 \cdot b \cdot c + c^2$
* Methode II.

   $(a+b+c)^2$ expand $\rightarrow$ $a^2 + 2 \cdot a \cdot b + 2 \cdot a \cdot c + b^2 + 2 \cdot b \cdot c + c^2$
* Methode III.

   $(a+b+c)^2$ expand, a, b, c $\rightarrow$ $a^2 + 2 \cdot a \cdot b + 2 \cdot a \cdot c + b^2 + 2 \cdot b \cdot c + c^2$
◆

13.5 Multiplikation

Es sind die *zu multiplizierenden Ausdrücke* in der üblichen Schreibweise als ein *Gesamtausdruck* A *einzugeben.*
Danach wird der gesamte *Ausdruck* A mit *Bearbeitungslinien markiert.*
Anschließend bietet MATHCAD *drei Möglichkeiten* zum *Multiplizieren*, die sich analog zum Potenzieren (siehe Abschn.13.4) gestalten:

I. *Anwendung* der *Menüfolge*

   Symbolics ⇒ Expand
   (deutsche Version: **Symbolik ⇒ Entwickeln**)

II. *Anklicken* des *Operators*

   ■→

   in der *Operatorpalette Nr.8* (*Schlüsselwortpalette*) und Eintragen des *Schlüsselwortes*

   expand
   (deutsche Version: **entwickeln**)

   in den *freien Platzhalter*.
   Abschließend führen die Betätigung der ⏎-*Taste* oder ein *Mausklick* (außerhalb) die *Multiplikation* durch.

III. *Anklicken* des *Operators*

[expand] (englische Version)

[entwick.] (deutsche Version)

für das *Schlüsselwort*
expand
(deutsche Version: **entwickeln**)
in der *Operatorpalette Nr.8* (*Schlüsselwortpalette*) und Eintragen der *Entwicklungsvariablen* in den freien *rechten Platzhalter*.
Abschließend führen die Betätigung der ⏎-*Taste* oder ein *Mausklick* (außerhalb) die *Multiplikation* durch.

Beispiel 13.13:
Im folgenden wenden wir alle drei gegebenen Möglichkeiten zum Ausmultiplizieren des Ausdrucks

$(x^3 + x^2 + x + 1) \cdot (x^2 + 1)$

an:

* Methode I.

  $(x^3 + x^2 + x + 1) \cdot (x^2 + 1)$ *expands to* $x^5 + 2 \cdot x^3 + x^4 + 2 \cdot x^2 + x + 1$

* Methode II.

  $(x^3 + x^2 + x + 1) \cdot (x^2 + 1)$ expand → $x^5 + 2 \cdot x^3 + x^4 + 2 \cdot x^2 + x + 1$

* Methode III.

  $(x^3 + x^2 + x + 1) \cdot (x^2 + 1)$ expand, x → $x^5 + 2 \cdot x^3 + x^4 + 2 \cdot x^2 + x + 1$

♦

13.6 Faktorisierung

Der gesamte *Ausdruck* A wird zuerst mit *Bearbeitungslinien* markiert. Danach bietet MATHCAD *drei Möglichkeiten* zum *Faktorisieren*:

I. *Anwendung* der *Menüfolge*

   Symbolics ⇒ Factor
   (deutsche Version: **Symbolik ⇒ Faktor**)

II. *Anklicken* des *Operators*

   [■ →]

13.6 Faktorisierung

in der *Operatorpalette Nr.8* (*Schlüsselwortpalette*) und *Eintragen* des *Schlüsselwortes*

factor

(deutsche Version: **faktor**)

in den *freien Platzhalter*.

Abschließend lösen die Betätigung der ⏎-*Taste* oder ein *Mausklick* (außerhalb) die *Faktorisierung* aus.

III. *Anklicken* des *Operators*

factor (englische Version)

faktor (deutsche Version)

für das *Schlüsselwort*

factor

(deutsche Version: **faktor**)

in der *Operatorpalette Nr.8* (*Schlüsselwortpalette*) und Eintragen der Faktorisierungsvariablen in den freien *rechten Platzhalter*.

Abschließend lösen die Betätigung der ⏎-*Taste* oder ein *Mausklick* (außerhalb) die *Faktorisierung* aus.

☞

Bei *Polynomen* (siehe Abschn.16.2) mit reellen Koeffizienten versteht man unter *Faktorisierung* die *Schreibweise* als *Produkt* von

* *Linearfaktoren* (für die reellen Nullstellen)
* *quadratischen Polynomen* (für die komplexen Nullstellen),

d.h. (für $a_n = 1$)

$$\sum_{k=0}^{n} a_k \cdot x^k = (x-x_1) \cdot (x-x_2) \cdot \ldots \cdot (x-x_r) \cdot (x^2 + b_1 \cdot x + c_1) \cdot \ldots \cdot (x^2 + b_s \cdot x + c_s)$$

wobei

$x_1, \ldots, x_r$

die *reellen Nullstellen* sind (in ihrer eventuellen Vielfachheit gezählt). Eine derartige *Faktorisierung* ist nach dem *Fundamentalsatz der Algebra* gesichert.

Damit hängt die *Faktorisierung* von *Polynomen* eng mit der Bestimmung ihrer Nullstellen zusammen (siehe Abschn.16.2). So ist es nicht verwunderlich, wenn MATHCAD dieses Problem nicht immer lösen kann (siehe Beispiele 13.14c) und d). Dies liegt darin begründet, daß es für die Nullstellenbestimmung für Polynome ab 5.Grades keinen endlichen Algorithmus gibt.

Bei ganzzahligen Nullstellen ist MATHCAD aber auch für Polynome höheren Grades in vielen Fällen erfolgreich.

♦

Beispiel 13.14:

a) Die Anwendung des binomischen Satzes kann durch die Faktorisierung wieder rückgängig gemacht werden (Anwendung von Methode I.):

$a^3 - 3 \cdot a^2 \cdot b + 3 \cdot a \cdot b^2 - b^3$ *by factoring, yields* $(a - b)^3$

b) Faktorisieren wir ein Polynom dritten Grades, indem wir alle drei gegebenen Möglichkeiten anwenden:

* Anwendung der Methode I.:

   $x^3 + x^2 + x + 1$ *by factoring, yields* $(x + 1) \cdot (x^2 + 1)$

* Anwendung der Methode II.:

   $x^3 + x^2 + x + 1$ factor $\rightarrow (x + 1) \cdot (x^2 + 1)$

* Anwendung der Methode III.:

   $x^3 + x^2 + x + 1$ factor, x $\rightarrow (x + 1) \cdot (x^2 + 1)$

c) Im Unterschied zu b) wird das folgende *Polynom*

   $x^3 + x^2 - 2 \cdot x - 1$

   von MATHCAD *nicht faktorisiert*. Dies liegt darin begründet, daß die drei reellen Nullstellen des Polynoms nicht ganzzahlig sind.

d) Das folgende Polynom fünften Grades mit einer reellen Nullstelle wird mittels der Methode I. zwar faktorisiert, aber nicht vollständig, da MATHCAD die reelle Nullstelle nicht bestimmen kann:

   $x^5 + x + 1$ *by factoring, yields* $(x^2 + x + 1) \cdot (x^3 - x^2 + 1)$

   Die Methoden II. und III. liefern keinerlei Faktorisierung.

e) Die *Zerlegung* einer *natürlichen Zahl N* in *Primfaktoren* geschieht ebenfalls mittels *Faktorisierung*:

   12345 *by factoring, yields* $3 \cdot 5 \cdot 823$

♦

13.7 Auf einen gemeinsamen Nenner bringen

Die Vorgehensweise ist hier die gleiche wie bei der Vereinfachung von Ausdrücken, so daß wir auf Abschn. 13.2 verweisen.
Mit dieser Vorgehensweise lassen sich z.B. *gebrochenrationale Ausdrücke gleichnamig machen.*

Beispiel 13.15:

$$\frac{1}{x-1} + \frac{1}{x+1}$$

simplifies to

$$2 \cdot \frac{x}{((x-1)\cdot(x+1))}$$

♦

13.8 Substitution

Als *Substitution* bezeichnet man das *Ersetzen* gewisser *Teilausdrücke* (Konstanten oder Variablen) in einem Ausdruck (Zielausdruck) durch einen anderen Ausdruck. Mittels MATHCAD lassen sich derartige *Substitutionen* auf eine der *folgenden Arten durchführen*:

I. Der *einzusetzende Ausdruck* wird mit *Bearbeitungslinien markiert* und dann auf die übliche WINDOWS-Art in die *Zwischenablage kopiert*, z.B. durch Anklicken des *Kopiersymbols*

[Symbol]

in der Symbolleiste von MATHCAD.

Danach wird im *Zielausdruck* einer der zu *ersetzenden Teilausdrücke* (Konstanten oder Variablen) mit *Bearbeitungslinien markiert* und abschließend die *Menüfolge*

Symbolics ⇒ Variable ⇒ Substitute
(deutsche Version: **Symbolik ⇒ Variable ⇒ Ersetzen**)

aktiviert.

II. Ab der Version 7 wurde das *Schlüsselwort*
substitute
(deutsche Version: **ersetzen**)

für die *Substitution* aufgenommen, das durch Anklicken des *Operators*

[substitute] (englische Version)

[ersetzen] (deutsche Version)

in der *Operatorpalette Nr.8* (*Schlüsselwortpalette*) aktiviert wird, wobei in den *linken Platzhalter* der *Zielausdruck* und in den *rechten* die *Substitution* unter *Verwendung* des *Gleichheitsoperators* einzutragen sind (siehe Beispiel 13.16).

☞
Aufgrund der einfacheren Handhabung ist die Methode II. mit dem *Schlüsselwort*

substitute
(deutsche Version: **ersetzen**)
zu empfehlen. Hier entfällt das aufwendigere Speichern in die Zwischenablage.
♦
Betrachten wir die genaue Vorgehensweise bei der Substitution mittels MATHCAD im folgenden Beispiel.

Beispiel 13.16:

a) Wir möchten in die *Funktion*

$$x^3 + x^2 + x + 1$$

für die *Variable* x den *Ausdruck*

$$\frac{a+b}{c+d}$$

einsetzen:

$$x^3 + x^2 + x + 1 \text{ substitute}, x = \frac{a+b}{c+d} \rightarrow \frac{(a+b)^3}{(c+d)^3} + \frac{(a+b)^2}{(c+d)^2} + \frac{(a+b)}{(c+d)} + 1$$

b) Wenn man in einem Ausdruck eine Variable durch eine Zahl ersetzen möchte, kann man ebenfalls die Substitution heranziehen, so z.B., wenn man in der *Funktion*

$$x^3 + x^2 + x + 1$$

für x den Zahlenwert 3 einsetzen, d.h. den Funktionswert an der Stelle x=3 berechnen möchte:

$$x^3 + x^2 + x + 1 \text{ substitute}, x = 3 \rightarrow 40$$

♦

☞
Neben den in den Beispielen gegebenen *Anwendungen* für die *Substitution* existieren weitere, so z.B. zur Lösung von Gleichungssystemen.
♦

13.9 Umformung trigonometrischer Ausdrücke

MATHCAD gestattet auch die *Umformung* von *Ausdrücken* mit *trigonometrischen Funktionen* und kann *Additionstheoreme* herleiten.
Hierfür wird die gleiche Vorgehensweise wie beim Potenzieren und Multiplizieren angewandt, wobei sich vor allem das *Schlüsselwort*

expand
(deutsche Version: **entwickeln**)

13.9 Umformung trigonometrischer Ausdrücke

anbietet, das man durch *Anklicken* des *Operators*

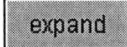

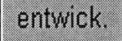

| expand | (englische Version)

| entwick. | (deutsche Version)

in der *Operatorpalette Nr.8* (*Schlüsselwortpalette*) aktiviert.
Danach wird der *Ausdruck* A in den *linken Platzhalter* und ein *Attribut* (*Modifikator*) in der *Form*

assume=trig
(deutsche Version: **annehmen=trig**)

unter Verwendung des *Operators*

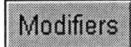

| Modifiers | (englische Version)

| Attribute | (deutsche Version)

aus der gleichen Operatorpalette in den *rechten Platzhalter* eingetragen (siehe Beispiel 13.17). Dieses Attribut zeigt MATHCAD, daß es sich um trigonometrische Ausdrücke handelt. Es werden aber auch Aufgaben ohne Angabe des Attributs gelöst (siehe Beispiel 13.17a) und c)
Abschließend führen die Betätigung der ⏎-*Taste* oder ein *Mausklick* (außerhalb) die *Umformung* durch.

☞
Von MATHCAD wird jedoch nicht jeder trigonometrische Ausdruck umgeformt.
So kann es geschehen, daß bei gleichartigen Funktionsausdrücken die Umformung gelingt bzw. mißlingt, wie im Beispiel 13.17d) zu sehen ist. Hier sollte bei der Weiterentwicklung von MATHCAD an einer Verbesserung gearbeitet werden.

♦
Beispiel 13.17:

a) Für sin(x+y) erhält man

$\sin(x + y)$ expand, assume=trig $\rightarrow \sin(x) \cdot \cos(y) + \cos(x) \cdot \sin(y)$

Das gleiche Ergebnis ergibt sich auch folgendermaßen:

$\sin(x + y)$ expand, x, y $\rightarrow \sin(x) \cdot \cos(y) + \cos(x) \cdot \sin(y)$

b) Man erhält

$\sin(x)^2$ expand, assume=trig $\rightarrow \sin(x)^2$

d.h., MATHCAD liefert *kein Ergebnis*.

c) Für sin 2·x folgt

sin(2·x) expand, assume=trig → 2·sin(x)·cos(x)

Das gleiche Ergebnis ergibt sich auch folgendermaßen:

sin(2·x) expand, x → 2·sin(x)·cos(x)

d) Während die Aufgabe

$$\tan\left(\frac{x}{2}\right) \text{ expand, assume=trig} \;\to\; \frac{(1 - \cos(x))}{\sin(x)}$$

von der Version 7 gelöst wird, kann MATHCAD die gleichartige Aufgabe

$$\sin\left(\frac{x}{2}\right) \text{ expand, assume=trig} \;\to\; \sin\left(\frac{1}{2}\cdot x\right)$$

nicht lösen. Die Version 8 von MATHCAD kann beide Aufgaben nicht lösen.

♦

14 Summen und Produkte

Die *Berechnung* endlicher *Summen* und *Produkte* der Form

$$\sum_{k=1}^{n} a_k = a_1 + a_2 + \ldots + a_n \quad \text{bzw.} \quad \prod_{k=1}^{n} a_k = a_1 \cdot a_2 \cdot \ldots \cdot a_n$$

wobei die Glieder

$a_k \quad (k = 1, 2, \ldots, n)$

reelle oder komplexe Zahlen sind, bereitet MATHCAD keinerlei Schwierigkeiten, da sie nur eine endliche Zahl von Rechenschritten erfordert (endlicher Algorithmus). Für großes n kann allerdings die Berechnung lange dauern.

Summen und *Produkte* berechnet MATHCAD in folgenden Schritten:

- *Zuerst* werden der *Summenoperator*

  [Symbol]

  bzw. *Produktoperator*

  [Symbol]

  aus der *Operatorpalette Nr.5*

  [Symbol]

  angeklickt und in den im Arbeitsfenster erscheinenden *Symbolen*

  $$\sum_{\blacksquare = \blacksquare}^{\blacksquare} \blacksquare \quad \text{bzw.} \quad \prod_{\blacksquare = \blacksquare}^{\blacksquare} \blacksquare$$

  die entsprechenden *Platzhalter* in der üblichen mathematischen Schreibweise *ausgefüllt*.

- *Danach* wird der gesamte *Ausdruck* mit *Bearbeitungslinien* markiert.
- *Abschließend* kann die *Berechnung* der *Summe* bzw. des *Produkts* auf eine der *folgenden Arten* geschehen:
  * *Exakte Berechnung* durch eine der folgenden Aktivitäten:
    - *Eingabe* der *Menüfolge*
      Symbolics ⇒ Evaluate ⇒ Symbolically

(deutsche Version: **Symbolik** ⇒ **Auswerten** ⇒ **Symbolisch**)
- *Eingabe* der *Menüfolge*

  Symbolics ⇒ **Simplify**
  (deutsche Version: **Symbolik** ⇒ **Vereinfachen**)
- *Eingabe* des *symbolischen Gleichheitszeichens* → und abschließende Betätigung der ⏎-Taste.

* *Numerische Berechnung* durch
- *Eingabe* der *Menüfolge*

  Symbolics ⇒ **Evaluate** ⇒ **Floating Point...**
  (deutsche Version: **Symbolik** ⇒ **Auswerten** ⇒ **Gleitkomma...**)
- *Eingabe* des *numerischen Gleichheitszeichens* =.

☞

Für die *numerische Berechnung* von *Summen* und *Produkten* lassen sich zusätzlich die *Operatoren*

$\sum_n$ bzw. $\prod_n$

aus der *Operatorpalette Nr.5* heranziehen:

- Nach dem Anklicken dieser Operatoren erscheinen die folgenden *Symbole* im Arbeitsfenster:

  $\sum_\bullet^\bullet \bullet$ bzw. $\prod_\bullet^\bullet \bullet$

  in denen der *Platzhalter* hinter dem Symbol die gleiche Bedeutung wie oben hat.

- Da in den *Platzhalter* unter dem Symbol nur die Indexbezeichnung eingetragen wird, muß oberhalb des Symbols noch der Laufbereich für den *Index* durch eine *Bereichsvariable* definiert werden. Dabei ist auch eine Summierung bzw. Produktbildung über nichtganzzahlige Indizes (d.h. beliebige Bereichsvariablen) zugelassen.

Diese Summen und Produkte werden auch als *Bereichssummen* bzw. *Bereichsprodukte* bezeichnet. Sie werden nur numerisch durch Eingabe des numerischen Gleichheitszeichens = berechnet. Anwendungen hierfür findet man im Beispiel 14.1.

♦

☞

Summen und *Produkte* können durch mehrfaches Anklicken der entsprechenden Operatoren *geschachtelt* werden, wie wir im Beispiel 14.1d) bei der Berechnung einer *Doppelsumme* sehen.

♦

☞

Während für eine *numerische Berechnung* von *Summen* und *Produkten* allen Größen (auch n) konkrete Zahlenwerte zugewiesen werden müssen, lassen sich diese mittels exakter Berechnung auch allgemein berechnen (siehe Beispiel 14.1c).

♦
Beispiel 14.1:

a) Nach dem Anklicken des *Summenoperators* in der *Operatorpalette Nr.5* erscheint im Arbeitsfenster das *Symbol*

$$\sum_{\blacksquare\,=\,\blacksquare}^{\blacksquare} \blacksquare$$

Indem man in die Platzhalter die entsprechenden Werte einträgt, kann man die *Summe*

$$\sum_{k\,=\,1}^{30} \frac{1}{2^k}$$

* durch Eingabe des symbolischen Gleichheitszeichens → mit abschließender Betätigung der ⏎-Taste *exakt berechnen:*

$$\sum_{k\,=\,1}^{30} \frac{1}{2^k} \rightarrow \frac{1073741823}{1073741824}$$

* durch Eingabe des numerischen Gleichheitszeichens = *numerisch berechnen:*

$$\sum_{k\,=\,1}^{30} \frac{1}{2^k} = 0.999999999068677$$

Das gleiche numerische Ergebnis erzielt man mittels *Bereichssumme* auf folgende Art:

k := 1..30

$$\sum_k \frac{1}{2^k} = 0.999999999068677$$

b) Nach dem Anklicken des *Produktoperators* in der *Operatorpalette Nr.5* erscheint im Arbeitsfenster das *Symbol*

$$\prod_{\blacksquare\,=\,\blacksquare}^{\blacksquare} \blacksquare$$

Indem man in die *Platzhalter* die entsprechenden Werte einträgt, kann man das *Produkt*

$$\prod_{k=1}^{10} \left(\frac{5}{6}\right)^k$$

* durch Eingabe des symbolischen Gleichheitszeichens → mit abschließender Betätigung der ⏎-Taste *exakt berechnen:*

$$\prod_{k=1}^{10} \left(\frac{5}{6}\right)^k \rightarrow \frac{277555756156289135105907917022705078125}{6285195213566005335561053533150026217291776}$$

* durch Eingabe des numerischen Gleichheitszeichens = *numerisch berechnen:*

$$\prod_{k=1}^{10} \left(\frac{5}{6}\right)^k = 4.416024430827729 \cdot 10^{-5}$$

Das gleiche numerische Ergebnis erzielt man mittels *Bereichsprodukt* auf folgende Art:

k := 1..10

$$\prod_{k} \left(\frac{5}{6}\right)^k = 4.416024430827729 \cdot 10^{-5}$$

c) Mittels *exakter Berechnung* lassen sich *allgemeine Summen* und *Produkte berechnen*, wie folgende Beispiele zeigen:

c1)
$$\sum_{k=0}^{n} \frac{1}{a^k} \rightarrow -\left(\frac{1}{a}\right)^{(n+1)} \cdot \frac{a}{(-1+a)} + \frac{a}{(-1+a)}$$

c2)
$$\left[\prod_{k=2}^{n} 1 - \frac{1}{k}\right] \rightarrow \frac{\Gamma(n)}{\Gamma(n+1)}$$

Hier steht Γ für die *Gammafunktion*, die für ganzzahliges n den Wert Γ(n+1) = n! liefert.

d) Berechnen wir die *Doppelsumme*

$$\sum_{i=1}^{2} \sum_{k=1}^{3} (i+k)$$

durch *Schachtelung* des *Summenoperators:*

* *exakt* mittels symbolischem Gleichheitszeichen:

$$\sum_{i=1}^{2}\left[\sum_{k=1}^{3} i + k\right] \rightarrow 21$$

* *numerisch* mittels numerischem Gleichheitszeichen:

$$\sum_{i=1}^{2}\left[\sum_{k=1}^{3} i + k\right] = 21 \; \blacksquare$$

e) Mit MATHCAD können auch *Summen* bzw. *Produkte* über <u>beliebige Bereichsvariablen</u>, d.h. <u>Bereichssummen</u> bzw. <u>Bereichsprodukte</u> realisiert werden:

* Berechnen wir die *Summe* der *Quadrate* der *Zahlen* 0.1, 0.2, ... , 1 :

  $x := 0.1, 0.2 .. 1$

  $$\sum_x x^2 = 3.85$$

* Berechnen wir das *Produkt* der *Zahlen* 0.1, 0.2, ... , 1 :

  $x := 0.1, 0.2 .. 1$

  $$\prod_x x = 3.629 \cdot 10^{-4}$$

♦

15 Vektoren und Matrizen

Vektoren und *Matrizen* spielen sowohl in den Wirtschafts- als auch Technik- und Naturwissenschaften eine fundamentale Rolle (siehe [3], [4]). Deshalb sind auch in MATHCAD umfangreiche Möglichkeiten zu Darstellungen und Rechenoperationen enthalten, die wir im Laufe dieses Kapitels kennenlernen.
Wir betrachten allgemein *Matrizen* vom *Typ (m,n)*, d.h. Matrizen mit *m Zeilen* und *n Spalten* der Gestalt

$$\begin{pmatrix} a_{11} & a_{12} & \ldots & a_{1n} \\ a_{21} & a_{22} & \ldots & a_{2n} \\ \vdots & \vdots & \ldots & \vdots \\ a_{m1} & a_{m2} & \ldots & a_{mn} \end{pmatrix}$$

die auch als *m×n- Matrizen* bezeichnet werden.

☞

Vektoren kann man als *Sonderfälle* von *Matrizen* auffassen, da

* *Zeilenvektoren*

    Matrizen vom Typ (1,n), d.h.

    $(x_1, x_2, \ldots, x_n)$

* *Spaltenvektoren*

    Matrizen vom Typ (n,1)

    $$\begin{pmatrix} x_1 \\ x_2 \\ \vdots \\ x_n \end{pmatrix}$$

sind.
Deshalb gelten im folgenden gegebene Fakten für Matrizen natürlich auch für Vektoren, falls es deren Typ zuläßt. Das betrifft Eingabe, Addition, Multiplikation und Transponieren.

♦

15.1 Eingabe

☞

In MATHCAD ist zu beachten, daß bei speziell für *Vektoren* vorgesehenen *Rechenoperationen* nur *Spaltenvektoren* akzeptiert werden.

♦

☞

In MATHCAD werden Vektoren und Matrizen unter dem Oberbegriff *Felder* geführt.

♦

☞

Bei *Rechnungen* mit *Vektoren* und *Matrizen* muß man berücksichtigen, daß MATHCAD bei der *Indizierung* der *Komponenten* bzw. *Elemente* immer mit 0 beginnt (Standardeinstellung). In der Mathematik wird aber die Indizierung im allgemeinen mit dem *Startindex* 1 angefangen.
Deshalb bietet MATHCAD die Möglichkeit, mittels der *Menüfolge*

Math ⇒ Options...
(deutsche Version: **Rechnen ⇒ Optionen...**)

in der erscheinenden *Dialogbox*

Math Options
(deutsche Version: **Rechenoptionen**)

bei

Built-In Variables
(deutsche Version: **Vordefinierte Variablen**)

in dem *Feld*

Array Origin
(deutsche Version: **Startindex**)

für die *vordefinierte Variable* **ORIGIN** den *Standardwert* 0 durch einen anderen Startwert für die Indizierung (im allgemeinen 1) zu *ersetzen*.

Damit die Indizierung auch für das gesamte Arbeitsblatt wirksam wird, empfiehlt sich die abschließende Aktivierung der *Menüfolge*

Math ⇒ Calculate Worksheet
(deutsche Version: **Rechnen ⇒ Arbeitsblatt berechnen**)

Lokal kann man auch durch die *Zuweisung*

ORIGIN := 1

den *Startindex* auf 1 stellen.

♦

15.1 Eingabe

Bevor man mit *Vektoren* und *Matrizen* rechnen kann, müssen sie in das *Arbeitsfenster eingegeben* werden. Für diese Eingabe stellt MATHCAD zwei Möglichkeiten zur Verfügung:
* *Einlesen* von einem *Datenträgern* (Festplatte, Diskette oder CD-ROM)
* *Eingabe* mittels *Tastatur*

Die *Eingabe* (das *Einlesen*) von Vektoren und Matrizen von Datenträgern haben wir bereits im Abschn.9.1 kennengelernt.
Im folgenden behandeln wir Möglichkeiten, die MATHCAD bei der Eingabe mittels Tastatur bietet.

15.1.1 Eingabe von Vektoren

Für die *Eingabe* von (Spalten-) *Vektoren* in das *Arbeitsfenster* mittels Tastatur bietet MATHCAD folgende zwei *Möglichkeiten:*

I. Nach Aktivierung der *Menüfolge*

Insert ⇒ Matrix...

(deutsche Version: **Einfügen ⇒ Matrix...**)

o d e r

Anklicken des *Matrixoperators*

in der *Operatorpalette Nr.4* (*Vektor- und Matrixpalette*) erscheint die *Dialogbox*

Insert Matrix

(deutsche Version: **Matrix einfügen**)

in die bei

Rows:

(deutsche Version: **Zeilen**)

die *Anzahl* der *Komponenten* des Vektors und bei

Colums:

(deutsche Version: **Spalten**)

eine 1 einzutragen sind, da Vektoren in MATHCAD als *Spaltenvektoren* betrachtet werden.

Danach erscheint durch *Anklicken* des *Knopfes* (Buttons)

Insert

(deutsche Version: **Einfügen**)

15.1 Eingabe

im Arbeitsfenster an der durch den Kursor bestimmten Stelle ein *Vektor* der *Gestalt* (z.B. bei vier Komponenten):

$$\begin{pmatrix} \bullet \\ \bullet \\ \bullet \\ \bullet \end{pmatrix}$$

in dessen Platzhalter die konkreten Komponenten des Vektors mittels Tastatur einzugeben sind, wobei zwischen den Platzhaltern mittels Mausklick oder

⇆-Taste

gewechselt werden kann.
Die eben benutzte Dialogbox dient auch zum *Einfügen* bzw. *Löschen* von *Komponenten* in einem gegebenen Vektor.

II. Nach Eingabe des *Index* als *Bereichsvariable*, z.B. bei n Komponenten

i := 1 .. n

können *Vektoren* durch *Anklicken* des *Operators*

$\boxed{x_n}$

aus der *Operatorpalette Nr.1* oder *4 erzeugt* werden:

- In die erscheinenden *Platzhalter*

  $\blacksquare_\blacksquare$

  wird die *Bezeichnung* des *Vektors* (z.B. **x**) und der *Index* (z.B. i) eingetragen.

- Anschließend können mittels der Zuweisungsoperatoren := oder ≡ (siehe Abschn.10.3) den *Komponenten*

  x_i

  des *Vektors* **x** Werte zugewiesen werden: Dies kann durch

  * eine *Funktion* f(i) geschehen, falls die i-te Komponente des Vektors eine Funktion f des Index i ist (siehe Beispiel 15.1c), d.h.

    $x_i := f(i)$

  * *Eingabe* eines *Kommas* nach jeder Zahl hinter dem Zuweisungsoperator geschehen, falls man den Komponenten mittels Tastatur Zahlen zuweisen möchte (Eingabe als *Zahlentabelle*). Man erhält hier eine *Eingabetabelle* (siehe Beispiel 15.1b).

☞
Es empfiehlt sich, *Vektoren* mittels der *Zuweisungsoperatoren* := bzw. ≡ *Vektorsymbole/Vektornamen* (üblicherweise Kleinbuchstaben **a** , **b** , ... , **x** , **y** , **z**) zuzuweisen (siehe Beispiel 15.1a), mit denen dann im weiteren gerechnet wird. Dabei wird durch := die Zuweisung *lokal* und durch ≡ *global* durchgeführt (siehe Abschn.10.3).♦

☞

Aus Beispiel 15.1c) sind die *drei Darstellungsmöglichkeiten* für *Vektoren* ersichtlich, die MATHCAD nach abschließender Eingabe des numerischen Gleichheitszeichens = gestattet:

- als *rollende Ausgabetabelle* (mit Zeilen- und Spaltennummer) nach der Eingabe des Vektornamens, wenn der Vektor mehr als 9 Komponenten besitzt,
- als *Ausgabetabelle* nach der Eingabe des Vektornamens mit Index,
- als *Spaltenvektor* durch Unterdrückung der Zeilen- und Spaltennummer, indem man die *Menüfolge*

  Format ⇒ Result...
  (deutsche Version: **Format ⇒ Ergebnis...**)

  aktiviert und in der erscheinenden *Dialogbox*

  Result Format
  (deutsche Version: **Ergebnisformat**)

  im *Feld*

  Matrix display style
  (deutsche Version: **Matrixanzeige**)

  Matrix

  einstellt.

♦

Beispiel 15.1:

In den folgenden Beispielen wird immer **ORIGIN:=1** vorausgesetzt, d.h. die Indizierung mit 1 begonnen.

a) Die Methode I. zur *Erzeugung* von *Vektoren* wird am häufigsten angewandt. Ein nach ihr eingegebener *Vektor* mit der *Bezeichnung* **x** hat im Arbeitsfenster folgende Gestalt:

$$x := \begin{bmatrix} 1 \\ 2 \\ 3 \\ 4 \end{bmatrix}$$

b) *Erzeugen* wir einen *Vektor* nach der Methode II. durch eine *Zahlentabelle* mit 6 Werten.
   Dazu können wir die von MATHCAD angebotenen *Eingabetabellen* verwenden:

   $i := 1..6$

15.1 Eingabe

$x_i :=$

3
4
6
8
2
5

$$x = \begin{bmatrix} 3 \\ 4 \\ 6 \\ 8 \\ 2 \\ 5 \end{bmatrix}$$

Die *Eingabetabelle* wird durch *Eingabe* eines *Kommas* nach jeder Zahl hinter dem Zuweisungsoperator erhalten. Mit der von 1 bis 6 definierten *Laufvariablen* i lassen sich mittels *Eingabetabellen* weitere Vektoren erzeugen, die auch weniger als 6 Komponenten haben können:

$y_i :=$

2
4
6

$$y = \begin{bmatrix} 2 \\ 4 \\ 6 \end{bmatrix}$$

$z_i :=$

4
5
6
3

$$z = \begin{bmatrix} 4 \\ 5 \\ 6 \\ 3 \end{bmatrix}$$

Für dieses Beispiel wurde bei **Matrixanzeige** die *Darstellung* als **Matrix** eingestellt.

c) *Erzeugen* wir einen *Vektor* **x**, dessen Komponenten sich als eine Funktion des Index i darstellen lassen:

i := 1..10

$x_i := i^2$

und zeigen die drei verschiedenen *Darstellungsmöglichkeiten*:

* *Darstellung als rollende Ausgabetabelle* (mit Zeilen- und Spaltennummer):

$$x = \begin{pmatrix} 1 & 1 \\ 2 & 4 \\ 3 & 9 \\ 4 & 16 \\ 5 & 25 \\ 6 & 36 \\ 7 & 49 \\ 8 & 64 \\ 9 & 81 \\ 10 & 100 \end{pmatrix}\blacksquare$$

In der dem Autor zur Verfügung stehenden neuen Version 8 von MATHCAD gelang es hier nicht, mit den angegebenen Methoden als Startwert für die Indizierung den Wert 1 einzustellen. Es wird immer mit 0 begonnen.

* *Darstellung als Ausgabetabelle:*

x_i

1
4
9
16
25
36
49
64
81
100

Diese Darstellung wird durch Eingabe des numerischen Gleichheitszeichens = nach x_i erreicht.

* *Darstellung als Spaltenvektor*, nachdem im *Feld*
  Matrix display style (deutsche Version: **Matrixanzeige**)
  der *Dialogbox* **Result Format** (deutsche Version: **Ergebnisformat**)
  Matrix eingestellt wurde:

$$x = \begin{bmatrix} 1 \\ 4 \\ 9 \\ 16 \\ 25 \\ 36 \\ 49 \\ 64 \\ 81 \\ 100 \end{bmatrix} \blacksquare$$

◆

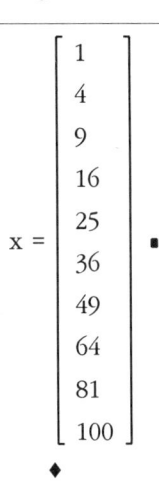

15.1.2 Eingabe von Matrizen

Wir betrachten *Matrizen* vom *Typ (m,n)*, d.h. Matrizen mit *m Zeilen* und *n Spalten* der Gestalt

$$\begin{pmatrix} a_{11} & a_{12} & \cdots & a_{1n} \\ a_{21} & a_{22} & \cdots & a_{2n} \\ \vdots & \vdots & \cdots & \vdots \\ a_{m1} & a_{m2} & \cdots & a_{mn} \end{pmatrix}$$

Für die *Eingabe* von *Matrizen* in das Arbeitsfenster mittels Tastatur bietet MATHCAD folgende drei *Möglichkeiten:*

I. *Direkte Eingabe* für Matrizen mit maximal 10 Zeilen und Spalten:
Nach Aktivierung der *Menüfolge*

Insert ⇒ Matrix...
(deutsche Version: **Einfügen ⇒ Matrix...**)

o d e r

Anklicken des *Matrixoperators*

in der *Operatorpalette Nr.4 (Vektor- und Matrixpalette)*
erscheint die *Dialogbox*

Insert Matrix
(deutsche Version: **Matrix einfügen**)

in die bei

Rows:
(deutsche Version: **Zeilen**)

die *Anzahl* der *Zeilen* und bei

Colums:

(deutsche Version: **Spalten**)

die Anzahl der *Spalten* der Matrix einzutragen sind.
Danach erscheint durch *Anklicken* des *Knopfes* (Buttons)

Insert

(deutsche Version: **Einfügen**)

im Arbeitsfenster an der durch den Kursor bestimmten Stelle eine *Matrix* **A** der *Gestalt* (z.B. vom Typ (5, 6)):

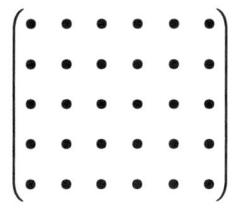

$$\begin{pmatrix} \bullet & \bullet & \bullet & \bullet & \bullet & \bullet \\ \bullet & \bullet & \bullet & \bullet & \bullet & \bullet \\ \bullet & \bullet & \bullet & \bullet & \bullet & \bullet \\ \bullet & \bullet & \bullet & \bullet & \bullet & \bullet \\ \bullet & \bullet & \bullet & \bullet & \bullet & \bullet \end{pmatrix}$$

in deren *Platzhalter* die konkreten *Elemente*

a_{ik} (in MATHCAD wird die Bezeichnung $A_{i,k}$ verwendet)

der Matrix **A** mittels Tastatur einzugeben sind, wobei zwischen den Platzhaltern mittels Mausklick oder

⌨-Taste

gewechselt werden kann.

Die eben benutzte Dialogbox dient auch zum *Einfügen* bzw. *Löschen* von *Zeilen/Spalten* in einer gegebenen Matrix.

II. *Eingabe* durch eine *Zuweisung* unter Verwendung von Bereichsvariablen i und k der Form (geschachtelte Schleifen)

i := 1 .. m   k := 1 .. n

$A_{i,k} := f(i,k)$

wobei das *allgemeine Elemente*

$A_{i,k}$

der *Matrix* **A** mittels des *Operators*

aus der *Operatorpalette Nr.1* oder *4* eingegeben wird.

Hierdurch wird eine Matrix **A** vom Typ (m,n) erzeugt, wobei die *Funktion* f(i,k) die *Bildungsvorschrift* für die *Elemente* der *Matrix* **A** darstellt, die vom Zeilenindex i und Spaltenindex k abhängen kann (siehe Beispiel 15.2b).

Mit dieser Vorgehensweise können auch *Matrizen* eingegeben werden, die mehr als 10 Zeilen und Spalten besitzen.

15.1 Eingabe

Es erfolgt allerdings die *Darstellung* als *rollende Ausgabetabelle*, wenn man nicht die *Darstellung* als *Matrix* mittels der *Menüfolge*

Format ⇒ Result...

(deutsche Version: **Format ⇒ Ergebnis...**)

aktiviert und in der erscheinenden *Dialogbox*

Result Format

(deutsche Version: **Ergebnisformat**)

im *Feld*

Matrix display style

(deutsche Version: **Matrixanzeige**)

Matrix

einstellt.

III. *Eingabe* mittels der *Menüfolge*

Insert ⇒ Component ⇒ Input Table

(deutsche Version: **Einfügen ⇒ Komponente ⇒ Eingabetabelle**)

die im Arbeitsfenster eine *Tabelle* mit einem Platzhalter erscheinen läßt. In den Platzhalter ist die Bezeichnung der Matrix einzutragen. Die Anzahl der Zeilen und Spalten der Tabelle können durch Verschieben mit gedrückter Maustaste oder durch die Kursortasten eingestellt werden. Abschließend werden in die Tabelle die *Elemente* der *Matrix eingetragen*.

Mit dieser Vorgehensweise können auch *Matrizen* eingegeben werden, die mehr als 10 Zeilen und Spalten besitzen.

☞

Eine weitere Möglichkeit zur Eingabe von Matrizen mit mehr als 10 Zeilen und Spalten besteht durch Einlesen von Festplatte oder Diskette (siehe Abschn.9.1).

♦

☞

Es empfiehlt sich, Matrizen mittels der *Zuweisungsoperatoren* := bzw. ≡ *Matrixsymbole/Matrixnamen* (üblicherweise Großbuchstaben **A**, **B**, ...) zuzuweisen (siehe Beispiel 15.2), mit denen dann im weiteren gerechnet wird. Dabei wird durch := die Zuweisung *lokal* und durch ≡ *global* durchgeführt (siehe Abschn.10.3).

♦

Beispiel 15.2:

In den folgenden Beispielen wird immer **ORIGIN:=**1 vorausgesetzt, d.h. die Indizierung mit 1 begonnen.

a) Die *Methode I.* zur *Erzeugung* von *Matrizen* wird am häufigsten angewandt. Sie funktioniert allerdings nur für Matrizen bis zu 10 Zeilen und Spalten.

Eine nach ihr eingegebene Matrix **A** hat im Arbeitsfenster z.B. folgende Gestalt:

$$A := \begin{bmatrix} 1 & 3 & 5 \\ 7 & 9 & 2 \end{bmatrix}$$

b) Erzeugen wir nach der *Methode II.* eine Matrix **A** mit 14 Zeilen und 12 Spalten:

$$i := 1 \,..\, 14 \qquad k := 1 \,..\, 12$$

$$\mathbf{A}_{i,k} := i - k$$

Darstellung als *rollende Ausgabetabelle:*

A =

	2	3	4	5	6	7	8	9	10	11	12
1	-1	-2	-3	-4	-5	-6	-7	-8	-9	-10	-11
2	0	-1	-2	-3	-4	-5	-6	-7	-8	-9	-10
3	1	0	-1	-2	-3	-4	-5	-6	-7	-8	-9
4	2	1	0	-1	-2	-3	-4	-5	-6	-7	-8
5	3	2	1	0	-1	-2	-3	-4	-5	-6	-7
6	4	3	2	1	0	-1	-2	-3	-4	-5	-6
7	5	4	3	2	1	0	-1	-2	-3	-4	-5
8	6	5	4	3	2	1	0	-1	-2	-3	-4
9	7	6	5	4	3	2	1	0	-1	-2	-3
10	8	7	6	5	4	3	2	1	0	-1	-2
11	9	8	7	6	5	4	3	2	1	0	-1
12	10	9	8	7	6	5	4	3	2	1	0
13	11	10	9	8	7	6	5	4	3	2	1
14	12	11	10	9	8	7	6	5	4	3	2

In der dem Autor zur Verfügung stehenden neuen Version 8 von MATHCAD gelang es hier nicht, mit den angegebenen Methoden als Startwert für die Indizierung den Wert 1 einzustellen. Es wird immer mit 0 begonnen.

Anzeige als Matrix:

15.1 Eingabe

$$A = \begin{bmatrix} 0 & -1 & -2 & -3 & -4 & -5 & -6 & -7 & -8 & -9 & -10 & -11 \\ 1 & 0 & -1 & -2 & -3 & -4 & -5 & -6 & -7 & -8 & -9 & -10 \\ 2 & 1 & 0 & -1 & -2 & -3 & -4 & -5 & -6 & -7 & -8 & -9 \\ 3 & 2 & 1 & 0 & -1 & -2 & -3 & -4 & -5 & -6 & -7 & -8 \\ 4 & 3 & 2 & 1 & 0 & -1 & -2 & -3 & -4 & -5 & -6 & -7 \\ 5 & 4 & 3 & 2 & 1 & 0 & -1 & -2 & -3 & -4 & -5 & -6 \\ 6 & 5 & 4 & 3 & 2 & 1 & 0 & -1 & -2 & -3 & -4 & -5 \\ 7 & 6 & 5 & 4 & 3 & 2 & 1 & 0 & -1 & -2 & -3 & -4 \\ 8 & 7 & 6 & 5 & 4 & 3 & 2 & 1 & 0 & -1 & -2 & -3 \\ 9 & 8 & 7 & 6 & 5 & 4 & 3 & 2 & 1 & 0 & -1 & -2 \\ 10 & 9 & 8 & 7 & 6 & 5 & 4 & 3 & 2 & 1 & 0 & -1 \\ 11 & 10 & 9 & 8 & 7 & 6 & 5 & 4 & 3 & 2 & 1 & 0 \\ 12 & 11 & 10 & 9 & 8 & 7 & 6 & 5 & 4 & 3 & 2 & 1 \\ 13 & 12 & 11 & 10 & 9 & 8 & 7 & 6 & 5 & 4 & 3 & 2 \end{bmatrix} \blacksquare$$

b) Erzeugen wir nach der *Methode III.* mittels der *Menüfolge*

Insert ⇒ Component ⇒ Input Table

eine *Matrix* **A** mit 4 Zeilen und 3 Spalten, indem wir die Elemente der Matrix in die erscheinende Tabelle und den Namen der Matrix in den linken oberen Platzhalter eintragen:

	0	1	2
0	1	2	3
1	4	5	6
2	7	8	9
3	10	11	12

A :=

Wir erhalten die folgende *Matrix*:

$$A = \begin{bmatrix} 1 & 2 & 3 \\ 4 & 5 & 6 \\ 7 & 8 & 9 \\ 10 & 11 & 12 \end{bmatrix} \blacksquare$$

◆

15.2 Vektor- und Matrixfunktionen

MATHCAD enthält *Vektor-* und *Matrixfunktionen*, mit deren Hilfe man für *Vektoren* **v** und *Matrizen* **A** und **B** gewisse Berechnungen durchführen kann. Die wichtigsten sind:

* **augment (A , B)**
  (deutsche Version: **erweitern**)

  bildet eine *neue Matrix*, in der die *Spalten* von **A** und **B** nebeneinander geschrieben werden (ist nur anwendbar, wenn **A** und **B** die gleiche Anzahl von Zeilen besitzen).

* **cols (A)**
  (deutsche Version: **spalten**)

  berechnet die *Anzahl* der *Spalten* der *Matrix* **A**.

* **diag (v)**

  erzeugt eine *Diagonalmatrix*, deren *Diagonale* vom *Vektor* **v** gebildet wird.

* **identity (n)**
  (deutsche Version: **einheit**)

  erzeugt eine *Einheitsmatrix* mit n Zeilen und n Spalten.

* **last (v)**
  (deutsche Version: **letzte**)

  bestimmt den *Index* des *letzten Elements* des *Vektors* **v**.

* **length (v)**
  (deutsche Version: **länge**)

  berechnet die *Anzahl* der *Komponenten* des *Vektors* **v**.

* **max (A)**

  berechnet das *Maximum* der *Elemente* der *Matrix* **A**.

* **min (A)**

  berechnet das *Minimum* der *Elemente* der *Matrix* **A**.

* **rank (A)**   (deutsche Version: **rg**)

  berechnet den *Rang* der *Matrix* **A**.

* **rows (A)**
  (deutsche Version: **zeilen**)

  berechnet die *Anzahl* der *Zeilen* der *Matrix* **A**.

* **stack (A , B)**
  (deutsche Version: **stapeln**)

  bildet eine *neue Matrix*, in der die *Zeilen* von **A** und **B** untereinander geschrieben werden (ist nur anwendbar, wenn **A** und **B** die gleiche Anzahl von Spalten besitzen).

* **submatrix (A , i , j , k , l)**

   bildet eine *Untermatrix* von **A**, die die Zeilen i bis j und die Spalten k bis l enthält, wobei i ≤ j und k ≤ l gelten müssen.

* **tr (A)**   (deutsche Version: **sp**)

   berechnet die *Spur* der *Matrix* **A**.

☞

Vor der Anwendung dieser Funktionen müssen **A**, **B** und **v** die entsprechenden Matrizen/Vektoren zugewiesen oder statt **A**, **B** oder **v** die Matrizen/Vektoren direkt in das Argument der Funktionen eingegeben werden.

Das von den Funktionen berechnete *Ergebnis* erhält man, indem man den *Funktionsausdruck* mit *Bearbeitungslinien markiert* und anschließend die *numerische Berechnung* mittels des *numerischen Gleichheitszeichens* = oder der *Menüfolge*

Symbolics ⇒ Evaluate ⇒ Floating Point...
(deutsche Version: **Symbolik ⇒ Auswerten ⇒ Gleitkomma...**)

auslöst.

♦

☞

Die *exakte Berechnung* mittels des *symbolischen Gleichheitszeichens* → oder durch Aktivierung der *Menüfolge*

Symbolics ⇒ Evaluate ⇒ Symbolically
(deutsche Version: **Symbolik ⇒ Auswerten ⇒ Symbolisch**)

funktioniert nicht bei allen *Vektor*- und *Matrixfunktionen*, so daß man die numerische Berechnung vorziehen sollte.

♦

Beispiel 15.3:

Erproben wir die gegebenen Funktionen für folgende Matrizen und Vektoren, wobei wir die Indizierung mit 1 beginnen, d.h. **ORIGIN** := 1.

$$\mathbf{A} := \begin{pmatrix} 1 & 2 & 3 \\ 4 & 5 & 6 \\ 7 & 8 & 9 \end{pmatrix} \quad \mathbf{B} := \begin{pmatrix} 3 & 4 & 7 \\ 1 & 5 & 2 \end{pmatrix} \quad \mathbf{C} := \begin{pmatrix} 9 & 11 \\ 21 & 34 \\ 7 & 43 \end{pmatrix}$$

$$\mathbf{D} := \begin{pmatrix} 5 & 7 & 11 \\ 21 & 45 & 7 \\ 9 & 3 & 1 \end{pmatrix} \quad \mathbf{v} := \begin{pmatrix} 3 \\ 5 \\ 9 \end{pmatrix} \quad \mathbf{w} := \begin{pmatrix} 1 \\ 4 \\ 8 \\ 3 \end{pmatrix}$$

a) Wir bestimmen die *Anzahl* der *Zeilen*:

   rows (B) = 2   **rows (w)** = 4

b) Wir bestimmen die *Anzahl* der *Spalten*:

   cols (A) = 3   **cols (v)** = 1

c) Wir erzeugen eine *Einheitsmatrix* vom Typ (5,5):

$$\mathbf{identity}\,(5) \;=\; \begin{vmatrix} 1 & 0 & 0 & 0 & 0 \\ 0 & 1 & 0 & 0 & 0 \\ 0 & 0 & 1 & 0 & 0 \\ 0 & 0 & 0 & 1 & 0 \\ 0 & 0 & 0 & 0 & 1 \end{vmatrix}$$

d) Wir berechnen den *Rang*:

rank (A) = 2   **rank (B)** = 2   **rank (C)** = 2   **rank (D)** = 3

e) Wir erzeugen eine *Diagonalmatrix*, deren Diagonale vom Vektor **w** gebildet wird:

$$\mathbf{diag}\,(\mathbf{w}) \;=\; \begin{pmatrix} 1 & 0 & 0 & 0 \\ 0 & 4 & 0 & 0 \\ 0 & 0 & 8 & 0 \\ 0 & 0 & 0 & 3 \end{pmatrix}$$

f) Wir bestimmen *maximale* und *minimale Elemente*:

max (D) = 45   **max (v)** = 9   **min (A)** = 1

g) Wir berechnen die *Anzahl* der *Komponenten* von **w** und den Index der *letzten Komponente* von **v**:

length (w) = 4   **last (v)** = 3

h) Wir *erweitern* die gegebene *Matrix* **A** durch den Vektor **v**:

$$\mathbf{augment}\,(\mathbf{A},\mathbf{v}) \;=\; \begin{pmatrix} 1 & 2 & 3 & 3 \\ 4 & 5 & 6 & 5 \\ 7 & 8 & 9 & 9 \end{pmatrix}$$

i) Wir *vereinen* die beiden *Matrizen* **A** und **D** zu einer neuen Matrix:

$$\mathbf{stack}\,(\mathbf{A},\mathbf{D}) \;=\; \begin{pmatrix} 1 & 2 & 3 \\ 4 & 5 & 6 \\ 7 & 8 & 9 \\ 5 & 7 & 11 \\ 21 & 45 & 7 \\ 9 & 3 & 1 \end{pmatrix}$$

j) Wir bilden eine *Untermatrix* der Matrix **A**:

$$\mathbf{submatrix}\left(\begin{pmatrix} 1 & 2 & 3 \\ 4 & 5 & 6 \\ 7 & 8 & 9 \end{pmatrix}, 2, 3, 1, 2\right) \;=\; \begin{pmatrix} 4 & 5 \\ 7 & 8 \end{pmatrix}$$

oder

$$\mathbf{submatrix}(\mathbf{A},2,3,1,2) = \begin{pmatrix} 4 & 5 \\ 7 & 8 \end{pmatrix}$$

♦

15.3 Rechenoperationen

Bevor wir die bekannten Rechenoperationen mit Matrizen im Rahmen von MATHCAD diskutieren, müssen wir uns noch damit beschäftigen, wie man einzelne Elemente, Spalten oder Zeilen aus einer im Arbeitsfenster definierten Matrix herausziehen kann.

☞
Möchte man *einzelne Elemente* einer im Arbeitsfenster definierten *Matrix* **A** verwenden, so müssen diese die gleiche Bezeichnung wie die Matrix tragen und die beiden Indizes sind durch Komma zu trennen und mittels des *Operators*

[X_n]

aus der *Operatorpalette Nr.1* oder *4* zu erzeugen (die Indizes können noch in Klammern eingeschlossen werden). So ist für das Element aus der i-ten Zeile und k-ten Spalte der Matrix **A**

$A_{i,k}$ oder $A_{(i,k)}$

einzugeben.
Dies ist ein Unterschied zur mathematischen Notation, bei der die Elemente einer Matrix **A** mit a_{ik} bezeichnet werden.
♦
☞
Durch Anklicken des *Operators*

[$M^{<>}$]

in der *Operatorpalette Nr.4* lassen sich *Spalten* (Spaltenvektoren) aus einer gegebenen *Matrix* **A** *herausziehen*. Es erscheint im Arbeitsfenster das folgende Symbol

$\blacksquare^{<\bullet>}$

In seinen unteren großen Platzhalter sind der Name der Matrix **A** und in seinen oberen kleinen Platzhalter die Nummer der gewünschten Spalte einzutragen.
Abschließend markiert man den Ausdruck mit Bearbeitungslinien, tippt das symbolische oder numerische Gleichheitszeichen ein und drückt die ⏎-Taste.

Möchte man *Zeilen* (Zeilenvektoren) aus einer *Matrix* **A** herausziehen, so kann man die eben beschriebene Methode auch anwenden, wenn man die *Matrix vorher transponiert* (siehe Abschn.15.3.2)

♦

☞

MATHCAD erkennt automatisch, wenn man Elemente/Spalten außerhalb der definierten Indizes verwendet und gibt eine *Fehlermeldung* aus.

♦

Aus dem folgenden Beispiel ist die Vorgehensweise für die eben besprochenen Operationen ersichtlich.

Beispiel 15.4:

Betrachten wir folgende *Matrix*:

$$\mathbf{A} := \begin{pmatrix} 3 & 12 & 6 & 9 & 0 \\ 1 & 23 & 35 & 2 & 7 \\ 9 & 2 & 43 & 3 & 8 \\ 3 & 5 & 71 & 27 & 49 \end{pmatrix}$$

a) Mit dem *Startwert* 0 für die *Indizierung*, d.h.

ORIGIN := 0

ergeben sich beim Herausziehen

- *einzelner Elemente folgende Möglichkeiten:*
  * *mit numerischem Gleichheitszeichen*

    $\mathbf{A}_{1,2} = 35 \qquad \mathbf{A}_{0,0} = 3 \qquad \mathbf{A}_{3,4} = 49$

    $\mathbf{A}_{(1,2)} = 35 \qquad \mathbf{A}_{(0,0)} = 3 \qquad \mathbf{A}_{(3,4)} = 49$

  * *mit symbolischem Gleichheitszeichen*

    $\mathbf{A}_{1,2} \to 35 \qquad \mathbf{A}_{0,0} \to 3 \qquad \mathbf{A}_{3,4} \to 49$

    $\mathbf{A}_{(1,2)} \to 35 \qquad \mathbf{A}_{(0,0)} \to 3 \qquad \mathbf{A}_{(3,4)} \to 49$

- *einzelner Spalten folgende Möglichkeiten:*
  * *mit numerischem Gleichheitszeichen*

    $$\mathbf{A}^{<0>} = \begin{pmatrix} 3 \\ 1 \\ 9 \\ 3 \end{pmatrix} \qquad \mathbf{A}^{<2>} = \begin{pmatrix} 6 \\ 35 \\ 43 \\ 71 \end{pmatrix}$$

  * *mit symbolischem Gleichheitszeichen*

15.3 Rechenoperationen

$$\mathbf{A}^{<0>} \to \begin{pmatrix} 3 \\ 1 \\ 9 \\ 3 \end{pmatrix} \quad \mathbf{A}^{<2>} \to \begin{pmatrix} 6 \\ 35 \\ 43 \\ 71 \end{pmatrix}$$

b) Mit dem *Startwert* 1 für die *Indizierung*, d.h.

ORIGIN := 1

ergeben sich beim Herausziehen
- *einzelner Elemente folgende Möglichkeiten:*
    * *mit numerischem Gleichheitszeichen*

    $\mathbf{A}_{2,3} = 35 \quad \mathbf{A}_{1,1} = 3 \quad \mathbf{A}_{4,5} = 49$

    $\mathbf{A}_{(2,3)} = 35 \quad \mathbf{A}_{(1,1)} = 3 \quad \mathbf{A}_{(4,5)} = 49$

    * *mit symbolischem Gleichheitszeichen*

    $\mathbf{A}_{2,3} \to 35 \quad \mathbf{A}_{1,1} \to 3 \quad \mathbf{A}_{4,5} \to 49$

    $\mathbf{A}_{(2,3)} \to 35 \quad \mathbf{A}_{(1,1)} \to 3 \quad \mathbf{A}_{(4,5)} \to 49$

- *einzelner Spalten folgende Möglichkeiten:*
    * *mit numerischem Gleichheitszeichen*

    $$\mathbf{A}^{<1>} = \begin{pmatrix} 3 \\ 1 \\ 9 \\ 3 \end{pmatrix} \quad \mathbf{A}^{<3>} = \begin{pmatrix} 6 \\ 35 \\ 43 \\ 71 \end{pmatrix}$$

    * *mit symbolischem Gleichheitszeichen*

    $$\mathbf{A}^{<1>} \to \begin{pmatrix} 3 \\ 1 \\ 9 \\ 3 \end{pmatrix} \quad \mathbf{A}^{<3>} \to \begin{pmatrix} 6 \\ 35 \\ 43 \\ 71 \end{pmatrix}$$

♦

In den folgenden Abschnitten betrachten wir die Vorgehensweise in MATHCAD bei der Durchführung von *Rechenoperationen* mit *Matrizen*.

☞

Bei den *Rechenoperationen* ist zu *beachten*, daß die
* *Addition* (Subtraktion) $\mathbf{A} \pm \mathbf{B}$

    nur möglich ist, wenn die *Matrizen* $\mathbf{A}$ und $\mathbf{B}$ den *gleichen Typ* (m,n) besitzen.
* *Multiplikation* $\mathbf{A} \cdot \mathbf{B}$

nur möglich ist, wenn die *Matrizen* **A** und **B** *verkettet* sind, d.h., **A** muß genauso viele Spalten haben, wie **B** Zeilen besitzt.

* *Bildung* der *Inversen*
  nur für *quadratische nichtsinguläre Matrizen* möglich ist.

♦

☞

Aus praktischen Gründen weist man den Matrizen vor den durchzuführenden Rechenoperationen gewisse Buchstaben **A** , **B** , **C** , ... (Matrixsymbole/Matrixnamen) zu und führt mit diesen die entsprechenden Operationen durch.
Dem Ergebnis einer derartigen Rechenoperation kann natürlich wieder ein neuer Matrixname zugewiesen werden.

♦

☞

Falls der Typ der Matrizen nicht für die durchzuführende Operation paßt, so gibt MATHCAD eine Fehlermeldung aus.

♦

☞

Während die Addition, Multiplikation und Transponierung auch für größere Matrizen problemlos in MATHCAD durchführbar sind, stößt man bei der *Berechnung* von *Determinanten* und *Inversen* einer n-reihigen quadratischen Matrix für großes n schnell auf Schwierigkeiten, da Rechenaufwand und Speicherbedarf stark anwachsen.

♦

15.3.1 Addition und Multiplikation

Die *Addition* und *Multiplikation* zweier im Arbeitsfenster befindlicher *Matrizen* **A** und **B** vollzieht sich in MATHCAD *folgendermaßen*:

- Man gibt

  A + B

  bzw.

  A ∗ B

  in das Arbeitsfenster ein und markiert den Ausdruck mit Bearbeitungslinien.

- Danach liefert die *Eingabe* des *symbolischen* → bzw. *numerischen Gleichheitszeichens* = mit abschließender Betätigung der ⏎-Taste das *exakte* bzw. *numerische Ergebnis*.
  Die *Menüfolge* zur *exakten* bzw. *numerischen Berechnung*
  Symbolics ⇒ Evaluate ⇒...
  (deutsche Version: **Symbolik ⇒ Auswerten ⇒...**)

15.3 Rechenoperationen

liefert nur ein *Ergebnis*, wenn die Matrix *direkt eingegeben* wurde.

☞ MATHCAD gestattet auch die

* *Multiplikation* einer *Matrix* **A** mit einem *Skalar* (Zahl) t, d.h.

    t·**A**   oder   **A**·t

* *Addition* einer *Matrix* **A** mit einem *Skalar* (Zahl) t, d.h.

    t + **A**   oder   **A** + t

Dabei wird bei der *Multiplikation* jedes Element von **A** mit dem Skalar t multipliziert und bei der *Addition* zu jedem Element von **A** der Skalar t addiert.

Die Durchführung dieser Operationen vollzieht sich analog zu den zwischen zwei Matrizen. Man muß nur statt einer Matrix den entsprechenden Skalar eingeben.

♦
Beispiel 15.5:

a) Betrachten wir die Addition und Multiplikation von Matrizen, deren Elemente Zahlen sind:

$$\mathbf{A} := \begin{pmatrix} 1 & 2 & 3 \\ 4 & 5 & 6 \end{pmatrix} \quad \mathbf{B} := \begin{pmatrix} 5 & 8 & 5 \\ 8 & 9 & 2 \end{pmatrix} \quad \mathbf{C} := \begin{pmatrix} 1 & 2 \\ 3 & 4 \\ 7 & 8 \end{pmatrix}$$

$$\mathbf{A} + \mathbf{B} = \begin{pmatrix} 6 & 10 & 8 \\ 12 & 14 & 8 \end{pmatrix} \quad \mathbf{A}\cdot\mathbf{C} = \begin{pmatrix} 28 & 34 \\ 61 & 76 \end{pmatrix}$$

Wenn wir statt des numerischen Gleichheitszeichens das *symbolische Gleichheitszeichen* verwenden, so erhalten wir bei ganzen Zahlen die gleiche Form des Ergebnisses:

$$\mathbf{A} + \mathbf{B} \to \begin{pmatrix} 6 & 10 & 8 \\ 12 & 14 & 8 \end{pmatrix} \quad \mathbf{A}\cdot\mathbf{C} \to \begin{pmatrix} 28 & 34 \\ 61 & 76 \end{pmatrix}$$

b) Falls die Matrizen nicht nur ganze Zahlen sondern auch Brüche als Elemente enthalten, erkennt man den *Unterschied* zwischen der Anwendung des *numerischen* und *symbolischen Gleichheitszeichens*:

$$\mathbf{A} := \begin{pmatrix} \frac{1}{2} & \frac{1}{3} \\ \frac{1}{4} & \frac{1}{5} \end{pmatrix} \quad \mathbf{B} := \begin{pmatrix} 1 & \frac{2}{7} \\ 3 & 2 \end{pmatrix}$$

$$\mathbf{A} + \mathbf{B} = \begin{pmatrix} 1.5 & 0.619 \\ 3.25 & 2.2 \end{pmatrix} \qquad \mathbf{A} + \mathbf{B} \rightarrow \begin{pmatrix} \frac{3}{2} & \frac{13}{21} \\ \frac{13}{4} & \frac{11}{5} \end{pmatrix}$$

$$\mathbf{A} \cdot \mathbf{B} = \begin{pmatrix} 1.5 & 0.81 \\ 0.85 & 0.471 \end{pmatrix} \qquad \mathbf{A} \cdot \mathbf{B} \rightarrow \begin{pmatrix} \frac{3}{2} & \frac{17}{21} \\ \frac{17}{20} & \frac{33}{70} \end{pmatrix}$$

c) Betrachten wir die *Addition* und *Multiplikation* einer *Matrix* **A** mit einem *Skalar*:

$$\mathbf{A} := \begin{pmatrix} 1 & 2 & 3 \\ 4 & 5 & 6 \end{pmatrix}$$

$$1 + \mathbf{A} = \begin{pmatrix} 2 & 3 & 4 \\ 5 & 6 & 7 \end{pmatrix} \qquad \mathbf{A} + 1 = \begin{pmatrix} 2 & 3 & 4 \\ 5 & 6 & 7 \end{pmatrix}$$

$$1 + \mathbf{A} \rightarrow \begin{pmatrix} 2 & 3 & 4 \\ 5 & 6 & 7 \end{pmatrix} \qquad \mathbf{A} + 1 \rightarrow \begin{pmatrix} 2 & 3 & 4 \\ 5 & 6 & 7 \end{pmatrix}$$

$$6 \cdot \mathbf{A} = \begin{pmatrix} 6 & 12 & 18 \\ 24 & 30 & 36 \end{pmatrix} \qquad \mathbf{A} \cdot 6 = \begin{pmatrix} 6 & 12 & 18 \\ 24 & 30 & 36 \end{pmatrix}$$

$$6 \cdot \mathbf{A} \rightarrow \begin{pmatrix} 6 & 12 & 18 \\ 24 & 30 & 36 \end{pmatrix} \qquad \mathbf{A} \cdot 6 \rightarrow \begin{pmatrix} 6 & 12 & 18 \\ 24 & 30 & 36 \end{pmatrix}$$

Statt eines festen Zahlenwertes kann man bei Verwendung des symbolischen Gleichheitszeichens auch eine Variablenbezeichnung (z.B. t) benutzen:

$$t + \mathbf{A} \rightarrow \begin{pmatrix} 1+t & 2+t & 3+t \\ 4+t & 5+t & 6+t \end{pmatrix} \qquad \mathbf{A} + t \rightarrow \begin{pmatrix} 1+t & 2+t & 3+t \\ 4+t & 5+t & 6+t \end{pmatrix}$$

$$t + \begin{pmatrix} 1 & 2 & 3 \\ 4 & 5 & 6 \end{pmatrix} \rightarrow \begin{pmatrix} 1+t & 2+t & 3+t \\ 4+t & 5+t & 6+t \end{pmatrix}$$

$$\begin{pmatrix} 1 & 2 & 3 \\ 4 & 5 & 6 \end{pmatrix} + t \rightarrow \begin{pmatrix} 1+t & 2+t & 3+t \\ 4+t & 5+t & 6+t \end{pmatrix}$$

$$t \cdot \mathbf{A} \rightarrow \begin{pmatrix} t & 2 \cdot t & 3 \cdot t \\ 4 \cdot t & 5 \cdot t & 6 \cdot t \end{pmatrix} \qquad \mathbf{A} \cdot t \rightarrow \begin{pmatrix} t & 2 \cdot t & 3 \cdot t \\ 4 \cdot t & 5 \cdot t & 6 \cdot t \end{pmatrix}$$

$$t \cdot \begin{pmatrix} 1 & 2 & 3 \\ 4 & 5 & 6 \end{pmatrix} \rightarrow \begin{pmatrix} t & 2 \cdot t & 3 \cdot t \\ 4 \cdot t & 5 \cdot t & 6 \cdot t \end{pmatrix}$$

$$\begin{pmatrix} 1 & 2 & 3 \\ 4 & 5 & 6 \end{pmatrix} \cdot t \rightarrow \begin{pmatrix} t & 2 \cdot t & 3 \cdot t \\ 4 \cdot t & 5 \cdot t & 6 \cdot t \end{pmatrix}$$

d) Wenn man das Ergebnis einer Addition oder Multiplikation von Matrizen einem neuen Matrixnamen zuweist, so können diese Operationen auch folgendermaßen über ihre Definition durchgeführt werden:

$$\mathbf{A} := \begin{pmatrix} 1 & 2 \\ 3 & 4 \end{pmatrix} \qquad \mathbf{B} := \begin{pmatrix} 5 & 6 \\ 7 & 8 \end{pmatrix}$$

$$i := 1..2 \qquad k := 1..2$$

$$\mathbf{C}_{i,k} := \mathbf{A}_{i,k} + \mathbf{B}_{i,k} \qquad \mathbf{D}_{i,k} := \sum_{j=1}^{2} \mathbf{A}_{i,j} \cdot \mathbf{B}_{j,k}$$

$$\mathbf{C} = \begin{pmatrix} 6 & 8 \\ 10 & 12 \end{pmatrix} \qquad \mathbf{D} = \begin{pmatrix} 19 & 22 \\ 43 & 50 \end{pmatrix}$$

♦

15.3.2 Transponieren

Eine weitere Operation für Matrizen ist das *Transponieren*, d.h. das *Vertauschen* von *Zeilen* und *Spalten*.
Dies kann in MATHCAD für eine Matrix **A** auf eine der *folgenden Arten* geschehen:

I. *Markierung* der direkt eingegebenen *Matrix* mit *Bearbeitungslinien* und *Anwendung* der *Menüfolge*

   Symbolics ⇒ Matrix ⇒ Transpose
   (deutsche Version: **Symbolik ⇒ Matrix ⇒ Transponieren**)

   liefert das Ergebnis exakt.

II. Bei der *Anwendung des Operators*

   $\boxed{\mathsf{M}^\mathsf{T}}$

aus der *Operatorpalette Nr.4* erscheint an der gewünschten Stelle im Arbeitsfenster das Symbol

∎^{T}

in dessen *Platzhalter* **A** eingetragen wird, wobei **A** vorher die entsprechende Matrix zugewiesen wurde. Statt **A** kann hier die Matrix auch direkt eingegeben werden.

Danach wird der gesamte *Ausdruck* mit *Bearbeitungslinien markiert*. Abschließend liefern die

* *Eingabe* des *symbolischen* → bzw. *numerischen Gleichheitszeichens* = mit abschließender Betätigung der ⏎-Taste das *Ergebnis exakt* bzw. *numerisch*.

* *Menüfolge* zur *exakten* bzw. *numerischen Berechnung*
  Symbolics ⇒ Evaluate ⇒...
  (deutsche Version: **Symbolik ⇒ Auswerten ⇒...**)
  nur ein *Ergebnis*, wenn die Matrix direkt eingegeben wurde.

15.3.3 Inverse

Die *Berechnung* der *Inversen*

$\mathbf{A}^{-1}$

einer gegebenen *Matrix*

A

ist nur für quadratische (n-reihige) Matrizen möglich, wobei zusätzlich

det **A** ≠ 0

erfüllt sein muß (*nichtsinguläre Matrix*).

☞

Die zur *Berechnung* von *Inversen* vorhandenen *Algorithmen* werden mit wachsendem n sehr aufwendig. MATHCAD leistet bei der Berechnung eine große Hilfe, solange n nicht allzugroß ist.

♦

Die Berechnung geschieht in MATHCAD auf eine der *folgenden Arten:*

I. *Markierung* der direkt eingegebenen *Matrix* **A** mit *Bearbeitungslinien* und anschließende Anwendung der *Menüfolge*
   Symbolics ⇒ Matrix ⇒ Invert
   (deutsche Version: **Symbolik ⇒ Matrix ⇒ Invertieren**)
   bewirken die *exakte Berechnung*.

II. Nach der Eingabe von
    $\mathbf{A}^{-1}$
    wird dieser *Ausdruck* mit*Bearbeitungslinien markiert*. Die *exakte Berechnung* kann durch Eingabe des *symbolischen Gleichheitszeichens* → mit abschließender Betätigung der ⏎-Taste geschehen, wobei **A** vorher die

entsprechende Matrix zugewiesen oder statt **A** die Matrix direkt eingegeben wurde.

III. Nach der Eingabe von

$$\mathbf{A}^{-1}$$

und *Markierung* dieses *Ausdrucks* mit *Bearbeitungslinien* liefert die *Menüfolge* zur *exakten Berechnung*

Symbolics ⇒ Evaluate ⇒ Symbolically
(deutsche Version: **Symbolik ⇒ Auswerten ⇒ Symbolisch**)
nur ein *Ergebnis*, wenn die Matrix **A** direkt eingegeben wurde.

IV. Nach der Eingabe von

$$\mathbf{A}^{-1}$$

wird dieser *Ausdruck* mit *Bearbeitungslinien* markiert. Durch die Eingabe des *numerischen Gleichheitszeichens* = wird die Inverse *numerisch berechnet*, wobei **A** vorher die entsprechende Matrix zugewiesen oder statt **A** die Matrix direkt eingegeben wurde.

V. Nach der Eingabe von

$$\mathbf{A}^{-1}$$

und *Markierung* dieses *Ausdrucks* mit *Bearbeitungslinien* liefert die *Menüfolge* zur *numerischen Berechnung*

Symbolics ⇒ Evaluate ⇒ Floating Point...
(deutsche Version: **Symbolik ⇒ Auswerten ⇒ Gleitkomma...**)
nur ein *Ergebnis*, wenn die Matrix **A** direkt eingegeben wurde.

☞
Falls die zu invertierende *Matrix singulär* oder *nichtquadratisch* ist, gibt MATHCAD eine Fehlermeldung aus.

♦

☞
Es empfiehlt sich, nach der Berechnung der Inversen zur *Probe* die Produkte $\mathbf{A} \cdot \mathbf{A}^{-1}$ bzw. $\mathbf{A}^{-1} \cdot \mathbf{A}$ zu berechnen, die die Einheitsmatrix **E** liefern müssen.

♦

☞
Die *Berechnung* der *Inversen* ist ein Spezialfall der Bildung von ganzzahligen Potenzen $\mathbf{A}^n$ einer Matrix **A**, die MATHCAD ebenfalls gestattet (siehe Beispiel 15.6b).

♦

Beispiel 15.6:
Verwenden wir die *nichtsinguläre Matrix*

$$A := \begin{bmatrix} 1 & 2 \\ 5 & 4 \end{bmatrix}$$

a) Berechnen wir ihre Inverse nach den Methoden II. und IV.

$$A^{-1} \rightarrow \begin{bmatrix} -\dfrac{2}{3} & \dfrac{1}{3} \\ \dfrac{5}{6} & \dfrac{-1}{6} \end{bmatrix} \qquad A^{-1} = \begin{bmatrix} -0.667 & 0.333 \\ 0.833 & -0.167 \end{bmatrix} \blacksquare$$

Bei der *Probe* ist zu beachten, daß bei numerischer Rechnung die Einheitsmatrix aufgrund von Rundungsfehlern nur näherungsweise erhalten wird:

$$\begin{bmatrix} 1 & 2 \\ 5 & 4 \end{bmatrix} \cdot \begin{bmatrix} -\dfrac{2}{3} & \dfrac{1}{3} \\ \dfrac{5}{6} & \dfrac{-1}{6} \end{bmatrix} \rightarrow \begin{bmatrix} 1 & 0 \\ 0 & 1 \end{bmatrix}$$

$$\begin{bmatrix} 1 & 2 \\ 5 & 4 \end{bmatrix} \cdot \begin{bmatrix} -0.667 & 0.333 \\ 0.833 & -0.167 \end{bmatrix} = \begin{bmatrix} 0.999 & -1 \cdot 10^{-3} \\ -3 \cdot 10^{-3} & 0.997 \end{bmatrix} \blacksquare$$

b) *Potenzen* von *Matrizen* werden problemlos berechnet:

$$A^2 \rightarrow \begin{bmatrix} 11 & 10 \\ 25 & 26 \end{bmatrix} \qquad A^3 \rightarrow \begin{bmatrix} 61 & 62 \\ 155 & 154 \end{bmatrix}$$

♦

15.3.4 Skalar-, Vektor- und Spatprodukt

Für beliebige (Spalten-)*Vektoren*

$$\mathbf{a} = \begin{pmatrix} a_1 \\ \vdots \\ a_n \end{pmatrix} \qquad \mathbf{b} = \begin{pmatrix} b_1 \\ \vdots \\ b_n \end{pmatrix} \qquad \mathbf{c} = \begin{pmatrix} c_1 \\ \vdots \\ c_n \end{pmatrix}$$

lassen sich folgende *Produkte berechnen:*

- *Skalarprodukt*

$$\mathbf{a} \circ \mathbf{b} = \sum_{i=1}^{n} a_i \cdot b_i$$

- *Vektorprodukt* (für n=3)

$$\mathbf{a} \times \mathbf{b} = \begin{vmatrix} \mathbf{i} & \mathbf{j} & \mathbf{k} \\ a_1 & a_2 & a_3 \\ b_1 & b_2 & b_3 \end{vmatrix} = (a_2 \cdot b_3 - a_3 \cdot b_2, a_3 \cdot b_1 - a_1 \cdot b_3, a_1 \cdot b_2 - a_2 \cdot b_1)$$

$$= (a_2 \cdot b_3 - a_3 \cdot b_2)\mathbf{i} + (a_3 \cdot b_1 - a_1 \cdot b_3)\mathbf{j} + (a_1 \cdot b_2 - a_2 \cdot b_1)\mathbf{k}$$

15.3 Rechenoperationen

- *Spatprodukt* (für n=3)

$$(\mathbf{a} \times \mathbf{b}) \circ \mathbf{c} = \begin{vmatrix} a_1 & a_2 & a_3 \\ b_1 & b_2 & b_3 \\ c_1 & c_2 & c_3 \end{vmatrix}$$

MATHCAD berechnet *Skalar*- und *Vektorprodukte* folgendermaßen, wenn die Vektoren **a** und **b** vorher als *Spaltenvektoren* in das Arbeitsfenster eingegeben wurden:

- *Berechnung* des *Skalarprodukts:*

  Direkte Eingabe von
  a ∗ **b**
  oder mittels des *Operators*

  [$\vec{x} \cdot \vec{y}$]

  aus der *Operatorpalette Nr.4*. Hier trägt man in die beiden erscheinenden *Platzhalter*

  ■ · ■

  die Vektoren **a** und **b** ein, d.h.
  a·b

- *Berechnung* des *Vektorprodukts:*

  Direkte Eingabe von
  a × **b**
  wobei das Multiplikationszeichen × über die Tastenkombination [Strg][8] realisiert wird, oder mittels des *Operators*

  [$\vec{x} \times \vec{y}$]

  aus der *Operatorpalette Nr.4*. Hier trägt man in die beiden erscheinenden *Platzhalter*

  ■ × ■

  die Vektoren **a** und **b** ein, d.h.
  a × **b**

Die Markierung des eingegebenen Skalar- oder Vektorprodukts mit Bearbeitungslinien, das Eintippen des *symbolischen* → oder *numerischen Gleichheitszeichens* = und das abschließende Betätigen der [↵]-Taste liefern das Ergebnis. Dasselbe erreicht man mittels der *Menüfolge* zur *exakten* bzw. *numerischen Berechnung*

Symbolics ⇒ Evaluate ⇒...
(deutsche Version: **Symbolik ⇒ Auswerten ⇒...**)

☞

Das *Spatprodukt* dreier *Vektoren* **a**, **b** und **c** erfordert kein gesondertes Vorgehen, da es über die Berechnung der gegebenen Determinante oder durch

Berechnung des Vektorprodukts **a** × **b** mit anschließender skalarer Multiplikation mit dem Vektor **c** erhalten werden kann.

◆
Beispiel 15.7:

Man berechne für die *Vektoren*

$$\mathbf{a} = \begin{pmatrix} 1 \\ 3 \\ 5 \end{pmatrix} \quad \mathbf{b} = \begin{pmatrix} 1 \\ 3 \\ 7 \end{pmatrix} \quad \mathbf{c} = \begin{pmatrix} 9 \\ 6 \\ 8 \end{pmatrix}$$

a) das *Skalarprodukt* **a** ∘ **b**

b) das *Vektorprodukt* **a** × **b**

c) das *Spatprodukt* (**a** × **b**) ∘ **c**

Im MATHCAD-Arbeitsfenster kann man diese Berechnung z.B. in folgender Form realisieren:

$$\mathbf{a} := \begin{pmatrix} 1 \\ 3 \\ 5 \end{pmatrix} \quad \mathbf{b} := \begin{pmatrix} 1 \\ 3 \\ 7 \end{pmatrix} \quad \mathbf{c} := \begin{pmatrix} 9 \\ 6 \\ 8 \end{pmatrix}$$

Skalarprodukt $\quad \mathbf{a} \cdot \mathbf{b} = 45$

Vektorprodukt $\quad \mathbf{a} \times \mathbf{b} = \begin{pmatrix} 6 \\ -2 \\ 0 \end{pmatrix}$

Spatprodukt $\quad (\mathbf{a} \times \mathbf{b}) \cdot \mathbf{c} = 42$

◆

15.4 Determinanten

Berechnen wir die *Determinante*

$$\det \mathbf{A} = \begin{vmatrix} a_{11} & \cdots & a_{1n} \\ \vdots & \cdots & \vdots \\ a_{n1} & \cdots & a_{nn} \end{vmatrix}$$

die für quadratische (n-reihige) *Matrizen*

15.4 Determinanten

$$A = \begin{pmatrix} a_{11} & \cdots & a_{1n} \\ \vdots & \cdots & \vdots \\ a_{n1} & \cdots & a_{nn} \end{pmatrix}$$

definiert ist.

☞

Die zur *Berechnung* von *Determinanten* vorhandenen Algorithmen (z.B. Umformung auf Dreiecksgestalt, Anwendung des Laplaceschen Entwicklungssatzes) werden mit wachsendem n sehr aufwendig. MATHCAD leistet bei der Berechnung eine große Hilfe, solange n nicht allzugroß ist.

♦

☞

Gebildet wird die *Determinante* einer *Matrix* **A** in MATHCAD mit dem *Betragsoperator*

|×|

aus der *Operatorpalette Nr.1* oder *4:* Befindet sich die *Matrix* **A**

* bereits im Arbeitsfenster, so schreibt man nur die *Bezeichnung* **A** der Matrix in die Betragsstriche, d.h.

   |**A**|

* noch nicht im Arbeitsfenster, so schreibt man durch Anklicken des *Matrixoperators*

   [▦]

   aus der *Operatorpalette Nr.4* das Matrixsymbol in die Betragsstriche, wobei abschließend die *Elemente* in die freien Platzhalter einzutragen sind.

♦

Die *Berechnung* der *Determinante* einer *Matrix* **A** kann mittels MATHCAD auf eine der *folgenden Arten* geschehen:

I. *Markierung* der direkt eingegebenen *Matrix* **A** mit *Bearbeitungslinien* und Aktivierung der *Menüfolge*

   Symbolics ⇒ Matrix ⇒ Determinant
   (deutsche Version: **Symbolik ⇒ Matrix ⇒ Determinante**)

   liefert die *exakte Berechnung*.

II. Nach der *Eingabe* von

   |**A**|

   und *Markierung* mit *Bearbeitungslinien berechnet* das Eintippen des *symbolischen Gleichheitszeichens* → mit abschließender Betätigung der ⏎-*Taste* die *Determinante exakt*, wobei **A** vorher die entsprechende Matrix zugewiesen oder statt **A** die Matrix direkt eingegeben wurde.

III. Die *Menüfolge* zur *exakten Berechnung*

   Symbolics ⇒ Evaluate ⇒ Symbolically

(deutsche Version: **Symbolik ⇒ Auswerten ⇒ Symbolisch**)

liefert nach *Markierung* von |A| mit *Bearbeitungslinien* nur ein *Ergebnis*, wenn die Matrix **A** direkt eingegeben wurde.

IV. Nach der Eingabe von

|A|

und *Markierung* mit *Bearbeitungslinien berechnet* das Eintippen des *numerischen Gleichheitszeichens* = die *Determinante numerisch*, wobei **A** vorher die entsprechende Matrix zugewiesen oder statt **A** die Matrix direkt eingegeben wurde.

V. Die *Menüfolge* zur *numerischen Berechnung*

Symbolics ⇒ Evaluate ⇒ Floating Point...
(deutsche Version: **Symbolik ⇒ Auswerten ⇒ Gleitkomma...**)

liefert nach *Markierung* von |A| mit *Bearbeitungslinien* nur ein *Ergebnis*, wenn die Matrix **A** direkt eingegeben wurde.

☞
Falls man versehentlich die *Determinante* einer *nichtquadratischen Matrix* berechnen möchte, so gibt MATHCAD eine *Fehlermeldung* aus.

♦
Demonstrieren wir die gegebenen Möglichkeiten zur Berechnung von Determinanten im folgenden Beispiel.

Beispiel 15.8:

a) Die *exakte Berechnung* der *Determinante* einer Matrix mittels des Menüs **Symbolics** (deutsche Version: **Symbolik**), d.h. mit der Methode I., gelingt nur bei direkt eingegebener Matrix:

$$\begin{pmatrix} 1 & 2 & 3 \\ 4 & 6 & 5 \\ 7 & 1 & 3 \end{pmatrix} \quad has\ determinant \quad -55$$

b) Im folgenden wird die *Determinante* der Matrix aus a) unter Verwendung des symbolischen Gleichheitszeichens → exakt berechnet (Methode II.).

Dies funktioniert sowohl mittels:

$$A := \begin{pmatrix} 1 & 2 & 3 \\ 4 & 6 & 5 \\ 7 & 1 & 3 \end{pmatrix} \quad |A| \to -55$$

als auch durch direkte Anwendung auf die eingegebene Determinante:

$$\left| \begin{pmatrix} 1 & 2 & 3 \\ 4 & 6 & 5 \\ 7 & 1 & 3 \end{pmatrix} \right| \to -55$$

c) Im folgenden führen wir die *numerische Berechnung* der *Determinante* für die Matrix aus a) durch (Methode IV.). Dies funktioniert durch Eingabe des *numerischen Gleichheitszeichens* = sowohl mittels:

$$A := \begin{pmatrix} 1 & 2 & 3 \\ 4 & 6 & 5 \\ 7 & 1 & 3 \end{pmatrix} \qquad |A| = -55$$

als auch durch direkte Anwendung auf die eingegebene Determinante:

$$\left| \begin{pmatrix} 1 & 2 & 3 \\ 4 & 6 & 5 \\ 7 & 1 & 3 \end{pmatrix} \right| = -55$$

♦

15.5 Eigenwerte und Eigenvektoren

Eine weitere wichtige Aufgabe für quadratische Matrizen **A** mit reellen Elementen besteht in der *Berechnung* von *Eigenwerten* λ und den dazugehörigen *Eigenvektoren*.
Dabei sind die *Eigenwerte* einer Matrix **A** diejenigen reellen oder komplexen Zahlen

λ_i

für die das lineare homogene Gleichungssystem

$(\mathbf{A} - \lambda_i \cdot \mathbf{E}) \cdot \mathbf{x}^i = 0$

nichttriviale (d.h. von Null verschiedene) Lösungsvektoren

$\mathbf{x}^i$

besitzt, die als *Eigenvektoren* bezeichnet werden.
Diese Aufgabe ist sehr rechenintensiv, da die Eigenwerte

λ_i

als Lösungen des *charakteristischen Polynoms*

$\det(\mathbf{A} - \lambda \cdot \mathbf{E}) = 0$

bestimmt werden und anschließend für jeden Eigenwert das gegebene Gleichungssystem gelöst werden muß.
MATHCAD besitzt folgende *Funktionen* zur *Berechnung* von *Eigenwerten* und *Eigenvektoren* einer Matrix **A** :

I. **eigenvals (A)**
   (deutsche Version: **eigenwerte**)

zur *Berechnung der Eigenwerte*

II. **eigenvec** (**A**, λ)
(deutsche Version: **eigenvek**)
zur *Berechnung* des zum *Eigenwert* λ gehörigen *Eigenvektors*

III. **eigenvecs** (**A**)
(deutsche Version: **eigenvektoren**)
zur *Berechnung aller Eigenvektoren.*

Vor der Anwendung dieser Funktionen muß **A** die benötigte Matrix zugewiesen werden oder statt **A** muß die Matrix direkt eingegeben werden.
Die Eingabe des *numerischen Gleichheitszeichens* = nach der Funktion liefert das *numerische Ergebnis*.

☞

Exakt lassen sich *nur Eigenwerte* berechnen, indem man nach der Funktion

eigenvals
(deutsche Version: **eigenwerte**)

das *symbolische Gleichheitszeichen* → eingibt. Diese Berechnungsart ist aber nicht zu empfehlen, da aufgrund der im folgenden geschilderten Problematik die exakte Berechnung häufig versagt.

♦

☞

Bei allen Berechnungen mit MATHCAD ist zu beachten, daß die

* *Eigenwerte* Nullstellen des charakteristischen Polynoms vom Grade n (bei einer n-reihigen Matrix **A**) sind. Dies führt wieder zu den im Abschn.16.2 geschilderten Schwierigkeiten für n ≥ 5.
* *Eigenvektoren nur bis auf* einen *Faktor bestimmt* sind und durch MATHCAD auf die Länge 1 normiert werden.

♦

Betrachten wir die Berechnung von Eigenwerten und Eigenvektoren im folgenden Beispiel.

Beispiel 15.9:

a) Berechnen wir Eigenwerte und zugehörige Eigenvektoren für folgende *Matrix*

$$\mathbf{A} := \begin{pmatrix} 2 & -5 \\ 1 & -4 \end{pmatrix}$$

$$\text{eigenvals}(\mathbf{A}) = \begin{pmatrix} 1 \\ -3 \end{pmatrix} \qquad \text{eigenvecs}(\mathbf{A}) = \begin{pmatrix} 0.981 & 0.707 \\ 0.196 & 0.707 \end{pmatrix}$$

$$\text{eigenvec}(\mathbf{A},1) = \begin{pmatrix} -0.981 \\ -0.196 \end{pmatrix} \qquad \text{eigenvec}(\mathbf{A},-3) = \begin{pmatrix} 0.707 \\ 0.707 \end{pmatrix}$$

15.5 Eigenwerte und Eigenvektoren

b) Für die *Matrix* **A** mit dem dreifachen Eigenwert 2

$$\mathbf{A} := \begin{pmatrix} 3 & 4 & 3 \\ -1 & 0 & -1 \\ 1 & 2 & 3 \end{pmatrix}$$

erhält MATHCAD

$$\text{eigenvals}(\mathbf{A}) = \begin{pmatrix} 2 \\ 2 \\ 2 \end{pmatrix} \qquad \text{eigenvecs}(\mathbf{A}) = \begin{pmatrix} 0.577 & -0.577 & 0.577 \\ -0.577 & 0.577 & -0.577 \\ 0.577 & -0.577 & 0.577 \end{pmatrix}$$

d.h. den einzigen Eigenvektor (ohne Normierung)

$$\begin{pmatrix} 1 \\ -1 \\ 1 \end{pmatrix}$$

während es mit der Funktion **eigenvec**

$$\text{eigenvec}(\mathbf{A}, 2) = \begin{pmatrix} 1 \\ 0 \\ 0 \end{pmatrix}$$

einen *falschen Eigenvektor* berechnet.

c) Für die *symmetrische Matrix*

$$\mathbf{A} := \begin{pmatrix} 1 & \sqrt{2} & -\sqrt{6} \\ \sqrt{2} & 2 & \sqrt{3} \\ -\sqrt{6} & \sqrt{3} & 0 \end{pmatrix}$$

erhält MATHCAD:

$$\text{eigenvals}(\mathbf{A}) = \begin{pmatrix} 3 \\ 3 \\ -3 \end{pmatrix} \qquad \text{eigenvecs}(\mathbf{A}) = \begin{pmatrix} -0.265 & 0.772 & 0.577 \\ 0.725 & 0.554 & -0.408 \\ 0.635 & -0.31 & 0.707 \end{pmatrix}$$

$$\text{eigenvec}(\mathbf{A}, -3) = \begin{pmatrix} 0.577 \\ -0.408 \\ 0.707 \end{pmatrix} \quad \text{eigenvec}(\mathbf{A}, 3) = \begin{pmatrix} -0.373 \\ 0.639 \\ 0.673 \end{pmatrix}$$

Hier wird zu dem zweifachen Eigenwert 3 mittels der Funktion **eigenvec** nur ein Eigenvektor berechnet, während **eigenvecs** zwei berechnet.

d) Betrachten wir die Berechnung von Eigenwerten, wenn komplexwertige auftreten:

$$\mathbf{A} := \begin{pmatrix} -1 & -8 \\ 2 & -1 \end{pmatrix}$$

$$\text{eigenvals}(\mathbf{A}) = \begin{pmatrix} -1 + 4i \\ -1 - 4i \end{pmatrix}$$

Die zugehörigen Eigenvektoren sind natürlich auch komplexwertig:

$$\text{eigenvecs}(\mathbf{A}) := \begin{pmatrix} 0.894 & 0.894 \\ -0.447i & 0.447i \end{pmatrix}$$

♦

☞

Die Beispiele zu den Eigenwerten und Eigenvektoren lassen erkennen, daß es vorteilhafter ist, die Funktion zur Berechnung aller Eigenvektoren

eigenvecs (A)

(deutsche Version: **eigenvektoren**)

einzusetzen, um für mehrfache Eigenwerte möglichst alle existierenden linear unabhängigen Eigenvektoren zu erhalten.
Weiterhin ist zu beachten, daß für die zu einem Eigenwert gehörenden Eigenvektoren unterschiedliche Ergebnisse möglich sind, da diese nur bis auf die Länge bestimmt sind und auch durch Linearkombinationen gebildet werden können. So ergeben sich häufig Unterschiede zwischen der Berechnung aller Eigenvektoren und der Berechnung einzelner Eigenvektoren, wie man am Beispiel 15.9c) erkennt.
Man sollte die berechneten Eigenvektoren überprüfen, um Fehler von MATHCAD (Beispiel 15.9b) zu erkennen.

♦

16 Gleichungen und Ungleichungen

Gleichungen und *Ungleichungen* spielen sowohl in den *Technik-* und *Naturwissenschaften* als auch *Wirtschaftswissenschaften* eine fundamentale Rolle (siehe [3], [4]).

Während in den Wirtschaftswissenschaften überwiegend lineare Gleichungen/Ungleichungen auftreten, sind in den Technik- und Naturwissenschaften häufiger nichtlineare Gleichungen/Ungleichungen anzutreffen.

Dabei treten in den Anwendungen meistens nicht nur eine sondern mehrere Gleichungen/Ungleichungen mit mehreren Unbekannten auf, die man als Systeme bezeichnet. Bei *Gleichungssystemen* kommen für die *Unkannten* i.a. *indizierte Variablen* zur Anwendung. MATHCAD trägt dieser Darstellung als einziges System Rechnung, indem es sogar zwei Formen für indizierte Variablen zuläßt (siehe Abschn.8.2)

☞

Während für *lineare Gleichungssysteme* endliche *Algorithmen* zur *exakten Lösung* existieren, ist dies für allgemeine nichtlineare nicht der Fall. Deshalb stellt MATHCAD Algorithmen zur Bestimmung von Näherungslösungen für nichtlineare Gleichungen zur Verfügung, die wir im Abschn.16.4 kennenlernen.

♦

16.1 Lineare Gleichungssysteme und analytische Geometrie

Für *lineare Gleichungssysteme* existieren *endliche Algorithmen* zur Bestimmung der *exakten Lösung*. Der bekannteste ist der *Gaußsche Algorithmus*.
Deshalb stellt die *exakte Lösung* an MATHCAD keine Schwierigkeiten, wenn die *Anzahl der Gleichungen* und Variablen nicht allzu groß ist (maximal 100 Gleichungen).
Bei der *exakten Lösung* hat man den großen Vorteil, daß das Problem der *Rundungsfehler entfällt*, das bei numerischen Verfahren eine große Rolle spielt.
Ein allgemeines *lineares Gleichungssystem*, das aus m *linearen Gleichungen* mit n *Unbekannten/Variablen*

$x_1, \ldots, x_n$

besteht, hat die *Form*

$$a_{11} \cdot x_1 + a_{12} \cdot x_2 + \ldots + a_{1n} \cdot x_n = b_1$$
$$a_{21} \cdot x_1 + a_{22} \cdot x_2 + \ldots + a_{2n} \cdot x_n = b_2$$
$$\vdots \qquad \vdots \qquad \qquad \vdots$$
$$a_{m1} \cdot x_1 + a_{m2} \cdot x_2 + \ldots + a_{mn} \cdot x_n = b_m$$

und lautet in *Matrizenschreibweise*

$\mathbf{A} \cdot \mathbf{x} = \mathbf{b}$

wobei

$$\mathbf{A} = \begin{pmatrix} a_{11} & a_{12} & \ldots & a_{1n} \\ a_{21} & a_{22} & \ldots & a_{2n} \\ \vdots & \vdots & \ldots & \vdots \\ a_{m1} & a_{m2} & \ldots & a_{mn} \end{pmatrix} \qquad \mathbf{x} = \begin{pmatrix} x_1 \\ x_2 \\ \vdots \\ x_n \end{pmatrix} \qquad \mathbf{b} = \begin{pmatrix} b_1 \\ b_2 \\ \vdots \\ b_m \end{pmatrix}$$

gelten und

* **A** als *Koeffizientenmatrix*
* **x** als *Vektor* der *Unbekannten*
* **b** als *Vektor* der *rechten Seiten*

bezeichnet werden.

Die *Lösungstheorie linearer Gleichungssysteme* gibt in Abhängigkeit von der *Koeffizientenmatrix* **A** und der rechten Seite **b** *Bedingungen*, wann

* *genau eine Lösung*
* *beliebig viele Lösungen*
* *keine Lösung*

existieren.

Betrachten wir diese drei möglichen Fälle bei der Lösung linearer Gleichungssysteme im folgenden Beispiel.

Beispiel 16.1:

a) Das *Gleichungssystem*

   $3 \cdot x_1 + 2 \cdot x_2 = 14$
   $4 \cdot x_1 - 5 \cdot x_2 = -12$

   besitzt die *eindeutige Lösung*

   $x_1 = 2, \; x_2 = 4$

b) Das *Gleichungssystem*

   $x_1 + 3 \cdot x_2 = 3$
   $3 \cdot x_1 + 9 \cdot x_2 = 9$

besitzt *beliebig viele Lösungen* der Gestalt

$x_1 = 3 - 3 \cdot \lambda$, $x_2 = \lambda$, (λ beliebige reelle Zahl),

da die zweite Gleichung ein Vielfaches der ersten ist.

c) Das *Gleichungssystem*

$x_1 + 3 \cdot x_2 = 3$
$3 \cdot x_1 + 9 \cdot x_2 = 4$

besitzt *keine Lösung*, da sich beide Gleichungen widersprechen.

♦

MATHCAD bietet folgende Möglichkeiten zur *exakten Lösung* von *linearen Gleichungssystemen* :

I. Für *Systeme* mit *quadratischer* und *nichtsingulärer Koeffizientenmatrix* **A**, für die genau eine Lösung existiert, besteht eine *Lösungsmöglichkeit* in der *Berechnung* der *inversen Matrix* $\mathbf{A}^{-1}$.
Der *Lösungsvektor* **x** ergibt sich dann als Produkt von $\mathbf{A}^{-1}$ und **b**, d.h.
$\mathbf{x} = \mathbf{A}^{-1} \cdot \mathbf{b}$

II. Mittels der *Menüfolge*

Symbolics ⇒ Variable ⇒ Solve
(deutsche Version: **Symbolik ⇒ Variable ⇒ Auflösen**)

kann man *eine Gleichung* nach *einer Variablen auflösen*, die mit Bearbeitungslinien markiert sein muß. Damit läßt sich ein *Gleichungssystem schrittweise lösen*, indem man jeweils eine Gleichung nach einer Variablen auflöst und das Ergebnis über die Zwischenablage in die anderen Gleichungen mittels der *Menüfolge*

Symbolics ⇒ Variable ⇒ Substitute
(deutsche Version: **Symbolik ⇒ Variable ⇒ Ersetzen**)

oder des *Schlüsselworts*

substitute
(deutsche Version: **ersetzen**)

einsetzt (siehe Abschn.13.8).
Diese als *Eliminationsmethode* bezeichnete Methode ist für Systeme mit mehreren Unbekannten aufwendig und deshalb nicht zu empfehlen, da sie gegenüber der folgenden Methode III. keine Vorteile besitzt.

III. Eine *effektive Lösungsmethode* von MATHCAD vollzieht sich in folgenden Schritten:

* Man gibt das Kommando

    given
    (deutsche Version: **Vorgabe**)

    in das Arbeitsfenster ein. Dabei ist zu beachten, daß dies im *Rechenmodus* geschehen muß.

* Darunter ist anschließend das zu lösende *Gleichungssystem* einzutragen. Dabei muß das *Gleichheitszeichen* in den einzelnen Gleichungen unter Verwendung des *Gleichheitsoperators*

    [=]

    aus der *Operatorpalette Nr.2* oder der *Tastenkombination*

    [Strg][+]

    eingegeben werden.

* Unter dem zu lösenden Gleichungssystem ist danach die *Funktion*
    find (...)
    (deutsche Version: **Suchen**)
    ebenfalls im *Rechenmodus* einzugeben, wobei im Argument die Variablen (durch Komma getrennt) erscheinen müssen, nach denen aufgelöst werden soll. Der durch **given** und **find** begrenzte Bereich wird auch als *Lösungsblock* bezeichnet.

* Die Eingabe des *symbolischen Gleichheitszeichens* → nach **find** und abschließende Betätigung der [↵]-Taste liefern das *exakte Ergebnis*, falls das Gleichungssystem lösbar ist. Man kann das *berechnete Ergebnis* auch mittels der *Zuweisung*
    x := find (...) →
    einem *Lösungsvektor* **x** zuweisen (siehe Beispiele 16.2b) und d).

IV. Eine weitere *effektive Lösungsmethode* von MATHCAD verwendet das *Schlüsselwort* **solve** und gestaltet sich ähnlich zur Methode III:

* Man aktiviert das *Schlüsselwort*
    solve
    (deutsche Version: **auflösen**)
    durch Anklicken des *Operators*

    [solve]

    in der *Operatorpalette Nr.8* der Rechenpalette

* Danach schreibt man in das erscheinende *Symbol*

    ■ solve, ■ →

    in den linken *Platzhalter* das zu lösende *Gleichungssystem* und in den rechten Platzhalter die *unbekannten Variablen*, wobei diese jeweils als Komponenten eines Vektors einzugeben sind (siehe Beispiel 16.2b).
    Das *Gleichheitszeichen* in den einzelnen Gleichungen muß dabei unter Verwendung des *Gleichheitsoperators*

    [=]

    aus der *Operatorpalette Nr.2* oder der *Tastenkombination*

⌈Strg⌉⌈+⌉

eingegeben werden.
Man kann das *berechnete Ergebnis* auch mittels der *Zuweisung*

x := ■ solve, ■ →

einem *Lösungsvektor* **x** zuweisen (siehe Beispiele 16.2b).

* Die Eingabe des *symbolischen Gleichheitszeichens* → und die abschließende Betätigung der ⌈↵⌉-Taste liefern das *exakte Ergebnis*, falls das Gleichungssystem lösbar ist (siehe Beispiel 16.2b).

☞
Bei der *Eingabe* der einzelnen Gleichungen in das Arbeitsfenster können die *Variablen* in MATHCAD

* sowohl *indiziert*

    $x_1, x_2, x_3, \ldots$

* als auch *nichtindiziert*

    x1, x2, x3, ...

geschrieben werden.
Bei der Verwendung *indizierter Variablen* lassen sich beide im Abschn.8.2 beschriebenen Formen (*Feld-* oder *Literalindex*) anwenden.
♦
Betrachten wir die Wirkungsweise der Lösungsverfahren im folgenden Beispiel.

Beispiel 16.2:

a) Lösen wir das *System*

$$x_1 + 3 \cdot x_2 + 3 \cdot x_3 = 2$$
$$x_1 + 3 \cdot x_2 + 4 \cdot x_3 = 1$$
$$x_1 + 4 \cdot x_2 + 3 \cdot x_3 = 4$$

mit *nichtsingulärer, quadratischer Koeffizientenmatrix* mittels der
Methode I.:

* Zuerst wird die *inverse Koeffizientenmatrix* berechnet (siehe Abschn.15.3.3):

$$\begin{bmatrix} 1 & 3 & 3 \\ 1 & 3 & 4 \\ 1 & 4 & 3 \end{bmatrix}^{-1} \rightarrow \begin{bmatrix} 7 & -3 & -3 \\ -1 & 0 & 1 \\ -1 & 1 & 0 \end{bmatrix}$$

* Abschließend ergibt die *Multiplikation* der berechneten *Inversen* mit dem *Vektor* der *rechten Seite* (siehe Abschn.15.3.1) :

$$\begin{pmatrix} 7 & -3 & -3 \\ -1 & 0 & 1 \\ -1 & 1 & 0 \end{pmatrix} \cdot \begin{pmatrix} 2 \\ 1 \\ 4 \end{pmatrix} \rightarrow \begin{pmatrix} -1 \\ 2 \\ -1 \end{pmatrix}$$

die folgende *Lösung*:

$x_1 = -1$, $x_2 = 2$, $x_3 = -1$

b) Lösen wir das System aus Beispiel a) mit der
- *Methode III.:*

  Dafür ist der folgende *Lösungsblock* in das Arbeitsfenster einzugeben:

  given

  x1 + 3·x2 + 3·x3 = 2

  x1 + 3·x2 + 4·x3 = 1

  x1 + 4·x2 + 3·x3 = 4

  $$\textbf{find}\,(x1, x2, x3) \rightarrow \begin{pmatrix} -1 \\ 2 \\ -1 \end{pmatrix}$$

  o d e r bei einer *Zuweisung* an einen *Lösungsvektor* **x**

  $$\mathbf{x} := \textbf{find}\,(x1, x2, x3) \rightarrow \begin{pmatrix} -1 \\ 2 \\ -1 \end{pmatrix}$$

- *Methode IV.:*

  Die Anwendung des *Schlüsselworts* **solve** gestaltet sich durch Anklicken des entsprechenden Operators in der Operatorpalette Nr.8 und Ausfüllen der beiden Platzhalter folgendermaßen, wobei die auftretenden drei Gleichungen und drei unbekannten Variablen jeweils als Vektoren mit drei Komponenten einzugeben sind:

  $$\begin{bmatrix} x1 + 3\cdot x2 + 3\cdot x3 = 2 \\ x1 + 3\cdot x2 + 4\cdot x3 = 1 \\ x1 + 4\cdot x2 + 3\cdot x3 = 4 \end{bmatrix} \text{solve}, \begin{bmatrix} x1 \\ x2 \\ x3 \end{bmatrix} \rightarrow (-1 \ \ 2 \ -1)$$

  Die *Zuweisung* an einen *Lösungsvektor* **x** geschieht folgendermaßen:

  $$x := \begin{bmatrix} x1 + 3\cdot x2 + 3\cdot x3 = 2 \\ x1 + 3\cdot x2 + 4\cdot x3 = 1 \\ x1 + 4\cdot x2 + 3\cdot x3 = 4 \end{bmatrix} \text{solve}, \begin{bmatrix} x1 \\ x2 \\ x3 \end{bmatrix} \rightarrow (-1 \ \ 2 \ -1)$$

  wobei sich der Lösungsvektor **x** mit dem symbolischen Gleichheitszeichen anzeigen läßt:

16.1 Lineare Gleichungssysteme und analytische Geometrie

$$x \rightarrow (-1 \quad 2 \quad -1)$$

c) Betrachten wir das *Gleichungssystem*

$$x_1 + 2 \cdot x_2 + x_3 = 1$$
$$2 \cdot x_1 + x_2 + 3 \cdot x_3 = 0$$

für das die Lösung nicht eindeutig bestimmt ist (eine Variable ist frei wählbar) und verwenden die Methode III. Hierfür ist folgender *Lösungsblock* in das Arbeitsfenster einzugeben:

given

x1 + 2·x2 + x3 = 1
2·x1 + x2 + 3·x3 = 0

$$\mathbf{find}(x1, x2, x3) \rightarrow \begin{pmatrix} \dfrac{-5}{3} \cdot x3 - \dfrac{1}{3} \\ \dfrac{1}{3} \cdot x3 + \dfrac{2}{3} \\ x3 \end{pmatrix}$$

Da wir für die drei Unbekannten x1, x2 und x3 nur zwei Gleichungen haben, ist eine Variable frei wählbar. MATHCAD hat hierfür x3 gewählt.

d) Im folgenden verwenden wir zur Lösung eines Gleichungssystems mittels der Methode III. *indizierte Variable*, und zwar die beiden möglichen Formen (siehe Abschn. 8.2):

d1) Verwendung *indizierter Variablen* als Komponenten eines Vektors **x**, d.h., Anwendung des *Feldindex*:

given

$$x_1 + x_2 = 1$$
$$x_1 - x_2 = 0$$

$$\mathbf{find}(x_1, x_2) \rightarrow \begin{pmatrix} \dfrac{1}{2} \\ \dfrac{1}{2} \end{pmatrix}$$

o d e r bei einer *Zuweisung* an den *Lösungsvektor* **x**

$$\mathbf{x} := \mathbf{find}(x_1, x_2) \rightarrow \begin{pmatrix} \dfrac{1}{2} \\ \dfrac{1}{2} \end{pmatrix}$$

Erst nach dieser Zuweisung an den Lösungsvektor haben wir

$$x_1 = \frac{1}{2}, \; x_2 = \frac{1}{2}$$

d2) Verwendung *indizierter Variablen* mit *Literalindex*:

given

$$x_1 + x_2 = 1$$

$$x_1 - x_2 = 0$$

$$\mathbf{find}(x_1, x_2) \rightarrow \begin{pmatrix} \frac{1}{2} \\ \frac{1}{2} \end{pmatrix}$$

o d e r bei einer *Zuweisung* an einen *Lösungsvektor* **x**

$$\mathbf{x} := \mathbf{find}(x_1, x_2) \rightarrow \begin{pmatrix} \frac{1}{2} \\ \frac{1}{2} \end{pmatrix}$$

e) Im folgenden verwenden wir indizierte Variable (Feldindex), allerdings ist das *Gleichungssystem unlösbar*. Dies wird von MATHCAD richtig erkannt und eine *Fehlermeldung* ausgegeben:

given

$$x_1 + x_2 = 1$$

$$2 \cdot x_1 + 2 \cdot x_2 = 0$$

$$\mathrm{find}(x_1, x_2) \rightarrow$$

No answer found.: Can't find a solution to this system of equations. Try a different guess value o

♦

☞

Die *Lösung linearer Gleichungssysteme* ist mittels MATHCAD problemlos möglich, solange die Anzahl der Gleichungen und Variablen nicht größer als 100 ist. Es wird empfohlen, immer die *Methoden III.* oder *IV.* anzuwenden. Diese Methoden sind am einfachsten zu handhaben und auf alle Typen von Gleichungssystemen anwendbar.
Bei der dem Autor zur Verfügung stehenden Version 8 traten bei der Verwendung des Feldindex für die Indizierung der Variablen Probleme auf, so daß bei diesem Effekt auf den Literalindex ausgewichen werden muß.
♦

16.1 Lineare Gleichungssysteme und analytische Geometrie

Viele *Probleme* der *analytische Geometrie* können problemlos mit MATH-CAD gelöst werden:

- *Bestimmung* der *Schnitte* von
  * Geraden
  * Geraden und Ebenen
  * Ebenen

  Dies führt auf die *Lösung linearer Gleichungssysteme.*

- *Berechnung* des *Abstands* von
  * Punkt–Gerade
  * Punkt–Ebene
  * Gerade–Gerade
  * Gerade–Ebene

  Dies geschieht mittels der *Hesseschen Normalform* bzw. gegebener *Berechnungsformeln.*

- *Hauptachsentransformationen* für *Kegelschnittgleichungen.*
  Diese lassen sich unter Verwendung der Funktionen zur Eigenwertberechnung von Matrizen durchführen.

Die Lösung einiger dieser Aufgaben der analytischen Geometrie mittels MATHCAD demonstrieren wir im folgenden Beispiel.

Beispiel 16.3:

a) Man *bestimme* den *Schnittpunkt* der beiden *Geraden* in der Ebene:

G1: $y = 2 \cdot x + 3$ und G2: $y = -x - 1$

Hierfür ist das folgende *lineare Gleichungssystem* (2 Gleichungen mit 2 Unbekannten) zu lösen:

given

$y = 2 \cdot x + 3$

$y = -x - 1$

$\mathbf{find}(x, y) \rightarrow \begin{pmatrix} \dfrac{-4}{3} \\ \dfrac{1}{3} \end{pmatrix}$

Der berechnete *Schnittpunkt* läßt sich *grafisch* durch Zeichnung der beiden Geraden *darstellen* (siehe Abschn. 18.1):

$x := -2, -1.999 .. 2$

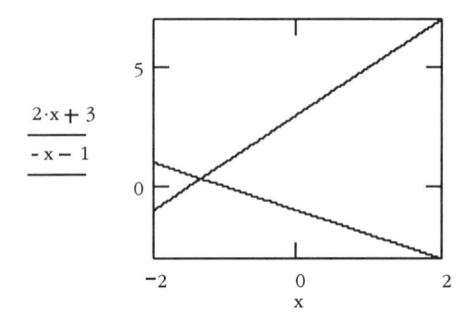

$\dfrac{2 \cdot x + 3}{-x - 1}$

b) Man *bestimme* den *Abstand* des *Punktes*
P=(3, 3, 4)
von der *Ebene*
$x + y + z - 1 = 0$
unter Verwendung der *Hesseschen Normalform*:
Die Hessesche Normalform der Ebene lautet :

$$\dfrac{x + y + z - 1}{\sqrt{3}} = 0$$

Der Abstand eines Punktes (x,y,z) von dieser Ebene berechnet sich mittels der Funktion

$\text{Abstand}(x, y, z) := \dfrac{x + y + z - 1}{\sqrt{3}}$.

Für den Abstand des Punktes (3,3,4) erhält man :

$\text{Abstand}(3, 3, 4) \to 3 \cdot \sqrt{3} = 5.196$

c) Man *untersuche* die *Lagebeziehungen* der *beiden Geraden* im Raum:

G1: $\begin{array}{l} x + y + z = 1 \\ 2 \cdot x + y - z = 0 \end{array}$
G2: $\begin{array}{l} x - y - z = 3 \\ x - 2 \cdot y + 3 \cdot z = 2 \end{array}$

Dies führt auf die Lösung des folgenden *linearen Gleichungssystems* (4 Gleichungen mit 3 Unbekannten):

given

$x + y + z = 1$
$2 \cdot x + y - z = 0$
$x - y - z = 3$

16.1 Lineare Gleichungssysteme und analytische Geometrie

$x - 2 \cdot y + 3 \cdot z = 2$

find(x , y , z) → ■

| did not find solution |

Da MATHCAD *keine Lösung gefunden hat*, sind die beiden *Geraden* G1 und G2 *windschief*, d.h., sie besitzen *keinen Schnittpunkt*.

d) Man bestimme den *Schnittpunkt* der *Geraden G*, gegeben durch die beiden Punkte

P1 (1 , 2 , 3) und P2 (2 , 4 , 5)

mit der *Ebene E*, gegeben durch die drei Punkte

P3 (2 , 3 , 1) , P4 (3 , 0 , 2) und P5 (4 , 5 , 6)

Die folgende elegante Lösungsmethode unter Verwendung der Vektorrechnung läßt sich leider nicht realisieren, da MATHCAD die entstandenen Gleichungen in vektorieller Form nicht lösen kann:

Den gegebenen Punkten werden Ortsvektoren zugewiesen :

$$a := \begin{pmatrix} 1 \\ 2 \\ 3 \end{pmatrix} \quad b := \begin{pmatrix} 2 \\ 4 \\ 5 \end{pmatrix} \quad c := \begin{pmatrix} 2 \\ 3 \\ 1 \end{pmatrix} \quad d := \begin{pmatrix} 3 \\ 0 \\ 2 \end{pmatrix} \quad e := \begin{pmatrix} 4 \\ 5 \\ 6 \end{pmatrix}$$

Damit haben die Gerade G die Parameterdarstellung (Parameter t):

G = a + t · (b − a)

und die Ebene E die Parameterdarstellung (Parameter u und v):

E = c + u · (d − c) + v · (e − c)

Der Schnittpunkt zwischen beiden ergibt sich als Lösung der Vektorgleichung mit den Unbekannten t, u und v :

given

c + u · (d − c) + v · (e − c) = a + t · (b − a)

| find(t, u, v) → |

| No symbolic result was found. |

Da MATHCAD *diese Vektorgleichung nicht lösen kann, muß man sie komponentenweise schreiben. Dies läßt sich folgendermaßen realisieren* :

$$(c+u\cdot(d-c)+v\cdot(e-c)-a-t\cdot(b-a)) \rightarrow \begin{pmatrix} 1+u+2\cdot v-t \\ 1-3\cdot u+2\cdot v-2\cdot t \\ -2+u+5\cdot v-2\cdot t \end{pmatrix}$$

given

$1 + u + 2\cdot v - t = 0$

$1 - 3\cdot u + 2\cdot v - 2\cdot t = 0$

$-2 + u + 5\cdot v - 2\cdot t = 0$

$$\text{find}(t,u,v) \rightarrow \begin{pmatrix} \dfrac{36}{7} \\ \dfrac{-9}{7} \\ \dfrac{19}{7} \end{pmatrix}$$

Der Schnittpunkt läßt sich damit z.B. folgendermaßen bestimmen:

$$a + \dfrac{36}{7}\cdot(b-a) \rightarrow \begin{pmatrix} \dfrac{43}{7} \\ \dfrac{86}{7} \\ \dfrac{93}{7} \end{pmatrix}$$

♦

16.2 Polynome

Polynomfunktionen (kurz *Polynome*) *n-ten Grades* $P_n(x)$ mit reellen Koeffizienten, die auch als *ganzrationale Funktionen* bezeichnet werden, schreiben sich in der Form

16.2 Polynome

$$P_n(x) = \sum_{k=0}^{n} a_k \cdot x^k = a_n \cdot x^n + a_{n-1} \cdot x^{n-1} + \ldots + a_1 \cdot x + a_0 \, , \quad (a_n \neq 0)$$

Eine wichtige *Aufgabe* für *Polynome* liegt in der *Berechnung* der reellen und komplexen *Nullstellen*, d.h. der *Lösungen* x_i der zugehörigen *Polynomgleichung*

$$P_n(x) = 0$$

Es läßt sich *beweisen*, daß ein *Polynom* n-ten Grades n *Nullstellen* hat, die reell, komplex und mehrfach sein können.
Zur *Bestimmung* der *Nullstellen* existieren *Berechnungsformeln* nur für *Polynome* bis zum *vierten Grad* (d.h. bis n=4). Die bekannteste ist die für *quadratische Gleichungen* (n=2)

$$x^2 + a_1 \cdot x + a_0 = 0$$

mit den beiden *Lösungen*

$$x_{1,2} = -\frac{a_1}{2} \pm \sqrt{\frac{a_1^2}{4} - a_0}$$

☞

Für n=3 und 4 sind die Formeln bedeutend komplizierter. Ab n=5 gibt es keine Formeln mehr für die Nullstellenberechnung, da allgemeine Polynome ab dem 5. Grad nicht durch Radikale lösbar sind.
Deshalb kann man von MATHCAD nicht erwarten, daß es für n≥5 immer exakte Lösungen findet.
♦
☞

Unter der *Faktorisierung* versteht man bei Polynomen die Schreibweise als *Produkt* von

* *Linearfaktoren* (für die reellen Nullstellen)
* *quadratischen Polynomen* (für die komplexen Nullstellen),

d.h. (für $a_n = 1$)

$$\sum_{k=0}^{n} a_k \cdot x^k =$$

$$(x - x_1) \cdot (x - x_2) \cdot \ldots \cdot (x - x_r) \cdot (x^2 + b_1 \cdot x + c_1) \cdot \ldots \cdot (x^2 + b_s \cdot x + c_s)$$

wobei

$x_1, \ldots, x_r$

die *reellen Nullstellen* sind (in ihrer eventuellen Vielfachheit gezählt).
Eine derartige *Faktorisierung* ist nach dem *Fundamentalsatz der Algebra* gesichert und hängt eng mit der Bestimmung der *Nullstellen* zusammen. Deshalb ist es nicht verwunderlich, daß MATHCAD die Faktorisierung nicht immer durchführen kann (siehe Beispiele 13.14c) und d).

Bei ganzzahligen Nullstellen ist MATHCAD aber auch für Polynome höheren Grades bei der Faktorisierung in vielen Fällen erfolgreich (siehe Abschn.13.6).

♦

☞

MATHCAD kann die *Berechnung* der *Nullstellen* von Polynomen auf folgende Arten in Angriff nehmen: Mittels

* *Faktorisierung* zur Bestimmung der reellen Nullstellen (siehe Abschn.13.6)
* *spezieller Funktionen* für *Polynome* (siehe Abschn.16.4)
* der *Kommandos/Funktionen* für allgemeine *nichtlineare Gleichungen* (siehe Abschn.16.3), da Polynomgleichungen einen Spezialfall bilden.

♦

Im folgenden Beispiel 16.4 werden wir die Problematik der Nullstellenbestimmung für Polynome illustrieren, wobei wir folgende *vier Methoden anwenden:*

I. *Faktorisierung* (siehe Abschn.13.6):

Durch Anwendung der *Menüfolge*

Symbolics ⇒ Factor

(deutsche Version: **Symbolik ⇒ Faktor**)

oder des *Schlüsselworts*

factor

(deutsche Version: **faktor**)

II. *Aktivierung* der *Menüfolge*

Symbolics ⇒ Variable ⇒ Solve

(deutsche Version: **Symbolik ⇒ Variable ⇒ Auflösen**)

zur Bestimmung von Nullstellen für Gleichungen mit einer Unbekannten (siehe Abschn.16.3)

III. Anwendung des *Schlüsselworts* **solve** (siehe Abschn.16.1):

* Man aktiviert das *Schlüsselwort*

  solve

  (deutsche Version: **auflösen**)

  durch Anklicken des *Operators*

  solve

  in der *Operatorpalette Nr.8*

* Danach wird in das erscheinende *Symbol*

  ∎ solve, ∎ →

  in den linken *Platzhalter* die *Polynomgleichung* und in den rechten Platzhalter die *unbekannte Variable* x eingetragen.

16.2 Polynome

Das *Gleichheitszeichen* in der Polynomgleichung muß unter Verwendung des *Gleichheitsoperators*

$=$

aus der *Operatorpalette Nr.2* oder der *Tastenkombination*

[Strg][+]

eingegeben werden.

* Die abschließende Betätigung der [↵]-Taste liefern das *exakte Ergebnis*, falls MATHCAD erfolgreich ist.

IV. Anwendung der Methode mittels **given** und **find** zur Lösung allgemeiner Gleichungen.

Beispiel 16.4:

a) Das *Polynom*

$$x^5 - 5 \cdot x^4 - 5 \cdot x^3 + 25 \cdot x^2 + 4 \cdot x - 20$$

besitzt die *Nullstellen* -1, -2, 1, 2, und 5. Diese berechnet MATHCAD mittels

* *Methode I.:*

    Faktorisierung mittels der *Menüfolge* **Symbolics** ⇒ **Factor** liefert

    $$x^5 - 5 \cdot x^4 - 5 \cdot x^3 + 25 \cdot x^2 + 4 \cdot x - 20 \quad by\ factoring,\ yields$$

    $$(x - 5) \cdot (x - 1) \cdot (x - 2) \cdot (x + 2) \cdot (x + 1)$$

* *Methode II.:*

    Anwendung der *Menüfolge*

    Symbolics ⇒ **Variable** ⇒ **Solve** liefert

    $$x^5 - 5 \cdot x^4 - 5 \cdot x^3 + 25 \cdot x^2 + 4 \cdot x - 20 \quad has\ solution(s) \quad \begin{pmatrix} 5 \\ 1 \\ 2 \\ -2 \\ -1 \end{pmatrix}$$

* *Methode III.:*

    Anwendung des *Schlüsselworts* **solve** liefert

    $$x^5 - 5 \cdot x^4 - 5 \cdot x^3 + 25 \cdot x^2 + 4 \cdot x - 20 = 0 \ solve, x \rightarrow \begin{bmatrix} 5 \\ 1 \\ 2 \\ -2 \\ -1 \end{bmatrix}$$

* *Methode IV.:*

   Anwendung von **given** und **find** liefert

   given
   $$x^5 - 5 \cdot x^4 - 5 \cdot x^3 + 25 \cdot x^2 + 4 \cdot x - 20 = 0$$

   find(x) → (5 1 2 -2 -1)

b) Für das *Polynom*
   $$x^9 + x + 1$$
   findet MATHCAD eine reelle und acht komplexe *Nullstellen*. Die einzige *reelle Nullstelle* liegt zwischen -1 und -0.5, wie die folgende Grafik zeigt:

   $x := -1, -0.999 .. 0$

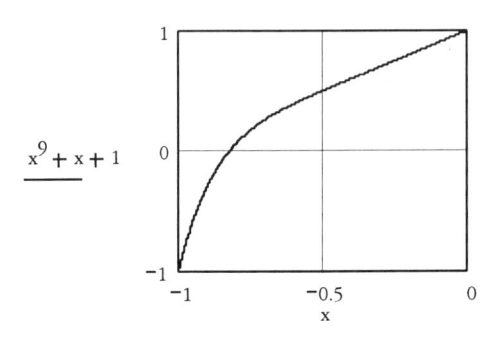

   $x^9 + x + 1$ *has solution(s)*

   $$\begin{bmatrix} -.82430056322968701271 & \\ -.78815677587643473001 & -.50285258764546612087 \cdot 1i \\ -.78815677587643473001 & +.50285258764546612087 \cdot 1i \\ -.28138444440632605813 & -.98259597890434460256 \cdot 1i \\ -.28138444440632605813 & +.98259597890434460256 \cdot 1i \\ .47229060916692797336 & -.95393081242028581325 \cdot 1i \\ .47229060916692797336 & +.95393081242028581325 \cdot 1i \\ 1.0094008927306763211 & -.39206252357421550811 \cdot 1i \\ 1.0094008927306763211 & +.39206252357421550811 \cdot 1i \end{bmatrix}$$

c) Betrachten wir das *Polynom*
   $$x^7 - x^6 + x^2 - 1$$
   dessen *Funktionskurve* die folgende Gestalt hat

16.2 Polynome

x := -1.2, -1.1999 .. 1.2

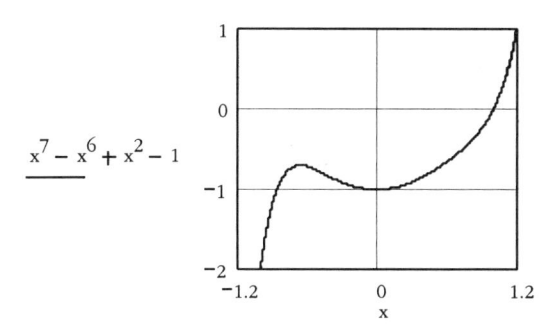

$\dfrac{x^7 - x^6 + x^2 - 1}{}$

Man sieht, daß die einzige reelle *Nullstelle* bei 1 liegt. Versuchen wir die Nullstellenbestimmung mittels

* *Faktorisierung*:

$x^7 - x^6 + x^2 - 1$ *by factoring, yields* $(x - 1) \cdot (x^6 + x + 1)$

Die restlichen *komplexen Nullstellen* werden nicht ermittelt.

* Mittels der *Menüfolge*

   Symbolics ⇒ Variable ⇒ Solve

   bzw. des *Schlüsselworts* **solve**

   $x^7 - x^6 + x^2 - 1 \equiv 0$ *has solution(s)*   "untranslatable"

   $x^7 - x^6 + x^2 - 1 \equiv 0$ solve, x → "untranslatable"

   Im Unterschied zur Faktorisierung wird bei diesen Methoden keine Nullstelle berechnet.

d) Für das *Polynom*

   $x^4 + 1$

   findet MATHCAD mittels der *Menüfolge*

   Symbolics ⇒ Variable ⇒ Solve

   zwar die folgenden vier *komplexen Nullstellen*:

   $x^4 + 1$ *has solution(s)* $\begin{pmatrix} \dfrac{1}{2} \cdot \sqrt{2} + \dfrac{1}{2} \cdot i \cdot \sqrt{2} \\ \dfrac{-1}{2} \cdot \sqrt{2} + \dfrac{1}{2} \cdot i \cdot \sqrt{2} \\ \dfrac{1}{2} \cdot \sqrt{2} - \dfrac{1}{2} \cdot i \cdot \sqrt{2} \\ \dfrac{-1}{2} \cdot \sqrt{2} - \dfrac{1}{2} \cdot i \cdot \sqrt{2} \end{pmatrix}$

kann aber *nicht* die daraus resultierende *Faktorisierung*

$$\left(x^2 - x\cdot\sqrt{2} + 1\right)\cdot\left(x^2 + x\cdot\sqrt{2} + 1\right)$$

angeben, sondern gibt das Polynom unverändert zurück:

$x^4 + 1$ *by factoring, yields* $x^4 + 1$

e) Für das *Polynom*

$x^4 - 1$

berechnet MATHCAD die *Nullstellen* mittels der *Menüfolge*

Symbolics $\Rightarrow$ **Variable** $\Rightarrow$ **Solve** bzw. des *Schlüsselworts* **solve**

$x^4 - 1$ *has solution(s)* $\begin{pmatrix} 1 \\ -1 \\ i \\ -i \end{pmatrix}$

$x^4 - 1 = 0$ solve, x $\rightarrow \begin{bmatrix} 1 \\ -1 \\ 1i \\ -1i \end{bmatrix}$

und führt die *Faktorisierung* durch:

$x^4 - 1$ *by factoring, yields* $(x - 1)\cdot(x + 1)\cdot(x^2 + 1)$

f) Die *Polynomgleichung*

$x^5 - x + 1 = 0$

wird gelöst. Die einzige reelle Nullstelle ist aus der folgenden Grafik ersichtlich:

$x := -1.5, -1.499 .. 1$

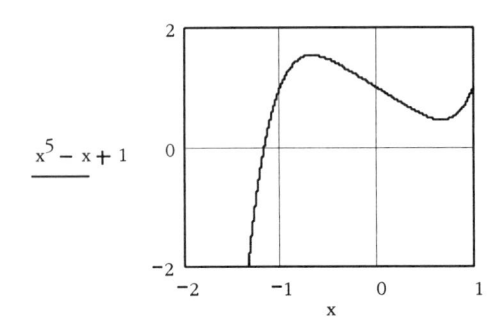

MATHCAD liefert die *Lösungen*:

$x^5 - x + 1$ has solution(s)

$$\begin{bmatrix} -1.1673039782614186843 & \\ -.18123244446987538390 & -1.0839541013177106684 \cdot 1i \\ -.18123244446987538390 & +1.0839541013177106684 \cdot 1i \\ .76488443360058472603 & -.35247154603172624932 \cdot 1i \\ .76488443360058472603 & +.35247154603172624932 \cdot 1i \end{bmatrix}$$

♦

☞

Selbst wenn MATHCAD Nullstellen eines Polynoms berechnet, ist das Ergebnis kritisch zu betrachten.
Es empfiehlt sich, die Funktionskurve der Polynomfunktion zeichnen zu lassen und hieraus Näherungswerte für die reellen Nullstellen abzulesen, die man mit den berechneten vergleichen kann.
Des weiteren ist eine <u>Probe zu empfehlen</u>, d.h., die berechneten Nullstellen sollten in das Polynom eingesetzt werden.

♦

☞

Wenn die *exakte Nullstellenbestimmung versagt*, so erscheinen die gleichen Meldungen, die bei der Lösung von nichtlinearen Gleichungen ausgegeben werden (siehe Abschn.16.3). In diesem Fall kann auf die *Numerik* zurückgegriffen werden, die wir im Abschn.16.4 besprechen.

♦

16.3 Nichtlineare Gleichungen

Betrachten wir zuerst die Lösungsproblematik für *eine nichtlineare Gleichung* der Gestalt

$f(x) = 0$

mit einer Unbekannten (Variablen) x, für die *reelle* und/oder *komplexe Lösungen* auftreten können. Dieses Problem ist zur Bestimmung der *Nullstellen* der *Funktion*

$f(x)$

äquivalent.

☞

Bis auf die *Spezialfälle* von *linearen Gleichungen* und *Polynomgleichungen* (bis zum Grade 4), die wir im Abschn.16.1 bzw. 16.2 betrachten, existieren <u>keine allgemeingültigen endlichen Algorithmen</u>, die alle Lösungen einer beliebigen <u>nichtlinearen Gleichung</u> bestimmen.

♦

218 *16 Gleichungen und Ungleichungen*

MATHCAD bietet folgende drei Möglichkeiten (siehe Beispiel 16.5a) zur *exakten Lösung* einer nichtlinearen *Gleichung* der *Form*

f(x) = 0

I. Anwendung des *Menüs* **Symbolik**:
  * *Zuerst* wird die *Gleichung* unter Verwendung des *Gleichheitsoperators*

    [=]

    aus der *Operatorpalette Nr.2* in das *Arbeitsfenster eingegeben*, d.h. f(x)=0.
    Es genügt auch, nur die Funktion f(x) einzugeben
  * *Danach* wird eine *Variable* x in dem Funktionsausdruck f(x) mit Bearbeitungslinien *markiert*.
  * Die *abschließende* Eingabe der *Menüfolge*
    Symbolics ⇒ Variable ⇒ Solve
    (deutsche Version: **Symbolik ⇒ Variable ⇒ Auflösen**)
    löst die Berechnung aus.

II. Anwendung des *Schlüsselworts* **solve** (siehe Abschn.16.1):
  * Man aktiviert das *Schlüsselwort*
    solve
    (deutsche Version: **auflösen**)
    durch Anklicken des *Operators*

    [solve]

    in der *Operatorpalette Nr.8*
  * Danach schreibt man in das erscheinende *Symbol*

    ■ solve, ■ →

    in den linken *Platzhalter* die zu lösende *Gleichung* und in den rechten Platzhalter die *unbekannte Variable* x (siehe Beispiel 16.5a).
    Das *Gleichheitszeichen* in der Gleichung muß unter Verwendung des *Gleichheitsoperators*

    [=]

    aus der *Operatorpalette Nr.2* oder der *Tastenkombination*
    [Strg][+]
    eingegeben werden.
  * Die abschließende Betätigung der [↵]-Taste liefern das *exakte Ergebnis*, falls MATHCAD erfolgreich ist (siehe Beispiel 16.5a).

III. Anwendung der Methode mittels **given** und **find** zur Lösung allgemeiner Gleichungssysteme (siehe Beispiel 16.5a und Abschn.16.1).

16.3 Nichtlineare Gleichungen

Betrachten wir die Wirksamkeit von MATHCAD bei der Lösung nichtlinearer Gleichungen im folgenden Beispiel 16.5.

Beispiel 16.5:

a) Die *grafische Darstellung* der *Funktion* x − sin(x)

   x := −1, −0.999 .. 1

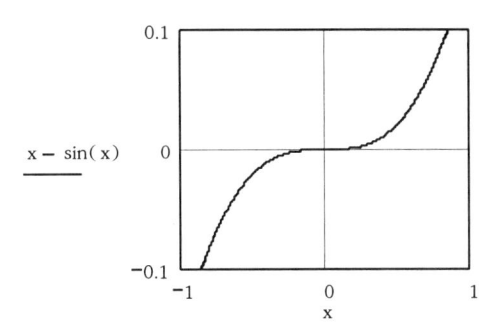

läßt ihre einzige reelle *Nullstelle* x = 0 erkennen, die MATHCAD ebenfalls mit den gegebenen Methoden berechnet:

* *Methode I.:*

   Anwendung der *Menüfolge*

   Symbolics ⇒ Variable ⇒ Solve liefert

   x − sin(x)   *has solution(s)*   0

* *Methode II.:*

   Anwendung des *Schlüsselworts* **solve** liefert

   x − sin(x)=0 solve, x → 0

* *Methode III.:*

   Anwendung von **given** und **find** liefert

   given

   x − sin(x)=0

   find(x) → 0

b) Für die *Gleichung*

   $\cos x - e^{-x} = 0$

   wird mit den Methoden nur die *Lösung* 0 geliefert:

* *Methode I.:*

   cos(x) − e^{-x} *has solution(s)*   0

* *Methode II.:*

$\cos(x) - e^{-x} = 0$ solve, $x \to 0$

* *Methode III.:*

   given

   $\cos(x) - e^{-x} = 0$

   find(x) $\to 0$

obwohl weitere (unendlich viele) reelle Lösungen existieren, wie man aus der grafischen Darstellung entnehmen kann:

$x := -2, -1.999 .. 30$

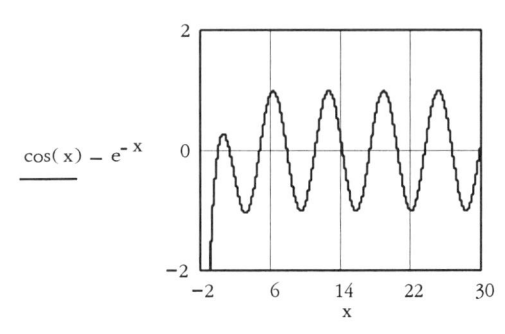

$\cos(x) - e^{-x}$ vs. x

c) Für die *Gleichung*

   $3 \cosh x - \sinh x - 9 = 0$

   die sich durch Einsetzen der Definitionen für sinh x und cosh x und die daran anschließende *Transformation*

   $y = e^x$

   auf die *quadratische Gleichung*

   $y^2 - 9y + 2 = 0$

   zurückführen läßt, liefert MATHCAD die *beiden Lösungen*

   $3 \cdot \cosh(x) - \sinh(x) - 9$ *has solution(s)* $\begin{bmatrix} \ln\left(\dfrac{9}{2} + \dfrac{1}{2}\cdot\sqrt{73}\right) \\ \ln\left(\dfrac{9}{2} - \dfrac{1}{2}\cdot\sqrt{73}\right) \end{bmatrix}$

d) Für die *Gleichung*

   $1 + x - \sqrt{1+x} = 0$

   bestimmt MATHCAD die beiden reellen *Lösungen:*

   $1 + x - \sqrt{1+x}$ *has solution(s)* $\begin{bmatrix} -1 \\ 0 \end{bmatrix}$

16.3 Nichtlineare Gleichungen

die auch die *grafische Darstellung* liefert:

x := -2, -1.999 .. 2

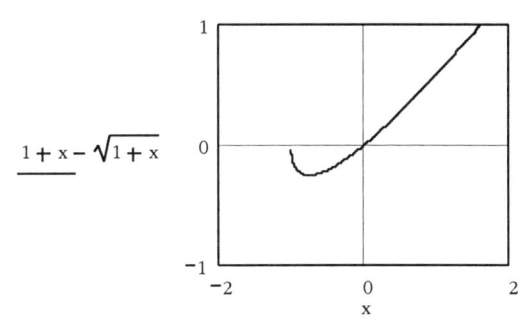

$$\underline{1+x-\sqrt{1+x}}$$

e) Für die *Gleichung*

$e^x + \ln x = 0$

liefert MATHCAD *keine Lösung*

$e^x + \ln(x) = 0$ solve, x →

No solution was found.

obwohl eine reelle Lösung existiert, wie man aus der grafischen Darstellung entnehmen kann:

x := 0.1, 0.1001 .. 3

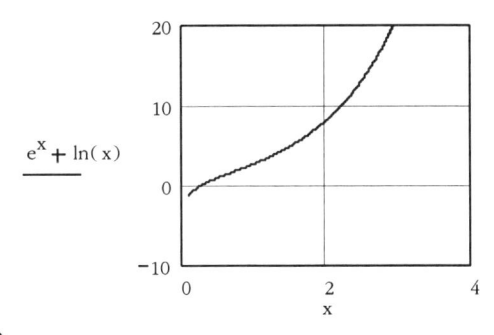

$$\underline{e^x + \ln(x)}$$

♦

☞

Die letzten Beispiele lassen bereits erkennen, daß MATHCAD ebenso wie andere Computeralgebra-Systeme *Schwierigkeiten* bei der *exakten Lösung* von *nichtlinearen Gleichungen* hat.
Da nur für die angegebenen Spezialfälle endliche Lösungsalgorithmen existieren, ist dies nicht verwunderlich.

Selbst wenn ein Ergebnis angezeigt wird, kann dies falsch oder unvollständig sein. Deshalb sollte man zusätzlich eine Probe mittels Einsetzen durchführen bzw. eine grafische Überprüfung durchführen, indem man die Funktion f(x) zeichnet (siehe Abschn.18.1).

♦

Meistens treten bei praktischen Problemen nicht nur eine Gleichung mit einer Unbekannten, sondern mehrere Gleichungen mit mehreren Unbekannten auf.

Zur *exakten Lösung* dieser *Systeme nichtlinearer Gleichungen* (m Gleichungen mit n Unbekannten) der *Form*

$$u_1(x_1, x_2, \ldots, x_n) = 0$$
$$u_2(x_1, x_2, \ldots, x_n) = 0$$
$$\vdots$$
$$u_m(x_1, x_2, \ldots, x_n) = 0$$

existiert ebenso wie bei einer Gleichung kein allgemein anwendbarer endlicher Algorithmus.

☞

Als Spezialfall diskutierten wir bereits im Abschn.16.1 Systeme linearer Gleichungen.

♦

Betrachten wir einige *Beispiele* für *Systeme nichtlinearer Gleichungen*.

Beispiel 16.6:

a) System *algebraischer Gleichungen* mit *zwei Unbekannten* x, y

$$x^2 - y^2 = 3$$
$$x^4 + y^4 = 17$$

b) System *algebraischer Gleichungen* mit *drei Unbekannten* x, y, z

$$x + y + z = 3$$
$$2 \cdot x^2 - y^2 - z^2 = 0$$
$$x^4 + 2 \cdot y^4 - z^4 = 2$$

c) System *transzendenter Gleichungen* mit *zwei Unbekannten* x, y

$$\sin x + e^y = 1$$
$$2 \cdot \cos x + \ln(y + 1) = 2$$

d) System aus *algebraischen* und *transzendenten Gleichungen* mit *zwei Unbekannten* x, y

$$x^4 + y^4 + 3 \cdot x + y = 0$$
$$\cos x + e^y = 2$$

♦

16.3 Nichtlineare Gleichungen

Die Vorgehensweise bei der *exakten Lösung* von allgemeinen *nichtlinearen Gleichungssytemen* gestaltet sich in MATHCAD analog zur Lösung linearer Gleichungssysteme:
Die im Abschn.16.1 verwendeten *Methoden II., III.* und *IV.* sind anwendbar, wobei lediglich die linearen durch die gegebenen nichtlinearen Gleichungen zu ersetzen sind.
Deshalb verzichten wir auf eine nochmalige Beschreibung und versuchen gleich die exakte Lösung der im Beispiel 16.6 gegebenen Gleichungssysteme. Dabei verwenden wir ausschließlich die allgemeinen *Methoden III.* und *IV.*, da die *Methode II.* keinerlei Vorteile bietet und sich wesentlich aufwendiger gestaltet.

Beispiel 16.7:

a) Lösen wir das System aus Beispiel 16.6a) mittels

- **given** und **find**:

    given

    $$x^2 - y^2 = 3 \qquad x^4 + y^4 = 17$$

    $$\text{find}(x,y) \rightarrow \begin{pmatrix} 2 & -2 & 2 & -2 & 1i & -1i \\ 1 & 1 & -1 & -1 & 2\cdot 1i & -2\cdot 1i \end{pmatrix}$$

- des *Schlüsselworts* **solve**:

    $$\begin{bmatrix} x^2 - y^2 = 3 \\ x^4 + y^4 = 17 \end{bmatrix} \text{solve}, \begin{bmatrix} x \\ y \end{bmatrix} \rightarrow \begin{bmatrix} 2 & 1 \\ -2 & 1 \\ 2 & -1 \\ -2 & -1 \\ 1i & 2\cdot 1i \\ -1i & -2\cdot 1i \end{bmatrix}$$

    Dieses System von Polynomgleichungen wird gelöst, wobei allerdings die beiden konjugiert komplexen Lösungen von MATHCAD weggelassen werden.

b) Bei der Lösung des Systems mit drei Gleichungen aus Beispiel 16.6b)

$$x + y + z = 3$$

$$2\cdot x^2 - y^2 - z^2 = 0$$

$$x^4 + 2\cdot y^4 - z^4 = 2$$

findet MATHCAD nur eine reelle *Lösung* $x = 1$, $y = 1$, $z = 1$.

c) Für das *System transzendenter Gleichungen*

$$\sin(x) + e^y = 1$$

$$2 \cdot \cos(x) + \ln(y+1) = 2$$

aus Beispiel 16.6c) findet MATHCAD nicht die reelle Lösung (0, 0), sondern nur komplexe.
Das gegebene Gleichungssystem ist jedoch nur bzgl. der Lösung (0,0) einfach, weil man sie durch einfaches Probieren erhält. Da MATHCAD nicht auf diese heuristische Art an die Lösung herangehen kann, ist das Scheitern erklärbar.

d) Für das System aus Beispiel 16.6d) aus einer algebraischen und einer transzendenten Gleichung findet MATHCAD die Lösung (0, 0):

- Mittels **given** und **find**:

  given

  $$x^4 + y^4 + 3 \cdot x + y = 0$$

  $$\cos(x) + e^y = 2$$

  find (x,y) $\rightarrow \begin{pmatrix} 0 \\ 0 \end{pmatrix}$

- Mittels des *Schlüsselwortes* **solve**:

  $$\begin{bmatrix} x^4 + y^4 + 3 \cdot x + y = 0 \\ \cos(x) + e^y = 2 \end{bmatrix} \text{solve}, \begin{bmatrix} x \\ y \end{bmatrix} \rightarrow (0 \quad 0)$$

♦

☞
Die gerechneten Beispiele lassen erkennen, daß MATHCAD Schwierigkeiten bekommen kann, sobald transzendente Gleichungen auftreten.
Es kann aber festgestellt werden, daß die Version 8 von MATHCAD gegenüber den Vorgängerversionen bzgl. der Gleichungslösung verbessert wurde. Es kam aber der Effekt aus Beispiel 16.7a) hinzu, daß konjugiert komplexe Lösungen weggelassen werden.

♦

☞
Wenn von MATHCAD *keine exakte Lösung* einer Gleichung *gefunden* wird, kann eine der folgenden Reaktionen auftreten:

* Es erscheint die *Meldung*, daß das *Ergebnis* MAPLE-spezifisch ist und ob es in die Zwischenablage gespeichert werden soll.
  Der Inhalt der Zwischenablage läßt sich anschließend auf die übliche WINDOWS-Art in das Arbeitsfenster kopieren.

Aus der in MAPLE-Syntax geschriebenen Anzeige kann man manchmal Schlußfolgerungen auf die Lösungen ziehen. Häufig wird aber lediglich die zu lösende Gleichung nochmals angezeigt.
* Es erscheint die *Meldung*, daß *keine Lösung* erhalten wurde.
* Die *Rechnung* wird *nicht beendet*. Ein *Abbruch* ist durch Drücken der [Esc]-Taste möglich.

♦

16.4 Numerische Lösungsmethoden

Bei vielen praktischen Aufgabenstellungen stellen *numerische Methoden* die einzige Möglichkeit dar, um Lösungen für nichtlineare Gleichungen zu erhalten
Obwohl für lineare Gleichungen endliche Lösungsalgorithmen existieren, besitzt MATHCAD zur Lösung eines linearen Systems (siehe Abschn.16.1)

$\mathbf{A} \cdot \mathbf{x} = \mathbf{b}$

mit *quadratischer, nichtsingulärer Koeffizientenmatrix* $\mathbf{A}$

die *Numerikfunktion*

lsolve (A , b)
(deutsche Version: **llösen**)

die als *Ergebnis* einen *Lösungsvektor* liefert, wenn man das *numerische Gleichheitszeichen* = eintippt.

Beispiel 16.8:

Wenden wir die *Numerikfunktion* **lsolve** auf das *lineare Gleichungssystem*

$x_1 + 3 \cdot x_2 + 3 \cdot x_3 = 2$
$x_1 + 3 \cdot x_2 + 4 \cdot x_3 = 1$
$x_1 + 4 \cdot x_2 + 3 \cdot x_3 = 4$

aus Beispiel 16.2a) an:

$\mathbf{lsolve}\left(\begin{pmatrix}1 & 3 & 3\\1 & 3 & 4\\1 & 4 & 3\end{pmatrix}, \begin{pmatrix}2\\1\\4\end{pmatrix}\right) = \begin{pmatrix}-1\\2\\-1\end{pmatrix}$

Übersichtlicher gestaltet sich die Rechnung, wenn man der Koeffizientenmatrix und dem Vektor der rechten Seiten die Symbole $\mathbf{A}$ bzw. $\mathbf{b}$ zuweist:

$$A := \begin{pmatrix} 1 & 3 & 3 \\ 1 & 3 & 4 \\ 1 & 4 & 3 \end{pmatrix} \qquad b := \begin{pmatrix} 2 \\ 1 \\ 4 \end{pmatrix}$$

$$\text{lsolve}(A, b) = \begin{pmatrix} -1 \\ 2 \\ -1 \end{pmatrix}$$

◆

☞

Aufgrund der in den Abschn.16.2 und 16.3 geschilderten Problematik ist man bei der *Lösung nichtlinearer Gleichungen* in den meisten Fällen auf *numerische Methoden* (vor allem *Iterationsverfahren*) angewiesen, die Näherungswerte für die Lösungen liefern:

* Man benötigt für diese Verfahren als *Startwert* einen *Schätzwert* für eine *Lösung*, der dann durch das Verfahren im Falle der Konvergenz verbessert wird. Falls die Gleichung mehrere Lösungen besitzt, wird man aber mit diesen Verfahren auch im Falle der Konvergenz nicht alle Lösungen erhalten.

* Wie aus der *numerischen Mathematik* bekannt ist, müssen *numerische Methoden* (z.B. *Regula falsi, Newton-Verfahren*) nicht konvergieren, d.h. kein Ergebnis liefern, selbst wenn der Startwert nahe bei einer Lösung liegt.

* Die *Wahl* günstiger *Startwerte* ist ebenfalls ein Problem.
  Sie läßt sich bei einer Unbekannten (d.h. für die Lösung einer Gleichung der Form u(x) = 0) erleichtern, indem man die Funktion u(x) grafisch darstellt und hieraus Näherungswerte für die Nullstellen abliest.

◆

MATHCAD bietet folgende Möglichkeiten zur *numerischen Lösung nichtlinearer Gleichungen*:

* *numerische Lösung einer Gleichung* mit *einer Unbekannten* der *Gestalt* u(x) = 0:

  * Die *Numerikfunktion*
    root (u(x) , x)
    (deutsche Version: **wurzel**)
    liefert im Falle der Konvergenz eine reelle oder komplexe Näherungslösung, wenn man vorher mittels

    x := x_a

    der Variablen x einen reellen oder komplexen *Startwert*

    x_a

    zuweist.

16.4 Numerische Lösungsmethoden

Als *numerisches Verfahren* (Iterationsverfahren) wird hier von MATH-CAD die *Sekantenmethode* (*Regula falsi*) benutzt. Obwohl die Sekantenmethode zwei Startwerte benötigt, verlangt MATHCAD nur einen.

* Die *Numerikfunktion*

    polyroots (a)
    (deutsche Version: **nullstellen**)

    kann anstelle von **root** angewendet werden, wenn die Funktion u(x) eine *Polynomfunktion* ist, d.h.

    $$u(x) = a_n \cdot x^n + a_{n-1} \cdot x^{n-1} + \ldots + a_1 \cdot x + a_0$$

    Der Vektor **a** im Argument enthält die *Koeffizienten* der *Polynomfunktion* u(x) in der folgenden Reihenfolge

    $$\mathbf{a} := \begin{pmatrix} a_0 \\ a_1 \\ \vdots \\ a_n \end{pmatrix}$$

    Diese Numerikfunktion besitzt gegenüber **root** den *Vorteil, ohne Startwerte* auszukommen.

- *numerische Lösung von Gleichungssystemen:*

    Die Vorgehensweise gestaltet sich analog zur exakten Lösung mittels **given** und **find** bis auf zwei Ausnahmen:

    * *Zuweisung* von *Startwerten* vor **given** (deutsche Version: **Vorgabe**)
    * Nach **find** (deutsche Version: **Suchen**) muß das *numerische Gleichheitszeichen* = statt des symbolischen → eingegeben werden.

    Damit ergibt sich folgende Vorgehensweise, d.h. der *Lösungsblock* hat für die numerische Lösung folgende Gestalt:

    Zuweisung der Startwerte an alle Variablen

    $x_1, x_2, \ldots, x_n$

    given
    Eingabe der Gleichungen, wobei das *Gleichheitszeichen* mittels des *Gleichheitsoperators*

    $\boxed{=}$

    aus der *Operatorpalette Nr.2* eingegeben wird.

    find ($x_1, x_2, \ldots, x_n$) =

    ☞

    MATHCAD verwendet zur numerischen Lösung das Levenberg-Marquardt-Verfahren. Bei dieser Methode können neben Gleichungen auch Ungleichungen auftreten (siehe Beispiel 16.10).

    ♦

Wenn ein *Gleichungssystem keine Lösungen* besitzt, kann die *Numerikfunktion*

minerr (x_1 , x_2 , ... , x_n)

(deutsche Version: **Minfehl**)

anstatt von

find (x_1 , x_2 , ... , x_n)

(deutsche Version: **Suchen**)

angewandt werden.

minerr minimiert die Quadratsumme aus den linken Seiten der Gleichungen des gegebenen Systems, d.h.

$$\sum_{i=1}^{m} u_i^2(x_1, x_2,..., x_n) \rightarrow \underset{x_1, x_2,..., x_n}{\text{Minimum}}$$

und bestimmt damit eine *Lösung im verallgemeinerten Sinne* (siehe Beispiel 16.9f).

☞
Die gegebenen Numerikfunktionen liefern im Falle der Konvergenz nach Eingabe des *numerischen Gleichheitszeichens* = einen berechneten Lösungsvektor.
Statt Eingabe dieses Gleichheitszeichens kann man das *berechnete Ergebnis* auch einem *Lösungsvektor zuweisen*, z.B.

z := root (u(x) , x)
bzw.

z := polyroots (a)
bzw.

z := find (x_1 , x_2 , ... , x_n)
bzw.

z := minerr (x_1 , x_2 , ... , x_n)
♦

☞

Bei den gegebenen Numerikmethoden, die Startwerte benötigen, ist zu beachten, daß bei *Vorgabe* von *reellen* bzw. *komplexen Startwerten* meistens nur reelle bzw. komplexe Näherungen geliefert werden (siehe Beispiel 16.9e).
♦
Betrachten wir die Wirkungsweise der Numerikfunktionen von MATHCAD an einer Reihe von Beispielen.

Beispiel 16.9:

a) Wir versuchen, *Nullstellen* der *Funktion*

$$u(x) = 2 \cdot x + |x - 1| - |x + 1|$$

16.4 Numerische Lösungsmethoden

durch Zuweisung verschiedener Startwerte numerisch zu berechnen, da MATHCAD nur eine exakte Lösung 1 berechnet.

Für diese Funktion sind jedoch alle x-Werte aus dem Intervall [-1,1] Nullstellen, wie die folgende Grafik zeigt:

x := -2, -1.999 .. 2

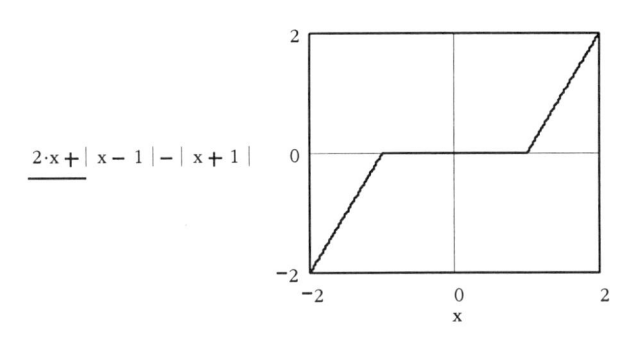

- Beginnen wir mit dem *Startwert* 0: MATHCAD erhält mittels

  * **root**:

    x := 0

    $\text{root}(2 \cdot x + |x-1| - |x+1|, x) = 1 \cdot 10^{-3}$

  * **given** und **find**:

    x := 0

    given

    $2 \cdot x + |x-1| - |x+1| = 0$

    find(x) = 0

- Für *Startwerte* ungleich Null werden auch Nullstellen berechnet, z.B. mit **root**:

  x := -2

  $\text{root}(2 \cdot x + |x-1| - |x+1|, x) = -1$

  x := 2

  $\text{root}(2 \cdot x + |x-1| - |x+1|, x) = 1$

b) Für die *Polynomgleichung* (siehe Beispiel 16.4c)

   $x^7 - x^6 + x^2 - 1 = 0$

wird von MATHCAD keine exakte Lösung erhalten.

Die *Numerikfunktion* **polyroots** liefert sechs komplexe Lösungen und eine reelle Lösung 1:

$$a := \begin{bmatrix} -1 \\ 0 \\ 1 \\ 0 \\ 0 \\ 0 \\ -1 \\ 1 \end{bmatrix} \qquad \text{polyroots}(a) = \begin{bmatrix} -0.791 - 0.301i \\ -0.791 + 0.301i \\ -0.155 + 1.038i \\ -0.155 - 1.038i \\ 0.945 + 0.612i \\ 0.945 - 0.612i \\ 1 \end{bmatrix}$$

c) Für die *Gleichung*

$$e^x + \ln x = 0$$

wird im Beispiel 16.5e) von MATHCAD keine *Lösung* berechnet.
Die Anwendung der *Numerikfunktion* **root** liefert mit verschiedenen Startwerten:

$x := 1$

$\text{root}(e^x + \ln(x), x) = 0.2698744$

bzw.

$x := 0.1$

$\text{root}(e^x + \ln(x), x) = 0.2698328$

d) Im Beispiel 16.7c) werden von MATHCAD keine reellen Lösungen erhalten, auch nicht (0,0).
Die *Numerik* liefert mittels **given** und **find** für die
* *Startwerte* (2,5) :

$x := 2 \qquad y := 5$

given

$\sin(x) + e^y = 1$

$2 \cdot \cos(x) + \ln(y + 1) = 2$

$\text{find}(x, y) = \begin{pmatrix} 0 \\ 0 \end{pmatrix}$

d.h. die Lösung (0,0)

* *Startwerte* (0,1) :

  x := 0   y := 1

  $$\text{find}(x,y) = \begin{pmatrix} -0.626 \\ 0.461 \end{pmatrix}$$

  d.h. eine weitere reelle Lösung x = −0.626 , y = 0.461.

e) Betrachten wir die Wirkungsweise der *Numerikfunktion* **root** bei der Vorgabe von reellen bzw. komplexen Startwerten am Beispiel von quadratischen Gleichungen:

  e1) Für die *quadratische Gleichung*

  $$x^2 - 2 \cdot x + 2 = 0$$

  die die *komplexen Lösungen* 1−i und 1+i besitzt, liefert die numerische Lösung mittels MATHCAD:

  * Bei *Vorgabe reeller Startwerte:*

    keine Lösung

  * Bei *Vorgabe komplexer Startwerte*, z.B.

    x := i

    root($x^2 - 2 \cdot x + 2$, x) = 1 + i

    bzw.

    x := −i

    root($x^2 - 2 \cdot x + 2$, x) = 1 − i

    jeweils eine *komplexe Lösung*.

  e2) Für die *quadratische Gleichung*

  $$x^2 - 3 \cdot x + 2 = 0$$

  die die *reellen Lösungen* 1 und 2 besitzt, liefert die numerische Lösung mittels MATHCAD:

  * Bei *Vorgabe reeller Startwerte*, z.B.

    x := 5

    root($x^2 - 3 \cdot x + 2$, x) = 2

    bzw.

    x := −1

    root($x^2 - 3 \cdot x + 2$, x) = 1

  * Bei *Vorgabe komplexer Startwerte*, z.B.

    x := −i

    root($x^2 - 3 \cdot x + 2$, x) = 1

Die Beispiele zeigen, daß es vorteilhaft ist, bei der Suche reeller bzw. komplexer Lösungen mittels **root** reelle bzw. komplexe Startwerte zu benutzen. Die quadratischen Polynome dienen hier nur zu Demonstrationszwecken.

Die *numerische Lösung* von *Polynomgleichungen* wird man deshalb zuerst mit **polyroots** versuchen, da hierfür keine Startwerte erforderlich sind. Für unsere beiden Beispiele bedeutet dies

$$\text{polyroots}\left(\begin{pmatrix} 2 \\ -2 \\ 1 \end{pmatrix}\right) = \begin{pmatrix} 1 - 1i \\ 1 + 1i \end{pmatrix} \qquad \text{polyroots}\left(\begin{pmatrix} 2 \\ -3 \\ 1 \end{pmatrix}\right) = \begin{pmatrix} 1 \\ 2 \end{pmatrix}$$

f) Betrachten wir ein *überbestimmtes Gleichungssystem* (ohne Lösung), indem wir zum Gleichungssystem aus Beispiel 16.7a) eine weitere (widersprechende) Gleichung hinzufügen und bestimmen eine *verallgemeinerte Lösung* mittels **minerr** :

x := 2   y := 1

given

$x^2 - y^2 = 3$

$x^4 + y^4 = 17$

$x + y = 5$

$\text{minerr}(x, y) = \begin{pmatrix} 1.976 \\ 1.17 \end{pmatrix}$

Die erhaltene *verallgemeinerte Lösung*

x = 1.976   y = 1.17

kann natürlich nicht die drei Gleichungen erfüllen, sondern sie liefert ein *Minimum* der *Quadratsumme*

$(x^2 - y^2 - 3)^2 + (x^4 + y^4 - 17)^2 + (x + y - 5)^2$

♦

☞

Zusammenfassend kann zur *numerischen Lösung* nichtlinearer Gleichungen mittels MATHCAD festgestellt werden, daß sie *nicht immer erfolgreich* sein wird. Dies ist nicht anders zu erwarten, da man aus der *numerischen Mathematik* weiß, daß die verwendeten Methoden *nicht notwendigerweise konvergieren*, selbst wenn die Startwerte nahe bei einer Lösung liegen.
Die Beispiele lassen erkennen, daß es vorteilhaft ist, ein Gleichungssystem für verschiedene Startwerte numerisch zu lösen.

♦

16.5 Ungleichungen

Betrachten wir eine *Ungleichung* der Gestalt

u (x) ≤ 0

bzw. *Systeme* von *Ungleichungen* der Gestalt

$u_1(x_1, x_2,..., x_n) \leq 0$
$u_2(x_1, x_2,..., x_n) \leq 0$
$\vdots$
$u_m(x_1, x_2,..., x_n) \leq 0$

Die *exakte* und *numerische Lösung* dieser *Ungleichungen* geschieht in MATHCAD analog zur Lösung von *Gleichungen*. Man muß nur die Gleichungen durch die entsprechenden Ungleichungen ersetzen, wobei die *Ungleichungen* unter Verwendung der *Ungleichheitsoperatoren*

[≤]   oder   [≥]

aus der *Operatorpalette Nr.2* in das *Arbeitsfenster eingegeben* werden.

☞

Wenn *keine exakte Lösung* einer Ungleichung *gefunden* wurde, reagiert MATHCAD analog wie bei Gleichungen.
Dieser Fall tritt häufig auf, da für die Lösung allgemeiner nichtlinearer Ungleichungen ebenfalls *kein endlicher Lösungsalgorithmus* existiert.
Man kann in diesem Fall die numerischen Methoden von MATHCAD zur näherungsweisen Lösung von Gleichungen heranziehen (siehe Abschn. 16.4).
Des weiteren kann man bei einer Ungleichung die Funktion u(x) grafisch darstellen (siehe Abschn. 18.1), um Aussagen über Lösungen zu erhalten.

♦
Betrachten wir die Problematik bei der Lösung von Ungleichungen an einigen Beispielen.

Beispiel 16.10:

Die folgenden *Ungleichungen* in a) bis e) werden mittels der *Menüfolge*
Symbolics ⇒ Variable ⇒ Solve bzw. des *Schlüsselwortes* **solve** gelöst.

a) Die Ungleichung

$$x^2 - 9 \cdot x + 2 \geq 0 \quad \textit{has solution(s)} \quad \begin{pmatrix} x \leq \dfrac{9}{2} - \dfrac{1}{2} \cdot \sqrt{73} \\ \dfrac{9}{2} + \dfrac{1}{2} \cdot \sqrt{73} \leq x \end{pmatrix}$$

$x^2 - 9 \cdot x + 2 \geq 0$ solve, x $\rightarrow \begin{bmatrix} x \leq \dfrac{9}{2} - \dfrac{1}{2} \cdot \sqrt{73} \\ \dfrac{9}{2} + \dfrac{1}{2} \cdot \sqrt{73} \leq x \end{bmatrix}$

wird mit beiden Methoden problemlos gelöst. Die *grafische Darstellung* bestätigt das erhaltene Ergebnis:

$x := -1, -0.999 .. 10$

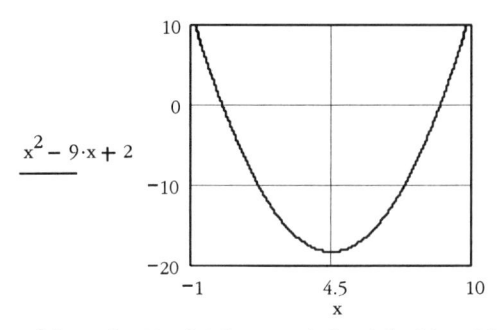

b) Die folgende *Ungleichung* wird mit beiden Methoden *gelöst*:

$|x-1| + |x+1| \geq 3$ *has solution(s)* $\begin{bmatrix} x \leq \dfrac{-3}{2} \\ \dfrac{3}{2} \leq x \end{bmatrix}$

$|x-1| + |x+1| \geq 3$ solve, x $\rightarrow \begin{bmatrix} \dfrac{3}{2} \leq x \\ x \leq \dfrac{-3}{2} \end{bmatrix}$

Die *grafische Darstellung* bestätigt dies:

$x := -3, -2.999 .. 3$

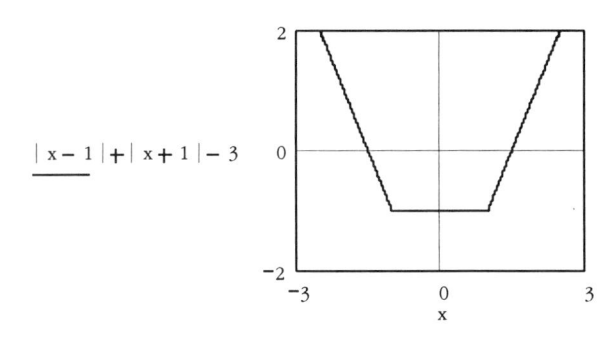

16.5 Ungleichungen

c) Die folgende *Ungleichung* wird mit beiden Methoden *gelöst*:

$|x-1| + |x+1| \leq 3$ *has solution(s)* $\left(\dfrac{-3}{2} \leq x\right) \cdot \left(x \leq \dfrac{3}{2}\right)$

$|x-1| + |x+1| \leq 3$ solve, x → $\left(\dfrac{-3}{2} \leq x\right) \cdot \left(x \leq \dfrac{3}{2}\right)$

d) Ändert man die *Ungleichung* aus c) leicht ab zu

$|x-1| - |x+1| \leq 3$

so daß sie für alle Werte von x erfüllt ist, findet MATHCAD *keine Lösung*:

$|x-1| - |x+1| \leq 3$ *has solution(s)*   "untranslatable"

$|x-1| - |x+1| \leq 3$ solve, x → "untranslatable"

e) Die einfache *Ungleichung*

$x^3 + \sin x \leq 0$

die für alle $x \leq 0$ erfüllt ist, wie man aus der folgenden Grafik entnehmen kann:

$x := -3, -2.999 \ .. \ 3$

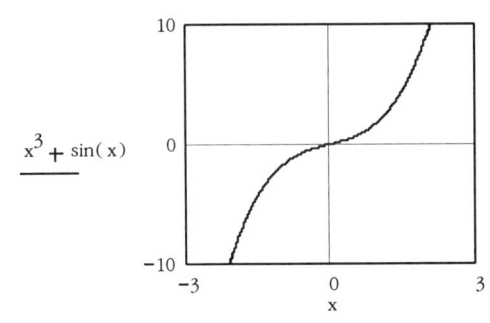

wird von MATHCAD mit beiden Methoden gelöst:

$x^3 + \sin(x) \leq 0$ *has solution(s)* $x \leq 0$

$x^3 + \sin(x) \leq 0$ solve, x → $x \leq 0$

f) Wenn man bei dem Gleichungssystem aus Beispiel 16.7a) nur reelle und positive Lösungen sucht, muß man noch die beiden Ungleichungen $x \geq 0$ und $y \geq 0$ hinzufügen, so daß ein *Ungleichungssystem* zu lösen ist.

- *Versuchen* wir zuerst die *exakte Lösung* mittels
  * der *Methode* **given** und **find**

given

$x^2 - y^2 = 3$

$x^4 + y^4 = 17$

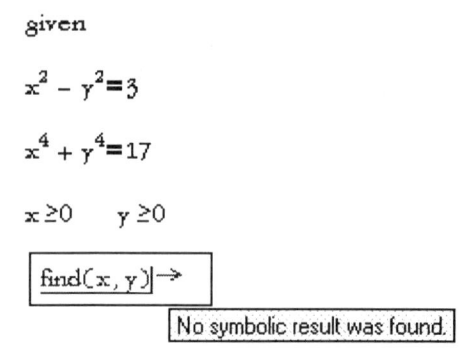

$x \geq 0 \quad y \geq 0$

$\boxed{\text{find}(x,y)} \rightarrow$

$\boxed{\text{No symbolic result was found.}}$

* des *Schlüsselworts* **solve**:

$$\begin{bmatrix} x^2 - y^2 = 3 \\ x^4 + y^4 = 17 \\ x \geq 0 \\ y \geq 0 \end{bmatrix} \text{solve}, \begin{bmatrix} x \\ y \end{bmatrix} \rightarrow (2 \quad 1)$$

Hier tritt ein Problem bei MATHCAD auf, daß zwei Methoden zur exakten Lösung unterschiedliche Resultate zeigen: eine Methode berechnet die Lösung während die andere versagt.

- *Bestimmen* wir <u>*numerisch eine Lösung*</u> für die <u>*Startwerte* (3,4)</u>:

$x := 3 \quad y := 4$

given

$x^2 - y^2 = 3$

$x^4 + y^4 = 17$

$x \geq 0 \quad y \geq 0$

find $(x,y) = \begin{pmatrix} 2 \\ 1 \end{pmatrix}$

Hier wird die Lösung (2,1) gefunden.

♦

☞
Bei Ungleichungen, die Beträge enthalten, versagt MATHCAD manchmal, wie das Beispiel 16.10d) zeigt. Dieses Versagen sieht man ebenfalls bei der Ungleichung aus Beispiel 16.10f), wenn man die Methode **given** und **find** anwendet.
Da für die Lösung von Ungleichungen die Nullstellen der Funktionen benötigt werden, treten bei Ungleichungen die gleichen Probleme wie bei Gleichungen auf.

16.5 Ungleichungen

Allerdings müßte MATHCAD noch dahingehend verbessert werden, daß Ungleichungen mit Beträgen der Form aus Beispiel 16.10d) vollständig gelöst werden, da sich für diese einfache endliche Lösungsvorschriften angeben lassen.

♦

17 Funktionen

Funktionen spielen in allen *Anwendungen* eine *fundamentale Rolle* (siehe [3,4]).
In MATHCAD sind eine Vielzahl von Funktionen integriert, die die Arbeit wesentlich erleichtern. Dabei unterscheiden wir zwischen *allgemeinen* und *mathematischen Funktionen*.
Wir haben bisher schon eine Reihe dieser Funktionen kennengelernt und werden auch in den folgenden Kapitel weitere antreffen.
In diesem Kapitel behandeln wir im Abschn.17.1 noch wesentliche *allgemeine Funktionen* und geben im Abschn.17.2 einen Überblick über *elementare* und *höhere mathematische Funktionen*.

☞
Sämtliche in MATHCAD *integrierten Funktionen* sind aus der *Dialogbox*
Insert Function
(deutsche Version: **Funktion einfügen**)
ersichtlich, die auf zwei Arten geöffnet werden kann:

* mittels der *Menüfolge*

    Insert ⇒ Function ...
    (deutsche Version: **Einfügen ⇒ Funktion ...**)

* durch Anklicken des *Symbols*

    [f(x)]

    in der *Symbolleiste*.

♦
☞

Die *Bezeichnungen* der in MATHCAD *integrierten Funktionen* kann man im Arbeitsfenster an der durch den Kursor markierten Stelle auf zwei verschiedene Arten eingeben:

I. *Direkte Eingabe* mittels *Tastatur*.

II. Einfügen durch Mausklick auf die gewünschte Funktion in der *Dialogbox*

    Insert Function
    (deutsche Version: **Funktion einfügen**)

Dem Anwender wird empfohlen, die Methode II. zu verwenden, da man hier neben der *Schreibweise* der *Funktion* zusätzlich eine kurze *Erläuterung* erhält.

♦

17.1 Allgemeine Funktionen

MATHCAD enthält eine Vielzahl von allgemeinen Funktionen, von denen wir bereits einige kennengelernt haben, so z.B. im Kap.9 die *Ein- und Ausgabefunktionen* (*Dateizugriffsfunktionen*).
Im folgenden betrachten wir noch Rundungs-, Sortier- und Zeichenkettenfunktionen, die man bei der Arbeit mit MATHCAD nutzbringend einsetzen kann.

17.1.1 Rundungsfunktionen

Zu den *Rundungsfunktionen* zählen folgende Funktionen, die Zahlen auf- oder abrunden bzw. Reste berechnen:
- **ceil** (x)
  berechnet die *kleinste ganze Zahl* ≥ x
- **floor** (x)
  berechnet die *größte ganze Zahl* ≤ x
- **mod** (x , y)
  berechnet den *Rest* bei der *Division* x : y, wobei das Ergebnis das gleiche Vorzeichen wie x hat.
- **round** (x , n)
  rundet die Zahl x auf n Dezimalstellen.
- **trunc** (x)
  berechnet den ganzzahligen Anteil der Zahl x.

Die *Anwendung* dieser *Rundungsfunktionen* gestaltet sich *folgendermaßen*:
* *Zuerst* wird die *Funktion* mit ihren Argumenten in das Arbeitsfenster *eingegeben*, wobei als *Argumente* Variablen, Konstanten oder Zahlen auftreten können.
* *Anschließend* wird die *Funktion* mit *Bearbeitungslinien* markiert.
* Die *abschließende Eingabe* des *numerischen Gleichheitszeichens* = liefert das *Ergebnis*.

Die Wirkungsweise der Rundungsfunktionen ist aus folgendem Beispiel ersichtlich.

Beispiel 17.1:

x := 5.87　　　　　　　y := − 11.57

floor (x) = 5　　　**floor** (y) = −12　　**ceil** (x) = 6　　　**ceil** (y) = −11

mod (x , y) = 5.87　**mod** (5 , 2) = 1　　**mod** (6 , 3) = 0　**mod** (3 , 6) = 3

round (x , 1) = 5.9　　　**round** (y , 1) = − 11.6

trunc (x) = 5　　　　　**trunc** (y) = − 11

♦

17.1.2 Sortierfunktionen

MATHCAD enthält eine Reihe von *Sortierfunktionen* mit deren Hilfe man die *Komponenten* von *Vektoren* **x** bzw. die *Elemente* von *Matrizen* **A** sortieren kann.
Die wichtigsten dieser Funktionen sind:

- **sort (x)**

  sortiert die *Komponenten* eines *Vektors* **x** in *aufsteigender Reihenfolge* ihrer Zahlenwerte.

- **csort (A , n)**
  (deutsche Version: **spsort**)

  sortiert die *Zeilen* einer *Matrix* **A** so, daß die *Elemente* in der *n-ten Spalte* in *aufsteigender Reihenfolge* stehen.

- **rsort (A , n)**
  (deutsche Version: **zsort**)

  sortiert die *Spalten* einer *Matrix* **A** so, daß die *Elemente* in der *n-ten Zeile* in *aufsteigender Reihenfolge* stehen.

- **reverse (x)**
  (deutsche Version: **umkehren**)

  ordnet die *Komponenten* eines *Vektors* **x** in *umgekehrter Reihenfolge* an, d.h., das letzte Element wird das erste.

- **reverse (A)**
  (deutsche Version: **umkehren**)

  ordnet die Zeilen einer Matrix **A** in *umgekehrter Reihenfolge* an.

- **reverse (sort (x))**

  Diese *geschachtelten Funktionen* sortieren die *Komponenten* eines *Vektors* **x** in *absteigender Reihenfolge*.

Die *Anwendung dieser Funktionen* gestaltet sich *folgendermaßen*:

* *Zuerst* wird die *Funktion* mit ihren Argumenten in das Arbeitsfenster *eingegeben.*

* *Danach* wird die *Funktion* mit *Bearbeitungslinien markiert.*

17.1 Allgemeine Funktionen

* Die *Eingabe* des *numerischen Gleichheitszeichens* = liefert das *Ergebnis*.

Betrachten wir die Funktionsweise der beschriebenen Sortierfunktionen im folgenden Beispiel.

Beispiel 17.2:

Bei den Beispielen ist zu beachten, daß *Vektoren* immer in *Spaltenform einzugeben* sind.

Weiterhin wird im folgenden bei allen verwendeten Vektoren und Matrizen als Startwert für die Indizierung 1 verwendet, d.h.

ORIGIN := 1

a) Die Komponenten der folgenden drei Vektoren

$$\mathbf{x} := \begin{pmatrix} 1 \\ 3 \\ 5 \\ 9 \\ 2 \\ 3 \\ 6 \\ 4 \\ 2 \\ 7 \\ 8 \\ 4 \end{pmatrix} \quad \mathbf{y} := \begin{pmatrix} -1 \\ -3 \\ -9 \\ -11 \\ 4 \\ 5 \\ 23 \\ 21 \\ 17 \\ -21 \\ -31 \\ 4 \\ 13 \\ -19 \\ -26 \\ -15 \\ 25 \end{pmatrix} \quad \mathbf{z} := \begin{pmatrix} 1.23 \\ -7.65 \\ 2.34 \\ 6 \\ 87 \\ -56 \\ 34 \\ 7.31 \\ 23 \\ 1 \\ 7 \\ -9 \\ 2.94 \end{pmatrix}$$

werden mit

* der *Funktion* **sort** der Größe nach geordnet (aufsteigende Reihenfolge):

$$\text{sort}(\mathbf{x}) = \begin{array}{|c|c|} \hline & 1 \\ \hline 1 & 1 \\ \hline 2 & 2 \\ \hline 3 & 2 \\ \hline 4 & 3 \\ \hline 5 & 3 \\ \hline 6 & 4 \\ \hline 7 & 4 \\ \hline 8 & 5 \\ \hline 9 & 6 \\ \hline 10 & 7 \\ \hline 11 & 8 \\ \hline 12 & 9 \\ \hline \end{array} \qquad \text{sort}(\mathbf{y}) = \begin{array}{|c|c|} \hline & 1 \\ \hline 1 & -31 \\ \hline 2 & -26 \\ \hline 3 & -21 \\ \hline 4 & -19 \\ \hline 5 & -15 \\ \hline 6 & -11 \\ \hline 7 & -9 \\ \hline 8 & -3 \\ \hline 9 & -1 \\ \hline 10 & 4 \\ \hline 11 & 4 \\ \hline 12 & 5 \\ \hline 13 & 13 \\ \hline 14 & 17 \\ \hline 15 & 21 \\ \hline 16 & 23 \\ \hline \end{array} \qquad \text{sort}(\mathbf{z}) = \begin{array}{|c|c|} \hline & 1 \\ \hline 1 & -56 \\ \hline 2 & -9 \\ \hline 3 & -7.65 \\ \hline 4 & 1 \\ \hline 5 & 1.23 \\ \hline 6 & 2.34 \\ \hline 7 & 2.94 \\ \hline 8 & 6 \\ \hline 9 & 7 \\ \hline 10 & 7.31 \\ \hline 11 & 23 \\ \hline 12 & 34 \\ \hline 13 & 87 \\ \hline \end{array}$$

* der *Funktion* **reverse** in umgekehrter Reihenfolge dargestellt:

$$\text{reverse}(\mathbf{x}) = \begin{array}{|c|c|} \hline & 1 \\ \hline 1 & 4 \\ \hline 2 & 8 \\ \hline 3 & 7 \\ \hline 4 & 2 \\ \hline 5 & 4 \\ \hline 6 & 6 \\ \hline 7 & 3 \\ \hline 8 & 2 \\ \hline 9 & 9 \\ \hline 10 & 5 \\ \hline 11 & 3 \\ \hline 12 & 1 \\ \hline \end{array} \qquad \text{reverse}(\mathbf{y}) = \begin{array}{|c|c|} \hline & 1 \\ \hline 1 & 25 \\ \hline 2 & -15 \\ \hline 3 & -26 \\ \hline 4 & -19 \\ \hline 5 & 13 \\ \hline 6 & 4 \\ \hline 7 & -31 \\ \hline 8 & -21 \\ \hline 9 & 17 \\ \hline 10 & 21 \\ \hline 11 & 23 \\ \hline 12 & 5 \\ \hline 13 & 4 \\ \hline 14 & -11 \\ \hline 15 & -9 \\ \hline 16 & -3 \\ \hline \end{array} \qquad \text{reverse}(\mathbf{z}) = \begin{array}{|c|c|} \hline & 1 \\ \hline 1 & 2.94 \\ \hline 2 & -9 \\ \hline 3 & 7 \\ \hline 4 & 1 \\ \hline 5 & 23 \\ \hline 6 & 7.31 \\ \hline 7 & 34 \\ \hline 8 & -56 \\ \hline 9 & 87 \\ \hline 10 & 6 \\ \hline 11 & 2.34 \\ \hline 12 & -7.65 \\ \hline 13 & 1.23 \\ \hline \end{array}$$

* den geschachtelten *Funktionen* **reverse (sort ( ))** in absteigender Reihenfolge angeordnet:

17.1 Allgemeine Funktionen

reverse(sort(x)) =
	1
1	9
2	8
3	7
4	6
5	5
6	4
7	4
8	3
9	3
10	2
11	2
12	1

reverse(sort(y)) =
	1
1	25
2	23
3	21
4	17
5	13
6	5
7	4
8	4
9	-1
10	-3
11	-9
12	-11
13	-15
14	-19
15	-21
16	-26

reverse(sort(z)) =
	1
1	87
2	34
3	23
4	7.31
5	7
6	6
7	2.94
8	2.34
9	1.23
10	1
11	-7.65
12	-9
13	-56

Man beobachtet im vorangehenden wieder den Effekt, daß bei der *Darstellung mit Indizes* nicht alle Komponenten der Ergebnisvektoren direkt auf dem Bildschirm angezeigt werden. In dieser Darstellungsform wird eine *rollende Ausgabetabelle* angegeben. Dies zeigt sich am Vektor **y**, der 17 Komponenten besitzt. Bei der *Darstellung* des *Ergebnisses mit Angabe der Indizes* werden nur 16 *Komponenten* direkt in der rollenden Ausgabetabelle angezeigt.

Möchte man bei den *Ergebnissen* die Angabe der *Indizes unterdrücken*, d.h. die *Ergebnisse* in *Matrixform* anzeigen lassen, so erreicht man dies, indem man die *Menüfolge*

Format ⇒ Result...

(deutsche Version: **Format ⇒ Ergebnis...**)

aktiviert und in der erscheinenden *Dialogbox*

Result Format

(deutsche Version: **Ergebnisformat**)

im *Feld*

Matrix display style

(deutsche Version: **Matrixanzeige**)

Matrix

einstellt (siehe Abschn.15.1).

Die *Darstellungsweise* in *Matrixform* ist vorzuziehen, wenn man alle Elemente angezeigt haben möchte, wie wir im folgenden demonstrieren:

$$\mathbf{sort(x)} = \begin{pmatrix} 1 \\ 2 \\ 2 \\ 3 \\ 3 \\ 4 \\ 4 \\ 5 \\ 6 \\ 7 \\ 8 \\ 9 \end{pmatrix} \quad \mathbf{sort(y)} = \begin{pmatrix} -31 \\ -26 \\ -21 \\ -19 \\ -15 \\ -11 \\ -9 \\ -3 \\ -1 \\ 4 \\ 4 \\ 5 \\ 13 \\ 17 \\ 21 \\ 23 \\ 25 \end{pmatrix} \quad \mathbf{sort(z)} = \begin{pmatrix} -56 \\ -9 \\ -7.65 \\ 1 \\ 1.23 \\ 2.34 \\ 2.94 \\ 6 \\ 7 \\ 7.31 \\ 23 \\ 34 \\ 87 \end{pmatrix}$$

$$\mathbf{reverse(x)} = \begin{pmatrix} 4 \\ 8 \\ 7 \\ 2 \\ 4 \\ 6 \\ 3 \\ 2 \\ 9 \\ 5 \\ 3 \\ 1 \end{pmatrix} \quad \mathbf{reverse(y)} = \begin{pmatrix} 25 \\ -15 \\ -26 \\ -19 \\ 13 \\ 4 \\ -31 \\ -21 \\ 17 \\ 21 \\ 23 \\ 5 \\ 4 \\ -11 \\ -9 \\ -3 \\ -1 \end{pmatrix} \quad \mathbf{reverse(z)} = \begin{pmatrix} 2.94 \\ -9 \\ 7 \\ 1 \\ 23 \\ 7.31 \\ 34 \\ -56 \\ 87 \\ 6 \\ 2.34 \\ -7.65 \\ 1.23 \end{pmatrix}$$

17.1 Allgemeine Funktionen

$$\mathbf{reverse(sort(x))} = \begin{pmatrix} 9 \\ 8 \\ 7 \\ 6 \\ 5 \\ 4 \\ 4 \\ 3 \\ 3 \\ 2 \\ 2 \\ 1 \end{pmatrix}, \quad \mathbf{reverse(sort(y))} = \begin{pmatrix} 25 \\ 23 \\ 21 \\ 17 \\ 13 \\ 5 \\ 4 \\ 4 \\ -1 \\ -3 \\ -9 \\ -11 \\ -15 \\ -19 \\ -21 \\ -26 \\ -31 \end{pmatrix}, \quad \mathbf{reverse(sort(z))} = \begin{pmatrix} 87 \\ 34 \\ 23 \\ 7.31 \\ 7 \\ 6 \\ 2.94 \\ 2.34 \\ 1.23 \\ 1 \\ -7.65 \\ -9 \\ -56 \end{pmatrix}$$

b) Wenden wir die gegebenen *Sortierfunktionen* für *Matrizen* auf die folgende *Matrix* **A** an:

$$\mathbf{A} := \begin{pmatrix} 4 & 2 & 6 \\ 1 & 5 & 3 \\ 7 & 9 & 8 \end{pmatrix} \qquad \mathbf{reverse(A)} = \begin{pmatrix} 7 & 9 & 8 \\ 1 & 5 & 3 \\ 4 & 2 & 6 \end{pmatrix}$$

$$\mathbf{csort(A,3)} = \begin{pmatrix} 1 & 5 & 3 \\ 4 & 2 & 6 \\ 7 & 9 & 8 \end{pmatrix} \qquad \mathbf{rsort(A,2)} = \begin{pmatrix} 4 & 6 & 2 \\ 1 & 3 & 5 \\ 7 & 9 & 8 \end{pmatrix}$$

♦

17.1.3 Zeichenkettenfunktionen

MATHCAD besitzt eine Reihe von Funktionen (*Zeichenkettenfunktionen*), mit deren Hilfe man Operationen mit Zeichenketten (siehe Abschn.8.4) durchführen kann, so z.B. das Verketten (Aneinanderfügen).
Da wir diese Funktionen im Buch nicht verwenden, verweisen wir auf die Hilfe von MATHCAD, in der diese Funktionen ausführlich erläutert sind.

17.2 Mathematische Funktionen

MATHCAD enthält eine Vielzahl *mathematischer Funktionen*, von denen wir in diesem Abschnitt *reelle Funktionen* von *reellen Variablen* betrachten, die man üblicherweise in zwei Gruppen aufteilt:

* *elementare Funktionen* (siehe Abschn.17.2.1)

  Hierzu zählen Potenz-, Logarithmus- und Exponentialfunktionen, trigonometrische und hyperbolische Funktionen und deren inverse Funktionen (Umkehrfunktionen), die MATHCAD alle kennt.

* *höhere Funktionen* (siehe Abschn.17.2.2)

  Hiervon kennt MATHCAD die Besselfunktionen.

Von diesen Funktionen spielen die *Elementarfunktionen* die dominierende Rolle, da sie in vielen Anwendungen auftreten.

☞

MATHCAD kennt *weitere Funktionen*, wie

* *Funktionen komplexer Variablen*
* *Statistische Funktionen*
* *Matrixfunktionen*

die ebenfalls zu den *mathematischen Funktionen* zählen und die wir in den entsprechenden Kapiteln kennenlernen.

♦

Für die Betrachtungen im Rahmen des vorliegenden Buches setzen wir voraus, daß der Anwender Grundkenntnisse über *reelle Funktionen* besitzt. Deshalb geben wir keine mathematisch exakte Definition dieser Funktionen. Für unsere Anwendungen ist folgende *anschauliche Definition* ausreichend:

Eine Vorschrift f, die jedem n-Tupel reeller Zahlen

$x_1, x_2, \ldots, x_n$

aus einer gegebenen Menge A (Definitionsbereich) genau eine reelle Zahl z zuordnet, heißt reelle Funktion f von n reellen Variablen.

Für *reelle Funktionen* verwenden wir *folgende Bezeichnungen:*

* *Funktionen einer reellen Variablen* x

  $y = f(x)$

* *Funktionen von zwei reellen Variablen* x , y

  $z = f(x,y)$

* *Funktionen von n reellen Variablen* $x_1, x_2, \ldots, x_n$

  $z = f(x_1, x_2, \ldots, x_n)$

17.2 Mathematische Funktionen

wobei wir uns der mathematisch nichtexakten Schreibweise anschließen und die Funktionswerte anstelle von f als Funktion bezeichnen. Diese Schreibweise wird auch in MATHCAD verwendet.

☞

Bei der *Darstellung* von *Funktionen mehrerer Variablen*
$$z = f(x_1, x_2, \ldots, x_n)$$
gestattet MATHCAD drei Möglichkeiten für die Schreibweise der Variablen:

* *Variablen ohne Indizes* in der Form
   x1, x2, ... , xn
   d.h. z = f (x1, x2, ... , xn)
* *indizierte Variablen* mit *Feldindex*
   $x_1, x_2, \ldots, x_n$
   d.h. $z = f(x_1, x_2, \ldots, x_n)$
* *indizierte Variablen* mit *Literalindex*
   $x_1, x_2, \ldots, x_n$
   d.h. $z = f(x_1, x_2, \ldots, x_n)$

Über diese Darstellungsmöglichkeiten für Variablen haben wir ausführlicher im Abschn. 8.2 gesprochen.

♦

☞

Zur *Untersuchung* von *reellen Funktionen* stellt MATHCAD umfangreiche Hilfsmittel zur Verfügung, die wir im Laufe des Buches kennenlernen. Hierzu zählen u.a.

* *grafische Darstellungen* (Kap. 18)
* *Nullstellenbestimmung* (Kap. 16)
* *Grenzwertberechnung* (Abschn. 19.4)
* *Differentiation* (Abschn. 19.1)
* *Kurvendiskussion* (Abschn. 19.5)

♦

17.2.1 Elementare Funktionen

Zu den *elementaren mathematischen Funktionen* werden folgende Funktionen einer reellen Variablen gezählt:

* *Potenzfunktionen* und ihre *Inversen* (*Wurzelfunktionen*)
* *Exponentialfunktionen* und ihre *Inversen* (*Logarithmusfunktionen*)
* *trigonometrische Funktionen* und ihre *Inversen*

* *hyperbolische Funktionen* und ihre *Inversen*

☞

Die *Schreibweise* dieser *Funktionen* brauchen wir nicht anzugeben, da man diese aus der *Dialogbox*

Insert Function

(deutsche Version: **Funktion einfügen**)

entnehmen kann, wie bereits zu Beginn des Kapitels beschrieben wurde. Weiterhin ist zu beachten, daß in MATHCAD die Argumente dieser Funktionen stets in runde Klammern einzuschließen sind.

♦

☞

Nachdem sich eine Funktion mit ihrem Argument im Arbeitsfenster befindet und mit Bearbeitungslinien markiert ist, liefern die *Eingabe* des

* *symbolischen Gleichheitszeichens* → mit abschließender Betätigung der ⏎-Taste

  den *exakten*

* *numerischen Gleichheitszeichens* =

  den *numerischen*

Funktionswert.

♦

Bei der Arbeit mit *elementaren Funktionen* sind in MATHCAD noch folgende *Besonderheiten* zu beachten:

- *Darstellung*
  * Die *e-Funktion*

    e^x

    kann durch e^x oder exp (x) eingegeben werden.
  * Für *allgemeine Exponentialfunktionen* mit beliebiger Basis a>0, d.h.

    a^x

    ist nur die Form a^x für die Eingabe möglich.
  * Für die Berechnung der *Wurzeln* und des *Betrags* existieren keine Funktionsbezeichnungen, sondern sie werden durch Anklicken des *Wurzeloperators*

    ⌐√⌐ (*Quadratwurzel*)

    ⁿ√ (*n-te Wurzel*)

    bzw. des *Betragsoperators*

    |x|

aus der *Operatorpalette Nr.1* erzeugt.

- *Argumente*

  Die *Argumente* für *trigonometrische Funktionen* sind im *Bogenmaß* (Maßeinheit *rad*) einzugeben. Möchte man sie in *Gradmaß* eingeben, so ist das Argument mit *deg* (deutsche Version: *Grad*) zu multiplizieren (Beispiel 17.3a).

  Die Funktionswerte ihrer *inversen Funktionen* werden im Bogenmaß ausgegeben. Möchte man sie in Grad umrechnen, so ist der Ausdruck mit Bearbeitungslinien zu umrahmen und in den erscheinenden *Einheitenplatzhalter* ist *deg* (deutsche Version: *Grad*) einzutragen (Beispiel 17.3b).

  Ausführlichere Informationen über die Arbeit mit Maßeinheiten findet man im Kap.11.

♦

Beispiel 17.3:

a) Berechnen wir die Sinusfunktion bei 90 Grad, zuerst für *Bogenmaß* und anschließend für *Gradmaß*:

$$\sin\left(\frac{\pi}{2}\right) = 1 \qquad \sin(90 \cdot \deg) = 1$$

b) Die Funktionswerte der Arkusfunktionen werden im *Bogenmaß* ausgegeben:

   asin(1) = 1.571   ∎   acos(0) = 1.571   ∎

   Benötigt man sie im *Gradmaß*, so ist in den *Einheitenplatzhalter* (schwarzes Kästchen) *deg* einzutragen:

   asin(1) = 90· deg   acos(0) = 90·deg

c) Die *Umrechnung* von *Bogen-* in *Gradmaß* und umgekehrt ist im folgenden zu sehen:

$$\frac{\pi}{2} \cdot \text{rad} = 90 \cdot \deg$$

   180·deg = 3.142·rad

♦

17.2.2 Höhere Funktionen

Von den höheren Funktionen sind in MATHCAD die *Besselschen Funktionen erster* und *zweiter Art* enthalten, die bei der Lösung von Differentialgleichungen benötigt werden.

Die Schreibweisen dieser Funktionen brauchen wir nicht anzugeben, da man diese aus der Hilfe von MATHCAD bekommt, wenn man den Suchbegriff *Bessel* eingibt.

17.2.3 Definition von Funktionen

Obwohl MATHCAD eine Vielzahl von Funktionen kennt, ist es für ein effektives Arbeiten erforderlich, weitere *Funktionen* zu *definieren*. Einen ersten Eindruck hiervon haben wir bereits im Abschn.10.3 gewonnen.
Betrachten wir *zwei charakteristische Fälle*, bei denen eine *Funktionsdefinition* zu empfehlen ist:

I. Wenn man im Verlaufe einer Arbeitssitzung *Formeln* oder *Ausdrücke* öfters anwenden möchte, die nicht in MATHCAD integriert sind.

II. Wenn man als *Ergebnis* einer *Rechnung* (z.B. Differentiation oder Integration einer Funktion) *Ausdrücke* erhält, die in weiteren Rechnungen benötigt werden.

☞

Derartige *Funktionsdefinitionen* haben den *Vorteil*, daß man bei weiteren Rechnungen nur noch die gewählte *Funktionsbezeichnung* verwendet, anstatt jedes Mal den gesamten Ausdruck eingeben zu müssen.

♦

☞

Funktionsdefinitionen werden unter Verwendung der *Zuweisungsoperatoren*

* :=   (lokal)
* ≡   (global)

durch Eingabe des Doppelpunktes bzw. mittels der *Operatorpalette Nr.2* realisiert, wobei lokale und globale Definitionen die gleichen Eigenschaften wie bei Variablen besitzen (siehe Abschn.8.2 und 10.3). Bei den gewählten *Funktionsbezeichnungen* ist zu beachten, daß MATHCAD zwischen Groß- und Kleinschreibung unterscheidet.

♦

☞

Bei der *Definition* von *Funktionen* ist darauf zu achten, daß nicht Namen *integrierter* (*vordefinierter*) *Funktionen* wie z.B. **sin**, **cos**, **ln**, **floor** (*reservierte Namen*) verwendet werden, da diese dann nicht mehr verfügbar sind. Des weiteren ist zu beachten, daß MATHCAD nicht zwischen Funktions- und Variablennamen unterscheidet. Wenn man beispielsweise eine *Funktion* v(x) und anschließend eine *Variable* v definiert, so ist die Funktion v(x) nicht mehr verfügbar (siehe Beispiel 17.4f).

♦

Im folgenden fassen wir die beiden *Vorgehensweisen* bei *Funktionsdefinitionen* in MATHCAD zusammen:

I. Einem *gegebenen Ausdruck*

$A(x_1, x_2,..., x_n)$

wird mittels

17.2 Mathematische Funktionen

$$f(x_1, x_2,..., x_n) := A(x_1, x_2,..., x_n)$$

bzw.

$$f(x_1, x_2,..., x_n) \equiv A(x_1, x_2,..., x_n)$$

die *Funktion* f lokal bzw. global *zugewiesen*.

Falls sich die zu definierende *Funktion* aus *mehreren analytischen Ausdrücken* zusammensetzt, wie z.B.

$$f(x_1, x_2,..., x_n) = \begin{cases} A_1(x_1, x_2,..., x_n) & \text{wenn } (x_1, x_2,..., x_n) \in D_1 \\ A_2(x_1, x_2,..., x_n) & \text{wenn } (x_1, x_2,..., x_n) \in D_2 \end{cases}$$

oder

$$f(x_1, x_2,..., x_n) = \begin{cases} A_1(x_1, x_2,..., x_n) & \text{wenn } (x_1, x_2,..., x_n) \in D_1 \\ A_2(x_1, x_2,..., x_n) & \text{wenn } (x_1, x_2,..., x_n) \in D_2 \\ A_3(x_1, x_2,..., x_n) & \text{wenn } (x_1, x_2,..., x_n) \in D_3 \end{cases}$$

kann man sie unter Verwendung des *Befehls* **if** definieren (siehe Beispiele 17.4b) und c).

II. Wenn man einem aus einer *Rechnung* erhaltenen *Ausdruck* einer *Funktion zuweisen* möchte, so gibt es zwei Möglichkeiten:

* Man kann analog zur eben beschriebenen Verfahrensweise I. vorgehen. Dabei braucht aber der *Funktionsausdruck* nicht erneut einzugeben werden, sondern man *markiert* ihn mit *Bearbeitungslinien* und *kopiert* ihn auf die übliche WINDOWS-Art z.B. durch *Anklicken* des *Kopiersymbols* aus der Symbolleiste in die *Zwischenablage*.
Das *Einfügen* in die Zuweisung an der gewünschten Stelle geschieht anschließend ebenfall auf die übliche WINDOWS-Art durch *Anklikken* des *Einfügesymbols* in der Symbolleiste.

* *Einfacher* als eben beschrieben läßt sich diese *Funktionszuweisung* realisieren, wenn man Berechnungen mit dem *symbolischen Gleichheitszeichen* durchführt. Hier ergibt die Berechnung eines Ausdrucks *Ausdruck_1* durch Eingabe des *symbolischen Gleichheitszeichens* → den Ausdruck *Ausdruck_2*, d.h.
Ausdruck_1 → *Ausdruck_2*
Durch
f(x, y, ...) := *Ausdruck_1* → *Ausdruck_2*
wird der Funktion f(x, y, ...) das Ergebnis *Ausdruck_2* zugeordnet.
Die genaue Vorgehensweise ist aus Beispiel 17.4e) ersichtlich.
♦

☞

Die *Funktionswerte definierter Funktionen* kann man ebenso wie der in MATHCAD integrierten Funktionen durch Eingabe des symbolischen bzw.

numerischen Gleichheitszeichens *exakt* bzw. *numerisch* berechnen (siehe Beispiel 17.4a), d.h. mittels

$f(x_1, x_2, ..., x_n) \to$ bzw. $f(x_1, x_2, ..., x_n) =$

♦
Beispiel 17.4:

a) Betrachten wir die verschiedenen Möglichkeiten bei der *Definition* einer *Funktion dreier Variablen:*

a1) Definition unter Verwendung *nichtindizierter Variabler* wie u, v und w:

$f(u, v, w) := u \cdot v^2 \cdot \sin(w)$

Die exakte bzw. numerisch *Berechnung* von *Funktionswerten* geschieht hierfür folgendermaßen:

$f(1, 2, 3) \to 4 \cdot \sin(3)$ bzw. $f(1, 2, 3) = 0.564$

a2) Möchte man *indizierte Variablen* (mit *Feldindex*) für die Definition verwenden, so kann dies nicht in der folgenden Form geschehen:

$$f(x_1, x_2, x_3) := x_1 \cdot (x_2)^2 \cdot \sin(x_3)$$

> The expression to the left of the equal sign cannot be defined.

Da beim Feldindex die Variablen als Komponenten eines Vektors **x** aufgefaßt werden, muß folgendermaßen vorgegangen werden:

Definition der Funktion:

$f(x) := x_1 \cdot (x_2)^2 \cdot \sin(x_3)$

Exakte und numerische Berechnung von Funktionswerten:

$f\left(\begin{pmatrix}1\\2\\3\end{pmatrix}\right) \to 4 \cdot \sin(3)$ bzw. $f\left(\begin{pmatrix}1\\2\\3\end{pmatrix}\right) = 0.564$

Die *indizierten Variablen* sind mit dem *Operator*

x_n

aus der *Operatorpalette Nr.1* oder *4* zu bilden.

a3) Wenn man *Variable* mit *Literalindex* (siehe Abschn. 8.2) verwendet, so kann man folgendermaßen vorgehen:

Definition der Funktion:

$f(x_1, x_2, x_3) := x_1 \cdot (x_2)^2 \cdot \sin(x_3)$

17.2 *Mathematische Funktionen*

Exakte und numerische Berechnung von Funktionswerten:

f (1 , 2 , 3) → 4·sin (3)   bzw.   f (1 , 2 , 3) = 0.564

Der *Literalindex* ist durch Eingabe eines Punktes nach der Variablenbezeichnung x zu bilden.

b) Wenn sich eine *Funktion* aus *zwei analytischen Ausdrücken* zusammensetzt, wie z.B.

$$f(x) = \begin{cases} x+1 & \text{wenn } x \leq 0 \\ \dfrac{x^2}{2}+3 & \text{wenn } x > 0 \end{cases}$$

die im Nullpunkt eine *Unstetigkeit* (*Sprung*) besitzt, so kann sie in MATHCAD auf eine der folgenden Arten definiert werden:

* durch Anwendung des **if**-*Befehls*

$$f(x) := \mathbf{if}\left(x \leq 0, x+1, \frac{x^2}{2}+3\right)$$

* durch Anwendung des **if**-*Operators* aus der *Operatorpalette Nr.6*

$$f(x) := \begin{vmatrix} x+1 & \text{if } x \leq 0 \\ \dfrac{x^2}{2}+3 & \text{otherwise} \end{vmatrix}$$

Die *grafische Darstellung* ergibt

x := -2, -1.9999 .. 2

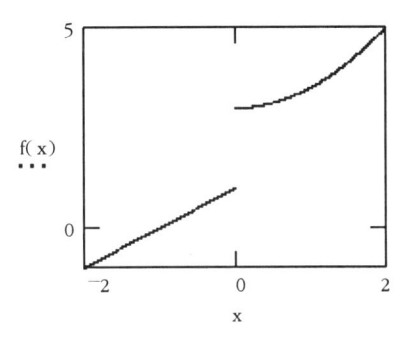

c) Wenn eine Funktion durch drei analytische Ausdrücke definiert ist, wie z.B.

$$f(x) = \begin{cases} 0 & \text{wenn } x \leq 0 \\ 1 & \text{wenn } 0 < x \leq 1 \\ x^2 & \text{wenn } 1 < x \end{cases}$$

die im Nullpunkt eine *Unstetigkeit* (*Sprung*) besitzt, kann sie in MATH-CAD durch

* *Schachtelung* des **if** -*Befehls*

  $f(x) := \mathbf{if}(x \leq 0, 0, \mathbf{if}(x \leq 1, 1, x^2))$

* durch Anwendung des **if**-*Operators* aus der *Operatorpalette Nr.6*

  $f(x) := \begin{vmatrix} 0 & \text{if} & x \leq 0 \\ x^2 & \text{if} & x > 1 \\ 1 & \text{otherwise} \end{vmatrix}$

definiert und *grafisch dargestellt* werden.

Die grafische Darstellung ergibt :

$x := -2, -1.999 .. 3$

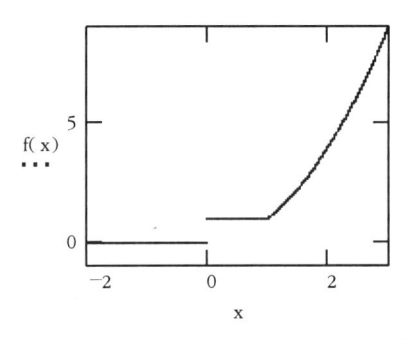

d) In der *Zinseszinsrechnung* berechnet sich das

   Endkapital K_n

   nach n *Jahren* Verzinsung (mit Zins und Zinseszins) bei einem

   Zinsfuß p

   aus dem

   Anfangskapital K_0

   durch die bekannte *Formel*

   $$K_n = K_0 \left(1 + \frac{p}{100}\right)^n$$

17.2 Mathematische Funktionen

Wenn man diese Formel häufig anwenden muß, empfiehlt sich die Definition einer *Funktion*

$$K_n(K_0, p, n) = K_0\left(1 + \frac{p}{100}\right)^n$$

mit den drei unabhängigen Variablen

K_0, p, n,

die als Funktionswert das *Endkapital*

K_n

liefert.

Diese *Funktion* kann man in MATHCAD auf eine der folgenden Arten *definieren*:

* *Ohne* Verwendung von *Indizes* mittels

$$KN(K0, p, n) := K0 \cdot \left(1 + \frac{p}{100}\right)^n$$

Man berechnet z.B. das Endkapital nach 10 Jahren Verzinsung mit 4% aus dem Anfangskapital von 25 000 DM mit dieser definierten Funktion zu:

$$KN(25000, 4, 10) = 3.7006 \cdot 10^4$$

d.h., das Kapital hat sich auf 37 006 DM vermehrt.

* Möchte man *Anfangs-* und *Endkapital* in *indizierter Form* darstellen, so empfiehlt sich der *Literalindex*:

$$K_n(K_0, p, n) := K_0 \cdot \left(1 + \frac{p}{100}\right)^n$$

e) Im folgenden zeigen wir die Möglichkeiten der *Funktionsdefinition* für *Ergebnisse* von *Berechnungen*, die mit dem *symbolischen Gleichheitszeichen* → erhalten wurden:

e1) Ergebnisse von Differentiationen

$$f(x) := \frac{d}{dx}(e^x + \sin(x)) \rightarrow \exp(x) + \cos(x)$$

Falls man das Ergebnis nicht gleich anzeigen möchte, genügt die Funktionsdefinition

$$f(x) := \frac{d}{dx}(e^x + \sin(x))$$

Wenn man später die so definierte Funktion anzeigen möchte, ist das symbolische Gleichheitszeichen einzugeben:

$$f(x) \rightarrow \exp(x) + \cos(x)$$

e2) Ergebnisse von Integrationen

$$h(x) := \int x^2 \cdot e^x \, dx \to x^2 \cdot \exp(x) - 2 \cdot x \cdot \exp(x) + 2 \cdot \exp(x)$$

$$h(x) \to x^2 \cdot \exp(x) - 2 \cdot x \cdot \exp(x) + 2 \cdot \exp(x)$$

Bei dieser Funktionsdefinition mit dem symbolischen Gleichheitszeichen ist zu beachten, daß sich die Berechnung nur auslösen läßt, wenn nur der zu berechnende Ausdruck mit Bearbeitungslinien markiert wurde.

f) In diesem Beispiel demonstrieren wir die Auswirkungen, wenn man für eine Funktion und eine Variable die gleiche Bezeichnung benutzt:

$$v(x) := x^2 + 1 \qquad v(5) = 26$$

$$v := 4 \qquad \boxed{v(5) = \blacksquare \blacksquare}$$
$$\text{Illegal context. Press F1 for Help.}$$

Man sieht, daß nach der Definition der Variablen v die Funktion v(x) nicht mehr zur Verfügung steht.

♦

17.2.4 Approximation von Funktionen

Die *Approximation* von *Funktionen* ist ein umfangreiches Gebiet der numerischen Mathematik, das wir in diesem Buches nicht umfassend behandeln können. Wir betrachten nur einige häufig angewandte Methoden für *Funktionen* f(x) einer reellen *Variablen* x, die auch mit MATHCAD anwendbar sind.

☞

Das Grundprinzip der *Approximation* wird bereits durch den Namen ausgedrückt, das *Annäherung* bedeutet:
Eine *Funktion* f(x), die *analytisch* oder durch *Zahlenpaare/Punkte* gegeben ist, soll durch eine andere *Funktion* (*Näherungsfunktion*) nach gewissen Kriterien *angenähert* werden.

♦

Als *Näherungsfunktionen* werden meistens *einfachere Funktionen* verwendet, wobei Polynome eine fundamentale Rolle spielen.
Im Rahmen des vorliegenden Buches behandeln wir folgende häufig angewandte Methoden zur *Approximationen* von *Funktionen*:

- Für *analytisch* gegebene *Funktionen* findet man im Abschn.19.2 im Rahmen der Taylorentwicklung eine Möglichkeit zur Approximation durch Polynome.
- Für eine durch n *Zahlenpaare/Punkte* (z.B. Paare von *Meßwerten*)

17.2 Mathematische Funktionen

$(x_1, y_1), (x_2, y_2), \ldots, (x_n, y_n)$

gegebene Funktion ist ein analytischer Funktionsausdruck zu konstruieren. Hierfür diskutieren wir folgende Standardmethoden:

* *Interpolationsmethode*
* *Methode der kleinsten Quadrate*

Während wir die *Methode der kleinsten Quadrate* im Abschn.27.2 im Rahmen der Korrelation und Regression kennenlernen, betrachten wir im folgenden die *Interpolation*.

☞

Der *Interpolation* in der *Ebene* liegt das *folgende Prinzip* (*Interpolationsprinzip*) zugrunde:
Eine Funktion f(x) (als *Interpolationsfunktion* bezeichnet) ist so zu bestimmen, daß sie die gegebenen n Zahlenpaare (*Punkte* der Ebene)

$(x_1, y_1), (x_2, y_2), \ldots, (x_n, y_n)$

enthält, d.h., es muß

$y_i = f(x_i)$ für $i = 1, 2, \ldots, n$

gelten.

♦

☞

Die einzelnen *Interpolationsarten* unterscheiden sich durch die *Wahl* der *Interpolationsfunktion*. Am bekanntesten ist die Interpolation durch Polynome (*Polynominterpolation*).

♦

☞

Bei der *Polynominterpolation* muß man bei n gegebenen Punkten mindestens *Polynomfunktionen* (n−1)-ten Grades

$y = f(x) = a_0 + a_1 \cdot x + \ldots + a_{n-1} \cdot x^{n-1}$

verwenden, um das *Interpolationsprinzip* erfüllen zu können. Die noch unbekannten n *Koeffizienten*

a_k $k = 0, 1, 2, \ldots, n-1$

bestimmen sich aus der Forderung, daß die gegebenen n Punkte der Polynomfunktion genügen. Dies ergibt ein *lineares Gleichungssystem* mit n Gleichungen für die n unbekannten Koeffizienten

a_k

Damit hat man eine erste Methode zur Bestimmung des Interpolationspolynoms erhalten.
Die *numerische Mathematik* liefert jedoch *effektivere Methoden* zur *Bestimmung* dieses Interpolationspolynoms.

♦

Die von MATHCAD zur Verfügung gestellten *Interpolationsfunktionen* benötigen die Koordinaten der gegebenen n Zahlenpaare/Punkte, die entweder eingelesen oder zugewiesen werden müssen. Im folgenden befinden sich in den Spaltenvektoren

* **vx** die *x-Koordinaten* (in aufsteigender Reihenfolge geordnet),
* **vy** die zugehörigen *y-Koordinaten*

der gegebenen Zahlenpaare/Punkte.

Betrachten wir im folgenden *Eigenschaften* der *Interpolationsfunktionen* von MATHCAD:

- Die *Interpolationsfunktion*

  linterp (vx, vy, x **)**

  verbindet die gegebenen Punkte durch Geraden, d.h., es wird zwischen den Punkten *linear interpoliert* und als Näherungsfunktion ein *Polygonzug* berechnet. Als Ergebnis liefert diese Funktion den zu x gehörigen Funktionswert des Polygonzugs. Liegen die x-Werte außerhalb der gegebenen Werte, so *extrapoliert* MATHCAD. Dies sollte man aber wegen der auftretenden Ungenauigkeiten möglichst vermeiden.

- Die *Interpolationsfunktion*

  interp (vs, vx, vy, x **)**

  führt eine *kubische Spline-Interpolation* durch, d.h., die gegebenen Punkte werden durch Polynome dritten Grades (kubische Polynome) verbunden. Es wird damit eine *Splinefunktion* vom *Grade 3* erzeugt und die Funktion **interp** berechnet den zum x-Wert gehörigen Funktionswert der berechneten Splinefunktion.

  Für das *Verhalten* der erzeugten *Splinefunktion/Splinekurve* in den *Endpunkten* (erste und letzte Komponente des Vektors **vx**) bietet MATHCAD drei Möglichkeiten an.

  Der hierfür benötigte *Spaltenvektor* **vs** muß vorher durch eine der folgenden *Funktionen* erzeugt werden:

  * **vs := cspline (vx, vy)**
    (deutsche Version: **kspline**)
    für eine *Splinekurve*, die in den Endpunkten kubisch ist.

  * **vs := lspline (vx, vy)**
    für eine *Splinekurve*, die sich an den Endpunkten einer Geraden annähert.

  * **vs := pspline (vx, vy)**
    für eine *Splinekurve*, die sich an den Endpunkten einer Parabel annähert.

Testen wir die gegebenen *Interpolationsfunktionen* im folgenden Beispiel.

Beispiel 17.5:

Nähern wir folgende *fünf Zahlenpaare* (*Punkte* der Ebene)

17.2 Mathematische Funktionen

(1,2) , (2,4) , (3,3) , (4,6) , (5,5)

die beispielsweise durch Messungen ermittelt wurden, durch die *Interpolationsfunktionen* von MATHCAD an:

a) Konstruktion eines *Polygonzugs* mittels *linearer Interpolation*, der die gegebenen Punkte verbindet.
Dazu verwenden wir die *Interpolationsfunktion*
linterp
und geben zuerst die Koordinaten der Punkte ein :

$$vx := \begin{pmatrix} 1 \\ 2 \\ 3 \\ 4 \\ 5 \end{pmatrix} \qquad vy := \begin{pmatrix} 2 \\ 4 \\ 3 \\ 6 \\ 5 \end{pmatrix}$$

Anschließend wird der *Polygonzug* zwischen x=0 und x=6 mit der Schrittweite 0.001 berechnet und mit den gegebenen Punkten in ein gemeinsames Koordinatensystem gezeichnet:

x := 0 , 0.001 .. 6   i := 1 .. 5

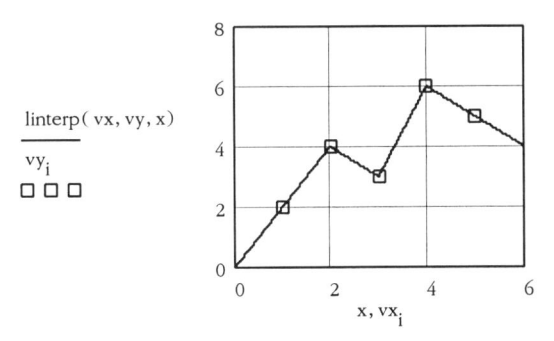

b) Annäherung der gegebenen Punkte durch *kubische Splines* mittels der Funktion
interp
wobei wir drei verschiedene Möglichkeiten für das Verhalten in den Endpunkten x=1 und x=5 betrachten:
Geben wir zuerst die Koordinaten der Punkte ein :

$$vx := \begin{pmatrix} 1 \\ 2 \\ 3 \\ 4 \\ 5 \end{pmatrix} \qquad vy := \begin{pmatrix} 2 \\ 4 \\ 3 \\ 6 \\ 5 \end{pmatrix}$$

b1) Mittels der *Funktion* **cspline** ergibt sich folgendes:

$$vs := \mathbf{cspline}\,(\,vx\,,\,vy\,)$$

$$vs = \begin{bmatrix} 0 \\ 3 \\ 2 \\ -13.75 \\ -3 \\ 7.75 \\ -4 \\ -15.75 \end{bmatrix} \; \blacksquare$$

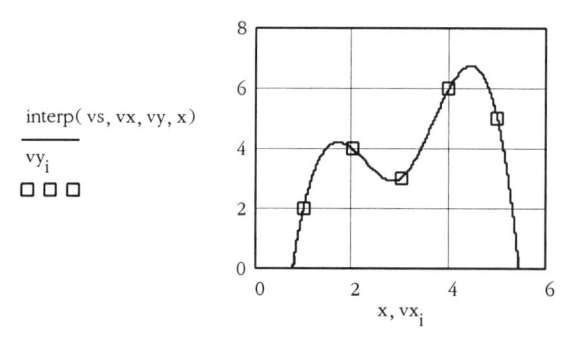

$x := 0, 0.001\,..\,6 \qquad i := 1\,..\,5$

interp(vs, vx, vy, x)

$\overline{vy_i}$

□ □ □

b2) Mittels der *Funktion* **lspline** ergibt sich folgendes:

$$vs := \mathbf{lspline}\,(\,vx\,,\,vy\,)$$

17.2 Mathematische Funktionen

$$vs = \begin{bmatrix} 0 \\ 3 \\ 0 \\ 0 \\ -6.964 \\ 9.857 \\ -8.464 \\ 0 \end{bmatrix} \blacksquare$$

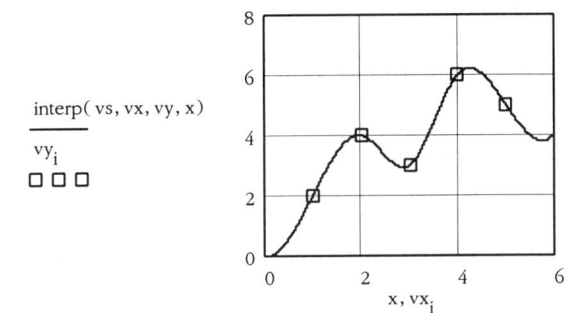

$x := 0, 0.001 .. 6 \qquad i := 1 .. 5$

interp(vs, vx, vy, x)

$\overline{vy_i}$
□ □ □

b3) Mittels der *Funktion* **pspline** ergibt sich folgendes:

$vs := \textbf{pspline} \, (\, vx \, , \, vy \,)$

$$vs = \begin{bmatrix} 0 \\ 3 \\ 1 \\ -5.4 \\ -5.4 \\ 9 \\ -6.6 \\ -6.6 \end{bmatrix} \blacksquare$$

x := 0, 0.001 .. 6   i := 1 .. 5

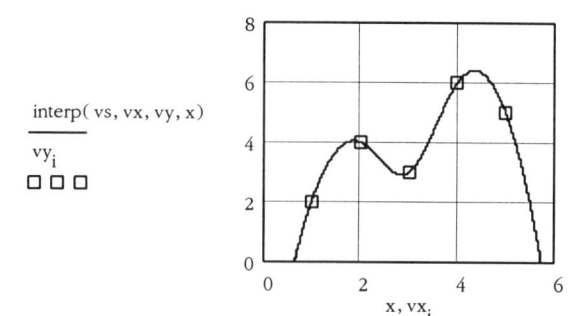

$$\frac{\text{interp}(vs, vx, vy, x)}{vy_i}$$
□ □ □

(plot: x, vx_i on horizontal axis; values 0 to 6)

♦
☞
MATHCAD besitzt keine integrierte Numerikfunktion zur *Polynominterpolation*, man findet sie aber im *Elektronischen Buch* **Numerical Recipes Extension Pack** im Kapitel 2.1 unter dem Namen **polint**, die wir im folgenden Beispiel anwenden.
♦

Beispiel 17.6:
Wir nähern die Punkte aus Beispiel 17.5 durch ein *Interpolationspolynom* vierten Grades an. Wir verwenden dazu die *Interpolationsfunktion*
polint
aus dem *Elektronischen Buch* **Numerical Recipes Extension Pack**:
Die *Interpolationsfunktion* für die *Polynominterpolation*
polint (vx , vy , x)
liefert für die x-Werte (Vektor **vx**) und y-Werte (Vektor **vy**) der gegebenen Zahlenpaare/Punkte als Ergebnis einen Vektor, der als erste Komponente den Funktionswert des Interpolationspolynoms an der Stelle x enthält. Die zweite Komponente enthält eine Fehlerabschätzung.
Wir stellen das berechnete *Interpolationspolynom vierten Grades* im Intervall [0,6] und die gegebenen Punkte grafisch dar:

$$vx := \begin{pmatrix} 1 \\ 2 \\ 3 \\ 4 \\ 5 \end{pmatrix} \qquad vy := \begin{pmatrix} 2 \\ 4 \\ 3 \\ 6 \\ 5 \end{pmatrix}$$

17.2 Mathematische Funktionen

$x := 0, 0.001 .. 6 \qquad i := 1 .. 5$

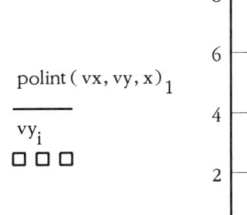

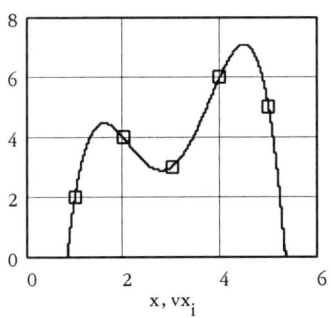

polint(vx, vy, x)$_1$

$\overline{vy_i}$
□ □ □

◆

18 Grafik

MATHCAD bietet umfangreiche *grafische Möglichkeiten*, wobei sowohl 2D- als auch 3D-Grafiken gezeichnet werden. Dazu gehören die Darstellung von
* *Kurven* (Abschn.18.1)
* *Flächen* (Abschn.18.2)
* *Punktgrafiken* (Abschn.18.3)
* *Diagrammen* (Abschn.18.4)
* *bewegten Grafiken* (Abschn.18.5)

wie wir im folgenden darlegen.

☞
Da wir nicht alle Details der Grafikmöglichkeiten von MATHCAD erklären können, wird dem Anwender empfohlen, mit den gegebenen Hinweisen und durch Wahl verschiedener Optionen zu experimentieren. Dazu können auch weitere Informationen aus der integrierten Hilfe erhalten werden.
♦

18.1 Kurven

Wir betrachten die *grafische Darstellung* von *Kurven*
* in der zweidimensionalen *Ebene* R^2 (*ebene Kurven*)
* im dreidimensionalen *Raum* R^3 (*Raumkurven*)

Funktionen f(x) einer reellen Variablen x lassen sich mittels eines kartesischen Koordinatensystems in der Ebene *grafisch darstellen*, indem man die *Punktmenge*

{ (x,y) $\in R^2$ / y = f(x) , x $\in$ D(f) }

zeichnet (D(f) - *Definitionsbereich*).
Für diese grafische Darstellung der Funktion f(x) wird eine der folgenden Bezeichnungen verwendet:
* *Graph*

18.1 Kurven

* *Funktionskurve*
* *Kurve*

☞

Die gegebene grafische Darstellung erfaßt nicht alle möglichen *ebenen Kurven*, da eine *Funktion*

y = f(x)

als *eindeutige Abbildung* definiert ist (siehe Abschn.17.2), so daß geschlossene Kurven wie z.B. Kreise und Ellipsen, aber auch Hyperbeln damit nicht beschrieben werden können:

* Man bezeichnet eine durch die *Funktion*
    y=f(x)
    erzeugte *ebene Kurve* als *Kurve* mit einer *Funktionsgleichung* in *expliziter Darstellung*.
* Eine weitere Möglichkeit besteht in der *impliziten Darstellung*. Eine *implizit* durch die *Funktionsgleichung*
    F(x,y) = 0
    gegebene *ebene Kurve* besteht aus allen Punkten der Menge
    { (x,y) ∈ R^2 / F(x,y) = 0 , x ∈ D(f) }

♦

Beispiel 18.1:

Ein *Kreis* mit Mittelpunkt in 0 und Radius a > 0 besitzt in *kartesischen Koordinaten* die *Gleichung*

$$x^2 + y^2 = a^2$$

d.h., eine *Funktionsgleichung* in *impliziter Darstellung*

$$F(x,y) = x^2 + y^2 - a^2 = 0$$

die nicht eindeutig nach y auflösbar ist.
Eine *explizite Darstellung* in der Form y = f(x) ist deshalb für den Kreis *nicht möglich*. Bei der Auflösung nach y erhält man die beiden *Halbkreise*

$$y = \sqrt{a^2 - x^2} \quad \text{und} \quad y = -\sqrt{a^2 - x^2}$$

d.h. zwei verschiedene Funktionen der Form y = f(x).

♦

Von den bisher betrachteten Darstellungen für *ebene Kurven* in kartesischen Koordinaten:

* *explizite Darstellung*
    y = f(x)
* *implizite Darstellung*
    F(x,y) = 0

kann MATHCAD nur die explizit gegebenen zeichnen.

Von weiteren Darstellungsmöglichkeiten für *ebene Kurven* sind folgende in MATHCAD anwendbar:
- *Parameterdarstellungen* der Form

  $x = x(t)$, $y = y(t)$ $\qquad t \in [a, b]$

  in *kartesischen Koordinatensystemen*.
- *Polarkoordinaten* der Form

  $r = r(\varphi)$ $\qquad \varphi \in [a, b]$

  Diese gehören zu den *krummlinige Koordinaten*, die anstatt von *kartesischen Koordinaten* eingesetzt werden, um *ebene Kurven* einfach darstellen zu können. Dabei stehen

  * r

  für den *Radius*

  * φ

  für den *Winkel*

  d.h., der *Radiusvektor* r wird als Funktion des Winkels φ dargestellt.

Betrachten wir einige Beispiele für mögliche Kurvendarstellungen.

Beispiel 18.2:

a) Eine mögliche *Parameterdarstellung* für den *Kreis* aus Beispiel 18.1 lautet in *Polarform:*

$x = a \cdot \cos t$, $y = a \cdot \sin t$

worin der *Parameter* t den Winkel zwischen dem Radiusvektor und der positiven x–Achse darstellt und von 0 bis 2π (360°) läuft, d.h. $0 \le t \le 2\pi$.

b) Der *Kreis* aus Beispiel 18.1 hat in *Polarkoordinaten* die einfache *Darstellung*

$r = a$

c) Die *ganzrationale Funktion* (*Polynomfunktion*)

$y = f(x) = x^5 - 5 \cdot x^4 - 5 \cdot x^3 + 25 \cdot x^2 + 4 \cdot x - 20$

deren Nullstellen wir im Beispiel 16.4a) berechnen, wird in Abb. 18.2 grafisch dargestellt.

d) Die *gebrochenrationale Funktion*

$y = f(x) = \dfrac{x^4 - x^3 - x - 1}{x^3 - x^2}$

haben die wir im Beispiel 13.11b) in Partialbrüche zerlegt. Der zugehörige Graph ist in Abb.18.3 dargestellt.

e) $x(t) = t - \sin t$, $y(t) = 1 - \cos t$ $\qquad (-\infty < t < \infty)$

ist die *Parameterdarstellung* einer *Zykloide*, die sich in impliziter Form durch

$$y = 1 - \cos(x + \sqrt{y \cdot (2-y)})$$

darstellt. Der zugehörige Graph ist in Abb.18.5 dargestellt.

f) Die Gleichung einer *Lemniskate* lautet in
   * *impliziter Form*
     $$(x^2 + y^2)^2 - 2 \cdot a \cdot (x^2 - y^2) = 0$$
   * *Parameterdarstellung*
     $$x = a \cdot \cos t \cdot \sqrt{2 \cdot \cos 2t} \quad , \quad y = a \cdot \sin t \cdot \sqrt{2 \cdot \cos 2t} \qquad (\,0 \leq t \leq 2\pi\,)$$
   * *Polarkoordinaten*
     $$r = a \cdot \sqrt{2 \cdot \cos 2\varphi} \qquad\qquad\qquad\qquad (\,0 \leq \varphi \leq 2\pi\,)$$

   Ihr Graph ist in Abb.18.7 für a=1 zu sehen.

♦

☞

Die *Grafikkommandos* von MAPLE wurden von MATHCAD nicht übernommen. Man hat für MATHCAD ein *eigenes System* für *grafische Darstellungen* entwickelt, auf das wir im folgenden ausführlicher eingehen.

♦

Für die *grafische Darstellung* einer *gegebenen Funktion*

y = f(x)

d.h. zur Zeichnung der zugehörigen *Funktionskurve* in der Ebene, sind in MATHCAD folgende Schritte erforderlich:

- *Zuerst* erzeugt man mittels einer der folgenden *Aktivitäten*
    * Aktivierung der *Menüfolge*

      Insert ⇒ Graph ⇒ X-Y Plot
      (deutsche Version: **Einfügen ⇒ Diagramm ⇒ X-Y-Diagramm**)
    * Anklicken des *Grafikoperators*

      [Symbol]

      in der *Operatorpalette Nr.3*

      [Symbol]

      im Arbeitsfenster an der durch den Kursor bestimmten Stelle ein *Grafikfenster* (*Grafikrahmen*), dessen Gestalt aus Abb.18.1 zu entnehmen ist.
- *Danach* sind in diesem *Grafikfenster* in den mittleren *Platzhalter* der x-Achse

  x

  und in den mittleren *Platzhalter* der y-Achse (durch *missing operand* angezeigt) die *Funktionsbezeichnungen*

  f(x)

einzutragen, wenn diese Funktion vorher definiert wurde. Anderenfalls muß statt f(x) der entsprechende Funktionsausdruck eingetragen werden. Die restlichen (äußeren) Platzhalter dienen zur Festlegung des *Maßstabs* (*Achsenskalierung*). Trägt man hier keine Werte ein, so wählt sie MATHCAD.

- *Anschließend* kann *über* dem *Grafikfenster* unter Verwendung des *Operators*

  [m..n]

  aus der *Operatorpalette Nr.1* der gewünschte *x-Bereich* (*Definitionsbereich*, z.B. $a \leq x \leq b$) in der *Form*

  x := a .. b   (*Schrittweite* 1)

  bzw.

  x := a , a + Δx .. b   (*Schrittweite* Δx)

  eingegeben, d.h. x als *Bereichsvariable* definiert werden (siehe Abschn.8.3).
  Falls man x über dem Grafikfenster nicht als Bereichsvariable definiert, erzeugt MATHCAD einen sogenannten *Quick-Plot* für den *x-Bereich* [-10,10].

- *Abschließend* zeichnet MATHCAD die gewünschte *Funktionskurve* durch einen *Mausklick* außerhalb des Grafikfensters oder durch Drücken der ⏎-Taste, falls man sich im *Automatikmodus* befindet, ansonsten ist die Funktionstaste F9 zu betätigen.

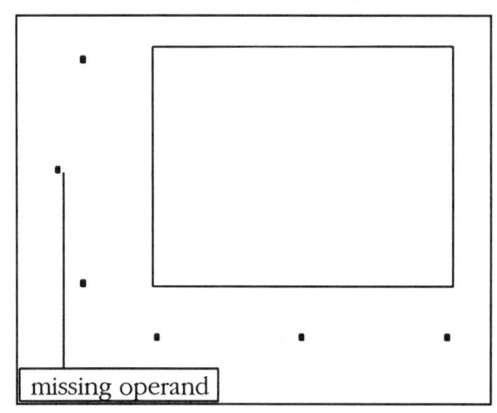

Abb.18.1. Grafikfenster für Kurven im kartesischen Koordinatensystem

☞

MATHCAD *zeichnet* die *Funktionskurve* durch Berechnung der Funktionswerte f(x) in den Werten der als Bereichsvariablen definierten Variablen x und verbindet die so erhaltenen Punkte durch Geradenstücke.
Wenn die von MATHCAD gezeichnete *Grafik* zu *grob* erscheint, kann man bei der *Definition* der *Bereichsvariablen* x die *Schrittweite* Δx *verkleinern*,

18.1 Kurven

um die Anzahl der zu zeichnenden Punkte zu erhöhen. Die Vorgehensweise ersehen wir aus den Abb.18.2, 18.3, 18.4, 18.5 und 18.7, in denen wir als Schrittweite 0.01, 0.00003, 0.001 bzw. 0.0001 verwenden.
Weiterhin kann eine *passende Schrittweitenwahl* Δx beim Auftreten von *Polstellen* der Funktion f(x) *erforderlich* werden, um diese bei der Funktionswertberechnung auszuschließen (siehe Abb.18.3).

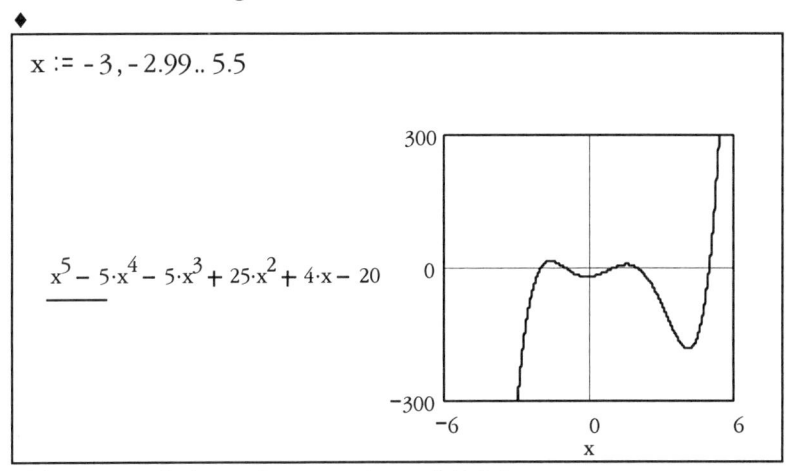

♦

$x := -3, -2.99 .. 5.5$

$x^5 - 5 \cdot x^4 - 5 \cdot x^3 + 25 \cdot x^2 + 4 \cdot x - 20$

Abb.18.2. Graph der Funktion aus Beispiel 18.2c)

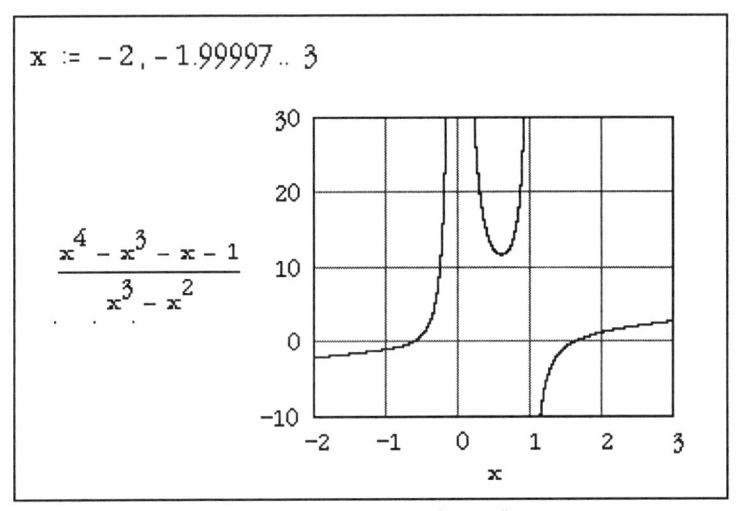

$x := -2, -1.99997 .. 3$

$$\frac{x^4 - x^3 - x - 1}{x^3 - x^2}$$

Abb.18.3. Graph der Funktion aus Beispiel 18.2d)

☞

Wenn man die *Kurven mehrerer Funktionen*
f(x), g(x), ...
in das *gleiche Koordinatensystem* zeichnen möchte, so sind diese im Grafikfenster in den Platzhalter der y-Achse durch Komma getrennt einzutragen.

Aus der Abb.18.4 ist die *grafische Darstellung* von *drei Funktionen* in einem kartesischen Koordinatensystem ersichtlich. MATHCAD stellt die einzelnen Funktionen durch unterschiedliche Linienformen bzw. Farben dar, deren Form man auch selbst bestimmen kann.

♦

$$x := -10, -9.99 .. 10$$

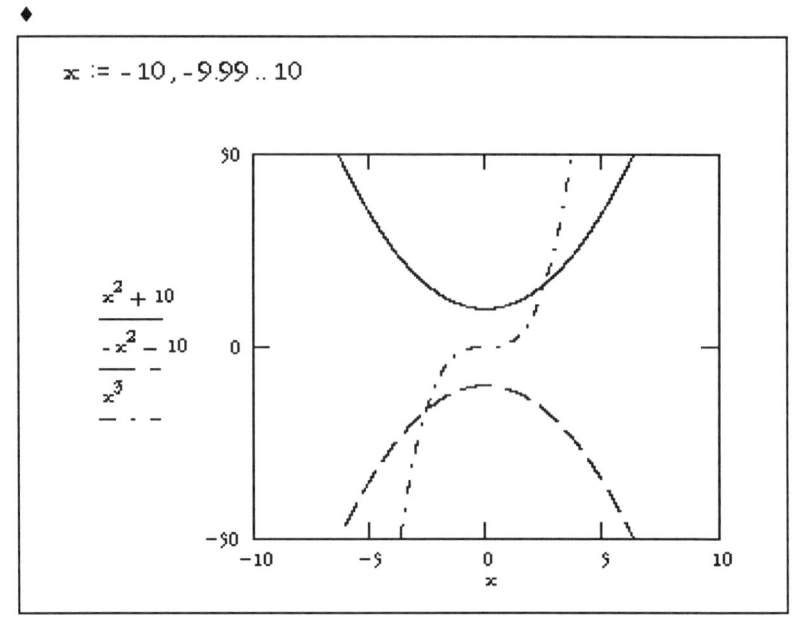

$x^2 + 10$

$-x^2 - 10$

x^3

Abb.18.4. Drei Funktionskurven in einem kartesischen Koordinatensystem

☞

Wie bereits im Abschn.8.3 erklärt wurde, kann man die für die grafische Darstellung einer Funktion f(x) benötigte Definition der unabhängigen Variablen x als *Bereichsvariable* zusätzlich zur *Ausgabe* der definierten x-*Werte* und der dazugehörigen *Funktionswerte* f(x) verwenden. Man braucht hierzu nur x und f(x) in das Arbeitsfenster und abschließend das *numerische Gleichheitszeichen* = einzugeben, wie wir im folgenden Beispiel 18.3 zeigen.

♦
Beispiel 18.3:

Wir definieren die *Funktion*

$$f(x) := -x^2 + 2$$

und ihre unabhängige Variable x im Intervall [-2,2] als *Bereichsvariable* mit der *Schrittweite* 0.5:

$$x := -2, -1.5 .. 2$$

Anschließend kann man nach der besprochenen Vorgehensweise die dazugehörige Funktionskurve zeichnen:

18.1 Kurven

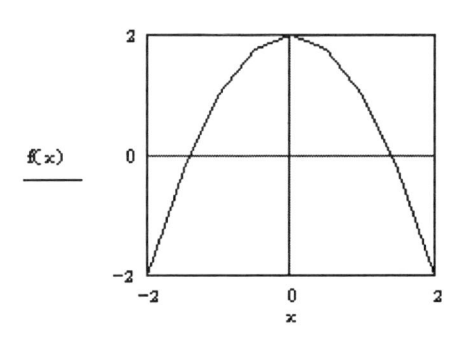

[Graph: parabola opening downward from (-2,-2) through (0,2) to (2,-2)]

Weiterhin lassen sich jetzt sowohl die Werte der *Bereichsvariablen* x als auch die dazugehörigen *Funktionswerte* f(x) durch Eingabe des numerischen Gleichheitszeichens = *berechnen*:

x	f(x)
-2	-2
-1.5	-0.25
-1	1
-0.5	1.75
0	2
0.5	1.75
1	1
1.5	-0.25
2	-2

♦

☞
MATHCAD besitzt noch nicht die Eigenschaft wie andere Computeralgebra-Systeme, in *impliziter Form* F(x,y)=0 gegebene *ebene Kurven* darstellen zu können. Man muß hier auf *Parameterdarstellungen* oder *Polarkoordinaten* zurückgreifen (siehe Beispiele 18.2e) und f).
♦

Liegt eine *ebene Kurve* in der *Parameterdarstellung*

$x = x(t)$, $y = y(t)$ $t \in [a, b]$

vor, so geschieht die *grafische Darstellung* mittels MATHCAD in folgenden *Schritten:*

- *Zuerst* erzeugt man auf die gleiche Art wie vorangehend im Arbeitsfenster ein *Grafikfenster* an der durch den Kursor bestimmten Stelle (siehe Abb.18.1).
- *Danach* werden in die mittleren Platzhalter der x und y-Achse die Funktionen x(t) bzw. y(t) eingetragen.

- *Anschließend* kann *über* dem *Grafikfenster* unter Verwendung des *Operators*

  ▦ m..n

  aus der *Operatorpalette Nr.1* der gewünschte *t-Bereich* (*Definitionsbereich*, z.B. a ≤ t ≤ b) in der *Form*

  t := a .. b   (*Schrittweite* 1)

  bzw.

  t := a , a + Δt .. b   (*Schrittweite* Δt)

  eingegeben, d.h. t als *Bereichsvariable* definiert werden (siehe Abschn.8.3).
  Falls man t nicht als Bereichsvariable definiert, erzeugt MATHCAD einen sogenannten *Quick-Plot* für den *t-Bereich* [-10,10].

- *Abschließend* erhält man die gewünschte *Funktionskurve* durch einen *Mausklick* außerhalb des Grafikfensters oder durch Drücken der ⏎ -Taste, falls man sich im *Automatikmodus* befindet, ansonsten ist die Funktionstaste F9 zu betätigen. Ein Beispiel hierfür findet man in Abb.18.5

t := -20 , -19.999 .. 20

Zykloide in Parameterdarstellung

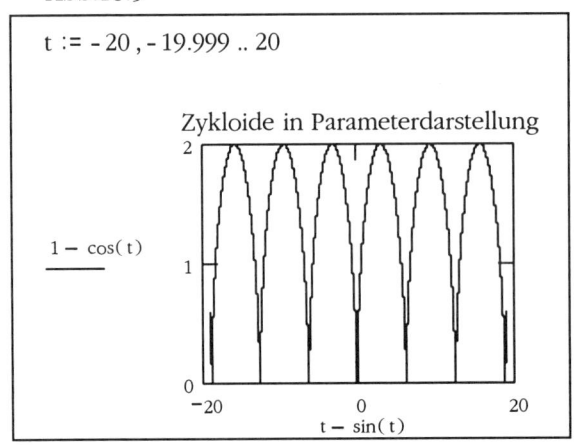

$\frac{1 - \cos(t)}{}$ vs. $t - \sin(t)$

Abb.18.5. Graph der Funktion aus Beispiel 18.2e)

Liegt eine *ebene Kurve* in *Polarkoordinaten*

r = r(φ)   φ ∈ [a, b]

vor, so geschieht die *grafische Darstellung* mittels MATHCAD in folgenden *Schritten:*

- *Zuerst* wird mittels einer der folgenden *Aktivitäten*
  * Aktivierung der *Menüfolge*
    Insert ⇒ Graph ⇒ Polar Plot
    (deutsche Version: **Einfügen ⇒ Diagramm ⇒ Kreisdiagramm**)
  * Anklicken des *Grafikoperators*

18.1 Kurven

[Symbol]

in der *Operatorpalette Nr.3*

[Symbol]

ein *Grafikfenster* (*Grafikrahmen*) für *Polarkoordinaten* im Arbeitsfenster an der durch den Kursor bestimmten Stelle erzeugt, dessen Form aus Abb.18.6 ersichtlich ist.

- *Danach* ist in das *Grafikfenster* in den *unteren* Platzhalter
  φ
  und in den *linken* (durch *missing operand* angezeigt)
  $r(\varphi)$
  einzutragen.
  Die restlichen (äußeren) Platzhalter dienen zur Festlegung des Maßstabs (*Achsenskalierung*). Trägt man hier keine Werte ein, so wählt sie MATHCAD.

- *Anschließend* kann *über* dem *Grafikfenster* unter Verwendung des *Operators*

[Symbol m..n]

aus der *Operatorpalette Nr.1* der gewünschte *φ-Bereich* (*Definitionsbereich*, z.B. a ≤ φ ≤ b) in der *Form*

$\varphi := a .. b$ \hspace{1em} (*Schrittweite* 1)

bzw.

$\varphi := a, a + \Delta\varphi .. b$ \hspace{1em} (*Schrittweite* $\Delta\varphi$)

eingegeben, d.h. φ als *Bereichsvariable* definiert werden (siehe Abschn.8.3).
Falls man φ nicht als Bereichsvariable definiert, erzeugt MATHCAD einen sogenannten *Quick-Plot* für den *φ-Bereich* [0,2π].

- *Abschließend* erhält man die gewünschte *Funktionskurve* durch einen *Mausklick* außerhalb des Grafikfensters oder durch Drücken der ⏎-Taste, falls man sich im *Automatikmodus* befindet, ansonsten ist die Funktionstaste [F9] zu drücken.

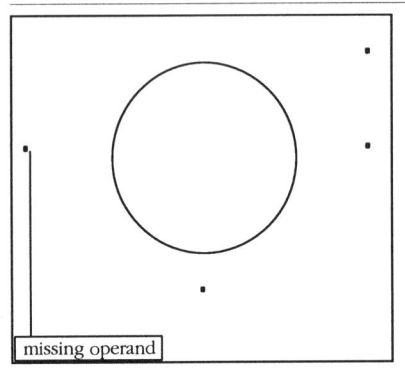

Abb.18.6. Grafikfenster für Kurven in Polarkoordinaten

$t := 0, 0.0001 .. 2 \cdot \pi$

Lemniskate in Parameterdarstellung

$\overline{\sin(t) \cdot \sqrt{2 \cdot \cos(2 \cdot t)}}$

$\overline{\cos(t) \cdot \sqrt{2 \cdot \cos(2 \cdot t)}}$

Lemniskate in Polarkoordinaten

$\overline{\sqrt{2 \cdot \cos(2 \cdot t)}}$

t

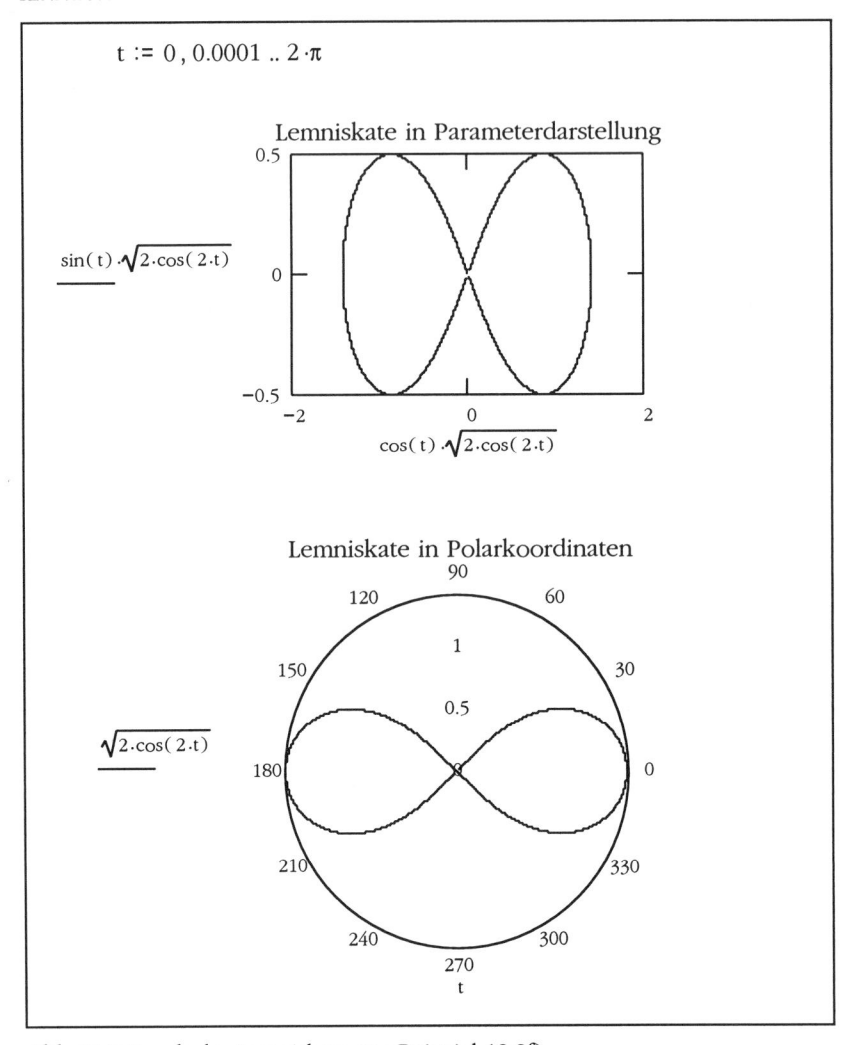

Abb.18.7. Graph der Lemniskate aus Beispiel 18.2f)

18.1 Kurven

☞

In Abb.18.7 sehen wir ein Beispiel zur *Darstellung* einer *Kurve* in *Polarkoordinaten* im Vergleich mit ihrer *Parameterdarstellung*, wobei wir speziell eine *Lemniskate* ausgewählt haben. In dieser Abbildung haben wir aus Bequemlichkeitsgründen für beide unabhängigen Variablen die Bezeichnung t verwendet.

♦

Raumkurven, die durch eine *Parameterdarstellung* der *Form*

$$x = x(t) , y = y(t) , z = z(t) \quad t \in [a, b]$$

gegeben sind, lassen sich in MATHCAD in folgenden Schritten zeichnen:

- *Zuerst* wird mittels einer der folgenden *Aktivitäten*
    * Aktivierung der *Menüfolge*

      Insert ⇒ Graph ⇒ 3D Scatter Plot

      (deutsche Version: **Einfügen ⇒ Diagramm ⇒ 3D-Streuungsdiagramm**)

    * Anklicken des *Grafikoperators*

    in der *Operatorpalette Nr.3*

    ein *Grafikfenster* (*Grafikrahmen*) im Arbeitsfenster an der durch den Kursor bestimmten Stelle erzeugt, dessen Form aus Abb.18.8 ersichtlich ist.

- *Danach* sind in das *Grafikfenster* in den *unteren Platzhalter* die *Vektoren* in der Form

    x , y , z   (Version 7 von MATHCAD)

    (x , y , z)   (Version 8 von MATHCAD)

    einzutragen, deren Komponenten aus den Koordinaten x(t), y(t), z(t) der Raumkurve für verschiedene Parameterwerte t *über* dem *Grafikfenster* auf folgende Art erzeugt werden:

    $$N := \qquad i := 0 .. N \qquad t_i :=$$

    $$x_i := x(t_i) \qquad y_i := y(t_i) \qquad z_i := z(t_i)$$

    Dabei müssen N und t_i entsprechende Werte zugewiesen werden (siehe Abb.18.8). Hier ist zu beachten, daß wir als Startwert für die Indizierung 0 gewählt haben, d.h. **ORIGIN** := 0.

- *Abschließend* erhält man die gewünschte *Raumkurve* durch einen *Mausklick* außerhalb des Grafikfensters oder durch Drücken der ⏎- Taste, falls man sich im *Automatikmodus* befindet, ansonsten ist die Funktionstaste F9 zu betätigen.

Beispiel 18.4:

Betrachten wir die *räumliche Spirale* als eine bekannte *Raumkurve*, die auch als *Schraubenlinie* bezeichnet wird. Sie besitzt die folgende *Parameterdarstellung:*

$x(t) = a \cdot \cos t$, $y(t) = a \cdot \sin t$, $z(t) = b \cdot t$ (a>0 , b>0)

In Abb.18.8 ist ihre von MATHCAD gezeichnete Grafik für a=1 und b=1 zu sehen. Wir haben hier als Darstellung die Punktform gewählt. Die Punkte lassen sich auch durch Geraden verbinden, wenn man dies in der Dialogbox einstellt, die durch zweifachen Mausklick auf die Grafik erscheint (siehe auch Abschn.18.3).

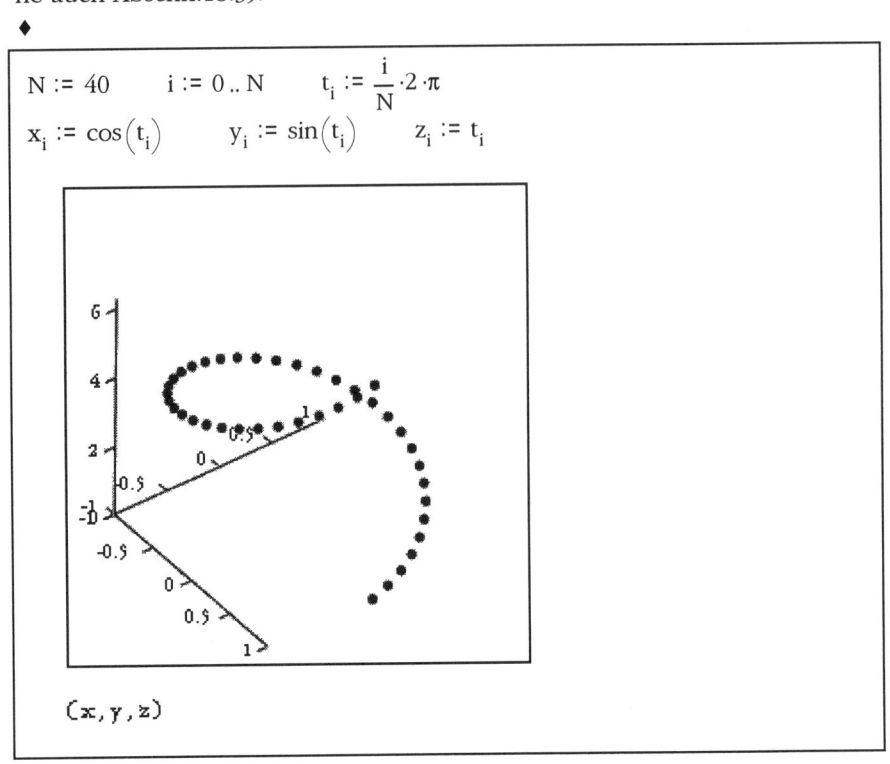

♦

$N := 40 \quad i := 0..N \quad t_i := \dfrac{i}{N} \cdot 2 \cdot \pi$

$x_i := \cos(t_i) \quad y_i := \sin(t_i) \quad z_i := t_i$

Abb.18.8. Grafik der räumlichen Spirale aus Beispiel 18.4

☞

Die für *kartesische Koordinaten* und *Polarkoordinaten* erzeugten *Grafiken* lassen sich durch folgende Vorgehensweise *verändern* (*manipulieren*):

- Zuerst wird die Grafik durch Mausklick mit einem Auswahlrahmen (Auswahlrechteck) umrahmt.
- Anschließend kann man nach Anwendung folgender *Menüfolgen*
   * **Format** ⇒ **Graph** ⇒ **X-Y Plot...**
     (deutsche Version: **Format** ⇒ **Diagramm** ⇒ **X-Y-Diagramm...**)

18.1 Kurven

bei *kartesischen Koordinaten*

* **Format ⇒ Graph ⇒ Polar Plot...**
  (deutsche Version: **Format ⇒ Diagramm ⇒ Kreisdiagramm...**)
  bei *Polarkoordinaten*

* **Format ⇒ Graph ⇒ 3D Plot...**
  (deutsche Version: **Format ⇒ Diagramm ⇒ 3D-Diagramm...**)
  bei *Raumkurven*

oder nach zweifachem Mausklick auf die Grafik in der erscheinenden Dialogbox die *Grafik formatieren*, d.h. Skalierung der Achsen, Farbe und Darstellung der Kurven bestimmen, der Grafik eine Überschrift zuordnen, die Koordinatenachsen beschriften usw.

- Weiterhin kann man mittels der *Menüfolge*

  Format ⇒ Graph ⇒ Trace...

  oder durch Anklicken des *Symbols*

  in der *Operatorpalette Nr.3*

  die *Koordinaten* eines mit dem Kursor markierten Kurvenpunktes *anzeigen* lassen.

- Weiterhin kann man mittels der *Menüfolge*

  Format ⇒ Graph ⇒ Zoom...

  oder durch Anklicken des *Symbols*

  in der *Operatorpalette Nr.3*

  Teile einer *Grafik vergrößern*, indem der zu vergrößernde Ausschnitt mit gedrückter Maustaste markiert wird und in der Zoom-Dialogbox der Zoom-Knopf (-Button) angeklickt wird.

Des weiteren läßt sich die gezeichnete *Funktionskurve vergrößern* bzw. verkleinern, indem man die Kurve mit gedrückter linker Maustaste mit einem *Auswahlrahmen* (*Auswahlrechteck*) umgibt und diese dann in bekannter WINDOWS-Art vergrößert bzw. verkleinert.

♦

☞

Obwohl MATHCAD bei der grafischen Darstellung von Funktionskurven sehr zuverlässig ist, sollte man jede erzeugte Grafik kritisch betrachten, um eventuelle *Ungenauigkeiten* bzw. *Fehler* zu *erkennen*. Illustrieren wir dies an zwei Beispielen:

* Aus der folgenden Grafik ist nicht zu ersehen, daß die gezeichnete Funktion im Nullpunkt nicht definiert ist.

$x := -2, -1.97 .. 10$

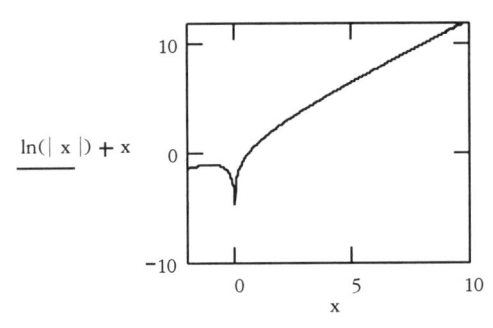

$\ln(|x|) + x$ [graph]

* Die folgenden beiden Grafiken unterscheiden sich, obwohl wir die gleiche Funktion verwenden, allerdings in unterschiedlichen, aber mathematisch exakten Schreibweisen. Aus unerklärlichen Gründen zeichnet MATHCAD Potenzen mit gebrochenem Exponenten nur für positive x

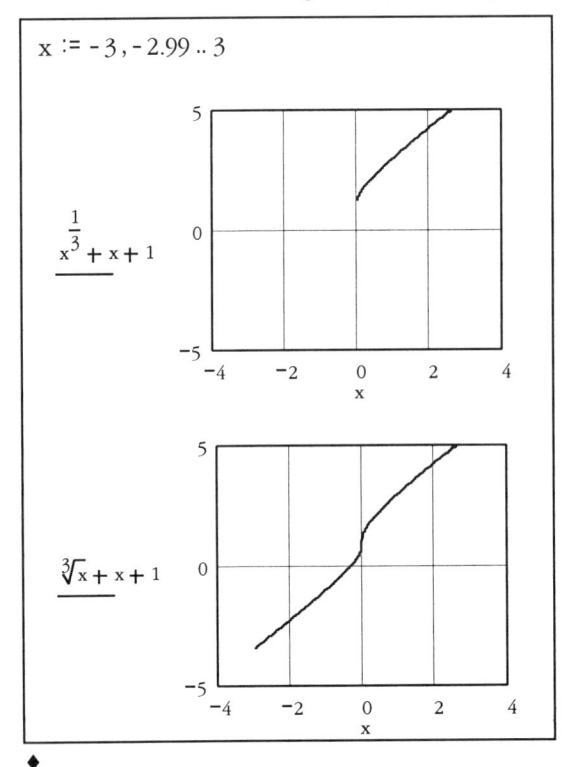

$x := -3, -2.99 .. 3$

$x^{\frac{1}{3}} + x + 1$ [graph]

$\sqrt[3]{x} + x + 1$ [graph]

♦

☞
Weitere Beispiele zur grafischen Darstellung ebener Kurven findet man im Abschnitt 19.5 bei den Kurvendiskussionen.

Man kann mittels MATHCAD auch Kurven grafisch darstellen, deren Funktionsgleichung sich aus mehreren Ausdrücken zusammensetzt (siehe Beispiele 17.4b) und c)
♦

18.2 Flächen

Im folgenden betrachten wir die *grafische Darstellung* von *Flächen* im dreidimensionalen Raum (*3D-Grafiken*), deren *Funktionsgleichung* in einem kartesischen Koordinatensystem eine der folgenden Formen haben kann (man vergleiche die Analogie zu Kurven in der Ebene):

* *explizite Darstellung*

  $z = f(x,y)$ mit $(x,y) \in D$ (*Definitionsbereich*)

* *implizite Darstellung*

  $F(x,y,z) = 0$ mit $(x,y) \in D$ (*Definitionsbereich*)

* *Parameterdarstellung*

  $x = x(u,v)$, $y = y(u,v)$, $z = z(u,v)$

  mit $a \leq u \leq b$, $c \leq v \leq d$

Beispiel 18.5:

a) Ein *Ellipsoid* mit den Halbachsen a, b und c läßt sich nur durch die *implizite Darstellung*

$$\frac{x^2}{a^2} + \frac{y^2}{b^2} + \frac{z^2}{c^2} = 1$$

beschreiben.
Unter Verwendung von *Kugelkoordinaten* ergibt sich die *Parameterdarstellung* (mit $0 \leq u \leq 2\pi$, $0 \leq v \leq \pi$)

$x(u,v) = a \cdot \cos u \cdot \sin v$, $y(u,v) = b \cdot \sin u \cdot \sin v$, $z(u,v) = c \cdot \cos v$

In Abb.18.10 sehen wir die grafische Darstellung eines *Ellipsoiden* unter Verwendung dieser Parameterdarstellung für a = 1, b = 2 und c = 3.

b) Das *hyperbolische Paraboloid* (*Sattelfläche*)

$z = x^2 - y^2$

stellen wir über dem Quadrat D

$-5 \leq x \leq 5$, $-5 \leq y \leq 5$

grafisch in Abb.18.11 dar.

c) Die durch die *Funktion*

$z = \sin x \cdot y$

erzeugte *Fläche* wird in Abb.18.12 über dem Quadrat D
$-2 \leq x \leq 2$, $-2 \leq y \leq 2$
grafisch dargestellt.

d) Man kann auch Flächen grafisch darstellen, deren Funktionsgleichung sich aus mehreren analytischen Ausdrücken zusammensetzen, so z.B.

$$f(x,y) = \begin{cases} x^2 + y^2 & \text{wenn} \quad x^2 + y^2 \leq 1 \\ 1 & \text{wenn} \quad 1 < x^2 + y^2 \leq 4 \\ \sqrt{x^2 + y^2} - 1 & \text{sonst} \end{cases}$$

Diese Funktion haben wir im Beispiel 10.3a) mittels MATHCAD definiert. Die zugehörige Grafik findet man in Abb.18.13.

♦

Bei der *grafischen Darstellung* von *Flächen*, die in kartesischen Koordinaten durch eine *Funktion*

z = f(x,y)   (*explizite Darstellung*)

gegeben sind, geht man in MATHCAD folgendermaßen vor:

- *Zuerst* erzeugt man für die Fläche eine *Matrix* **M** (z.B. für **ORIGIN** := 0), deren *Elemente*

  M_{ik}

  folgendermaßen berechnet werden (geschachtelte Schleife):

  i := 0, ... , m   k := 0, ... , n

  $M_{i,k} = f(x_i, y_k)$

  d.h., die *Elemente* der *Matrix* **M** werden von den *Funktionswerten* f(x,y) in den Punkten

  (x_i, y_k)

  gebildet, deren Vorgabe dem Anwender überlassen bleibt. Man wird in dem zugrundeliegenden x-y-Bereich D i.a. gleichabständige Werte für x und y verwenden (siehe Abb.18.11 und 18.12).

- *Nach* Berechnung der zur Fläche gehörenden *Matrix* **M** erzeugt man mittels einer der folgenden Aktivitäten

  * Anwendung der *Menüfolge*

    Insert ⇒ Graph ⇒ Surface Plot
    (deutsche Version: **Einfügen ⇒ Diagramm ⇒ Flächendiagramm**)

  * Anklicken des *Operators*

18.2 Flächen

in der *Operatorpalette Nr.3*

ein *Grafikfenster* (siehe Abb.18.9), in dessen unteren Platzhalter man die Bezeichnung der berechneten Matrix **M** einträgt (siehe Abb.18.11 und 18.12).

- *Abschließend* erhält man die gewünschte *Fläche* durch einen *Mausklick* außerhalb des Grafikfensters oder durch Drücken der ⏎-Taste, falls man sich im *Automatikmodus* befindet, ansonsten ist die Funktionstaste F9 zu betätigen.

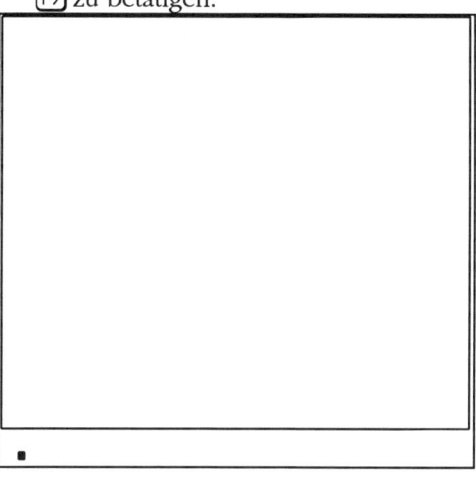

Abb.18.9. Grafikfenster von MATHCAD für Flächendarstellungen

☞

Liegt die *Fläche* in *Parameterdarstellung*

$x = x(u,v)$, $y = y(u,v)$, $z = z(u,v)$

vor, so gestaltet sich die *grafische Darstellung* wie eben geschildert. Man muß nur statt der Matrix **M** die *drei Matrizen* **X**, **Y** und **Z** mit den Elementen

$X_{i,k} = x(u_i, v_k)$, $Y_{i,k} = y(u_i, v_k)$, $Z_{i,k} = z(u_i, v_k)$

berechnen und diese in der Form

X, **Y**, **Z**   (Version 7 von MATHCAD)

(**X**, **Y**, **Z**)   (Version 8 von MATHCAD)

in den Platzhalter des Grafikfensters eintragen (siehe Abb.18.10).

♦

☞

Analog wie bei Kurven lassen sich erzeugte *3D-Grafiken* durch folgende Vorgehensweise *verändern* (*manipulieren*):

- Zuerst wird die Grafik durch Mausklick mit einem Auswahlrahmen (Auswahlrechteck) umrahmt.
- Anschließend kann man nach Anwendung folgender *Menüfolge*

Format ⇒ Graph ⇒ 3D Plot...
(deutsche Version: **Format ⇒ Diagramm ⇒ 3D-Diagramm...**)

oder nach zweifachem Mausklick auf die Grafik in der erscheinenden Dialogbox die *Grafik formatieren*, d.h. Skalierung der Achsen, Farbe und Darstellung der Flächen bestimmen, der Grafik eine Überschrift zuordnen usw.

Des weiteren läßt sich die gezeichnete *Fläche*

- *vergrößern* bzw. *verkleinern*, indem man die Fläche mit gedrückter linker Maustaste mit einem *Auswahlrahmen* (*Auswahlrechteck*) umgibt und diese dann in bekannter WINDOWS-Art vergrößert bzw. verkleinert.
- mittels gedrückter Maustaste drehen.

♦

18.2 Flächen

$N := 25 \quad i := 0..N \quad k := 0..N$

$u_i := \dfrac{2 \cdot \pi \cdot i}{N} \qquad v_k := \dfrac{\pi \cdot k}{N}$

$X_{i,k} := \cos(u_i) \cdot \sin(v_k) \qquad Y_{i,k} := 2 \cdot \sin(u_i) \cdot \sin(v_k) \qquad Z_{i,k} := 3 \cdot \cos(v_k)$

(X, Y, Z)

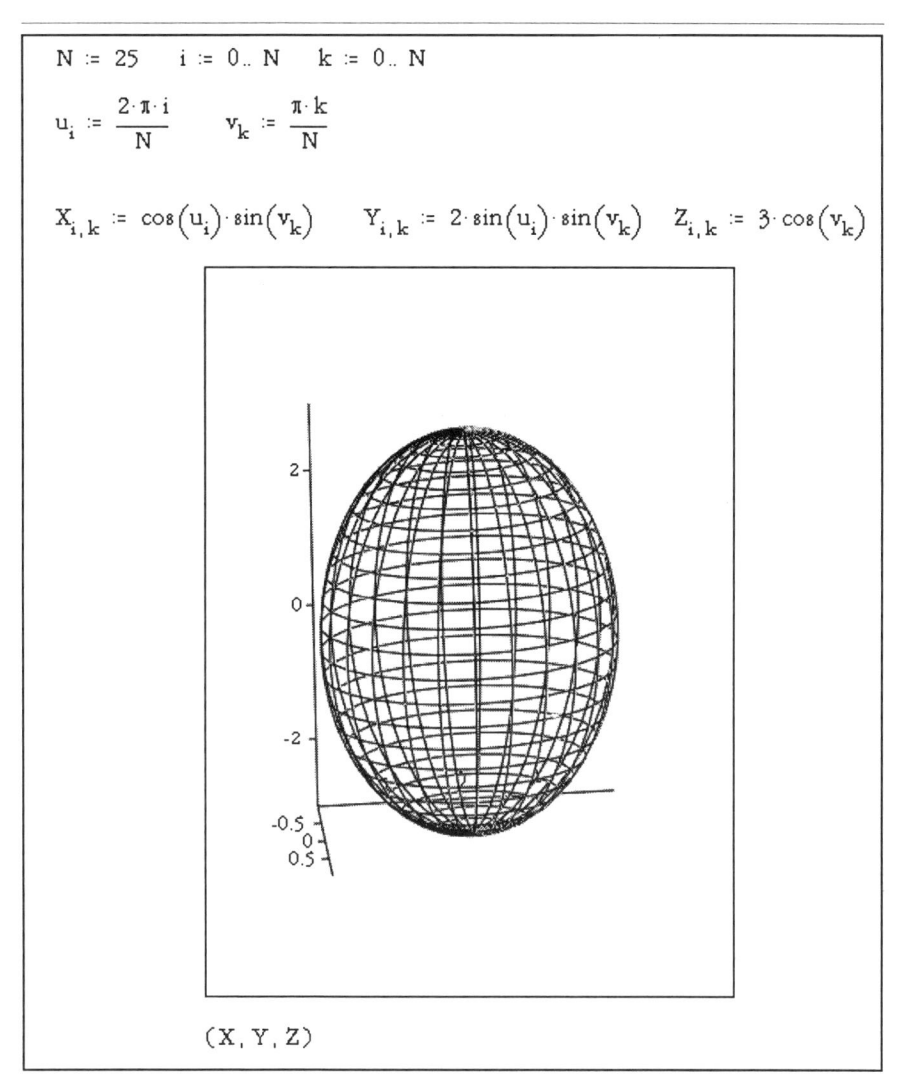

Abb. 18.10. Ellipsoid aus Beispiel 18.5a)

```
N := 20      i := 0..N      k := 0..N
x_i := -5 + 0.5·i      y_k := -5 + 0.5·k

f(x,y) := x² - y²      M_{i,k} := f(x_i, y_k)
```

hyperbolisches Paraboloid

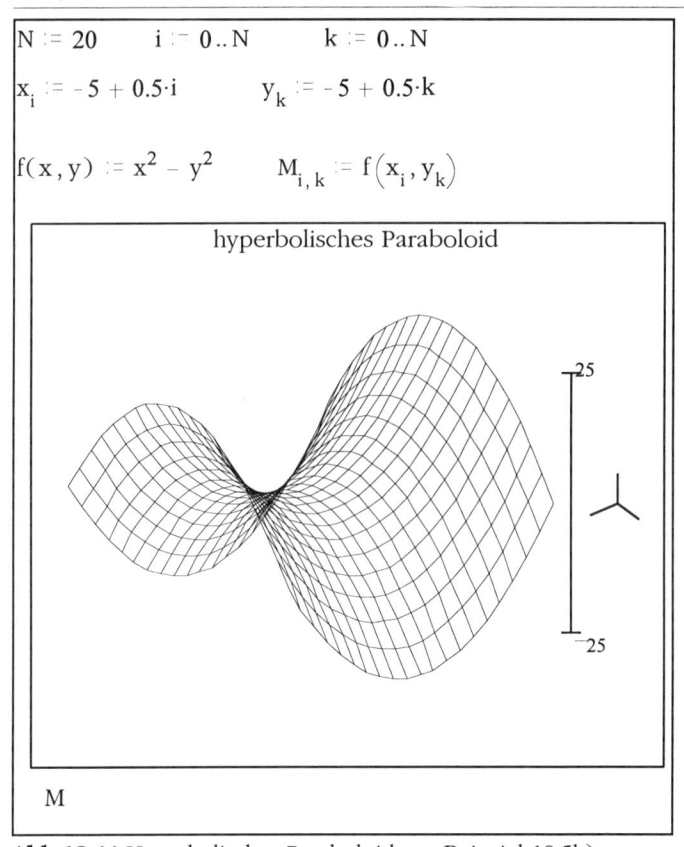

M

Abb.18.11. Hyperbolisches Paraboloid aus Beispiel 18.5b)

☞

Die Abb.18.10 und 18.11 kann man als *allgemeine Vorlage* für die *grafische Darstellung* von *Flächen* verwenden, die in *Parameterdarstellung* bzw. in der Form z=f(x,y) gegeben sind.

Es empfiehlt sich, beide Abbildungen als MATHCAD-Arbeitsblätter abzuspeichern. Diese können dann geladen werden, um eine beliebige Grafik zu erstellen. Man muß nur die entsprechenden Werte ändern.

♦

18.2 Flächen

```
N := 20      i := 0..N      k := 0..N
x_i := -2 + 0.2i      y_k := -2 + 0.2k

f(x,y) := sin(x·y)     M_{i,k} := f(x_i, y_k)
```

$N := 20 \quad i := 0..N \quad k := 0..N$

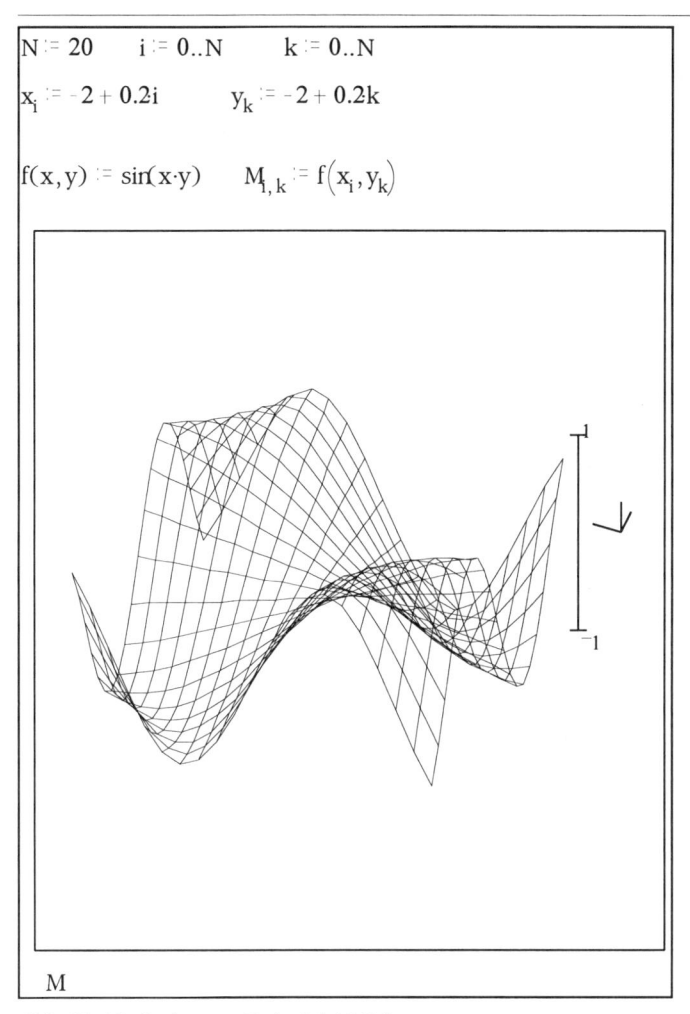

$x_i := -2 + 0.2i \quad y_k := -2 + 0.2k$

$f(x,y) := \sin(x \cdot y) \quad M_{i,k} := f(x_i, y_k)$

Abb.18.12. Fläche aus Beispiel 18.5c)

☞

MATHCAD gestattet *keine grafische Darstellung* von *Flächen*, die in *impliziter Form* gegeben sind. Man muß in diesem Fall auf Parameterdarstellungen zurückgreifen (siehe Beispiel 18.5a).

♦

$$f(x,y) := \begin{vmatrix} x^2 + y^2 & \text{if} & x^2 + y^2 \leq 1 \\ 1 & \text{if} & 1 < x^2 + y^2 \leq 4 \\ \sqrt{x^2 + y^2} - 1 & \text{otherwise} \end{vmatrix}$$

$N := 20 \qquad i := 0 \, .. \, N \qquad k := 0 \, .. \, N$

$x_i := -5 + 0.5 \cdot i \qquad y_k := -5 + 0.5 \cdot k$

$M_{i,k} := f(x_i, y_k)$

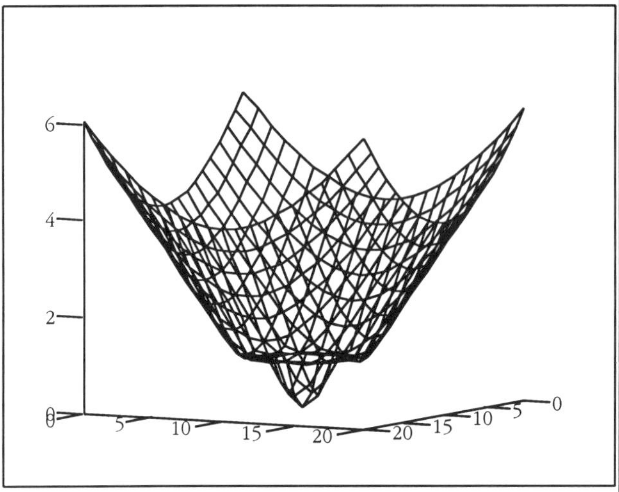

M

Abb.18.13. Fläche aus Beispiel 18.5d)

Als zusätzliches Hilfsmittel zur anschaulichen Darstellung von Flächen bietet MATHCAD die *grafische Darstellung* von *Höhenlinien* (*Niveaulinien*), die man als *Kontur-* oder *Umrißdarstellung* bezeichnet. Dafür ist folgende Vorgehensweise erforderlich:

- *Zuerst* berechnet man eine *Matrix* **M** analog wie bei der oben behandelten grafischen Darstellung von Flächen.
- *Nach* Berechnung der zur Fläche gehörenden *Matrix* **M** erzeugt man mittels einer der folgenden Aktivitäten
  * Anwendung der *Menüfolge*
    Insert ⇒ **Graph** ⇒ **Contour Plot**
    (deutsche Version: **Einfügen** ⇒ **Diagramm** ⇒ **Umrißdiagramm**)
  * Anklicken des *Operators*

    in der *Operatorpalette Nr.3*

18.2 Flächen

ein *Grafikfenster*, in dessen unteren Platzhalter man die Bezeichnung der Matrix **M** einträgt (siehe Abb.18.14).

- *Abschließend* erhält man die gewünschte *Kontourdarstellung* durch einen *Mausklick* außerhalb des Grafikfensters oder durch Drücken der ⏎-Taste, falls man sich im *Automatikmodus* befindet, ansonsten ist die Funktionstaste [F9] zu betätigen.

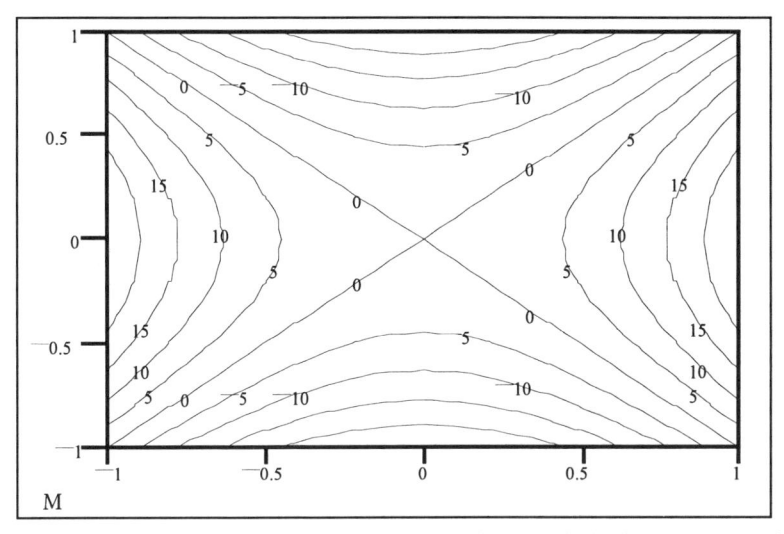

Abb.18.14. Konturdarstellung des hyperbolischen Paraboloiden aus Beispiel 18.5b)

☞

Man kann sich auch mit dem *3D Zeichenassistenten* (englisch: 3D Plot Wizard) durch die Möglichkeiten von MATHCAD bei dreidimensionalen Grafiken führen lassen, indem man die *Menüfolge*
Insert ⇒ Graph ⇒ 3D Plot Wizard
(deutsche Version: **Einfügen ⇒ Diagramm ⇒ 3D Zeichenassistent**)
aktiviert.

♦

☞

Ab der Version 8 von MATHCAD ist es auch möglich, mehrere Flächen in ein Koordinatensystem zu zeichnen. In der Abb.18.15 zeigen wir dies an einer *Durchdringung* zwischen einer *Kugel* mit dem Radius 2
$x(u,v) = 2 \cdot \cos u \cdot \sin v$, $y(u,v) = 2 \cdot \sin u \cdot \sin v$, $z(u,v) = 2 \cdot \cos v$
und einem *Zylinder* über dem *Einheitskreis*
$X(u,t) = \cos u$, $Y(u,t) = \sin u$, $Z(u,t) = t$

♦

$N := 40 \qquad i := 0..N \qquad k := 0..N$

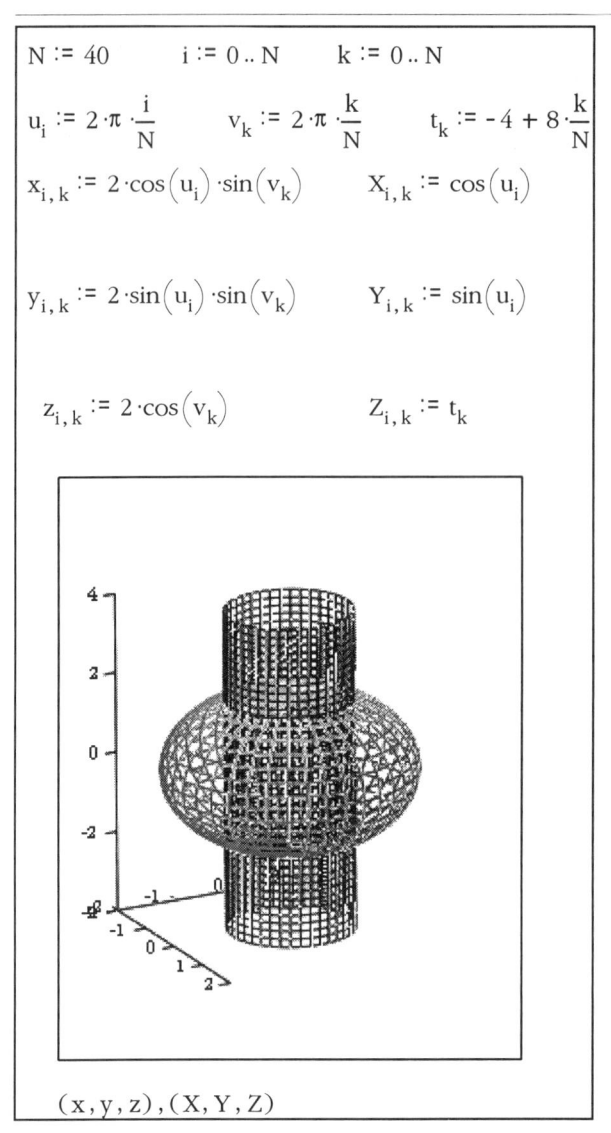

$u_i := 2 \cdot \pi \cdot \frac{i}{N} \qquad v_k := 2 \cdot \pi \cdot \frac{k}{N} \qquad t_k := -4 + 8 \cdot \frac{k}{N}$

$x_{i,k} := 2 \cdot \cos(u_i) \cdot \sin(v_k) \qquad X_{i,k} := \cos(u_i)$

$y_{i,k} := 2 \cdot \sin(u_i) \cdot \sin(v_k) \qquad Y_{i,k} := \sin(u_i)$

$z_{i,k} := 2 \cdot \cos(v_k) \qquad Z_{i,k} := t_k$

$(x, y, z), (X, Y, Z)$

Abb.18.15. Flächendurchdringung zwischen Kugel und Zylinder

18.3 Punktgrafiken

Bei *praktischen Aufgabenstellungen* trifft man häufig den Sachverhalt an, daß eine gegebene *Funktion* (funktionaler Zusammenhang)
* *einer Variablen*

18.3 Punktgrafiken

y = f(x)
* *zweier Variablen*

z = f(x,y)

nicht analytisch gegeben ist, sondern nur in *Form* von *n Punkten* (*Meßpunkten*), d.h. bei *Funktionen*

* *einer Variablen*

  durch *n Zahlenpaare* $(x_1, y_1), (x_2, y_2), ..., (x_n, y_n)$

* *zweier Variablen*

  durch *n Zahlentripel* $(x_1, y_1, z_1), (x_2, y_2, z_2), ..., (x_n, y_n, z_n)$

☞

Es gibt in der Mathematik eine Reihe von *Möglichkeiten*, diese *Punkte* durch *analytisch gegebene Funktionen* (z.B. *Polynome*) *anzunähern*, so u.a. durch *Interpolation* oder *Methode der kleinsten Quadrate*. Dies behandeln wir in den Abschn.17.2.4 und 27.2.

♦

MATHCAD bietet auch die Möglichkeit, vorliegende *Punkte grafisch darzustellen*.

- Die *grafische Darstellung* von *n Punkten* (*Zahlenpaaren*) in ebenen kartesischen Koordinatensystemen vollzieht sich in *folgenden Schritten:*

  * *Zuerst* werden die *x-Werte* einem *Vektor* **x** und die *y-Werte* einem *Vektor* **y** mit jeweils n Komponenten zugewiesen.

  * *Danach* kann unter Verwendung des *Operators*

    [m..n]

    aus der *Operatorpalette Nr.1* der *Indexbereich* für die Komponenten der beiden Vektoren in der *Form*

    i := 1 .. n

    eingegeben, d.h. der Index i für die Vektorkomponenten als *Bereichsvariable* definiert werden (siehe Abschn.8.3).

  * *Anschließend* erzeugt man mittels einer der folgenden *zwei Möglichkeiten*

    - Aktivierung der *Menüfolge*
      Insert ⇒ Graph ⇒ X-Y Plot
      (deutsche Version: **Einfügen ⇒ Diagramm ⇒ X-Y-Diagramm**)

    - Anklicken des *Grafikoperators*

      [icon]

      in der *Operatorpalette Nr.3*

      [icon]

im Arbeitsfenster an der durch den Kursor bestimmten Stelle ein *Grafikfenster* (*Grafikrahmen*) für kartesische Koordinaten, dessen Gestalt aus Abb.18.1 zu entnehmen ist.

* *Danach* sind in diesem *Grafikfenster* in den mittleren *Platzhalter* der x-Achse die *Komponenten* des *Vektors* **x** in der Form

x_i

und in den mittleren *Platzhalter* der y-Achse die *Komponenten* des *Vektors* **y** in der Form

y_i

unter Verwendung des *Operators*

[x_n]

aus der *Operatorpalette Nr.1* einzutragen (Komponentenschreibweise), wenn für i ein Indexbereich definiert wurde.

Wenn man keinen Bereich für den Index i (Bereichsvariable) definiert hat, trägt man in die beiden Platzhalter nur die Bezeichnung **x** bzw. **y** der Vektoren ein (siehe Beispiel 18.6).

* *Abschließend* erhält man die gewünschte *Punktgrafik* durch einen *Mausklick* außerhalb des Grafikfensters oder durch Drücken der ⏎ - Taste, falls man sich im *Automatikmodus* befindet, ansonsten ist die Funktionstaste [F9] zu betätigen.

- Die *grafische Darstellung* von *n Punkten* (*Zahlentripeln*) in räumlichen kartesischen Koordinatensystemen vollzieht sich in *folgenden Schritten:*

    * *Zuerst* werden die *x-Werte* einem *Vektor* **x**, die *y-Werte* einem *Vektor* **y** und die *z-Werte* einem *Vektor* **z** mit jeweils n Komponenten zugewiesen.

    * *Anschließend* erzeugt man mittels einer der folgenden *zwei Möglichkeiten*

    – Aktivierung der *Menüfolge*

    Insert ⇒ Graph ⇒ 3D Scatter Plot
    (deutsche Version: **Einfügen ⇒ Diagramm ⇒ 3D-Streuungsdiagramm**)

    – Anklicken des *Grafikoperators*

    [⋮⋮]

    in der *Operatorpalette Nr.3*

    [⊹]

    ein *Grafikfenster* (*Grafikrahmen*) im Arbeitsfenster an der durch den Kursor bestimmten Stelle erzeugt, dessen Form aus Abb.18.8 ersichtlich ist.

18.3 Punktgrafiken 291

* *Danach* sind in diesem *Grafikfenster* in den unteren *Platzhalter* die Bezeichnungen der drei Vektoren (durch Komma getrennt) in der Form

    x , **y** , **z**   (Version 7 von MATHCAD)

    (**x** , **y** , **z**)   (Version 8 von MATHCAD)

    einzutragen.

* *Abschließend* erhält man die gewünschte *Punktgrafik* durch einen *Mausklick* außerhalb des Grafikfensters oder durch Drücken der ⏎-Taste, falls man sich im *Automatikmodus* befindet, ansonsten ist die Funktionstaste F9 zu betätigen.

☞
Wie bei allen grafischen Darstellung in MATHCAD kann man auch für Punktgrafiken verschiedene Darstellungsarten wählen.
So lassen sich z.B. durch zweifachen Mausklick auf die Punktgrafik in der erscheinenden Dialogbox die gezeichneten *Punkte*

* durch *Geraden verbinden*
* *isoliert* in verschiedenen Formen *darstellen*

♦

☞
Die beschriebene Vorgehensweise ist auch anwendbar, wenn man zwei gegebene Vektoren mit gleicher Anzahl n von Komponenten in ebenen kartesischen Koordinaten gegeneinander darstellen möchte. Dies bedeutet weiter nichts, als n Punkte grafisch darzustellen, deren Koordinaten sich aus den Komponenten der Vektoren ergeben (siehe Beispiel 18.6d).
Des weiteren kann man einzelne Vektoren grafisch darstellen, d.h. ihre Komponenten als Funtion des Index (siehe Beispiel 18.6b).

♦

Beispiel 18.6:

a) Es sind die folgenden fünf *Meßpunkte* gegeben

(1,2) , (2,4) , (3,3) , (4,6) , (5,5)

Die x- und y-Komponenten dieser Meßpunkte werden getrennt als Vektoren **x** bzw. **y** eingegeben (bzw. eingelesen)

$$x := \begin{bmatrix} 1 \\ 2 \\ 3 \\ 4 \\ 5 \end{bmatrix} \qquad y := \begin{bmatrix} 2 \\ 4 \\ 3 \\ 6 \\ 5 \end{bmatrix}$$

* Im folgenden stellen wir nur die Punkte grafisch dar:

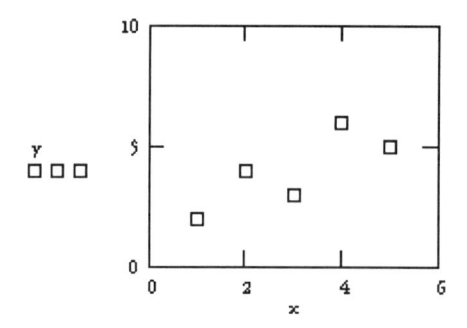

Das gleiche ergibt sich mittels *Komponentenschreibweise* der Vektoren:

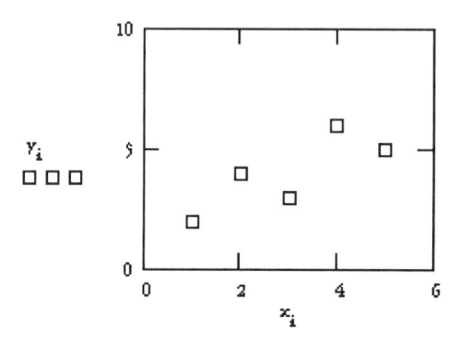

i := 1 .. 5

* Im folgenden verbinden wir die Punkte durch Geraden:

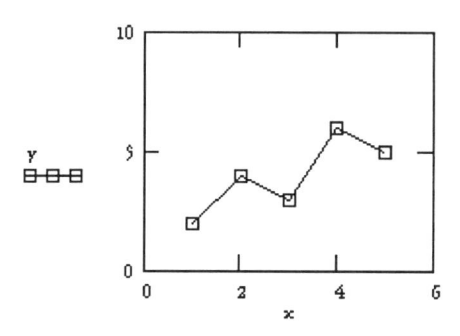

b) Stellen wir die Komponenten des folgenden Vektors in Abhängigkeit vom Index i grafisch dar:

18.3 Punktgrafiken

$$x := \begin{bmatrix} 1 \\ 3 \\ 2 \\ 4 \\ 5 \end{bmatrix}$$

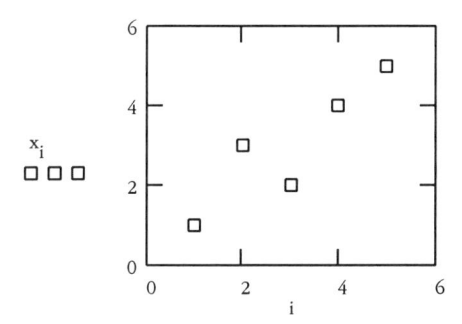

$i := 1..5$

x_i □ □ □

c) Stellen wir die fünf *Meßpunkte*

(1,2,8) , (2,4,5) , (3,3,6) , (4,6,4) , (5,5,9)

in einem dreidimensionalen kartesischen Koordinatensystem grafisch dar:

$$x := \begin{bmatrix} 1 \\ 2 \\ 3 \\ 4 \\ 5 \end{bmatrix} \qquad y := \begin{bmatrix} 2 \\ 4 \\ 3 \\ 6 \\ 5 \end{bmatrix} \qquad z := \begin{bmatrix} 8 \\ 5 \\ 6 \\ 4 \\ 9 \end{bmatrix}$$

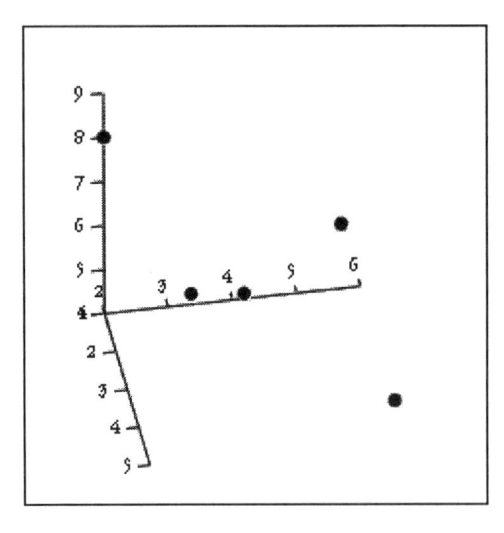

(x,y,z)

d) Stellen wir die beiden im Arbeitsfenster definierten Vektoren

$$x := \begin{pmatrix} 3 \\ 6 \\ 8 \\ 2 \\ 5 \end{pmatrix} \qquad y := \begin{pmatrix} 9 \\ 7 \\ 5 \\ 3 \\ 1 \end{pmatrix}$$

grafisch in ebenen kartesische Koordinaten gegeneinander dar. Dies bedeutet, daß wir die 5 Punkte

(3,9),(6,7),(8,5),(2,3),(5,1)

in der Ebene grafisch darstellen. Damit können wir die gleichen Vorgehensweisen wie im Beispiel a) anwenden:

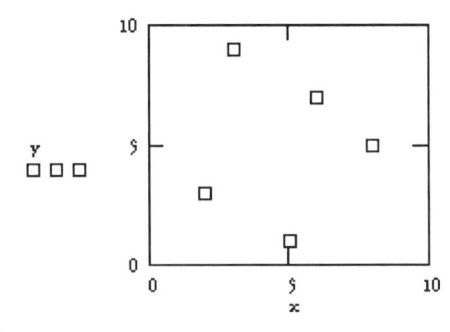

♦

18.4 Diagramme

MATHCAD kann sogenannte *3D-Säulendiagramme* erzeugen. In diesen Diagrammen werden die Elemente einer gegebenen *Matrix* **M** durch Säulen dargestellt. Dazu ist folgende *Vorgehensweise* erforderlich:
* *Zuerst* muß die erforderliche *Matrix* **M** erzeugt werden.
* *Anschließend* erzeugt man durch Anklicken des *Grafikoperators* für *3D-Säulendiagramme*

  [Symbol]

  in der *Operatorpalette Nr.3* im Arbeitsfenster an der durch den Kursor bestimmten Stelle ein *Grafikfenster* (*Grafikrahmen*) für Säulendiagramme.
* *Danach* ist in diesem *Grafikfenster* in den unteren *Platzhalter* die Bezeichnung **M** für die *Matrix* einzutragen.
* *Abschließend* erhält man das gewünschte *Säulendiagramm* durch einen *Mausklick* außerhalb des Grafikfensters oder durch Drücken der ⏎-Taste, falls man sich im *Automatikmodus* befindet, ansonsten ist die Funktionstaste F9 zu betätigen.

☞
Die *grafische Darstellung* (Fläche) einer *Funktion*
z=f(x,y)
zweier Variablen benötigt ebenfalls eine Matrix, deren Elemente von Funktionswerten gebildet werden (siehe Abschn.18.2). Deshalb besteht die Möglichkeit derartige Funktionen statt durch eine Fläche durch ein Säulendiagramm darzustellen, wie im Beispiel 18.7b) illustriert wird.

♦
Beispiel 18.7:

a) Erzeugen wir eine *Matrix* **M** und stellen ihre Elemente als Säulen dar:

```
i := 1 .. 5          k := 1 .. 5
M_{i,k} := i + k
```

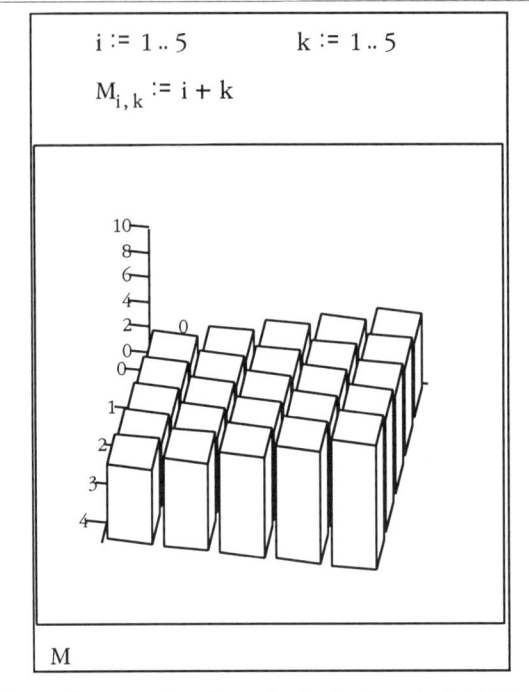

M

b) Stellen wir das *hyperbolische Paraboloid* (*Sattelfläche*)

$z = x^2 - y^2$

aus Beispiel 18.5b) über dem Quadrat D

$-5 \leq x \leq 5$, $-5 \leq y \leq 5$

grafisch als 3D-Säulendiagramm dar:

$f(x, y) := x^2 - y^2$

$N := 10 \qquad i := 1 .. N \qquad k := 1 .. N$

$x_i := -5 + i \qquad\qquad y_k := -5 + k$

$M_{i,k} := f(x_i, y_k)$

M

♦

18.5 Animationen

Das *Grundprinzip* bei *Animationen* in Computeralgebra-Systemen besteht darin, daß Funktionen, die von einem Parameter abhägen, für eine Reihe dieser Parameterwerte nacheinander grafisch dargestellt werden, so daß bewegte Grafiken entstehen. Der Anwender kann sich hiermit den Einfluß vorhandener Parameter anschaulich darstellen lassen.
Seit der Version 6 lassen sich in MATHCAD auch *bewegte* zweidimensionale *Grafiken (Animationen)* erzeugen:

- Man geht hierbei analog wie bei der Erzeugung der beschriebenen Grafiken vor.
- Es ist lediglich ein veränderlicher *Parameter* in die Funktionsgleichungen einzufügen, der die Bezeichnung **FRAME** tragen muß.
- *Anschließend* aktiviert man die *Menüfolge*

View ⇒ Animate...
(deutsche Version: **Ansicht ⇒ Animieren...**)
Nach dem Erscheinen der *Dialogbox*
Animate
(deutsche Version: **Animieren**)
kann man hier den *Laufbereich* für den *Parameter* **FRAME** festlegen.
* Abschließend *umrahmt* man im *Arbeitsfenster* den entsprechenden *Grafikbereich* mit einem *Auswahlrechteck* und klickt auf

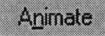

    [Animate]

    In dem daraufhin erscheinenden *Fenster*
    Playback
    kann man dann die *Animation* durch Anklicken von

    [▶]

    auslösen.

Betrachten wir die Vorgehensweise bei der Erzeugung von Animationen an einem einfachen Beispiel.

Beispiel 18.8:
Verwenden wir die *Sinusfunktion* im *Intervall* [2π,2π] mit einem *Parameter* p, d.h.
sin (x + p)
und lassen uns diese für die verschiedenen Parameterwerte
p := 0 , 1 , 2 , ... , 9
als bewegte Grafik anzeigen. Dafür geht man folgendermaßen vor:
* Die *Funktion* wird *definiert*, wobei für den *Parameter* p die *Bezeichnung* **FRAME** zu verwenden ist. Daran anschließend wird die grafische Darstellung wie bei Funktionen einer Variablen durchgeführt:

    f(x) := sin(x + FRAME)

    x := -2·π , -2·π + 0.001 .. 2·π

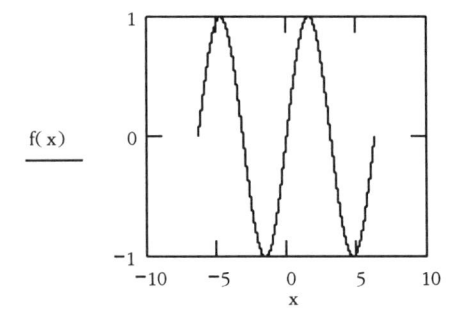

* *Anschließend* öffnet man mittels der *Menüfolge*
  View ⇒ Animate...
  die *Dialogbox*
  Animate

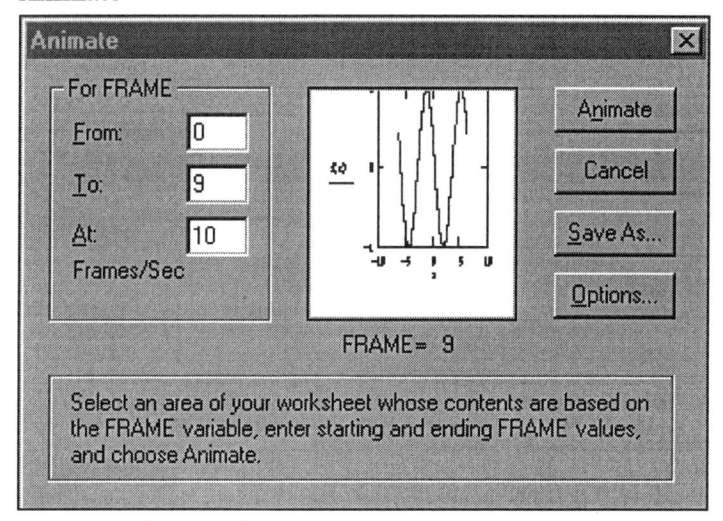

[Dialogbox Animate: For FRAME — From: 0, To: 9, At: 10 Frames/Sec; Buttons: Animate, Cancel, Save As..., Options...; FRAME= 9; "Select an area of your worksheet whose contents are based on the FRAME variable, enter starting and ending FRAME values, and choose Animate."]

in der wir den *Laufbereich* für den *Parameter* **FRAME** von 0 bis 9 festlegen. Weiterhin haben wir eingestellt, daß 10 Bilder pro Sekunde angezeigt werden.

Nach Umrahmung der bereits gezeichneten *Grafik* mit einem *Auswahlrechteck* mittels gedrückter Maustaste klickt man auf

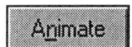

[Animate]

* In dem daraufhin erscheinenden *Fenster*
  Playback
  kann man dann die *Animation* durch Anklicken von

[▶]

ablaufen lassen.

♦

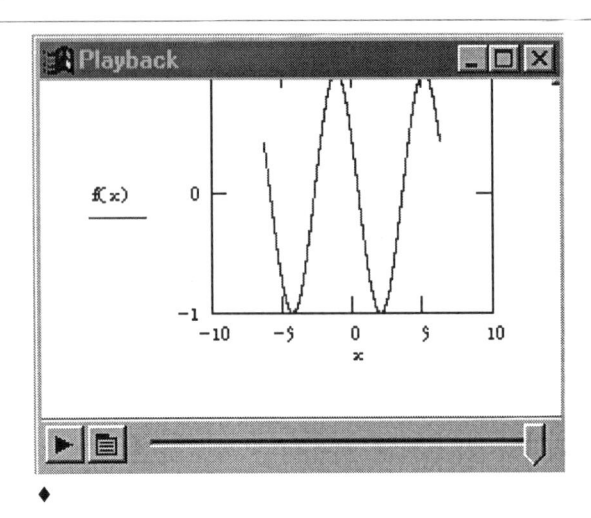

18.6 Import und Export von Grafiken

Im Kap.9 haben wir uns bereits mit dem Import und Export von Daten/Dateien (Datenaustausch) im Rahmen der Datenverwaltung beschäftigt, der hauptsächlich über die *Menüfolge*
Insert ⇒ Component...
(deutsche Version: **Einfügen ⇒ Komponente...**)
gesteuert wird.
MATHCAD besitzt auch analoge Möglichkeiten beim *Import* und *Export* von *Grafiken*, der über die
- *Menüfolge*
  Insert ⇒ Object...
  (deutsche Version: **Einfügen ⇒ Objekt...**)
- *Funktionen* für *Bitmap-Grafiken* und weitere Grafikformate

gesteuert werden kann.
Damit kann man mit MATHCAD auch Bilder einlesen, bearbeiten und ausgeben.
Da im vorliegenden Buch mathermatische Aufgaben im Vordergrund stehen, verweisen wir bzgl. dieser Probleme auf das Handbuch bzw. die integrierte Hilfe.

☞

Wenn man von MATHCAD erzeugte Grafiken, die wir in den vorangehenden Kapiteln behandelt haben, in andere WINDOWS-Anwendungen exportieren möchte, so geht dies am einfachsten auf die bekannte WINDOWS-Art über die Zwischenablage mittels Kopieren und Einfügen. Auf diese Art wurden auch die Grafiken von MATHCAD in das vorliegende Buch übernommen.

♦

19 Differentiation

Wie wir bereits in der Einleitung erwähnten, läßt sich für die Bestimmung von Ableitungen differenzierbarer Funktion, die sich aus *Elementarfunktionen* zusammensetzen, ein endlicher Algorithmus angeben, so daß alle Computeralgebra-Systeme und damit auch MATHCAD diese Funktionen ohne Mühe exakt (symbolisch) differenzieren können.
MATHCAD liefert für die Differentiation wirkungsvolle Hilfsmittel und befreit von oft langwierigen Rechnungen per Hand, wie wir im Verlaufe dieses Kapitels sehen:

* Im folgenden Abschn.19.1 beschreiben wir die Technik zur Berechnung von Ableitungen mittels MATHCAD.
* Anschließend werden in den Abschn.19.2-19.5 wichtige Anwendungen der Differentialrechnung behandelt, die ebenfalls mit MATHCAD durchgeführt werden können.

19.1 Berechnung von Ableitungen

Wir berechnen mittels MATHCAD
* *partielle Ableitungen beliebiger Ordnung*

$$f_{x_1} = \frac{\partial f}{\partial x_1} \; , \; f_{x_1 x_1} = \frac{\partial^2 f}{\partial x_1^2} \; , \; f_{x_1 x_2} = \frac{\partial^2 f}{\partial x_1 \partial x_2} \; , \; \ldots$$

für *Funktionen*

$$z = f(x_1, x_2, \ldots, x_n)$$

von *n Variablen* (n = 1, 2, ...)

$$x_1, x_2, \ldots, x_n$$

und als *Spezialfälle*
* *Ableitungen beliebiger Ordnung* (n = 1, 2, ...)

$$f'(x), f''(x), \ldots, f^{(n)}(x)$$

für *Funktionen*

19.1 Berechnung von Ableitungen

$y = f(x)$

einer Variablen

x

* *partielle Ableitungen beliebiger Ordnung*

$$f_x = \frac{\partial f}{\partial x} \;,\; f_{xx} = \frac{\partial^2 f}{\partial x^2} \;,\; f_{xy} = \frac{\partial^2 f}{\partial x \partial y} \;,\; ...$$

für *Funktionen*

$z = f(x,y)$

von *zwei Variablen*

x, y

Für die *exakte* (*symbolische*) *Differentiation* einer im Arbeitsfenster befindlichen differenzierbaren *Funktion*

$$z = f(x_1, x_2, ..., x_n)$$

von n Variablen stellt MATHCAD eine der folgenden *Vorgehensweisen* zur Verfügung:

I. Eine *Variable*, bzgl. der differenziert werden soll, wird im Funktionsausdruck mit *Bearbeitungslinien markiert*. Anschließend ist die *Menüfolge*
Symbolics ⇒ Variable ⇒ Differentiate
(deutsche Version: **Symbolik ⇒ Variable ⇒ Differenzieren**)
zu aktivieren.
Als Ergebnis erhält man die *erste Ableitung* der Funktion nach der markierten Variablen.
Möchte man eine höhere Ableitung berechnen, so muß die beschriebene Vorgehensweise wiederholt ausgeführt werden.

II. Die *erste Ableitung* einer Funktion nach einer Variablen wird ebenfalls geliefert, wenn man den *Differentiationsoperator*

$\boxed{\frac{d}{dx}}$

aus der *Operatorpalette Nr.5*

$\boxed{\int\frac{dy}{dx}}$

durch Mausklick aktiviert und in dem erscheinenden *Symbol*

$\frac{d}{d\,\blacksquare}\blacksquare$

die beiden *Platzhalter* wie folgt ausfüllt

$$\frac{d}{dx_i} f(x_1, x_2, ..., x_n)$$

wenn man nach der Variablen

x_i

differenzieren möchte.

Benötigt man eine höhere Ableitung, so ist der *Differentiationsoperator* entsprechend oft zu *schachteln* (siehe Beispiel 19.1d2).

III. Unter Verwendung des *Differentiationsoperators*

$$\boxed{\dfrac{d^n}{dx^n}}$$

aus der *Operatorpalette Nr.5* lassen sich *Ableitungen n-ter Ordnung* (n = 1, 2, 3, ...) einer Funktion direkt berechnen, indem man die *Platzhalter* des erscheinenden *Symbols*

$$\dfrac{d^{\blacksquare}}{d\blacksquare^{\blacksquare}}\blacksquare$$

folgendermaßen ausfüllt

$$\dfrac{d^n}{dx_i^n} f(x_1, x_2, ..., x_n)$$

wenn man nach der Variablen

x_i

n-mal differenzieren möchte. Bei gemischten Ableitungen höherer Ordnung muß dieser Operator geschachtelt werden (siehe Beispiel 19.1j2).

Bei den *Methoden II.* und *III.* wird die *exakte Berechnung* nach *Markierung* des gesamten Ausdrucks mit *Bearbeitungslinien* durch eine der folgenden Aktivitäten ausgelöst:

* Aktivierung der *Menüfolge*

  Symbolics ⇒ **Evaluate** ⇒ **Symbolically**
  (deutsche Version: **Symbolik** ⇒ **Auswerten** ⇒ **Symbolisch**)

* Aktivierung der *Menüfolge*

  Symbolics ⇒ **Simplify**
  (deutsche Version: **Symbolik** ⇒ **Vereinfachen**)

* Eingabe des *symbolischen Gleichheitszeichens* → und abschließende Betätigung der ⏎-Taste.

☞

Die *Methoden I.* und *II.* sind nur zu empfehlen, wenn man *Ableitungen erster Ordnung* bestimmen möchte.

Die *Methode III.* ist vorzuziehen, wenn man *höhere Ableitungen* benötigt.

Bei *gemischten partiellen Ableitungen* sind die *Differentialoperatoren* aus *II.* bzw. *III.* entsprechend zu *schachteln*, wie wir im Beispiel 19.1j2) illustrieren.

♦

19.1 Berechnung von Ableitungen

☞

Bei der *numerischen Berechnung* von *Ableitungen* (*numerische Differentiation*) für einzelne Werte der Variablen sind ebenfalls die Differentiationsoperatoren aus den *Methoden II.* und *III.* anzuwenden. Es muß nur vorher eine Zuweisung der entsprechenden Werte an die Variablen erfolgen. Die abschließende Eingabe des numerischen Gleichheitszeichens = liefert das Ergebnis (siehe Beispiel 19.1e).

MATHCAD besitzt allerdings den *Nachteil*, daß nur Ableitungen bis zur fünften Ordnung numerisch berechnet werden. Wie man sich bei höheren Ableitungen helfen kann, sehen wir im Beispiel 19.1f).

♦
Beispiel 19.1:

a) Differenzieren wir folgende Funktion nach der *Methode I.*

$$\operatorname{asin}\left(\frac{x}{1+x}\right) \quad \textit{by differentiation, yields}$$

$$\frac{1}{\sqrt{1-\frac{x^2}{(1+x)^2}}} \cdot \left[\frac{1}{(1+x)} - \frac{x}{(1+x)^2}\right]$$

Dieses Ergebnis läßt sich mittels der im Abschn.13.2 gegebenen Möglichkeiten noch etwas vereinfachen:

$$\frac{1}{\sqrt{1-\frac{x^2}{(1+x)^2}}} \cdot \left[\frac{1}{(1+x)} - \frac{x}{(1+x)^2}\right] \quad \textit{simplifies to} \quad \frac{1}{\left[\sqrt{\frac{(1+2\cdot x)}{(1+x)^2}}\cdot(1+x)^2\right]}$$

b) Differenzieren wir folgende Funktion nach

* *Methode I.*

$$x^{x^2} \quad \textit{by differentiation, yields} \quad x^{(x^2)} \cdot (2 \cdot x \cdot \ln(x) + x)$$

* *Methode II.*

Die *Anwendung* des *Differentiationsoperators* gestaltet sich wie folgt und liefert natürlich das gleiche Ergebnis:

$$\frac{d}{dx} x^{x^2} \rightarrow x^{x^2} \cdot (2 \cdot x \cdot \ln(x) + x)$$

c) Falls man die *Quotientenregel* zur Differentiation der Funktion

$$y(x) = \frac{f(x)}{g(x)}$$

vergessen hat, so liefert sie uns MATHCAD mittels *Methode I.*:

$\dfrac{f(x)}{g(x)}$ *by differentiation, yields* $\dfrac{\dfrac{d}{dx}f(x)}{g(x)} - \dfrac{f(x)}{g(x)^2} \cdot \dfrac{d}{dx}g(x)$

und nach *Vereinfachung*

simplifies to $\dfrac{\left[\left(\dfrac{d}{dx}f(x)\right)\cdot g(x) - f(x)\cdot\dfrac{d}{dx}g(x)\right]}{g(x)^2}$

Die *Methode II.* liefert auch das Ergebnis:

$$\dfrac{d}{dx}\dfrac{f(x)}{g(x)} \rightarrow \dfrac{\dfrac{d}{dx}f(x)}{g(x)} - \dfrac{f(x)}{g(x)^2}\dfrac{d}{dx}g(x)$$

d) Berechnen wir eine fünfte Ableitung

   d1) direkt nach *METHODE III.*:

$$\dfrac{d^5}{dx^5}x\cdot\ln(1+x^2) \rightarrow \dfrac{720}{(1+x^2)^3}\cdot x^2 - \dfrac{60}{(1+x^2)^2} - 1440\cdot\dfrac{x^4}{(1+x^2)^4} + 768\cdot\dfrac{x^6}{(1+x^2)^5}$$

   d2) durch fünffaches *Schachteln* des *Differentiationsoperators* aus *Methode II.*:

$$\dfrac{d}{dx}\dfrac{d}{dx}\dfrac{d}{dx}\dfrac{d}{dx}\dfrac{d}{dx}x\cdot\ln(1+x^2) \rightarrow \dfrac{720}{(1+x^2)^3}\cdot x^2 - \dfrac{60}{(1+x^2)^2} - 1440\cdot\dfrac{x^4}{(1+x^2)^4} + 768\cdot\dfrac{x^6}{(1+x^2)^5}$$

Man sieht, daß sich die Schachtelung in d2) aufwendiger gestaltet, so daß dieser Differentiationsoperator nur bei Ableitungen erster Ordnung zu empfehlen ist.

e) *Berechnen* wir die Ableitung fünfter Ordnung der Funktion aus Beispiel d) *numerisch* für den vorgegebenen x-Wert x=3:

   $x := 3$

   $\dfrac{d^5}{dx^5}x\cdot\ln\left(1+x^2\right) = -0.185$

f) Berechnen wir eine Ableitung sechster Ordnung mittels des Differentiationsoperators aus *Methode III*:

   * exakt

   $\dfrac{d^6}{dx^6}\dfrac{1}{1-x} \rightarrow \dfrac{720}{(1-x)^7}$

   * *numerisch*
     für x:=2

19.1 Berechnung von Ableitungen

Es müßte das *Ergebnis* −720 erscheinen. Man erhält aber die Anzeige:

x := 2

$$\left.\frac{d^6}{dx^6}\frac{1}{1-x}\right| = \blacksquare\blacksquare$$

This function is undefined at one or more of the points you specified.

da MATHCAD Ableitungen numerisch nur bis zur fünften Ordnung berechnet.

Man kann sich in diesem Fall auf zwei verschiedene Arten helfen:

f1) *Schachtelung des Differentiationsoperators* :

x := 2

$$\frac{d^3}{dx^3}\frac{d^3}{dx^3}\frac{1}{1-x} = -720$$

f2) Zuweisung der *Differentiation* unter Verwendung des *symbolischen Gleichheitszeichens* → an eine neue Funktion und anschließende Berechnung ihres Funktionswertes für den gewünschten x-Wert:

$$g(x) := \frac{d^6}{dx^6}\frac{1}{1-x} \rightarrow \frac{720}{(1-x)^7}$$

g(2) = −720

g) *Definierte Funktionen*, wie z.B.

f(x) := sin(x) + ln(x) + x + 1

lassen sich mit dem *symbolischen Gleichheitszeichen* → differenzieren, während die anderen Methoden nicht alle funktionieren:

f(x) := sin(x) + ln(x) + x + 1

$$f(x) \quad \text{by differentiations, yields} \quad \frac{d}{dx}f(x)$$

$$\frac{d}{dx}f(x) \quad \text{yields} \quad \cos(x) + \frac{1}{x} + 1$$

$$\frac{d}{dx}f(x) \quad \text{simplifies to} \quad \frac{(\cos(x)\cdot x + 1 + x)}{x}$$

$$\frac{d}{dx} f(x) \to \cos(x) + \frac{1}{x} + 1$$

h) Betrachten wir das Verhalten von MATHCAD, wenn man versucht, eine Funktion zu differenzieren, die nicht in allen Punkten des Definitionsbereichs differenzierbar ist. Wir nehmen die *Funktion*

$$f(x) := |x|$$

deren Ableitung die Form

$$f'(x) = \begin{cases} 1 & \text{wenn } 0 < x \\ -1 & \text{wenn } 0 > x \end{cases}$$

hat und die im Nullpunkt nicht differenzierbar ist. Für die *numerische Differentiation* im Nullpunkt x=0 liefert MATHCAD das *falsche Ergebnis*

$$x := 0$$

$$\frac{d}{dx} f(x) = 0$$

Bei der *exakten Berechnung* liefert MATHCAD das *Ergebnis*

$$\frac{d}{dx} f(x) \to \frac{|x|}{x}$$

das bis auf den Nullpunkt richtig ist.

i) MATHCAD kann auch Funktionen differenzieren, die sich aus verschiedenen Ausdrücken zusammensetzen und mit dem **if**-Befehl/Operator definiert werden, wie das folgende Beispiel zeigt.

Die folgende Funktion ist für alle x differenzierbar:

$$f(x) = \begin{cases} 1 & \text{wenn } x \leq 0 \\ x^2 + 1 & \text{wenn } x > 0 \end{cases} \quad \text{mit} \quad f'(x) = \begin{cases} 0 & \text{wenn } x \leq 0 \\ 2 \cdot x & \text{wenn } x > 0 \end{cases}$$

Diese Funktion kann man in MATHCAD mittels einer der folgenden zwei Methoden definieren (siehe Abschn. 10.3 und 17.2.3):

1. Unter Verwendung des **if**-Befehls

   $$f(x) := \mathbf{if}(x \leq 0, 1, x^2 + 1)$$

2. Unter Verwendung des **if**-Operators aus der *Operatorpalette Nr.6*

   $$f(x) := \begin{vmatrix} 1 & \text{if } x \leq 0 \\ x^2 + 1 & \text{if } x > 0 \end{vmatrix}$$

MATHCAD *liefert* unter *Verwendung* des *symbolischen Gleichheitszeichens* die *Ableitung* f'(x) der Funktion f(x), wenn sie nach der Methode 1. definiert wurde:

19.1 Berechnung von Ableitungen 309

$$\frac{d}{dx}f(x) \rightarrow if(x \leq 0, 0, 2 \cdot x)$$

Die *grafische Darstellung* von f(x) und f'(x) zeigt folgende Abbildung:

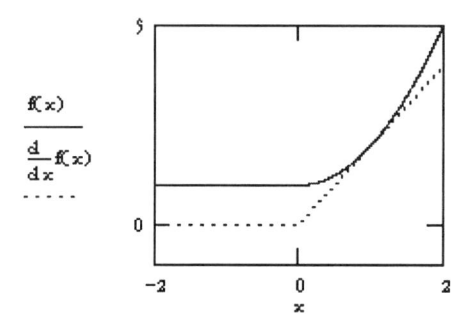

$$f(x) := if(x \leq 0, 1, x^2 + 1) \quad x := -2, -1.999 .. 2$$

Wenn die Funktion nach der Methode 2. definiert wurde, liefert MATH-CAD kein Ergebnis bei der exakten Berechnung der Ableitung:

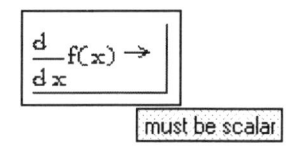

$$\frac{d}{dx}f(x) \rightarrow$$

must be scalar

j) Die *Berechnung partieller Ableitungen* geschieht analog zu den Ableitungen von Funktionen einer Variablen, wie die folgenden Beispiele zeigen. Der einzige Unterschied besteht darin, daß bei gemischten Ableitungen die Differentiationsoperatoren aus den Methoden II. bzw. III. zu schachteln sind:

j1) Bei der exakten Berechnung partieller Ableitungen nach einer Variablen von Funktionen mehrerer Variablen besteht keinerlei Unterschied zu Funktionen einer Variablen, wie aus dem folgenden Beispielen zu ersehen ist:

$$\frac{d^8}{dx^8} e^{x \cdot y} \rightarrow y^8 \cdot \exp(x \cdot y) \qquad \frac{d^8}{dy^8} e^{x \cdot y} \rightarrow x^8 \cdot \exp(x \cdot y)$$

j2) Die exakte Berechnung einer *gemischten partiellen Ableitung* höherer Ordnung ist durch Schachtelung des Differentiationsoperators möglich:

$$\frac{d^2}{dx^2} \frac{d^3}{dy^3} e^{x \cdot y} \rightarrow 6 \cdot x \cdot \exp(x \cdot y) + 6 \cdot x^2 \cdot y \cdot \exp(x \cdot y) + x^3 \cdot y^2 \cdot \exp(x \cdot y)$$

j3) Berechnen wir die Ableitung aus Beispiel j2) an der Stelle x=2 und y=1 numerisch:

$$x := 2 \qquad y := 1$$

$$\frac{d^2}{dx^2} \frac{d^3}{dy^3} e^{x \cdot y} = 325.118$$

j4) Wenn bei numerischen Berechnungen partielle Ableitungen ab der Ordnung 6 auftreten, so gilt das im Beispiel f) gesagte, wie wir im folgenden illustrieren: Die Berechnung mittels

$$x := 2 \quad y := 1$$

$$\boxed{\frac{d^7}{dy^7} e^{x \cdot y} = \blacksquare \blacksquare}$$

This function is undefined at one or more of the points you specified.

funktioniert nicht, während sie mit folgenden Kunstgriffen erfolgreich ist:

$$x := 2 \qquad y := 1$$

$$\frac{d^3}{dy^3} \frac{d^4}{dy^4} e^{x \cdot y} = 945.794$$

o d e r durch Zuweisung an eine neue Funktion bei Verwendung des symbolischen Gleichheitszeichens:

$$g(x, y) := \frac{d^7}{dy^7} e^{x \cdot y} \rightarrow x^7 \cdot \exp(x \cdot y)$$

$$g(2, 1) = 945.799$$

♦

☞

Wenn man vom Nachteil bei numerischen Berechnungen absieht, arbeitet MATHCAD bei der *Differentiation effektiv*, wie die gegebenen Beispiele zeigen. MATHCAD befreit von der oft mühevollen Arbeit bei der Differentiation komplizierter Funktionen und liefert das Ergebnis in Sekundenschnelle. Man muß allerdings vor einer Differentiation nachprüfen, ob die Funktion differenzierbar ist, da dies MATHCAD nicht immer erkennt (siehe Beispiel 19.1h).
Aus den Beispielen 19.1f2) und j4) ist ersichtlich, wie man das *Ergebnis* einer *Differentiation* unter Verwendung des symbolischen Gleichheitszeichens einer *Funktion zuweist.* ♦

19.2 Taylorentwicklung

Nach dem *Satz* von *Taylor* besitzt eine *Funktion*
f(x)
die in der *Umgebung* (r > 0)
$(x_0 - r, x_0 + r)$
eines *Entwicklungspunktes* (x-Wertes)
x_0
stetige partielle Ableitungen bis einschließlich (n+1)-ter Ordnung hat, die Darstellung (*Taylorentwicklung*)

$$f(x) = \sum_{k=0}^{n} \frac{f^{(k)}(x_0)}{k!}(x-x_0)^k + R_n(x)$$

wobei das *Restglied*
$R_n(x)$
in der *Form* von *Lagrange* ($0<\vartheta<1$) die Gestalt

$$R_n(x) = \frac{f^{(n+1)}(x_0 + \vartheta \cdot (x-x_0))}{(n+1)!} \cdot (x-x_0)^{n+1}$$

hat. Das in der Taylorentwicklung vorkommende Polynom n-ten Grades

$$\sum_{k=0}^{n} \frac{f^{(k)}(x_0)}{k!}(x-x_0)^k$$

heißt n-tes *Taylorpolynom* von f(x) im *Entwicklungspunkt*
x_0
Gilt für alle $x \in (x_0 - r, x_0 + r)$ für das *Restglied*

$$\lim_{n \to \infty} R_n(x) = 0$$

so läßt sich die *Funktion* f(x) in die *Potenzreihe* (*Taylorreihe*)

$$f(x) = \sum_{k=0}^{\infty} \frac{f^{(k)}(x_0)}{k!} \cdot (x-x_0)^k$$

mit dem *Konvergenzgebiet* $|x - x_0| < r$ entwickeln.

☞
Der Nachweis, daß sich f(x) in eine *Taylorreihe entwickeln* läßt, gestaltet sich i.a. schwierig. Die Existenz der Ableitungen beliebiger Ordnung von f(x) reicht hierfür nicht aus, wie aus der Theorie bekannt ist. Für praktische

Anwendungen genügt das *n-te Taylorpolynom* (für n=1,2,...), um in den meisten Fällen eine *komplizierte Funktion* f(x) in der Nähe des Entwicklungspunktes durch ein Polynom n-ten Grades hinreichend gut anzunähern.

♦

Da sich die *Taylorentwicklung* per Hand mühsam gestaltet, berechnet MATHCAD das gewünschte *n-te Taylorpolynom* nach einer der folgenden Vorgehensweisen:

I. Anwendung des *Menüs* **Symbolik** (englische Version: **Symbolics**)

- *Zuerst* ist die zu entwickelnde *Funktion* f(x) in das Arbeitsfenster *einzugeben*.
- *Anschließend* ist eine *Variable* x in dem Funktionsausdruck mit Bearbeitungslinien zu *markieren*.
- *Abschließend* kann man nach Aktivierung der *Menüfolge*

    Symbolics ⇒ Variable ⇒ Expand to Series...
    (deutsche Version: **Symbolik ⇒ Variable ⇒ Reihenentwicklung...**)

    in der erscheinenden *Dialogbox* im Feld

    Order of Approximation
    (deutsche Version: **Grad der Näherung**)

    den gewünschten *Grad n* des *Taylorpolynoms* festlegen (Standardwert 6). Trägt man hier eine positive ganze Zahl n ein, so wird das *(n−1)-te Taylorpolynom* im *Entwicklungspunkt*

    $x_0 = 0$

    berechnet.

II. Anwendung des *Schlüsselworts* **series** (deutsche Version: **reihe**)

- *Zuerst* aktiviert man mittels Mausklick den *Operator*

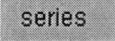

    series

    aus der *Operatorpalette Nr.8*, der an der durch den Kursor bestimmten Stelle das *Symbol*

    ■ series, ■ , ■ →

    für das *Schlüsselwort* **series** mit drei freien Platzhaltern in das Arbeitsfenster einfügt.

- *Anschließend* schreibt man in den
    * linken Platzhalter die zu entwickelnde Funktion,
    * ersten rechten Platzhalter die durch Komma getrennten Koordinaten des Enwicklungspunktes unter Verwendung des Gleichheitsoperators aus der Operatorpalette Nr.2,
    * zweiten rechten Platzhalter den gewünschten Grad n des Taylorpolynoms (in der Form n+1).

19.2 Taylorentwicklung

- *Danach* wird der gesamte *Ausdruck* mit *Bearbeitungslinien* markiert und das symbolische Gleichheitszeichen → eingegeben.
- Die *abschließende* Betätigung der ⏎-Taste liefert die gewünschte Taylorentwicklung (siehe Beispiele 19.2 d2) und e).

☞
Da MATHCAD mit der Methode I. die *Taylorentwicklung* nur im *Entwicklungspunkt*

$x_0 = 0$

berechnen kann, muß man vorher die *Transformation*

$x = u + x_0$

durchführen, wenn man eine Funktion

f(x)

in einem beliebigen Punkt

x_0

entwickeln möchte, d.h., es ist die Funktion

$F(u) = f(u + x_0)$

im Punkt

u=0

bzgl. der Variablen u zu entwickeln (siehe Beispiel 19.2d).
♦

☞
Mittels der Methode II., d.h. mit dem *Schlüsselwort*
series
(deutsche Version: **reihe**)
kann MATHCAD das *Taylorpolynom* in einem beliebigen Punkt berechnen. Zusätzlich können hiermit auch Taylorpolynome für Funktionen mehrerer Variablen berechnet werden. Die Vorgehensweise wird in den folgenden Beispielen 19.2d2) und e) gezeigt.
♦

☞
Falls eine zu entwickelnde Funktion im Entwicklungspunkt eine Singularität besitzt, so liefert MATHCAD die *Laurententwicklung* (siehe Beispiel 19.2f).
♦

Beispiel 19.2:

a) Für die folgende Funktion berechnen wir die *Taylorpolynome* vom Grade 5 und 10 im Entwicklungspunkt

$x_0 = 0$

d.h., wir müssen für n die Werte 6 bzw. 11 in die Dialogbox eingeben:

$\dfrac{1}{1-x}$ *converts to the series*

$1 + x + x^2 + x^3 + x^4 + x^5$

$1 + x + x^2 + x^3 + x^4 + x^5 + x^6 + x^7 + x^8 + x^9 + x^{10}$

Aus der Theorie ist bekannt, daß für $|x|<1$ das Restglied gegen Null konvergiert (für n gegen ∞), so daß die entstehende *geometrische Reihe* die gegebene Funktion als Summe besitzt.

b) Für die *Funktion*

$\ln(1+x)$

erhält man im *Entwicklungspunkt*

$x_0 = 0$

für n=10 die folgende *Taylorentwicklung*, die für $|x|<1$ die bekannte Potenzreihenentwicklung (für n gegen ∞) liefert:

$\ln(1+x)$

converts to the series

$x - \dfrac{1}{2}\cdot x^2 + \dfrac{1}{3}\cdot x^3 - \dfrac{1}{4}\cdot x^4 + \dfrac{1}{5}\cdot x^5 - \dfrac{1}{6}\cdot x^6 + \dfrac{1}{7}\cdot x^7 - \dfrac{1}{8}\cdot x^8 + \dfrac{1}{9}\cdot x^9$

c) Für die folgende Funktion werden das *Taylorpolynom* für n=8 und n=12 bestimmt und anschließend die Funktion und ihre Taylorpolynome grafisch dargestellt. Aus dieser Grafik ist der bekannte Sachverhalt gut zu erkennen, daß die Annäherung der Taylorpolynome an die Funktion nur in einer Umgebung des Entwicklungspunktes gut ist:

$\dfrac{1}{1+x^4}$ *converts to the series* $1 - x^4$

$\dfrac{1}{1+x^4}$ *converts to the series* $1 - x^4 + x^8$

19.2 Taylorentwicklung

$$x := -3, -2.99 .. 3$$

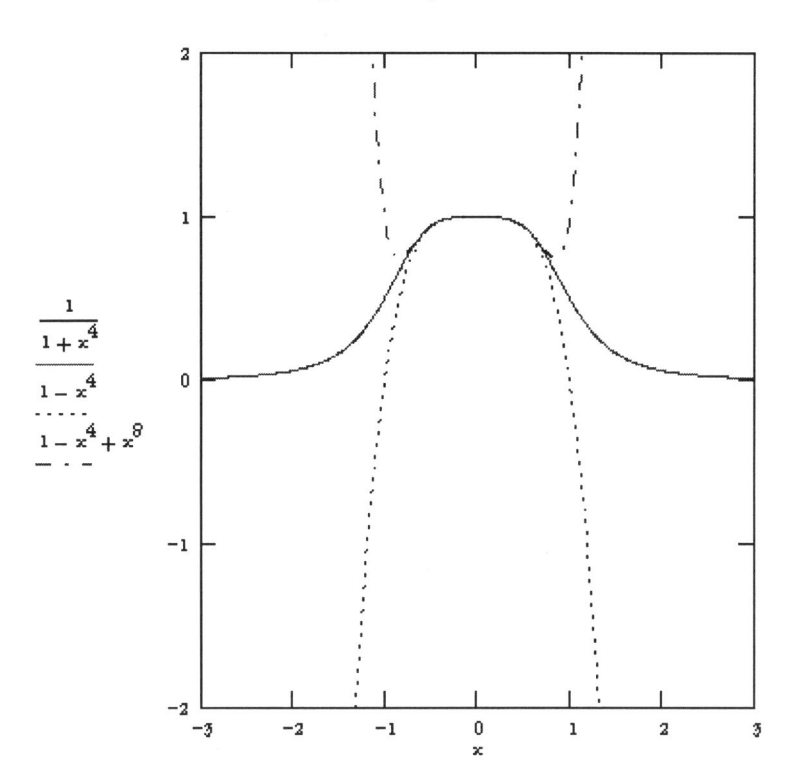

$\dfrac{1}{1+x^4}$

$1-x^4$ ....

$1-x^4+x^8$ —·—

d) Wir berechnen die *Taylorentwicklung* für n=6 der *Funktion*

ln x

im Entwicklungspunkt

$x_0 = 2$

d1) Da MATHCAD nur Funktionen an der Stelle 0 entwickeln kann, führen wir die *Transformation*

$x = u + 2$

durch und entwickeln die so entstandene Funktion

$F(u) = \ln(u + 2)$

im Entwicklungspunkt

$u_0 = 0$:

$\ln(u + 2)$ *converts to the series*

$$\ln(2) + \frac{1}{2}\cdot u - \frac{1}{8}\cdot u^2 + \frac{1}{24}\cdot u^3 - \frac{1}{64}\cdot u^4 + \frac{1}{160}\cdot u^5$$

Die abschließende *Rücktransformation*

u = x − 2

liefert mit dem *Schlüsselwort* **substitute** aus der *Operatorpalette Nr.8* die *gesuchte Taylorentwicklung* für die Funktion ln x im Entwicklungspunkt 2:

$$\ln(2) + \frac{1}{2} \cdot u - \frac{1}{8} \cdot u^2 + \frac{1}{24} \cdot u^3 - \frac{1}{64} \cdot u^4 + \frac{1}{160} \cdot u^5 \text{ substitute, } u = x - 2 \rightarrow$$

$$\ln(2) + \frac{1}{2} \cdot x - 1 - \frac{1}{8} \cdot (x-2)^2 + \frac{1}{24} \cdot (x-2)^3 - \frac{1}{64} \cdot (x-2)^4 + \frac{1}{160} \cdot (x-2)^5$$

d2) Unter Anwendung des *Schlüsselworts* **series** aus der *Operatorpalette Nr.8* erhält man die Entwicklung folgendermaßen:

$$\ln(x) \text{ series, } x = 2, 6 \rightarrow$$

$$\ln(2) + \frac{1}{2} \cdot x - 1 - \frac{1}{8} \cdot (x-2)^2 + \frac{1}{24} \cdot (x-2)^3 - \frac{1}{64} \cdot (x-2)^4 + \frac{1}{160} \cdot (x-2)^5$$

e) Entwickeln wir die *Funktion*

f(x,y) = sin x · sin y

zweier Variablen im *Entwicklungspunkt*

(π,π)

mittels des *Schlüsselworts* **series** aus der *Operatorpalette Nr.8* in ein *Taylorpolynom* mit dem Grad 4:

$\sin(x) \cdot \sin(y) \text{ series, } x = \pi, y = \pi, 5 \rightarrow$

$$(x - \pi) \cdot (y - \pi) - \frac{1}{6} \cdot (x - \pi) \cdot (y - \pi)^3 - \frac{1}{6} \cdot (x - \pi)^3 \cdot (y - \pi)$$

f) Falls eine zu entwickelnde Funktion im Entwicklungspunkt eine Singularität besitzt, so liefert MATHCAD die *Laurententwicklung*, wie das folgende Beispiel zeigt:

$$\frac{1}{\sin(x)} \quad \text{converts to the series} \quad \frac{1}{x} + \frac{1}{6} \cdot x + \frac{7}{360} \cdot x^3 + \frac{31}{15120} \cdot x^5$$

Mit dem *Schlüsselwort* **series** erhält man das gleiche *Ergebnis:*

$$\frac{1}{\sin(x)} \text{ series, } x = 0, 7 \rightarrow \frac{1}{x} + \frac{1}{6} \cdot x + \frac{7}{360} \cdot x^3 + \frac{31}{15120} \cdot x^5$$

♦

19.3 Fehlerrechnung

Da die für praktische Untersuchungen benötigten Größen in vielen Fällen durch *Messungen* gewonnen werden, tritt das Problem der *Meßfehler* auf.

19.3 Fehlerrechnung

Mit den Mitteln der Differentialrechnung lassen sich die Auswirkungen dieser Meßfehler abschätzen, wenn die gemessenen Größen die unabhängigen Variablen eines funktionalen Zusammenhangs darstellen, d.h., die gemessenen Größen x_i sind die unabhängigen Variablen einer gegebenen Funktion

$$z = f(x_1, x_2, ..., x_n)$$

Für den Anwender stellt sich die Frage, wie sich die *Meßfehler* in den x_i auf den über den funktionalen Zusammenhang (z.B. physikalisches Gesetz) f berechneten Wert z *auswirken*.
Betrachten wir die Problematik an einem einfachen Beispiel.

Beispiel 19.3:

Bekanntlich berechnet sich das *Volumen* V einer Kiste mit der Breite b, Höhe h und Länge l aus

$$V = V(b, h, l) = b \cdot h \cdot l$$

d.h., das Volumen V ist eine Funktion der drei Größen b, h und l. Möchte man das Volumen einer vorhandenen Kiste durch Messung von Länge, Breite und Höhe bestimmen, so sind diese Größen mit *Meßfehlern* behaftet und folglich ergibt die Berechnung durch die gegebene Formel einen fehlerhaften Wert für V.
Da sich für die Meßfehler Schranken angeben lassen, ist man daran interessiert, auch für das berechnete Volumen V eine *Fehlerschranke* zu erhalten.

♦

Das gegebene Beispiel läßt bereits das *zu lösende Problem* erkennen:
Wie wirkt sich ein *Fehler* (Änderung) Δx_i in den Größen x_i, d.h. die durch fehlerbehaftete Messung für x_i erhaltene Näherung $\tilde{x}_i$:

$$\tilde{x}_i = x_i + \Delta x_i \qquad (vektoriell: \tilde{\mathbf{x}} = \mathbf{x} + \Delta \mathbf{x})$$

auf den daraus resultierenden *Fehler* (Änderung) Δz der Funktion

$$z = f(x_1, x_2, ..., x_n)$$

aus, d.h., welche Genauigkeit hat der erhaltene *Näherungswert*

$$\tilde{z} = z + \Delta z = f(x_1 + \Delta x_1, x_2 + \Delta x_2, ..., x_n + \Delta x_n) = f(\tilde{x}_1, \tilde{x}_2, ..., \tilde{x}_n)$$

Da man für die *Meßfehler* Δx_i i.a. nicht den exakten Wert kennt, sondern nur Schranken für den *absoluten Fehler*

$$|\Delta x_i| \leq \delta_i$$

läßt sich für den erhaltenen *Näherungswert* $\tilde{z} = z + \Delta z$ ebenfalls nur eine Schranke für den absoluten Fehler angeben:

$$|\Delta z| \leq \delta$$

Für die Berechnung einer derartigen Schranke kann man die Taylorentwicklung erster Ordnung mit Vernachlässigung des Restgliedes auf

$$\Delta z = f(x_1 + \Delta x_1, x_2 + \Delta x_2, ..., x_n + \Delta x_n) - f(x_1, x_2, ..., x_n)$$

$$= f(\tilde{\mathbf{x}}) - f(\mathbf{x})$$

anwenden und erhält die *Näherungsformel*

$$|\Delta z| \approx \left|\sum_{i=1}^{n} \frac{\partial f}{\partial x_i}(\tilde{\mathbf{x}}) \cdot \Delta x_i\right| \leq \sum_{i=1}^{n} \left|\frac{\partial f}{\partial x_i}(\tilde{\mathbf{x}})\right| \cdot \delta_i \approx \delta$$

mit deren Hilfe sich eine *Näherung* für die *Schranke* δ des *absoluten Fehlers* von z berechnen läßt.
Eine Schranke für den *relativen Fehler*

$$\frac{|\Delta z|}{\tilde{z}}$$

läßt sich ebenfalls problemlos aus dieser Formel berechnen.
Im folgenden geben wir *Beispiele* zur *Berechnung* des *absoluten Fehlers* für *Funktionen* von *zwei Variablen* (Beispiel 19.4a) bzw. *drei Variablen* (Beispiel 19.4b). Diese beiden Beispiele kann man als allgemeine Vorlagen verwenden, da wir den *Fehler* als *Funktion*
abs_Fehler
definieren, so daß man bei anderen Aufgaben nur die Argumente beim Funktionsaufruf entsprechend einsetzen und den betrachteten funktionalen Zusammenhang neu definieren muß.

Beispiel 19.4:

a) Berechnen wir eine *obere Schranken* für den *absoluten Fehler* bei der Bestimmung des *elektrischen Widerstandes* mittels des *Ohmschen Gesetzes*, wobei *Spannung* U und *Stromstärke* I durch (fehlerbehaftete) Messungen bestimmt werden. Die Maßeinheiten vernachlässigen wir und empfehlen die folgende *Berechnungsweise:*

* *Zuerst* definieren wir die *Funktion*, für die der Fehler zu berechnen ist. In unserem Beispiel ist es das *Ohmsche Gesetz:*

$$R(I, U) := \frac{U}{I}$$

* *Anschließend* definieren wir eine *Schranke* für den *absoluten Fehler* einer allgemeinen Funktion zweier Variablen:

$$\text{abs\_Fehler}(f, x_1, x_2, \delta_1, \delta_2) := \left|\frac{d}{dx_1}f(x_1, x_2)\right| \cdot \delta_1 + \left|\frac{d}{dx_2}f(x_1, x_2)\right| \cdot \delta_2$$

* *Abschließend* berechnen wir eine *Schranke* für die Funktion R(I,U) für die *konkreten Zahlenwerte*

I=20, U=100, $\delta_1 = \delta I = 0.02$, $\delta_2 = \delta U = 0.01$:

$$\text{abs\_Fehler}(R, 20, 100, 0.02, 0.01) = 5.5 \bullet 10^{-3} \quad \blacksquare$$

b) Berechnen wir eine *obere Schranke* für den *absoluten Fehler* des *Volumens*

$$V = b \cdot h \cdot l$$

einer *Kiste*, wenn die *obere Schranke*

$\delta = 0.001$ m

der *Meßfehler* für

Breite b=10m, Höhe h=5m und Länge l=15m

bekannt ist, wobei wir als Maßeinheit Meter (m) nehmen. Wir verwenden die gleiche Vorgehensweise wie im Beispiel a):

$V(b, h, l) := b \cdot h \cdot l$

$\text{abs\_Fehler}(f, x_1, x_2, x_3, \delta_1, \delta_2, \delta_3) :=$

$\left| \dfrac{d}{dx_1} f(x_1, x_2, x_3) \right| \cdot \delta_1 + \left| \dfrac{d}{dx_2} f(x_1, x_2, x_3) \right| \cdot \delta_2 + \left| \dfrac{d}{dx_3} f(x_1, x_2, x_3) \right| \cdot \delta_3$

$\text{abs\_Fehler}(V, 10 \cdot m, 5 \cdot m, 15 \cdot m, 0.001 \cdot m, 0.001 \cdot m, 0.001 \cdot m) = 0.275 \cdot m^3$ ∎

Bei beiden Beispielen empfiehlt sich für die *indizierten Variablen* die Anwendung des *Literalindex*.

♦

19.4 Berechnung von Grenzwerten

Wir berechnen *Grenzwerte* einer *Funktion* f(x) bzw. eines *Ausdrucks* A(n) an der Stelle x=a bzw. n=a, d.h.

$\lim\limits_{x \to a} f(x)$ bzw. $\lim\limits_{n \to a} A(n)$

Bei der *Grenzwertberechnung* können *unbestimmte Ausdrücke* der Form

$\dfrac{0}{0}$, $\dfrac{\infty}{\infty}$, $0 \cdot \infty$, $\infty - \infty$, 0^0 , ∞^0 , 1^∞ , ...

auftreten. Für diese Fälle läßt sich die *Regel von de l'Hospital* unter gewissen Voraussetzungen anwenden. Diese Regel muß aber nicht in jedem Fall ein Ergebnis liefern. Deshalb ist nicht zu erwarten, daß MATHCAD bei der Grenzwertberechnung immer erfolgreich ist.

Mittels MATHCAD führt man die *exakte Berechnung* eines *Grenzwertes* folgendermaßen durch:

- *Zuerst* wird mittels des *Grenzwertoperators*

  $\boxed{\substack{\lim \\ \to a}}$

  aus der *Operatorpalette Nr.5* durch Mausklick folgendes *Grenzwertsymbol* an der durch den Kursor bestimmten Stelle im Arbeitsfenster erzeugt:

$$\lim_{\blacksquare \to \blacksquare} \blacksquare$$

in dessen *Platzhalter* hinter *lim* f(x) bzw. A(n) und in die *Platzhalter* unter *lim* x und a bzw. n und a eingetragen werden, d.h.

$$\lim_{x \to a} f(x) \quad \text{bzw.} \quad \lim_{n \to a} A(n)$$

- *Abschließend markiert* man den gesamten *Ausdruck* mit *Bearbeitungslinien* und führt eine der folgenden Aktivitäten durch, um *die exakte Berechnung* auszulösen:
  * Aktivierung der *Menüfolge*
    Symbolics ⇒ Evaluate ⇒ Symbolically
    (deutsche Version: **Symbolik ⇒ Auswerten ⇒ Symbolisch**)
  * Aktivierung der *Menüfolge*
    Symbolics ⇒ Simplify
    (deutsche Version: **Symbolik ⇒ Vereinfachen**)
  * Eingabe des *symbolischen Gleichheitszeichens* → und abschließende Betätigung der ⏎-Taste.

☞
MATHCAD gestattet auch die *Berechnung einseitiger* (d.h. *linksseitiger* oder *rechtsseitiger*) *Grenzwerte* mittels der beiden *Grenzwertoperatoren*

[lim →a⁻]   bzw.   [lim →a⁺]

aus der *Operatorpalette Nr.5*

♦

☞
Eine *Berechnung* von *Grenzwerten* mittels des *numerischen Gleichheitszeichens* = ist in MATHCAD nicht möglich.

♦

☞
Für a kann in MATHCAD ∞ (*Unendlich*) mittels des *Operators*

[∞]

aus der *Operatorpalette Nr.5* in den entsprechenden Platzhalter eingetragen werden, so daß auch *Grenzwertberechnungen* für

x → ∞   bzw.   n → ∞

möglich sind.

♦

☞
Falls die *Grenzwertberechnung versagt* oder man das gelieferte *Ergebnis überprüfen* möchte, empfiehlt es sich, f(x) bzw. A(n) von MATHCAD zeichnen zu lassen.

19.4 Berechnung von Grenzwerten

♦

In den folgenden Beispielen berechnen wir eine Reihe von Grenzwerten, die einen Einblick in die Wirksamkeit von MATHCAD geben.

Beispiel 19.5:

a) *Links-* und *rechtsseitiger Grenzwert* werden für die folgende Funktion von MATHCAD berechnet:

$$\lim_{x \to 0^-} \frac{2}{1 + e^{\frac{-1}{x}}} \to 0 \qquad \lim_{x \to 0^+} \frac{2}{1 + e^{\frac{-1}{x}}} \to 2$$

und man sieht, daß beide verschieden sind, d.h., der *Grenzwert existiert nicht*, wie MATHCAD richtig erkennt:

$$\lim_{x \to 0} \frac{2}{1 + e^{\frac{-1}{x}}} \to \text{undefined}$$

b) Die folgenden Grenzwerte, die auf unbestimmte Ausdrücke führen, werden von MATHCAD problemlos berechnet

b1)
$$\lim_{x \to 0} x^{\sin(x)} \to 1$$

b2)
$$\lim_{x \to \frac{\pi}{2}} \tan(x)^{\cos(x)} \to 1$$

b3)
$$\lim_{x \to \infty} \left(\frac{x+1}{x-1}\right)^{x+3} \to \exp(2)$$

b4)
$$\lim_{x \to 1} \frac{x \cdot \ln(x) - x + 1}{x \cdot \ln(x) - \ln(x)} \to \frac{1}{2}$$

c) MATHCAD berechnet den Grenzwert

$$\lim_{x \to \infty} \frac{3 \cdot x + \cos(x)}{x} \to 3$$

obwohl er nicht durch Anwendung der Regel von l'Hospital erhalten werden kann, sondern nur durch Umformung der Funktion in

$$3 + \frac{\cos(x)}{x}$$

und anschließender Abschätzung von

$$\left| \frac{\cos(x)}{x} \right| \leq \frac{1}{|x|}$$

d) MATHCAD berechnet die folgenden beiden Grenzwerte, obwohl diese nicht mittels der Regel von de l'Hospital berechenbar sind, wie man leicht nachprüfen kann.

$$\lim_{x \to \infty} \frac{5^x}{4^x} \to \infty \qquad \lim_{x \to \infty} \frac{4^x}{5^x} \to 0$$

e) MATHCAD berechnet sogar Grenzwerte für den Hauptwert von *arctan*, wenn sich im Argument eine beliebige Konstante k befindet.

$$\lim_{x \to \infty} \operatorname{atan}(k \cdot x) \to \frac{1}{2} \cdot \operatorname{csgn}(k) \cdot \pi$$

$$\lim_{x \to 0} \operatorname{atan}\left(\frac{k}{x}\right) \to \text{undefined}$$

$$\lim_{x \to 0^+} \operatorname{atan}\left(\frac{k}{x}\right) \to \frac{1}{2} \cdot \operatorname{csgn}(k) \cdot \pi$$

$$\lim_{x \to 0^-} \operatorname{atan}\left(\frac{k}{x}\right) \to \frac{-1}{2} \cdot \operatorname{csgn}(k) \cdot \pi$$

wobei *csgn* die *Signumfunktion* darstellt.

f) Für die *Berechnung* von *Grenzwerten definierter Funktionen* wird die Verwendung des symbolischen Gleichheitszeichens empfohlen, da mit den anderen gegebenen Möglichkeiten nicht immer ein Ergebnis erhalten wird:
Für die *definierte Funktion*

$$f(x) := \frac{2 \cdot x + \sin(x)}{x + 3 \cdot \ln(x + 1)}$$

berechnet MATHCAD mit dem *symbolischen Gleichheitszeichen* → den *Grenzwert*:

$$\lim_{x \to 0} f(x) \to \frac{3}{4}$$

während es mit den *Menüfolgen*

Symbolics ⇒ Evaluate ⇒ Symbolically
(deutsche Version: **Symbolik ⇒ Auswerten ⇒ Symbolisch**)
bzw.

Symbolics ⇒ Simplify
(deutsche Version: **Symbolik ⇒ Vereinfachen**)
kein Ergebnis erzielt:

$$\lim_{x \to 0} f(x) \quad \textit{yields} \quad f(0)$$

bzw.

$$\lim_{x \to 0} f(x) \quad \textit{simplifies to} \quad f(0)$$

♦

☞

Die Beispiele zeigen, daß MATHCAD bei der Berechnung von Grenzwerten sehr effektiv arbeitet.

♦

19.5 Kurvendiskussion

Kurvendiskussionen (in der Ebene) dienen dazu, *Eigenschaften* einer gegebenen *Funktion* f(x) und die Form ihrer *Funktionskurve* zu bestimmen. Dazu dienen

* Ermittlung des Definitions- und Wertebereichs
* Untersuchung von Symmetrieeigenschaften
* Bestimmung von Unstetigkeitsstellen (Polstellen, Sprungstellen,...) und Stetigkeitsintervallen
* Untersuchung auf Differenzierbarkeit
* Bestimmung der Schnittpunkte mit der x-Achse (Nullstellen) und der y-Achse
* Bestimmung der Extremwerte (Maxima und Minima)
* Bestimmung der Wendepunkte
* Bestimmung der Monotonie- und Konvexitätsintervalle
* Untersuchung des Verhaltens im Unendlichen (Bestimmung der Asymptoten)
* Berechnung geeigneter Funktionswerte

☞

Unter Verwendung der bereits behandelten Grafikeigenschaften von MATHCAD (siehe Abschn.18.1) läßt sich für beliebige Funktionen f(x) die *Funktionskurve zeichnen*, aus der man Informationen über die meisten der gegebenen Eigenschaften von f(x) erhalten kann. Aus der Grafik lassen sich auch *Startwerte* für eventuell zu verwendende *Näherungsverfahren* entnehmen, z.B. zur Bestimmung der Nullstellen, Maxima, Minima und Wendepunkte, falls deren exakte (symbolische) Berechnung versagt.

♦

Man sollte sich aber bei einer Kurvendiskussion nicht ausschließlich auf die von MATHCAD gelieferte grafische Darstellung verlassen, sondern auch die aufgezählten *Eigenschaften analytisch* unter Verwendung der von MATHCAD zur Verfügung gestellten *Funktionen/Kommandos/Menüs* für die

* *Lösung von Gleichungen* (zur Bestimmung von Nullstellen, Extremwerten, Wendepunkten),

* *Differentiation* (zur Bestimmung von Monotonie- und Konvexitätsintervallen, zur Aufstellung der Gleichungen für die Bestimmung von Extremwerten und Wendepunkten)

untersuchen, da eine von MATHCAD gelieferte Grafik fehlerbehaftet sein kann.

Betrachten wir die *Möglichkeiten* für die Durchführung von *Kurvendiskussionen* mittels MATHCAD an drei Beispielen.

Beispiel 19.6:

Für die im folgenden gegebenen Funktionen zeichnen wir zuerst die Kurven und untersuchen anschließend analytisch die Eigenschaften:

a) Untersuchen wir eine *gebrochenrationale Funktion* der Form

$$f(x) = \frac{x+1}{x^3 + 6 \cdot x^2 + 11 \cdot x + 6}$$

für die MATHCAD im Intervall [-4, 4] durch Berechnung von Funktionswerten (mit der Schrittweite 0.3) die folgende *Funktionskurve* zeichnet, indem die Funktionswerte durch Geradenstücke verbunden werden (siehe Abschn.18.1):

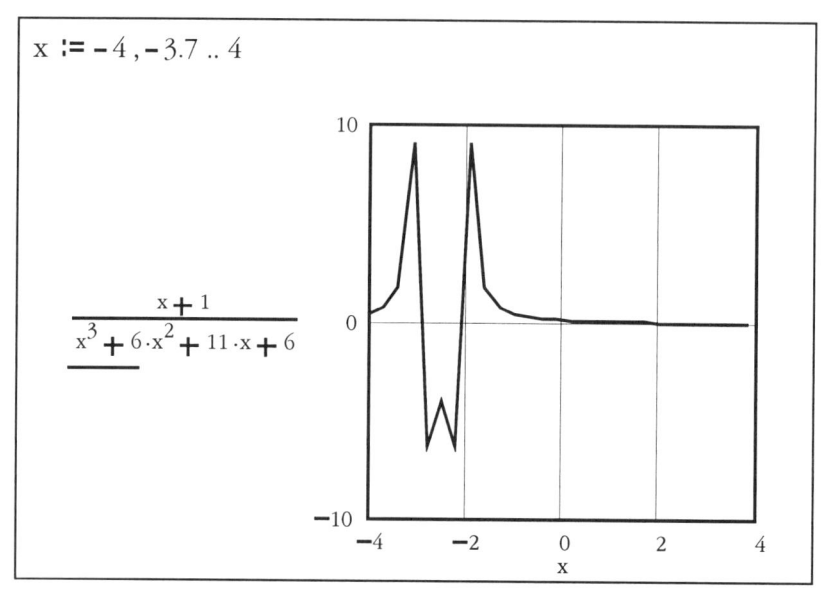

$$x := -4, -3.7 .. 4$$

19.5 Kurvendiskussion

Diese Zeichnung ist ungenau bzw. falsch, da die Polstellen nicht ersichtlich sind. Dieser Effekt liegt hauptsächlich an der zu großen Schrittweite Deshalb zeichnen wir die Funktion im Intervall [-4, 4] nochmals mit der kleineren Schrittweite 0.1 und erhalten folgende Funktionskurve:

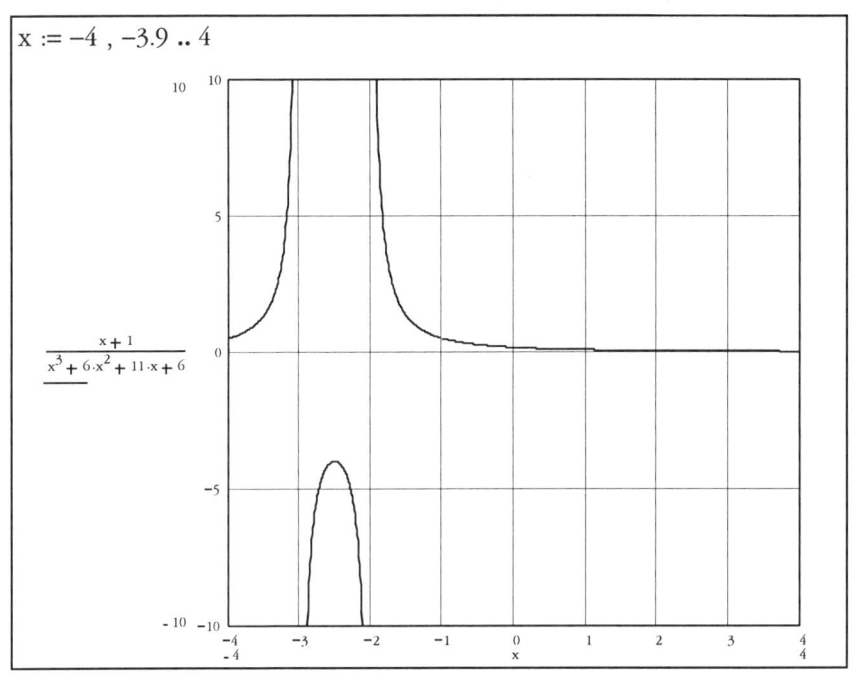

$x := -4, -3.9 .. 4$

$$\frac{x+1}{x^3 + 6 \cdot x^2 + 11 \cdot x + 6}$$

Die letzte Abbildung zeigt die Funktionskurve in einer wesentlich besseren Form, wie die folgenden Untersuchungen zeigen, d.h., die Gestalt der Kurve wird wesentlich von der Wahl der Schrittweite für die Funktionswertberechnung beeinflußt.

Jetzt prüfen wir mittels *analytischer Untersuchungen* nach, ob die zuletzt gezeichnete Kurve wirklich die gesuchte Funktionskurve darstellt:

* Dazu bestimmen wir zuerst durch *Faktorisierung* (siehe Abschn.13.6 und 16.2) die *Nullstellen* des *Nenners*:

$x^3 + 6 \cdot x^2 + 11 \cdot x + 6$ *by factoring, yields* $(x + 3) \cdot (x + 2) \cdot (x + 1)$

Damit ist ersichtlich, daß die gegebene Funktion in

$x = -1, -2$ und -3

Unstetigkeiten besitzt. Mit dem Ergebnis der Faktorisierung kann man sie in *folgender Form* schreiben:

$$f(x) = \frac{x+1}{(x+3)(x+2)(x+1)}$$

Hieraus ist ersichtlich, daß in $x = -1$ eine hebbare Unstetigkeit (Lücke) vorliegt, die allerdings aus der von MATHCAD gezeichneten Grafik nicht zu erkennen ist. Wenn man diese Unstetigkeit beseitigt, indem man Zähler und Nenner der Funktion durch x+1 dividiert, hat die neue Funktion die folgende einfachere Gestalt:

$$f(x) = \frac{1}{(x+3)(x+2)}$$

Aus dieser Funktionsgleichung läßt sich sofort erkennen, daß *Polstellen* bei −3 und −2 auftreten und keinerlei *Nullstellen* existieren. Weiterhin folgt, daß die Funktion im Intervall (−∞,−3) und (−2,+∞) positiv und im Intervall (−3,−2) negativ ist und sich asymptotisch Null nähert (für x gegen ±∞).

* Zur Bestimmung der *Extremwerte* (Maxima und Minima) berechnen wir die erste Ableitung, setzen diese gleich Null (*notwendige Optimalitätsbedingung* - siehe Abschn.25.1) und lösen die entstandene Gleichung exakt mittels der *Menüfolge* (siehe Abschn.16.3):

Symbolics ⇒ Variable ⇒ Solve
(deutsche Version: **Symbolik ⇒ Variable ⇒ Auflösen**)

$$\frac{d}{dx}\frac{1}{(x+3)\cdot(x+2)} = 0 \quad \text{has solution(s)} \quad \frac{-5}{2}$$

Mittels der zweiten Ableitung (*hinreichende Optimalitätsbedingung* - siehe Abschn.25.1) *überprüfen* wir die gefundene *Lösung*:

$$x := \frac{-5}{2} \qquad \frac{d^2}{dx^2}\frac{1}{(x+3)\cdot(x+2)} = -32$$

Damit ist gezeigt, daß im Punkt
x=−5/2
ein *Maximum* mit dem Funktionswert f(−5/2)= −4 vorliegt.

Mit diesen Untersuchungen läßt sich die letzte Grafik für die betrachtete Funktion bestätigen.

b) Betrachten wir eine *Kurve*, deren *Gleichung* in *impliziter Form* gegeben ist:

$$y^2(1+x) = x^2(1-x)$$

Da MATHCAD die grafische Darstellung von implizit gegebenen Kurven nicht erlaubt, kann man sich bei diesem Beispiel dadurch helfen, daß man die Kurven für die beiden Funktionen

$$y = \frac{x\sqrt{1-x}}{\sqrt{1+x}} \quad \text{und} \quad y = -\frac{x\sqrt{1-x}}{\sqrt{1+x}}$$

die sich durch Auflösen der Kurvengleichung nach y ergeben, in das gleiche Koordinatensystem zeichnet:

19.5 Kurvendiskussion

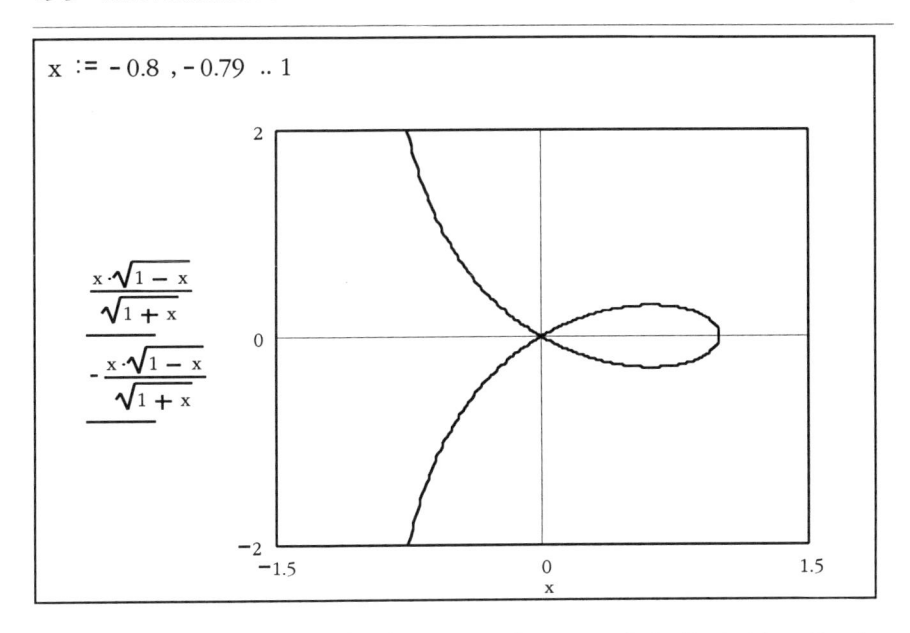

x := -0.8, -0.79 .. 1

[Plot of $\frac{x\sqrt{1-x}}{\sqrt{1+x}}$ and $-\frac{x\sqrt{1-x}}{\sqrt{1+x}}$ from -1.5 to 1.5]

Aus der Grafik und den Gleichungen sieht man, daß die beiden Zweige (Äste) der *Kurve symmetrisch* sind, so daß man nur einen untersuchen muß:

* Man erkennt aus der Funktionsgleichung den *Definitionsbereich*
  $-1 < x \leq 1$
  und die *Nullstellen*
  x=0 und x=1.

* Die Bestimmung der *Extremwerte* läßt sich wie im Beispiel a) durchführen:

$$\frac{d}{dx}\frac{x\sqrt{1-x}}{\sqrt{1+x}} = 0 \quad \text{has solution(s)} \quad \begin{bmatrix} \frac{-1}{2} + \frac{1}{2}\sqrt{5} \\ \frac{-1}{2} - \frac{1}{2}\sqrt{5} \end{bmatrix}$$

Damit liegt an der Stelle

$$x = \frac{-1+\sqrt{5}}{2}$$

ein *Maximum* für den oberen Zweig, wie man mittels der zweiten Ableitung *überprüfen* kann:

$$x := \frac{-1}{2} + \frac{1}{2}\sqrt{5} \qquad \frac{d^2}{dx^2}\frac{x\sqrt{1-x}}{\sqrt{1+x}} = -1.758$$

und wegen der Symmetrie ein Minimum für den unteren Zweig.

Somit haben wir die wesentlichen Eigenschaften der Kurve überprüft und die von MATHCAD gegebene Grafik kann bestätigt werden.

c) Betrachten wir die *ganzrationale Funktion* (*Polynomfunktion*)

$$f(x) = 0.025\,x^5 + 0.05\,x^4 - 0.6\,x^3 - 0.55\,x^2 + 2.575\,x - 1.5$$

Ganzrationale Funktionen stellen die wenigsten Schwierigkeiten an eine Kurvendiskussion. Sie sind für alle x-Werte stetig. Deshalb hat MATH-CAD auch keine Schwierigkeiten bei der *grafischen Darstellung* der Funktionskurve:

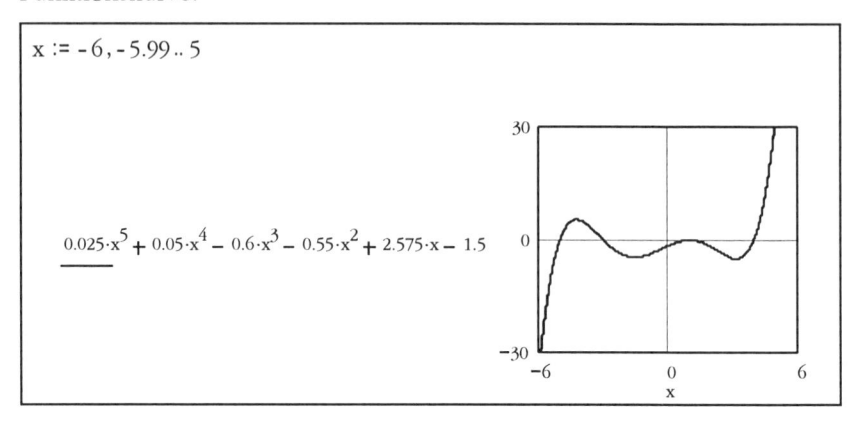

$x := -6, -5.99\,..\,5$

$0.025 \cdot x^5 + 0.05 \cdot x^4 - 0.6 \cdot x^3 - 0.55 \cdot x^2 + 2.575 \cdot x - 1.5$

Das einzige *Problem* besteht in der exakten (symbolischen*)* Bestimmung der *Nullstellen* und *Extremwerte*, da für Polynome ab dem fünften Grad keine Lösungsformel mehr existiert.
Bei der gegebenen Funktion liefert MATHCAD folgende Ergebnisse:

* *Nullstellen* :

$$0.025 \cdot x^5 + 0.05 \cdot x^4 - 0.6 \cdot x^3 - 0.55 \cdot x^2 + 2.575 \cdot x - 1.5$$

by factoring, yields $\quad \dfrac{1}{40} \cdot (x + 5) \cdot (x + 3) \cdot (x - 4) \cdot (x - 1)^2$

d.h. die Funktion besitzt die Nullstellen −5, −3, 1, 4.

* *Extremwerte* :

ergeben sich als Nullstellen der ersten Ableitung der Funktion:

$$\frac{d}{dx}(0.025 \cdot x^5 + 0.05 \cdot x^4 - 0.6 \cdot x^3 - 0.55 \cdot x^2 + 2.575 \cdot x - 1.5) = 0$$

has solution(s) $\quad \begin{bmatrix} 1. \\ 3.1706844917212148503 + 2. \cdot 10^{-20} \cdot i \\ -4.2374443319589008082 - 1. \cdot 10^{-20} \cdot i \\ -1.5332401597623140424 - 1. \cdot 10^{-20} \cdot i \end{bmatrix}$

19.5 Kurvendiskussion

Es existieren vier reelle Nullstellen, wie aus der folgenden Abbildung zu ersehen ist:

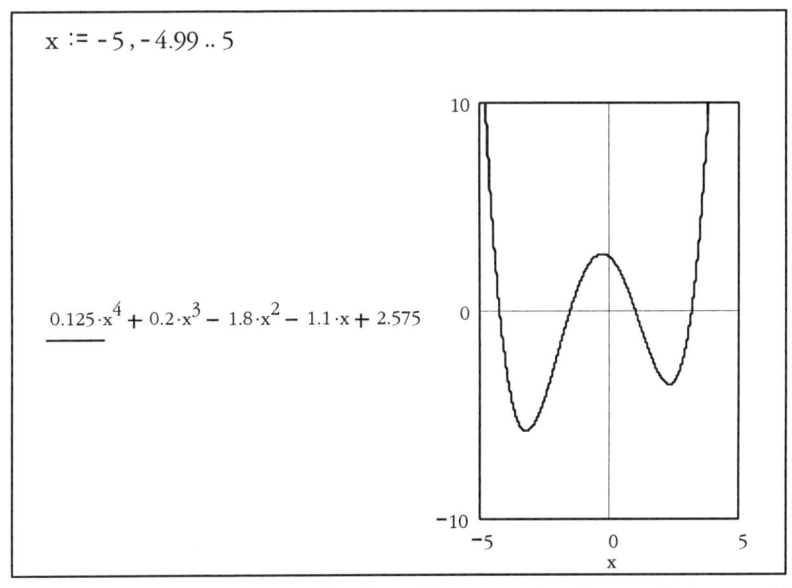

$x := -5, -4.99 .. 5$

$0.125 \cdot x^4 + 0.2 \cdot x^3 - 1.8 \cdot x^2 - 1.1 \cdot x + 2.575$

Man erhält außer $x = 1$ befriedigende Werte für die restlichen Nullstellen, wenn man die von MATHCAD berechneten, betragsmäßig sehr kleinen Imaginärteile wegläßt:
Hieraus kann man als Näherungswerte für die restlichen Extremwerte
$-4.24, -1.53, 3.17$
entnehmen.

* *Wendepunkte*:

ergeben sich als Nullstellen der zweiten Ableitung der Funktion

$$\frac{d^2}{dx^2} \; 0.025 \cdot x^5 + 0.05 \cdot x^4 - 0.6 \cdot x^3 - 0.55 \cdot x^2 + 2.575 \cdot x - 1.5 = 0$$

has solution(s)

$$\begin{pmatrix} 2.3170984433653077928 \\ -3.2224590675394149678 \\ -.294639375825892825 \end{pmatrix}$$

d.h., wir erhalten als Näherungen für die Wendepunkte
$-3.22, -0.29, 2.32$.

♦

20 Integralrechnung

Wie wir bereits in der Einleitung erwähnten, existiert zur exakten Berechnung beliebiger Integrale kein endlicher Lösungsalgorithmus. Deshalb kann man von MATHCAD nicht erwarten, daß jedes Integral berechnet wird.
Bei berechenbaren Integralen leistet MATHCAD aber eine große Hilfe, da die oft sehr umfangreichen Rechnungen in Sekundenschnelle durchgeführt werden, wie im folgenden zu sehen ist.

☞

Wenn MATHCAD ein *Integral nicht* exakt *berechnen* kann, so zeigt sich dies auf eine der folgenden Arten:

* Es erscheint die Meldung
  No closed form found for integral
* Das zu berechnende Integral wird unverändert als Ergebnis ausgegeben (siehe Beispiele 20.1l) und m).
* Die Berechnung wird nicht beendet. Der Abbruch kann durch Drücken der [Esc]-Taste geschehen.

♦

☞

Bei der Integration mittels MATHCAD ist zu beachten, daß keine indizierten Variablen mit Feldindex verwendet werden dürfen.

♦

20.1 Unbestimmte Integrale

Die Bestimmung einer Funktion
F(x)
deren Ableitung
F'(x)
gleich einer gegebenen Funktion
f(x)
ist, führt zur *Integralrechnung*.
Eine so berechnete Funktion F(x) wird als *Stammfunktion* bezeichnet.

20.1 Unbestimmte Integrale

☞

Aus der *Integralrechnung* ist *bekannt:*

* Alle für eine Funktion f(x) existierenden *Stammfunktionen* F(x) unterscheiden sich nur um eine Konstante.
* Die Gesamtheit der Stammfunktionen einer Funktion f(x) wird als *unbestimmtes Integral* bezeichnet und in der Form

$$\int f(x)\,dx$$

geschrieben, worin f(x) als *Integrand* und x als *Integrationsvariable* bezeichnet werden.

♦

Die *Integralrechnung* hat *zwei* wesentliche *Fragen* zu *beantworten*:

I. Besitzt jede gegebene *Funktion* f(x) eine *Stammfunktion* F(x) ?
II. Mit welcher Methode kann für eine gegebene *Funktion* f(x) eine *Stammfunktion* F(x) bestimmt werden ?

Zur Beantwortung kann folgendes gesagt werden:

* Die *erste Frage*

    ist für viele Funktionen positiv zu beantworten, da jede auf einem endlichen Intervall [a,b] *stetige Funktion* f(x) eine *Stammfunktion* F(x) besitzt. Diese Aussage ist jedoch nur eine *Existenzaussage*, wie man sie häufig in der Mathematik antrifft.
    Derartige Aussagen liefern *keinen Lösungsalgorithmus*, um zu einer gegebenen stetigen Funktion f(x), die sich z.B. aus bekannten Elementarfunktionen

    x^n, e^x, $\ln x$, $\sin x$,...

    zusammensetzt, eine Stammfunktion explizit zu konstruieren. Man weiß, daß eine Stammfunktion F(x) existiert, aber nicht, ob und wie F(x) durch elementare Funktionen gebildet werden kann.

* Die *zweite Frage*

    ist nur für gewisse Klassen von Funktionen positiv zu beantworten, da kein allgemeingültiger endlicher Lösungsalgorithmus zur Bestimmung einer Stammfunktion existiert.

☞

Obwohl *kein endlicher Algorithmus* zur *Bestimmung* einer *Stammfunktion* F(x) für eine *beliebige stetige Funktion* f(x) existiert, sind jedoch Methoden (*Integrationsmethoden*) bekannt, um für spezielle *Funktionen* f(x) eine *Stammfunktion* F(x) zu konstruieren. Hierzu gehören als bekannteste die

* *partielle Integration*
* *Partialbruchzerlegung* (für gebrochenrationale Funktionen)
* *Substitution*

die auch von MATHCAD herangezogen werden. Wenn derartige Methoden zum Erfolg führen, so ist MATHCAD bei der exakten Berechnung von Integralen meistens erfolgreich und befreit von aufwendiger Rechenarbeit.

♦

Für die *exakte Berechnung unbestimmter Integrale*

$$\int f(x)\,dx$$

gibt es in MATHCAD *zwei Möglichkeiten* :

I. Die zu integrierende Funktion f(x) wird in das Arbeitsfenster eingegeben, danach eine Variable x mit Bearbeitungslinien markiert und abschließend die *Menüfolge*

   Symbolics ⇒ Variable ⇒ Integrate
   (deutsche Version: **Symbolik ⇒ Variable ⇒ Integrieren**)

   aktiviert.

II. Nach Anklicken des *Integraloperators* für die *unbestimmte Integration*

   in der *Operatorpalette Nr.5* erscheint das *Integralsymbol*

   $$\int \blacksquare \, d\blacksquare$$

   im Arbeitsfenster an der durch den Kursor bestimmten Stelle. Anschließend trägt man in die beiden *Platzhalter* die *Funktion* f(x) und die *Integrationsvariable* x ein, d.h.

   $$\int f(x)\,dx$$

   und *markiert* den gesamten *Ausdruck* mit Bearbeitungslinien.
   Die abschließende Durchführung einer der folgenden Aktivitäten

   * *Aktivierung* der *Menüfolge*

     Symbolics ⇒ Evaluate ⇒ Symbolically
     (deutsche Version: **Symbolik ⇒ Auswerten ⇒ Symbolisch**)

   * *Aktivierung* der *Menüfolge*

     Symbolics ⇒ Simplify
     (deutsche Version: **Symbolik ⇒ Vereinfachen**)

   * Eingabe des *symbolischen Gleichheitszeichens* → und abschließende Betätigung der ⏎-Taste.

   löst die exakte Berechnung des *unbestimmten Integrals* aus.
   Es wird empfohlen, das *symbolische Gleichheitszeichen* zu verwenden, da sich dies am einfachsten gestaltet.

20.1 Unbestimmte Integrale

☞

In einigen Fällen läßt sich das Scheitern der exakten Berechnung von Integralen durch MATHCAD vermeiden, wenn man den *Integranden* f(x) vor der Anwendung der Integration *vereinfacht*. Betrachten wir zwei dieser Fälle:

* *Gebrochenrationale Funktionen* kann man vorher unter Verwendung der Vorgehensweise aus Abschn.13.3 in Partialbrüche zerlegen.
* Gängige *Substitutionen* kann man vorher durchführen (siehe Beispiel 20.1l).

♦
Beispiel 20.1:
Die Aufgaben a), b), c) und d) können mittels *partieller Integration* gelöst werden und bilden für MATHCAD keine Schwierigkeiten:

a)
$$\int x^3 \cdot e^{2 \cdot x} \, dx \rightarrow \frac{1}{2} \cdot x^3 \cdot \exp(2 \cdot x) - \frac{3}{4} \cdot x^2 \cdot \exp(2 \cdot x) + \frac{3}{4} \cdot x \cdot \exp(2 \cdot x) - \frac{3}{8} \cdot \exp(2 \cdot x)$$

b)
$$\int \operatorname{asin}(x) \, dx \rightarrow x \cdot \operatorname{asin}(x) + \sqrt{1 - x^2}$$

c)
$$\int x^3 \cdot \cos(x) \, dx \rightarrow x^3 \cdot \sin(x) + 3 \cdot x^2 \cdot \cos(x) - 6 \cdot \cos(x) - 6 \cdot x \cdot \sin(x)$$

d)
$$\int \sin(\ln(x)) \, dx \rightarrow \frac{1}{2} \cdot x \cdot (\sin(\ln(x)) - \cos(\ln(x)))$$

Die Lösung der Aufgaben e), f), g) und h) ist mittels *Partialbruchzerlegung* möglich. Aufgrund der Schwierigkeiten bei der Partialbruchzerlegung kann MATHCAD diese Aufgaben nur lösen, wenn das Nennerpolynom hinreichend einfach ist (siehe Abschn.13.3):

e) Das Integral
$$\int \frac{2 \cdot x^2 + 2 \cdot x + 13}{x^5 - 2 \cdot x^4 + 2 \cdot x^3 - 4 \cdot x^2 + x - 2} \, dx \rightarrow$$

$$\ln(x - 2) - \frac{1}{2} \cdot \ln(x^2 + 1) - 4 \cdot \operatorname{atan}(x) - \frac{1}{4} \cdot \frac{(8 \cdot x - 6)}{(x^2 + 1)}$$

wird von MATHCAD berechnet.

f) Das Integral

$$\int \frac{x^6 + 7 \cdot x^5 + 15 \cdot x^4 + 32 \cdot x^3 + 23 \cdot x^2 + 25 \cdot x - 3}{x^8 + 2 \cdot x^7 + 7 \cdot x^6 + 8 \cdot x^5 + 15 \cdot x^4 + 10 \cdot x^3 + 13 \cdot x^2 + 4 \cdot x + 4} dx \rightarrow$$

$$\ln(x^2 + 1) - \frac{3}{(x^2 + 1)} - \ln(x^2 + x + 2) + \frac{1}{(x^2 + x + 2)}$$

wird von MATHCAD berechnet.

g) Das Integral

$$\int \frac{1}{x^4 + 1} dx \rightarrow$$

$$\frac{1}{8} \cdot \sqrt{2} \cdot \ln\left[\frac{\left(x^2 + x \cdot \sqrt{2} + 1\right)}{\left(x^2 - x \cdot \sqrt{2} + 1\right)}\right] + \frac{1}{4} \cdot \sqrt{2} \cdot \operatorname{atan}\left(x \cdot \sqrt{2} + 1\right) + \frac{1}{4} \cdot \sqrt{2} \cdot \operatorname{atan}\left(x \cdot \sqrt{2} - 1\right)$$

wird berechnet, obwohl MATHCAD den Integranden nicht in Partialbrüche zerlegen kann, wie wir im Beispiel 13.11a) gesehen haben.

h) Das Integral

$$\int \frac{1}{x^3 + 2 \cdot x^2 + x + 1} dx$$

wird von MATHCAD nicht berechnet, obwohl das Nennerpolynom nur den Grad 3 besitzt. Die Ursache hierfür ist, das es nur eine reelle nichtganzzahlige Nullstelle besitzt. <u>Bei nichtganzzahligen Nullstellen des Nennerpolynoms hat MATHCAD Probleme</u>, worauf bereits im Abschn.13.3 im Rahmen der Partialbruchzerlegung hingewiesen wurde.

Die Aufgaben i), j), k) und l) können mittels *Substitutionen* gelöst werden. Diese werden aber nicht immer von MATHCAD erkannt (siehe Beispiel l). Dies ist jedoch nicht verwunderlich, da das Finden einer geeigneten Substitution nicht algorithmisierbar ist:

i)

$$\int \frac{1}{x \cdot \sqrt{1 - x}} dx \rightarrow -2 \cdot \operatorname{artanh}\left(\sqrt{1 - x}\right)$$

j) Das Integral

20.1 Unbestimmte Integrale

$$\int \frac{\sqrt[3]{1+\sqrt[4]{x}}}{\sqrt{x}} dx \rightarrow \frac{12}{7} \cdot \sqrt[3]{(1+\sqrt[4]{x})^7} - 3 \cdot \sqrt[3]{(1+\sqrt[4]{x})^4}$$

wird von MATHCAD berechnet, da die *Substitution*

$$t = \sqrt[3]{1+\sqrt[4]{x}} \qquad x = (t^3-1)^4$$

zum Ziele führt.

k)

$$\int \frac{1}{2+\cos(x)} dx \rightarrow \frac{2}{3} \cdot \sqrt{3} \cdot \operatorname{atan}\left(\frac{1}{3} \cdot \tan\left(\frac{1}{2} \cdot x\right) \cdot \sqrt{3}\right)$$

l) Das folgende Integral kann MATHCAD in der gegebenen Form nicht berechnen:

$$\int \operatorname{asin}(x)^2 dx \rightarrow \int \operatorname{asin}(x)^2 dx$$

Wenn man es aber mittels der *Substitution* x = sin t per Hand auf die Form

$$\int t^2 \cos t \, dt$$

bringt, kann es MATHCAD berechnen:

$$\int t^2 \cdot \cos(t) \, dt \rightarrow t^2 \cdot \sin(t) - 2 \cdot \sin(t) + 2 \cdot t \cdot \cos(t)$$

Die *Rücksubstitution* t = arc sin x läßt sich ebenfalls mit MATHCAD unter Verwendung des *Schlüsselwortes* **substitute** (siehe Abschn.13.8) durchführen:

$$t^2 \cdot \sin(t) - 2 \cdot \sin(t) + 2 \cdot t \cdot \cos(t) \text{ substitute}, t = \operatorname{asin}(x) \rightarrow$$

$$\operatorname{asin}(x)^2 \cdot x - 2 \cdot x + 2 \cdot \operatorname{asin}(x) \cdot \sqrt{1-x^2}$$

m) Das folgende Integral

$$\int x^x dx \rightarrow \int x^x dx$$

wird von MATHCAD nicht berechnet. Zu seiner Berechnung ist auch keine Integrationsmethode zu erkennen.

n) Möchte man das *Ergebnis* einer *unbestimmten Integration*, d.h. eine berechnete *Stammfunktion*, einer neuen *Funktion* (z.B. g(x)) *zuweisen*, so

geschieht dies unter Verwendung des symbolischen Gleichheitszeichens
→ folgendermaßen:

$$g(x) := \int x \cdot e^x \, dx \;\rightarrow\; x \cdot \exp(x) - \exp(x)$$

o) Betrachten wir die Integration von *definierten Funktionen*:
o1) Für definierte Funktionen wie z.B.

$$f(x) := \sin(x) + \ln(x) + x + 1$$

$$\int f(x) \, dx \;\rightarrow\; -\cos(x) + x \cdot \ln(x) + \frac{1}{2} \cdot x^2$$

führt nur das *symbolische Gleichheitszeichen* zum Ziel.

o2) *Funktionen*, die sich aus *mehreren Ausdrücken* zusammensetzen, wie z.B. die stetige Funktion

$$f(x) = \begin{cases} x & \text{wenn } x \leq 0 \\ x^2 & \text{sonst} \end{cases}$$

lassen sich in MATHCAD folgendermaßen definieren:

* Mit dem **if**-Befehl

    f(x) := **if** (x ≤ 0 , x , x^2)

* oder dem **if**-Operator aus der *Operatorpalette Nr.6*

$$f(x) := \begin{vmatrix} x & \text{if } x \leq 0 \\ x^2 & \text{otherwise} \end{vmatrix}$$

Derart definierte Funktionen lassen sich in MATHCAD nicht mit den gegebenen Methoden zur exakten Integration integrieren, obwohl sich die *Stammfunktion* F(x) einfach berechnen läßt:

$$F(x) = \begin{cases} \dfrac{1}{2} \cdot x^2 & \text{wenn } x \leq 0 \\[2mm] \dfrac{1}{3} \cdot x^3 & \text{sonst} \end{cases}$$

Die grafische Darstellung der beiden Funktionen findet man in der folgenden Abbildung:

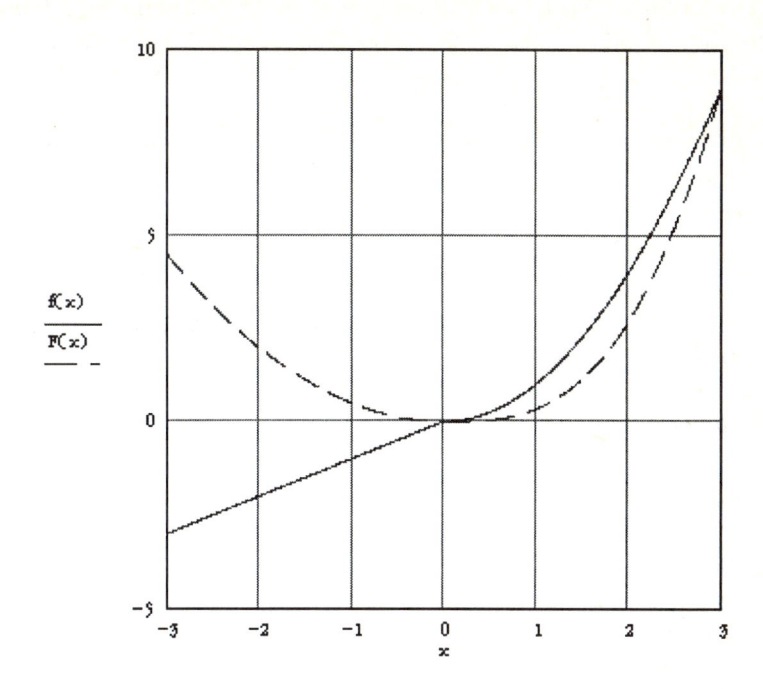

Für derartige Funktionen gestattet MATHCAD nur eine numerische Berechnung von Integralen (siehe Beispiel 20.5d).
♦

☞
Bei den vorangehenden Beispielen haben wir oft Funktionen verwendet, die mit den angegebenen Methoden einfach integrierbar sind. Deshalb sollte man hieraus nicht den Schluß ziehen, daß MATHCAD alle Funktionen integriert.
Man sieht jedoch, daß MATHCAD Integrale relativ komplizierter Funktionen mühelos und fehlerfrei berechnet, falls dies unter Verwendung einer der angegebenen Integrationsmethoden möglich ist.
♦

20.2 Bestimmte Integrale

Neben *unbestimmten* werden in der Integralrechnung *bestimmte Integrale*

$$\int_a^b f(x)\,dx$$

mit dem *Integranden* f(x), der *Integrationsvariablen* x und den *Integrationsgrenzen* a und b untersucht, die für viele Anwendungsprobleme benötigt werden.

☞

Unbestimmte und *bestimmte Integrale* sind durch den *Hauptsatz der Differential- und Integralrechnung*

$$\int_a^b f(x)\,dx = F(b) - F(a)$$

miteinander *verbunden*, worin F(x) eine *Stammfunktion* für den Integranden f(x) darstellt.

♦

Die *exakt Berechnung bestimmter Integrale*

$$\int_a^b f(x)\,dx$$

geschieht in MATHCAD *folgendermaßen:*

- *Zuerst* wird durch Anklicken des *Integraloperators* für die *bestimmte Integration*

  $$\int_a^b$$

  in der *Operatorpalette Nr.5* im Arbeitsfenster an der durch den Kursor bestimmten Stelle das *Integralsymbol*

  $$\int_\blacksquare^\blacksquare \blacksquare\,d\blacksquare$$

  mit vier Platzhaltern erzeugt.

- *Anschließend* trägt man in die entsprechenden *Platzhalter* die *Integrationsgrenzen* a und b, den *Integranden* f(x) und die *Integrationsvariable* x ein und erhält

  $$\int_a^b f(x)\,dx$$

- *Danach markiert* man den gesamten *Ausdruck* mit *Bearbeitungslinien*.
- Die *abschließende* Durchführung einer der folgenden *Aktivitäten*
  * *Aktivierung* der *Menüfolge*

    Symbolics ⇒ Evaluate ⇒ Symbolically
    (deutsche Version: **Symbolik ⇒ Auswerten ⇒ Symbolisch**)
  * *Aktivierung* der *Menüfolge*

    Symbolics ⇒ Simplify
    (deutsche Version: **Symbolik ⇒ Vereinfachen**)

20.2 Bestimmte Integrale

* Eingabe des *symbolischen Gleichheitszeichens* → und abschließende Betätigung der ⏎-Taste.

löst die *exakte Berechnung* des *bestimmten Integrals* aus.
Es wird empfohlen, das *symbolische Gleichheitszeichen* zu verwenden, da sich dies am einfachsten gestaltet.

☞

Man kann *bestimmte Integrale* zur *Berechnung* einer *Stammfunktion* F(x) für eine gegebene Funktion f(x) verwenden, indem man die *Formel*

$$F(x) = \int_a^x f(t)\,dt$$

heranzieht, die unmittelbar aus dem Hauptsatz der Differential- und Integralrechnung folgt. Die auf diese Art berechnete *Stammfunktion* besitzt die Eigenschaft F(a) = 0 (siehe Beispiel 20.2c).

♦

Da wir bei der Berechnung bestimmter Integrale mittels MATHCAD die gleichen Probleme wie bei unbestimmten haben, beschränken wir uns im folgenden Beispiel auf einige wenige Aufgaben, bei denen die Spezifik bestimmter Integrale im Vordergrund steht.

Beispiel 20.2:

a) Das Ergebnis der exakten Berechnung des folgenden bestimmten Integrals

$$\int_1^3 e^x \cdot \sin(x)\,dx \rightarrow$$

$$\frac{-1}{2} \cdot \exp(3) \cdot \cos(3) + \frac{1}{2} \cdot \exp(3) \cdot \sin(3) + \frac{1}{2} \cdot \exp(1) \cdot \cos(1) - \frac{1}{2} \cdot \exp(1) \cdot \sin(1)$$

ist natürlich wenig anschaulich, da die enthaltenen reellen Zahlen nicht anders ausgedrückt werden können. Möchte man eine Dezimalnäherung als Ergebnis, so ist der erhaltene Ausdruck numerisch zu berechnen (siehe Abschn. 6.2). Wir führen dies hier durch Eingabe des numerischen Gleichheitszeichens durch:

$$\frac{-1}{2} \cdot \exp(3) \cdot \cos(3) + \frac{1}{2} \cdot \exp(3) \cdot \sin(3) + \frac{1}{2} \cdot \exp(1) \cdot \cos(1) - \frac{1}{2} \cdot \exp(1) \cdot \sin(1)$$

$$= 10.95017031468552$$

b) Das folgende bestimmte Integral wird ebenso wie das zugehörige unbestimmte nicht exakt berechnet:

$$\int_2^3 x^x\,dx \rightarrow \int_2^3 x^x\,dx$$

Hier bleibt nur die numerische Berechnung (siehe Beispiel 20.5a)

c) Unter Verwendung des bestimmten Integrals

$$F(x) := \int_1^{\bullet x} \sin(\ln(t))\,dt \rightarrow \frac{-1}{2}\cdot x\cdot(-\sin(\ln(x)) + \cos(\ln(x))) + \frac{1}{2}$$

erhält man für die Funktion f(x)=sin(ln(x)) ebenfalls eine Stammfunktion, die sich von der mittels unbestimmter Integrale berechneten (siehe Beispiel 20.1d) um die Konstante 1/2 unterscheidet:

$$F(x) := \int^{\bullet} \sin(\ln(x))\,dx \rightarrow \frac{1}{2}\cdot x\cdot(\sin(\ln(x)) - \cos(\ln(x)))$$

d) Bestimmte Integrale von *definierten Funktionen* lassen sich ebenso wie unbestimmte nur mit dem *symbolischen Gleichheitszeichen* → berechnen:

$$f(x) := \sin(x) + \ln(x) + x + 1$$

$$\int_1^{\bullet 2} f(x)\,dx \rightarrow -\cos(2) + \frac{3}{2} + 2\cdot\ln(2) + \cos(1)$$

e) Für eine *definierte Funktion*, die sich aus *mehreren Ausdrücken* zusammensetzt, wie z.B.

$$f(x) = \begin{cases} x & \text{wenn } x \leq 0 \\ x^2 & \text{sonst} \end{cases}$$

kann MATHCAD bestimmte Integrale ebenso wie das unbestimmte Integral (siehe Beispiel 20.1o2) nicht exakt berechnen.
♦

20.3 Uneigentliche Integrale

Betrachten wir die Berechnung *uneigentlicher Integrale*, die in einer Reihe praktischer Aufgabenstellungen eine Rolle spielen. Man unterscheidet folgende *Formen*:

I. Der Integrand ist beschränkt und das *Integrationsintervall* ist *unbeschränkt*, z.B.

$$\int_a^\infty f(x)\,dx$$

II. Der *Integrand* f(x) ist im Integrationsintervall [a,b] *unbeschränkt*, z.B.

20.3 Uneigentliche Integrale

$$\int_{-1}^{1} \frac{1}{x^2} \, dx$$

III. Sowohl das *Integrationsintervall* als auch der *Integrand* sind *unbeschränkt*, z.B.

$$\int_{-1}^{\infty} \frac{1}{x} \, dx$$

Der Fall I. des unbeschränkten Integrationsintervalls kann mit MATHCAD noch einfach behandelt werden, da als Integrationsgrenze ∞ zugelassen ist.

☞

Falls MATHCAD kein zufriedenstellendes Ergebnis für den Fall unbeschränkter Integrationsintervalle erhält, kann man sich noch folgendermaßen helfen:

Statt des *uneigentlichen Integrals*

$$\int_{a}^{\infty} f(x) \, dx$$

berechnet man das *bestimmte Integral*

$$\int_{a}^{s} f(x) \, dx$$

mit fester oberer Grenze s und ermittelt anschließend den *Grenzwert* (siehe Abschn.19.4)

$$\lim_{s \to \infty} \int_{a}^{s} f(x) \, dx$$

wie dies in Beispiel 20.3e) illustriert wird.

♦

Beispiel 20.3:

a) Das folgende konvergente Integral wird von MATHCAD problemlos berechnet

$$\int_{1}^{\infty} \frac{1}{x^3} \, dx \to \frac{1}{2}$$

b) Für das divergente Integral

$$\int_{-\infty}^{\infty} \frac{1+x}{1+x^2} \, dx$$

das den Hauptwert π besitzt, liefert MATHCAD kein Ergebnis

$$\int_{-\infty}^{\infty} \frac{1+x}{1+x^2} dx \rightarrow \int_{-\infty}^{\infty} \frac{(x+1)}{(x^2+1)} dx$$

c) Für das divergente Integral

$$\int_{-\infty}^{\infty} x^3 \, dx$$

das den Hauptwert 0 besitzt, liefert MATHCAD kein Ergebnis

$$\int_{-\infty}^{\infty} x^3 \, dx \rightarrow \int_{-\infty}^{\infty} x^3 \, dx$$

d) Das folgende konvergente Integral wird von MATHCAD problemlos berechnet

$$\int_{1}^{\infty} e^{-x} \, dx \rightarrow \exp(-1)$$

e) Wir überprüfen das folgende Ergebnis

$$\int_{0}^{\infty} x^3 \cdot e^{-x} \, dx \rightarrow 6$$

mittels *Grenzwertberechnung*:

$$\lim_{s \rightarrow \infty} \int_{0}^{s} x^3 \cdot e^{-x} \, dx \rightarrow 6$$

♦

Schwieriger gestaltet sich die *Berechnung uneigentlicher Integrale* mit *unbeschränktem Integranden* f(x). Dieser Fall wird nicht immer von MATHCAD erkannt, so daß falsche Ergebnisse erscheinen können.

Beispiel 20.4:

a) Wenn man das *uneigentliche Integral*

$$\int_{-1}^{1} \frac{1}{x^2} dx$$

formal integriert, ohne zu erkennen, daß der Integrand bei x=0 unbeschränkt ist, erhält man das falsche (unsinnige) Ergebnis −2. In Wirklichkeit ist das Integral divergent. Dies wird von MATHCAD richtig erkannt:

$$\int_{-1}^{1} \frac{1}{x^2} dx \rightarrow \infty$$

b) Für das *divergente Integral*

$$\int_{-1}^{1} \frac{1}{x}\,dx$$

dessen *Cauchyscher Hauptwert* 0 beträgt, liefert MATHCAD kein Ergebnis:

$$\int_{-1}^{1} \frac{1}{x}\,dx \rightarrow \int_{-1}^{1} \frac{1}{x}\,dx$$

c) Bei dem folgenden von MATHCAD berechneten *uneigentlichen Integral* sind sowohl der Integrationsbereich als auch der Integrand unbeschränkt:

$$\int_{0}^{\infty} \frac{\ln(x)}{1+x^2}\,dx \rightarrow 0$$

d) Das folgende konvergente Integral wird von MATHCAD berechnet

$$\int_{0}^{1} \frac{1}{\sqrt{x}}\,dx \rightarrow 2$$

♦

☞

Zusammenfassend läßt sich zur *Berechnung uneigentlicher Integrale* mittels MATHCAD sagen, daß auch für die Fälle, für die Ergebnisse geliefert werden, eine Überprüfung angeraten ist. Es empfiehlt sich eine zusätzliche Berechnung als bestimmtes (eigentliches) Integral mit anschließender Grenzwertberechnung (wie im Beispiel 20.3e).

♦

20.4 Numerische Methoden

Wenn die exakte Berechnung *bestimmter Integrale*

$$\int_{a}^{b} f(x)\,dx$$

versagt, so kann sie MATHCAD *näherungsweise berechnen,* wofür mehrere numerische Verfahren zur Verfügung gestellt werden.

☞

Stammfunktionen F(x) (und folglich unbestimmte Integrale) lassen sich mit MATHCAD auch *näherungsweise* für einzelne x-Werte *berechnen*, wenn man die im Abschn.20.2 gegebene *Formel*

$$F(x) = \int_a^x f(t)\,dt$$

benutzt und das darin enthaltene bestimmte Integral für gewünschte x-Werte numerisch ermittelt. Man erhält somit eine Liste von Funktionswerten einer Stammfunktion F(x) mit F(a)=0, die man grafisch darstellen kann, um einen Überblick über den Funktionsverlauf zu erhalten (siehe Beispiel 20.5c).

♦

Die *numerische Berechnung* von *bestimmten Integralen* geschieht in MATHCAD folgendermaßen:

- *Zuerst* wird durch Anklicken des *Integraloperators* für die *bestimmte Integration*

  $$\int_a^b$$

  in der *Operatorpalette Nr.5* im Arbeitsfenster an der durch den Kursor bestimmten Stelle folgendes *Integralsymbol*

  $$\int_\blacksquare^\blacksquare \blacksquare\, d\blacksquare$$

  mit vier Platzhaltern erzeugt.

- *Anschließend* trägt man in die entsprechenden *Platzhalter* die *Integrationsgrenzen* a und b, den *Integranden* f(x) und die *Integrationsvariable* x ein und erhält

  $$\int_a^b f(x)\,dx$$

Wenn man den Mauszeiger auf das Integralzeichen stellt und anschließend die rechte Maustaste drückt, erscheint die folgende *Dialogbox*

20.4 Numerische Methoden

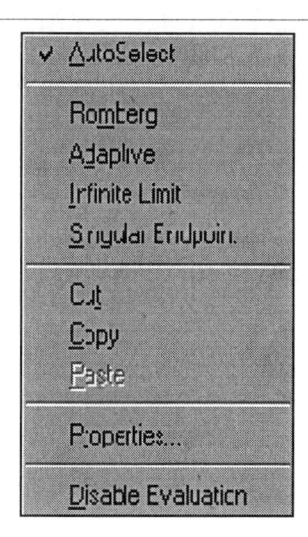

```
✓ AutoSelect
  Romberg
  Adaptive
  Infinite Limit
  Singular Endpoint
  Cut
  Copy
  Paste
  Properties...
  Disable Evaluation
```

in der man das zu verwendende numerische Verfahren aussuchen kann. Als Standard verwendet MATHCAD *AutoSelect*, d.h., das verwendete Verfahren wird von MATHCAD ausgewählt. Der Benutzer kann jedoch auch selbst durch Mausklick z.B. zwischen einem Romberg Verfahren (*Romberg*) oder einer adaptiven Quadraturmethode (*Adaptive*) wählen.

- *Danach markiert* man den gesamten *Ausdruck* mit *Bearbeitungslinien*.
- Die *abschließende* Durchführung einer der folgenden *Aktivitäten*
    * *Aktivierung* der *Menüfolge*

        Symbolics ⇒ Evaluate ⇒ Floating Point...
        (deutsche Version: **Symbolik ⇒ Auswerten ⇒ Gleitkomma...**),

    * Eingabe des *numerischen Gleichheitszeichens* =

    löst die *numerische Berechnung* des *bestimmten Integrals* aus.
    Die *Genauigkeit* kann mittels der *vordefinierten Variablen* **TOL** (siehe Abschn.6.2 und 8.1) eingestellt werden.

☞

Da sich in MATHCAD *exakte* und *numerische Berechnung* bestimmter Integrale nur im Abschluß unterscheiden, empfiehlt sich folgende Vorgehensweise für die Berechnung eines gegebenen Integrals:

* *Zuerst* wird durch Eingabe des *symbolischen Gleichheitszeichens* → mit abschließender Betätigung der ⏎-Taste die *exakte Berechnung* versucht.

* Schlägt die exakte Berechnung fehl, so entfernt man *anschließend* das symbolische Gleichheitszeichen und gibt dafür das numerische = ein, das die *numerische Berechnung* auslöst.

♦

Beispiel 20.5:

a) Das folgende bestimmte Integral ist nicht exakt (siehe Beispiel 20.2b) sondern nur numerisch berechenbar:

$$\int_2^3 x^x \, dx = 11.675 \quad \blacksquare$$

b) Das folgende bestimmte Integral ist exakt lösbar. Wir vergleichen die Ergebnisse beider Berechnungsarten:

* *exakte Berechnung:*

$$\int_1^3 e^x \cdot \sin(x) \, dx \rightarrow$$

$$\frac{-1}{2} \cdot \exp(3) \cdot \cos(3) + \frac{1}{2} \cdot \exp(3) \cdot \sin(3) + \frac{1}{2} \cdot \exp(1) \cdot \cos(1) - \frac{1}{2} \cdot \exp(1) \cdot \sin(1) = 10.95 \quad \blacksquare$$

* *numerische Berechnung:*

$$\int_1^3 e^x \cdot \sin(x) \, dx = 10.95 \quad \blacksquare$$

Man sieht, daß hier die numerische Berechnung effektiv arbeitet und das gleiche Ergebnis wie die exakte Berechnung liefert.

c) Das folgende *unbestimmte Integral berechnet* MATHCAD *nicht exakt*

$$\int \frac{e^x}{\sin(x) + 2} \, dx \rightarrow \int \frac{\exp(x)}{(\sin(x) + 2)} \, dx$$

Mittels der *Formel*

$$y = F(x) = \int_a^x f(t) \, dt \quad (x \geq a)$$

läßt sich eine *Stammfunktion* F(x) mit F(a)=0 über die numerische Berechnung bestimmter Integrale in einer vorgegebenen Anzahl von x-Werten *näherungsweise berechnen*. Diese berechneten Punkte kann man grafisch darstellen, wie im Abschn.18.3 beschrieben wird:

Wir *berechnen* die *Stammfunktion im Intervall* [0,2] *näherungsweise* in den x-Werten 0, 0.1, 0.2, ... , 2 :

Diese Berechnung gestaltet sich in MATHCAD einfach, wenn man x als *Bereichsvariable* definiert:

20.4 Numerische Methoden

x := 0, 0.1 .. 2

$$F(x) := \int_0^x \frac{e^t}{\sin(t) + 2} \, dt$$

Hierdurch wird die *Stammfunktion* F(x) (mit F(0)=0) in folgenden x-Werten näherungsweise berechnet:

x	F(x)
0	0
0.1	0.051
0.2	0.105
0.3	0.163
0.4	0.223
0.5	0.288
0.6	0.356
0.7	0.43
0.8	0.509
0.9	0.594
1	0.686
1.1	0.785
1.2	0.894
1.3	1.012
1.4	1.142
1.5	1.285
1.6	1.442
1.7	1.616
1.8	1.809
1.9	2.023
2	2.264

Grafische Darstellung der berechneten Näherungswerte für die Stammfunktion F mit F(0)=0 in den x-Werten 0, 0.1, 0.2, ... , 2 :

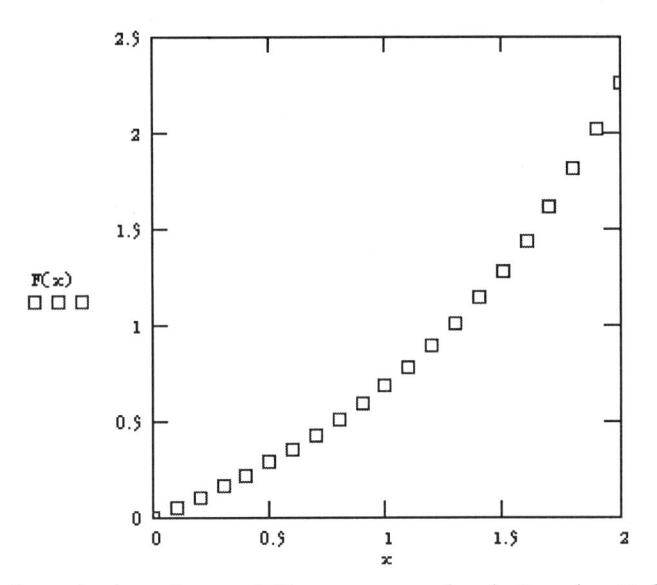

Verbindung der berechneten Näherungswerte durch Geradenstücke:

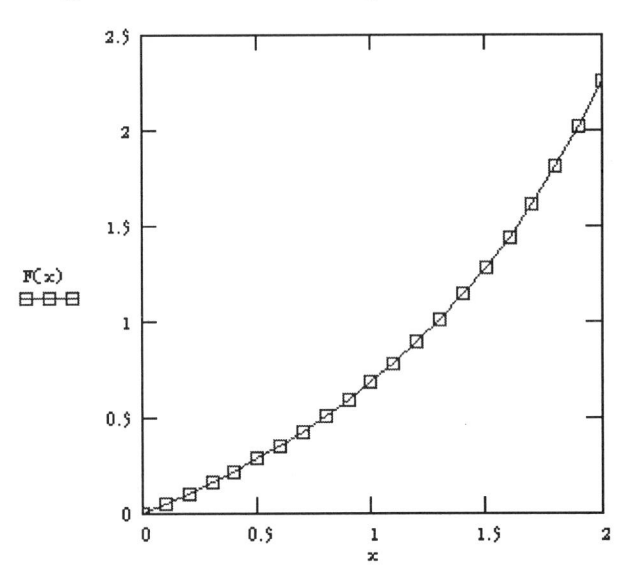

d) Für *Funktionen*, die sich aus *mehreren Ausdrücken* zusammensetzen, wie z.B.

$$f(x) := \begin{cases} x & \text{if } x \leq 0 \\ x^2 & \text{otherwise} \end{cases}$$

kann MATHCAD das bestimmte ebenso wie das unbestimmte Integral nicht exakt berechnen (siehe Beispiele 20.1n2) und 20.2e). Man kann lediglich das *bestimmte Integral numerisch berechnen*, wie z.B.

20.4 Numerische Methoden

$$\int_{-1}^{2} f(x)\,dx = 2.167 \quad \blacksquare$$

e) Berechnen wir ein bestimmtes Integral für eine Funktion, die nur durch folgende Punkte (Zahlenpaare)

$$vx := \begin{bmatrix} 0 \\ 0.1 \\ 0.2 \\ 0.3 \\ 0.4 \\ 0.5 \\ 0.6 \\ 0.7 \\ 0.8 \\ 0.9 \\ 1 \end{bmatrix} \quad vy := \begin{bmatrix} 3 \\ 5 \\ 7 \\ 5 \\ 9 \\ 8 \\ 7 \\ 1 \\ 4 \\ 6 \\ 8 \end{bmatrix}$$

gegeben ist, wobei die *Vektoren* **vx** und **vy** die x- bzw. y-Koordinaten der Punkte enthalten.

Wir nähern die gegebenen Punkte durch einen Polygonzug bzw. kubische Splinefunktion an, die wir im Abschn.17.2.4 kennengelernt haben und

* stellen das Ergebnis grafisch dar:

$$vs := cspline(vx, vy) \qquad x := 0, 0.01 .. 1$$

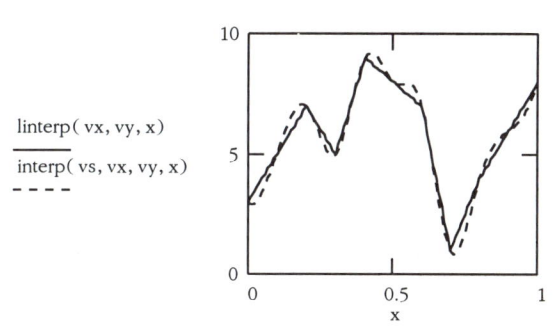

linterp(vx, vy, x)
────────────────
interp(vs, vx, vy, x)
- - - -

* berechnen das bestimmte Integral im Intervall [0,1] über diese Näherungsfunktionen

$$\int_{0}^{1} \text{linterp}(vx, vy, x)\,dx = 5.74997540742708 \quad \blacksquare$$

$$\int_0^1 \text{interp}(\,vs\,,\,vx\,,\,vy\,,\,x\,)\,dx \;=\; 5.70618513630292 \quad \blacksquare$$

☞

Falls die von MATHCAD verwendeten numerische Integrationsverfahren keine befriedigenden Ergebnisse für ein zu berechnendes Integral liefern, können eigene Programme geschrieben werden, wenn man die in Kap.10 gegebenen Hilfsmittel verwendet.

♦

20.5 Mehrfache Integrale

Nachdem wir bisher Integrale für Funktionen einer Variablen (als *einfache Integrale* bezeichnet) ausführlich besprochen haben, werden wir im folgenden die *Berechnung mehrfacher Integrale* in der Ebene und im Raum, d.h. *zweifacher* und *dreifacher Integrale* der Gestalt

$$\iint_D f(x,y)\,dx\,dy \quad \text{und} \quad \iiint_G f(x,y,z)\,dx\,dy\,dz$$

(D und G beschränkte Gebiete in der Ebene bzw. im Raum)

an einigen Beispielen diskutieren.
Die Berechnung mehrfacher Integrale läßt sich auf die Berechnung mehrerer (zwei bzw. drei) einfacher Integrale zurückführen, wenn die Gebiete D und G sogenannte Normalbereiche sind.

☞

In MATHCAD kann man *exakte* und *numerische Berechnungen mehrfacher Integrale* durch *Schachtelung des Integraloperators* für bestimmte Integrationen aus der *Operatorpalette Nr.5* auf analoge Weise wie im Abschn.20.2 bzw. 20.4 durchführen. Dabei erhöht eine mögliche, per Hand vorgenommene Koordinatentransformation häufig die Effektivität der Berechnung (siehe Beispiele 20.6b) und c).

♦

Betrachten wir die Problematik bei der Berechnung mehrfacher Integrale an einigen Beispielen.

Beispiel 20.6:

a) Die Berechnung des *Volumeninhaltes* des räumlichen Bereiches, der durch die Ebenen

$z = x + y,\; z = 6\,,\; x = 0\,,\; y = 0\,,\; z = 0$

begrenzt wird, führt auf das folgende *dreifache Integral*, dessen Berechnung MATHCAD unter Verwendung der *dreifachen Schachtelung* des *Integraloperators* für bestimmte Integrale problemlos durchführt:

* *exakte Berechnung*

$$\int_0^6 \int_0^{6-x} \int_{x+y}^6 1\,dz\,dy\,dx \rightarrow 36$$

* *numerische Berechnung*

$$\int_0^6 \int_0^{6-x} \int_{x+y}^6 1\,dz\,dy\,dx = 36 \quad \blacksquare$$

b) Die *Volumenberechnung* für das im ersten Oktanden liegende Gebiet, das durch die Flächen

$z = 0$ (xy-Ebene), $z = x^2 + y^2$ (Paraboloid), $x^2 + y^2 = 1$ (Zylinder)

begrenzt wird, führt auf das folgende von MATHCAD exakt berechnete dreifache Integral:

$$\int_0^1 \int_0^{\sqrt{1-x^2}} \int_0^{x^2+y^2} 1\,dz\,dy\,dx \rightarrow \frac{1}{8}\cdot\pi$$

Indem man per Hand eine *Koordinatentransformation* mittels *Zylinderkoordinaten* durchführt erhält man das *einfachere Integral*:

$$\int_0^{\frac{\pi}{2}} \int_0^1 \int_0^{r^2} r\,dz\,dr\,d\phi \rightarrow \frac{1}{8}\cdot\pi$$

c) Das folgende zweifache Integral kann MATHCAD in dieser Form *nicht exakt lösen*

$$\int_0^3 \int_0^{\sqrt{9-x^2}} \sqrt{x^2+y^2}\,dy\,dx$$

Die *numerische Berechnung* mittels MATHCAD ergibt

$$\int_0^3 \int_0^{\sqrt{9-x^2}} \sqrt{x^2+y^2}\,dy\,dx = 14.135 \quad \blacksquare$$

Erst die Durchführung einer *Koordinatentransformation* (Polarkoordinaten) *per Hand* liefert ein Integral, das MATHCAD *exakt berechnet*:

$$\int_0^{\frac{\pi}{2}} \int_0^3 r^2 \, dr \, d\phi \to \frac{9}{2} \cdot \pi = 14.137 \quad \blacksquare$$

♦

☞ Die Beispiele lassen erkennen, daß bei der *Berechnung mehrfacher Integrale* in MATHCAD keine zusätzlichen Probleme auftreten, falls die enthaltenen einfachen Integrale berechenbar sind.

Wenn eine *Koordinatentransformation* existiert, die das Integral vereinfacht, dann sollte man diese vor der Berechnung mittels MATHCAD per Hand durchführen.

♦

21 Reihen

Während wir im Kap.14 den Fall *endlicher Summen/Reihen* und *Produkte* diskutierten, der MATHCAD keinerlei Schwierigkeiten bereitet, behandeln wir in diesem Kapitel den unendlichen Fall. Wir betrachten Möglichkeiten von MATHCAD zur

- *Berechnung unendlicher Zahlenreihen* und *-produkte*,
- *Entwicklung* von *Funktionen* in *Funktionenreihen*, wobei wir nur die für Anwendungen wichtigen *Spezialfälle*
  * *Potenzreihen* (Abschn.21.2),
  * *Fourierreihen* (Abschn.21.3)

behandeln.

21.1 Zahlenreihen und -produkte

Im Kap.14 werden *endliche Summen* (*Reihen*) und *Produkte* der Form

$$\sum_{k=m}^{n} a_k = a_m + a_{m+1} + \ldots + a_n \quad \text{bzw.} \quad \prod_{k=m}^{n} a_k = a_m \cdot a_{m+1} \cdot \ldots \cdot a_n$$

mittels MATHCAD berechnet, wobei die *Glieder*

$a_k \quad$ ($k = m, \ldots, n$)

reelle Zahlen sind. Dafür werden

- *Summen-* bzw. *Produktoperator* aus der *Operatorpalette Nr.5* durch Mausklick ausgewählt,
- in die *Platzhalter* der erscheinenden *Symbole*

$$\sum_{\blacksquare=\blacksquare}^{\blacksquare} \blacksquare \quad \text{bzw.} \quad \prod_{\blacksquare=\blacksquare}^{\blacksquare} \blacksquare$$

  * hinter dem Summenzeichen/Produktzeichen das *allgemeine Glied* a_k ,

* unter dem Summenzeichen/Produktzeichen k und m,
* über dem Summenzeichen/Produktzeichen n

eingetragen (siehe Beispiel 21.1).

☞

Unendliche Summen reeller Zahlen, die man als *unendliche Reihen (Zahlenreihen)* bezeichnet und *unendliche Produkte reeller Zahlen (Zahlenprodukte)* der *Form*

$$\sum_{k=m}^{\infty} a_k = a_m + a_{m+1} + \ldots \quad \text{bzw.} \quad \prod_{k=m}^{\infty} a_k = a_m \cdot a_{m+1} \cdot \ldots$$

lassen sich in MATHCAD analog zu den endlichen berechnen. Man muß nur in den oberen Platzhalter des Summenzeichens/Produktzeichens statt n das Symbol *Unendlich*

$\boxed{\infty}$

aus der *Operatorpalette Nr.5* per Mausklick eintragen.

♦

☞

Bei der *Berechnung* unendlicher *Zahlenreihen/Zahlenprodukte* treten *zwei wesentliche Schwierigkeiten* auf, die von der Theorie kommen und die somit auch MATHCAD nicht beheben kann:

* Es existieren <u>keine universell einsetzbaren</u> *Konvergenzkriterien,* mit deren Hilfe man für beliebig gegebene Reihen/Produkte die Konvergenz/Divergenz feststellen kann.
* Auch im Falle nachgewiesener Konvergenz existiert i.a. *kein endlicher Berechnungsalgorithmus,* so daß MATHCAD schnell an Grenzen stößt. Eine Näherung erhält man manchmal, indem man statt ∞ eine hinreichend große Zahl für n eingibt:
  * Dies ist für *alternierende Reihen* aufgrund des Kriteriums von Leibniz immer erfolgreich. Hier läßt sich eine untere Schranke für n berechnen, um eine Näherung mit vorgegebener Genauigkeit zu erhalten (siehe Beispiel 21.1e).
  * Bei Produkten und nichtalternierenden Reihen ist Vorsicht geboten, da die so erhaltenen Werte völlig falsch sein können, wie aus der Theorie bekannt ist.

♦

☞

Es ist zu beachten, daß MATHCAD *nur* die *exakte Berechnung* unendlicher Zahlenreihen/Zahlenprodukte durchführen kann.
Für numerische Berechnungen, die z.B. bei alternierenden Reihen sinnvoll wären, sind in MATHCAD keine Funktionen enthalten.

♦

Betrachten wir die Problematik an einer Reihe von Beispielen.

Beispiel 21.1:

a) Die *Divergenz* der folgenden *Reihe* wird von MATHCAD erkannt:

$$\sum_{k=1}^{\infty} \frac{1}{\sqrt{k}} \to \infty$$

b) Für die *Reihe*

$$\sum_{k=2}^{\infty} \frac{1}{k \cdot \ln(k)}$$

deren Divergenz man mittels des Integralkriteriums nachprüfen kann, trifft MATHCAD keine Entscheidung über die Konvergenz oder Divergenz. Die Reihe wird unverändert zurückgegeben:

$$\sum_{k=2}^{\infty} \frac{1}{k \cdot \ln(k)} \to \sum_{k=2}^{\infty} \frac{1}{(k \cdot \ln(k))}$$

c) Der *Reihe*

$$\sum_{k=0}^{\infty} (-1)^k \to \frac{1}{2}$$

die offensichtlich divergiert, da das notwendige Konvergenzkriterium nicht erfüllt ist, ordnet MATHCAD nach dem Abelschen Summationsverfahren den Wert 1/2 zu.

d) Die folgenden *konvergenten Reihen* werden von MATHCAD berechnet:

d1)

$$\sum_{k=1}^{\infty} \frac{1}{k^2} \to \frac{1}{6} \cdot \pi^2$$

d2)

$$\sum_{k=1}^{\infty} \frac{1}{(2 \cdot k - 1) \cdot (2 \cdot k + 1)} \to \frac{1}{2}$$

e) Obwohl die *alternierende Reihe*

$$\sum_{k=1}^{\infty} (-1)^{k+1} \cdot \frac{k}{k^2 + 1}$$

die Bedingungen des Kriteriums von Leibniz erfüllt und damit konvergent ist, findet MATHCAD kein Ergebnis.
Es erfolgt die gleiche Reaktion wie im Beispiel b).
Eine Folge von Näherungswerten für die Reihe kann man sich hier durch numerische Berechnung endlicher Summen für wachsendes n verschaffen:

$$\sum_{k=1}^{100} (-1)^{(k+1)} \cdot \frac{k}{k^2+1} = 0.264635993910762 \quad \blacksquare$$

$$\sum_{k=1}^{1000} (-1)^{(k+1)} \cdot \frac{k}{k^2+1} = 0.269110753207134 \quad \blacksquare$$

$$\sum_{k=1}^{10000} (-1)^{(k+1)} \cdot \frac{k}{k^2+1} = 0.269560505208509 \quad \blacksquare$$

Nach dem *Satz von Leibniz* kann man mittels der Ungleichung

$$|a_{n+1}| = \frac{n+1}{(n+1)^2+1} < \varepsilon$$

die Zahl n bestimmen, um mittels der *endlichen Summe*

$$\sum_{k=1}^{n} (-1)^{k+1} \cdot \frac{k}{k^2+1}$$

die gegebene alternierende Reihe mit der vorgegebenen Genauigkeit ε *anzunähern*. Da diese Ungleichung von MATHCAD nicht nach n aufgelöst wird, kann man sich folgendermaßen helfen:
Man definiert die Funktion

$$f(n) := \frac{n+1}{(n+1)^2+1}$$

und berechnet für n = 100 , 1000 , 10000 , ... die Funktionswerte

$f(100) = 9.9 \cdot 10^{-3}$

$f(1000) = 9.99 \cdot 10^{-4}$

$f(10000) = 9.999 \cdot 10^{-5}$

die eine Fehlerschranke angeben, wenn die entsprechende Anzahl von Gliedern der Reihe summiert werden.

f) Die folgende *alternierende Reihe* wird von MATHCAD berechnet:

$$\sum_{k=1}^{\infty} (-1)^{(k-1)} \cdot \frac{1}{k} \to \ln(2)$$

g) Bei *unendlichen Produkten* kann MATHCAD die *folgenden Aufgaben lösen*:

g1) Das *Produkt*

$$\prod_{k=1}^{\infty} \left(1 + \frac{1}{k}\right) \to \infty$$

ist *divergent* gegen ∞.

g2) Das *Produkt*

$$\prod_{k=2}^{\infty} \left(1 - \frac{1}{k}\right) \to 0$$

divergiert gegen 0.

g3) Das *Produkt*

$$\prod_{k=2}^{\infty} \left(1 - \frac{1}{k^2}\right) \to \frac{1}{2}$$

konvergiert gegen 1/2.
♦

☞
Das Beispiel 21.1e) zeigt, wie man sich bei *alternierenden Reihen* helfen kann, wenn MATHCAD kein Ergebnis liefert.
♦

21.2 Potenzreihen

Im Abschn.19.2 haben wir *Taylorentwicklungen*

$$f(x) = \sum_{k=0}^{n} \frac{f^{(k)}(x_0)}{k!} \cdot (x - x_0)^k + R_n(x)$$

für Funktionen einer reellen Variablen mittels MATHCAD berechnet.
Gilt für das *Restglied*

$$R_n(x) = \frac{f^{(n+1)}(x_0 + \vartheta \cdot (x - x_0))}{(n+1)!} \cdot (x - x_0)^{n+1}$$

$\lim_{n \to \infty} R_n(x) = 0$ für alle $x \in (x_0 - r, x_0 + r)$

so läßt sich die Funktion f(x) durch die *Potenzreihe*

$$f(x) = \sum_{k=0}^{\infty} \frac{f^{(k)}(x_0)}{k!} \cdot (x - x_0)^k$$

mit dem *Konvergenzbereich*

$|x - x_0| < r$ (r – Konvergenzradius)

darstellen, die man als *Taylorreihe* bezeichnet. Man spricht auch von einer *Taylor-* oder *Potenzreihenentwicklung* für die gegebene *Funktion*
f(x)
im *Entwicklungspunkt*
x_0

☞

Der Nachweis, daß sich eine *Funktion* f(x) in eine *Taylorreihe* entwickeln läßt, gestaltet sich i.a. schwierig. Die Existenz der Ableitungen beliebiger Ordnung von f(x) reicht hierfür nicht aus, wie aus der Theorie bekannt ist. MATHCAD kann hier nicht helfen, da es das allgemeine Glied der Taylorreihe und somit auch das Restglied nicht berechnen kann, wie wir bereits im Abschn.19.2 gesehen haben.
Für viele praktische Anwendungen genügt jedoch das *n-te Taylorpolynom* (für n=1,2,...), um in den meisten Fällen eine *komplizierte Funktion* f(x) in der Nähe des Entwicklungspunktes durch ein *Polynom n-ten Grades* hinreichend gut anzunähern. Dies haben wir im Abschn.19.2 vorgeführt.
♦

21.3 Fourierreihen

Obwohl die *Fourierreihenentwicklung* bei vielen praktischen Problemen (vor allem in Elektrotechnik, Akustik und Optik) eine große Rolle spielt, besitzt MATHCAD im Unterschied zu anderen Computeralgebra-Systemen keine integrierten Funktionen zu dieser Entwicklung.
Für eine *periodische Funktion* f(x) mit der *Periode* 2p oder für eine nur auf dem Intervall [–p, p] gegebene Funktion f(x) lautet die Entwicklung in eine *Fourierreihe*:

$$f(x) = \frac{a_0}{2} + \sum_{k=1}^{\infty} (a_k \cdot \cos \frac{k \cdot \pi \cdot x}{p} + b_k \cdot \sin \frac{k \cdot \pi \cdot x}{p})$$

mit den *Fourierkoeffizienten*

21.3 Fourierreihen

$$a_k = \frac{1}{p}\int_{-p}^{p} f(x) \cdot \cos\frac{k\cdot\pi\cdot x}{p} \, dx \quad \text{und} \quad b_k = \frac{1}{p}\int_{-p}^{p} f(x) \cdot \sin\frac{k\cdot\pi\cdot x}{p} \, dx$$

Die (punktweise) Konvergenz dieser so gebildeten Fourierreihen ist für die meisten praktisch vorkommenden Funktionen f(x) gesichert (Kriterium von Dirichlet).

☞

Wenn man eine *Funktion* f(x) im Intervall

[-π, π]

in eine *Fourierreihe* entwickeln möchte, so haben wir einen Spezialfall unserer gegebenen allgemeinen Entwicklung. Die Reihe lautet hierfür

$$f(x) = \frac{a_0}{2} + \sum_{k=1}^{\infty} (a_k \cdot \cos k \cdot x + b_k \cdot \sin k \cdot x)$$

und die *Fourierkoeffizienten* haben jetzt folgende Gestalt:

$$a_k = \frac{1}{\pi}\int_{-\pi}^{\pi} f(x) \cdot \cos k \cdot x \, dx \qquad b_k = \frac{1}{\pi}\int_{-\pi}^{\pi} f(x) \cdot \sin k \cdot x \, dx$$

♦

Man kann die *Fourierreihe* für eine gegebene *Funktion* f(x) jedoch mittels MATHCAD erhalten, indem man mit den *Integrationsmethoden* aus Abschn. 20.2 die einzelnen *Fourierkoeffizienten* berechnet.
Wir erläutern diese Vorgehensweise im folgenden Beispiel 21.2, das man zur Berechnung der *Fourierreihe* (bis zum N-ten Glied)

$$F_N(x) = \frac{a_0}{2} + \sum_{k=1}^{N} (a_k \cdot \cos\frac{k\cdot\pi\cdot x}{p} + b_k \cdot \sin\frac{k\cdot\pi\cdot x}{p})$$

beliebiger Funktionen f(x) verwenden kann. Man muß nur
* die Funktion f(x),
* den Wert p für das Intervall [-p, p],
* die Anzahl N der zu berechnenden Glieder

entsprechend verändern.

Beispiel 21.2:

a) *Entwickeln* wir die *Funktion*

$f(x) = x^2$

im *Intervall* [-1,1] in eine *Fourierreihe* mit 5 Gliedern:
Dazu müssen wir die beiden *Fourierkoeffizienten*

$$a_k = \int_{-1}^{1} x^2 \cdot \cos k \cdot \pi \cdot x \, dx \quad \text{und} \quad b_k = \int_{-1}^{1} x^2 \cdot \sin k \cdot \pi \cdot x \, dx$$

für k = 0, 1, ... , 10 berechnen.

Mit MATHCAD kann man das Problem mittels des folgenden Vorgehensweise lösen. Wir gehen so vor, daß man damit beliebige Funktionen entwickeln kann. Man muß nur die Funktion f(x), p und N entsprechend abändern:

$f(x) := x^2 \quad p := 1$

$N := 5 \quad k := 0..N$

$$a_k := \frac{1}{p} \cdot \int_{-p}^{p} f(x) \cdot \cos\left(k \cdot \pi \cdot \frac{x}{p}\right) dx$$

$$b_k := \frac{1}{p} \cdot \int_{-p}^{p} f(x) \cdot \sin\left(k \cdot \pi \cdot \frac{x}{p}\right) dx$$

$$F_N(x) := \frac{a_0}{2} + \left[\sum_{k=1}^{N} \left(a_k \cdot \cos\left(k \cdot \pi \cdot \frac{x}{p}\right) + b_k \cdot \sin\left(k \cdot \pi \cdot \frac{x}{p}\right)\right)\right]$$

Graph der Funktion f(x) und ihrer Fourierreibe $F_N(x)$ bis zu den N-ten Gliedern:

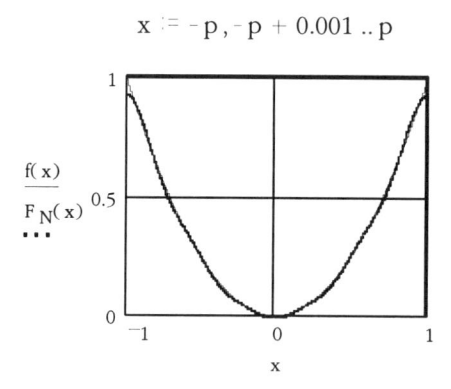

$x := -p, -p + 0.001 .. p$

Die Grafik zeigt die gute Annäherung der Fourierreihe an die gegebene Funktion.

b) Durch Anwendung der Vorgehensweise aus Beispiel a) berechnen wir die *Fourierreihe* mit 10 Gliedern für die *Funktion*

$f(x) = x^3$

im *Intervall* [−2,2] :

21.3 Fourierreihen

$f(x) := x^3 \quad p := 2$

$N := 10 \quad k := 0..N$

$$a_k := \frac{1}{p} \cdot \int_{-p}^{p} f(x) \cdot \cos\left(k \cdot \pi \cdot \frac{x}{p}\right) dx$$

$$b_k := \frac{1}{p} \cdot \int_{-p}^{p} f(x) \cdot \sin\left(k \cdot \pi \cdot \frac{x}{p}\right) dx$$

$$F_N(x) := \frac{a_0}{2} + \left[\sum_{k=1}^{N} \left(a_k \cdot \cos\left(k \cdot \pi \cdot \frac{x}{p}\right) + b_k \cdot \sin\left(k \cdot \pi \cdot \frac{x}{p}\right)\right)\right]$$

Graph der Funktion f(x) und ihrer Fourierreihe $F_N(x)$ bis zu den N-ten Gliedern:

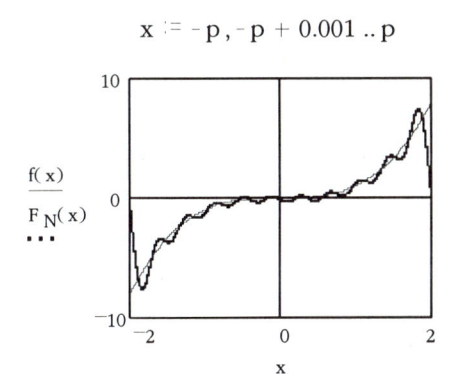

$$x := -p, -p + 0.001 .. p$$

Die Grafik zeigt die gute Annäherung der Fourierreihe an die gegebene Funktion innerhalb des betrachteten Intervalls und die bekannten Abweichungen an den Intervallenden. Dies liegt darin begründet, daß die Fortsetzung dieser Funktion im Gegensatz zur Funktion aus Beispiel a) an den Intervallenden unstetig ist (Sprung) und die dazugehörige Fourierreihe hier gegen den Mittelwert 0 konvergiert.

♦

22 Vektoranalysis

Die *Vektoranalysis* betrachtet Vektoren in der Ebene $\mathbb{R}^2$ und im Raum $\mathbb{R}^3$, die von *Variablen abhängen* (d.h. *Vektorfunktionen*), mit den Mitteln der Differential- und Integralrechnung.

☞

Die Ausführungen dieses Kapitels zeigen, daß MATHCAD bei Problemen der Vektoranalysis noch *verbessert* werden kann:

* Es existieren keinerlei Funktionen zur Berechnung der wichtigsten Größen (Operatoren) der Vektoranalysis. Wir diskutieren deshalb Möglichkeiten, diese zu definieren.
* Es bestehen keine Möglichkeiten zur grafischen Darstellung von dreidimensionalen Vektorfeldern.
* Kurven- und Oberflächenintegrale können nicht direkt berechnet werden. Wir diskutieren deshalb Möglichkeiten, um diese mit MATHCAD berechnen zu können.

Hier verfügen andere Computeralgebra-Systeme über bessere Möglichkeiten.

♦

22.1 Felder und ihre grafische Darstellung

Bei den Untersuchungen der *Vektoranalysis* spielen *Skalar-* und *Vektorfelder* eine große Rolle. Dabei wird bei einem

* *Skalarfeld* jedem Punkt P der Ebene/des Raumes eine *skalare Größe* (Zahlenwert) u
* *Vektorfeld* jedem Punkt P der Ebene/des Raumes ein *Vektor* **v**

zugeordnet. Damit lassen sich mathematisch in einem kartesischen Koordinatensystem in der *Ebene* $\mathbb{R}^2$ bzw. im *Raum* $\mathbb{R}^3$

* *Skalarfelder* durch eine (skalare) *Funktion* der Form

$u = u(x, y) = u(\mathbf{r})$ in der *Ebene* $\mathbb{R}^2$

22.1 Felder und ihre grafische Darstellung

$u = u(x, y, z) = u(\mathbf{r})$ im *Raum* R^3

- *Vektorfelder* durch eine *Vektorfunktion* der Form
  * $\mathbf{v} = \mathbf{v}(x, y) = \mathbf{v}(\mathbf{r}) = v_1(x,y) \cdot \mathbf{i} + v_2(x,y) \cdot \mathbf{j}$
    in der *Ebene* R^2 (*zweidimensionale Vektorfelder*)
  * $\mathbf{v} = \mathbf{v}(x, y, z) = \mathbf{v}(\mathbf{r}) = v_1(x,y,z) \cdot \mathbf{i} + v_2(x,y,z) \cdot \mathbf{j} + v_3(x,y,z) \cdot \mathbf{k}$
    im *Raum* R^3 (*dreidimensionale Vektorfelder*)

beschreiben, wobei

- $\mathbf{r} = x \cdot \mathbf{i} + y \cdot \mathbf{j}$ in der *Ebene* R^2

- $\mathbf{r} = x \cdot \mathbf{i} + y \cdot \mathbf{j} + z \cdot \mathbf{k}$ im *Raum* R^3

den *Ortsvektor* (*Radiusvektor*) mit der *Länge* (Betrag)

  * $r = |\mathbf{r}| = \sqrt{x^2 + y^2}$ in der *Ebene* R^2

  * $r = |\mathbf{r}| = \sqrt{x^2 + y^2 + z^2}$ im *Raum* R^3

- $\mathbf{i}$ $\mathbf{j}$ $\mathbf{k}$
  die *Basisvektoren*

des Koordinatensystems bezeichnen.

☞

Wie wir gesehen haben, erhält man den Spezialfall *zweidimensionaler Vektorfelder*, wenn man bei *dreidimensionalen Feldern*

$v_3(x,y,z) = 0$

setzt und die dritte Koordinate z wegläßt.

Grafisch darstellen lassen sich in MATHCAD nur *zweidimensionale Felder*. Beispiele hierfür findet man in den Abb.22.1 und 22.2

♦
Beispiel 22.1:

a) Die Grafik des zweidimensionalen *Vektorfeldes*

$$\mathbf{v} = \mathbf{v}(x,y) = \frac{x-y}{\sqrt{x^2 + y^2}} \cdot \mathbf{i} + \frac{x+y}{\sqrt{x^2 + y^2}} \cdot \mathbf{j}$$

findet man in Abb.22.1.

b) Das dreidimensionale *Vektorfeld*

$\mathbf{v} = \mathbf{v}(\mathbf{r}) = x \cdot \mathbf{i} + y \cdot \mathbf{j} + z \cdot \mathbf{k}$

ist ein *Potentialfeld*. In Abb.22.2 sehen wir die *grafische Darstellung* dieses Feldes in der *Ebene*, d.h. für z=0.

♦

Bei der *grafische Darstellung zweidimensionaler Vektorfelder*

$$\mathbf{v} = \mathbf{v}(x, y) = v_1(x,y) \cdot \mathbf{i} + v_2(x,y) \cdot \mathbf{j}$$

erfordert MATHCAD folgende Vorgehensweise:

- *Zuerst* berechnet man *Matrizen* **V1** und **V2** für die beiden Funktionen

  $v_1(x,y)$, $v_2(x,y)$

  des *Vektorfeldes* analog wie bei Flächen (siehe Abschn. 18.2 und Abb.22.1 und 22.2).

- *Danach* aktiviert man die *Menüfolge*

  Insert ⇒ Graph ⇒ Vector Field Plot
  (deutsche Version: **Insert ⇒ Diagramm ⇒ Vektorfelddiagramm**)
  oder klickt den *Operator*

  [icon]

  in der *Operatorpalette Nr.3* mit der Maus an.

- *Daraufhin* erscheint ein *Grafikfenster* (siehe Abb.22.1), in dessen Platzhalter man die *Bezeichnung* der berechneten *Matrizen* **V1** und **V2** folgendermaßen einträgt:

  V1 , V2   (Version 7 von MATHCAD)

  (**V1 , V2**)   (Version 8 von MATHCAD)

- *Abschließend* erhält man im Automatikmodus durch Mausklick außerhalb des Grafikfensters oder Drücken der ⏎-Taste die grafische *Darstellung* des Vektorfeldes.

☞

In den Abb.22.1 und 22.2 sehen wir die *grafischen Darstellungen* der *zweidimensionalen Vektorfelder* aus Beispiel 22.1.

Die gezeigten Abbildungen kann man als *allgemeine Vorlage* für die *grafische Darstellung* zweidimensionaler Felder verwenden.

♦

22.1 Felder und ihre grafische Darstellung

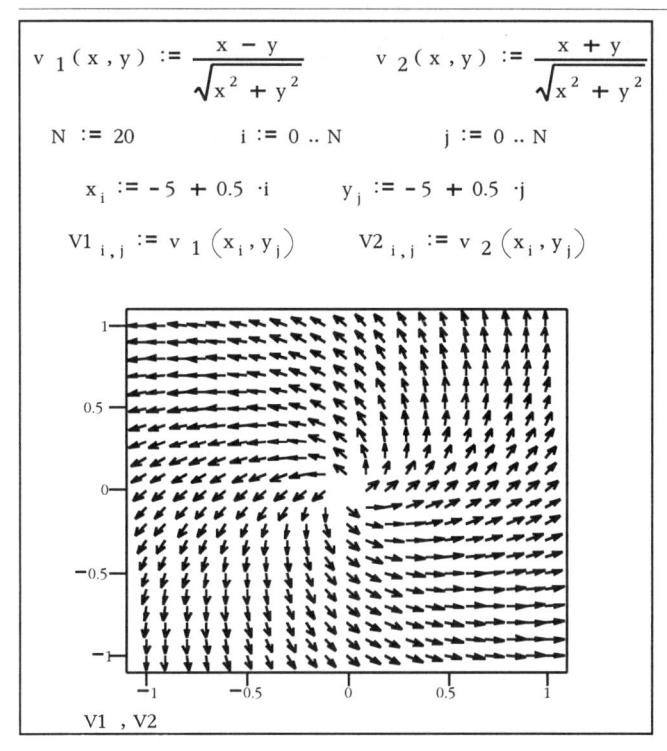

$$v_1(x,y) := \frac{x-y}{\sqrt{x^2+y^2}} \qquad v_2(x,y) := \frac{x+y}{\sqrt{x^2+y^2}}$$

$N := 20 \qquad i := 0 .. N \qquad j := 0 .. N$

$x_i := -5 + 0.5 \cdot i \qquad y_j := -5 + 0.5 \cdot j$

$V1_{i,j} := v_1(x_i, y_j) \qquad V2_{i,j} := v_2(x_i, y_j)$

Abb.22.1. grafische Darstellung des zweidimensionalen Vektorfeldes aus Beispiel 22.1a)

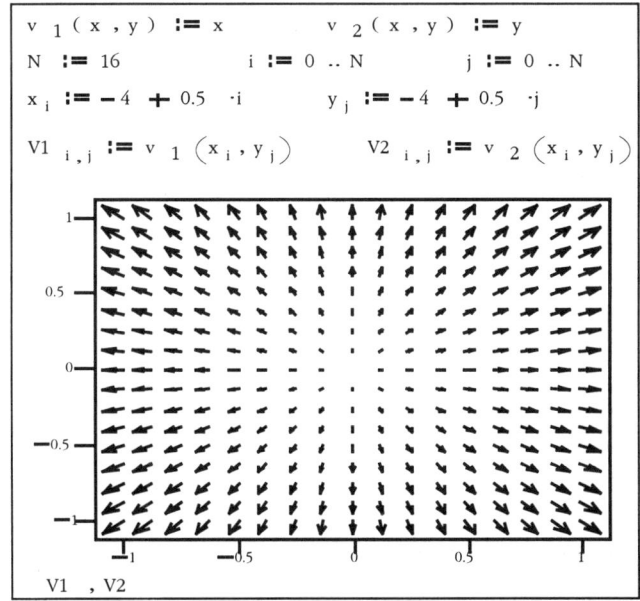

$v_1(x,y) := x \qquad v_2(x,y) := y$

$N := 16 \qquad i := 0 .. N \qquad j := 0 .. N$

$x_i := -4 + 0.5 \cdot i \qquad y_j := -4 + 0.5 \cdot j$

$V1_{i,j} := v_1(x_i, y_j) \qquad V2_{i,j} := v_2(x_i, y_j)$

Abb.22.2. grafische Darstellung des zweidimensionalen Vektorfeldes aus Beispiel 22.1b)

22.2 Gradient, Rotation und Divergenz

Die folgenden Differentialoperatoren spielen in der Vektoranalysis zur Charakterisierung von Feldern eine grundlegende Rolle:

- Mittels des *Gradienten*

  grad

  wird jedem *Skalarfeld*

  u(**r**)

  ein *Vektorfeld*

  grad u(**r**) = $u_x(\mathbf{r}) \cdot \mathbf{i} + u_y(\mathbf{r}) \cdot \mathbf{j} + u_z(\mathbf{r}) \cdot \mathbf{k}$

  zugeordnet, das als *Gradientenfeld* bezeichnet wird, falls die Funktion u(**r**) partielle Ableitungen

  $$u_x = \frac{\partial u}{\partial x}, \quad u_y = \frac{\partial u}{\partial y}, \quad u_z = \frac{\partial u}{\partial z}$$

  besitzt.

- Die *Rotation* eines Vektorfelds

  v = **v**(x, y, z) = **v**(**r**) = $v_1(x,y,z) \cdot \mathbf{i} + v_2(x,y,z) \cdot \mathbf{j} + v_3(x,y,z) \cdot \mathbf{k}$

  berechnet sich aus

  $$\mathbf{rot}\, \mathbf{v}(\mathbf{r}) = \begin{vmatrix} \mathbf{i} & \mathbf{j} & \mathbf{k} \\ \frac{\partial}{\partial x} & \frac{\partial}{\partial y} & \frac{\partial}{\partial z} \\ v_1 & v_2 & v_3 \end{vmatrix} =$$

  $$\left(\frac{\partial}{\partial y}v_3 - \frac{\partial}{\partial z}v_2\right) \cdot \mathbf{i} + \left(\frac{\partial}{\partial z}v_1 - \frac{\partial}{\partial x}v_3\right) \cdot \mathbf{j} + \left(\frac{\partial}{\partial x}v_2 - \frac{\partial}{\partial y}v_1\right) \cdot \mathbf{k}$$

- Die *Divergenz* des Vektorfelds

  v = **v**(x, y, z) = **v**(**r**) = $v_1(x,y,z) \cdot \mathbf{i} + v_2(x,y,z) \cdot \mathbf{j} + v_3(x,y,z) \cdot \mathbf{k}$

  berechnet sich aus

  $$\mathrm{div}\, \mathbf{v}(\mathbf{r}) = \frac{\partial v_1}{\partial x} + \frac{\partial v_2}{\partial y} + \frac{\partial v_3}{\partial z}$$

☞

Eine wichtige Rolle bei praktischen Anwendungen spielen *Vektorfelder*
v(**r**)
die sich als *Gradientenfeld* eines *Skalarfeldes* u(**r**) darstellen lassen, das als *Potential* bezeichnet wird, d.h.

22.2 Gradient, Rotation und Divergenz

v(r) = grad u(r)

Nachprüfen läßt sich dies unter Verwendung der *Rotation* mittels der *Bedingung*

rot v(r) = 0

die unter gewissen Voraussetzungen notwendig und hinreichend für die *Existenz* eines *Potentials* ist. Derartige Felder heißen *Potentialfelder*.

♦

☞

Für die *Berechnung* von *Gradient, Rotation* und *Divergenz* stellt MATHCAD im Gegensatz zu anderen Computeralgebra-Systemen *keine Funktionen* zur Verfügung. Man kann diese in MATHCAD nur bestimmen, indem man die definierenden Ausdrücke berechnet. Wir demonstrieren diese Vorgehensweise im Beispiel 22.2, wobei zur *exakten Berechnung* das *symbolische Gleichheitszeichen* → verwendet werden muß.

♦

Beispiel 22.2:

a) Die Berechnung des *Gradienten* einer gegebenen *Funktion*

   u(x,y,z) = u(**r**)

   kann in MATHCAD unter Verwendung des *Matrixoperators* und des *Differentiationsoperators* aus der *Operatorpalette Nr.4* bzw. *5*

$$\mathbf{grad}\,(u,x,y,z) := \begin{pmatrix} \dfrac{d}{dx} u(x,y,z) \\[6pt] \dfrac{d}{dy} u(x,y,z) \\[6pt] \dfrac{d}{dz} u(x,y,z) \end{pmatrix}$$

   geschehen. Diese *Vektorfunktion*

   grad (u, x, y, z)

   ist allgemein anwendbar, man muß nur vorher die Funktion u(x,y,z) entsprechend definieren, wie z.B.

   u(x, y, z) := x·y·z

$$\mathbf{grad}\,(u,x,y,z) \to \begin{pmatrix} y \cdot z \\ x \cdot z \\ x \cdot y \end{pmatrix}$$

b) Die *Rotation* eines *Vektorfeldes*

   v = **v**(x, y, z) = **v**(**r**) = v_1(x,y,z)·**i** + v_2(x,y,z)·**j** + v_3(x,y,z)·**k**

läßt sich in MATHCAD mittels des *Matrixoperators* und des *Differentiationsoperators* aus den *Operatorpaletten Nr.4* bzw. *5* z.B. durch

$$\mathbf{rot\_v}(x,y,z) := \begin{bmatrix} \dfrac{d}{dy} v_3(x,y,z) - \dfrac{d}{dz} v_2(x,y,z) \\ \dfrac{d}{dz} v_1(x,y,z) - \dfrac{d}{dx} v_3(x,y,z) \\ \dfrac{d}{dx} v_2(x,y,z) - \dfrac{d}{dy} v_1(x,y,z) \end{bmatrix}$$

berechnen. Diese *definierte Vektorfunktion*

rot_v(x, y, z)

ist allgemein anwendbar, wenn man vorher die Komponenten des vorliegenden Vektorfeldes entsprechend definiert hat. Dies gilt sowohl für zwei- und dreidimensionale Felder.

Im Falle *zweidimensionaler Felder* setzt man einfach

$v_3(x,y,z) = 0$

So berechnet man für die konkreten zwei- bzw. dreidimensionalen Felder

$v_1(x,y,z) := x$ $\qquad\qquad$ $v_1(x,y,z) := x$

$v_2(x,y,z) := y$ $\qquad\qquad$ $v_2(x,y,z) := y$

$v_3(x,y,z) := 0$ $\qquad\qquad$ $v_3(x,y,z) := z$

jeweils

$$\mathbf{rot\_v}(x,y,z) \rightarrow \begin{pmatrix} 0 \\ 0 \\ 0 \end{pmatrix}$$

d.h., beide Felder sind *Potentialfelder*.

c) Die Berechnung der *Divergenz* eines *Vektorfeldes*

$\mathbf{v} = \mathbf{v}(x, y, z) = \mathbf{v}(\mathbf{r}) = v_1(x,y,z) \cdot \mathbf{i} + v_2(x,y,z) \cdot \mathbf{j} + v_3(x,y,z) \cdot \mathbf{k}$

kann man in MATHCAD unter Verwendung des *Differentiationsoperators* aus der *Operatorpalette Nr. 5* z.B. mittels der *Funktion*

$$\mathbf{div\_v}(x,y,z) := \dfrac{d}{dx} v_1(x,y,z) + \dfrac{d}{dy} v_2(x,y,z) + \dfrac{d}{dz} v_3(x,y,z)$$

durchführen. Diese *Funktion*

div_v(x, y, z)

ist allgemein anwendbar. Man muß vorher nur die *Komponenten* des gegebenen *Vektorfeldes* entsprechend definieren, wie z.B.

$v_1(x,y,z) := x \cdot y \quad v_2(x,y,z) := x \cdot z \quad v_3(x,y,z) := y \cdot e^z$

Dann erhält man das *Ergebnis*

div_v(x,y,z) → $y + y \cdot \exp(z)$

◆

☞

In den Beispielen 22.2b) und c) wurde der Literalindex verwendet, da der vorzuziehende Feldindex in der dem Autor zur Verfügung stehenden Version von MATHCAD nicht funktionierte. Des weiteren gelang es nicht, Rotation und Divergenz wie den Gradienten als Funktion zu definieren, die den Namen des Vektorfeldes als Parameter enthält.

◆

Falls für ein *Vektorfeld*

v(r)

ein *Potential*

u(**r**)

vorliegt, d.h.

rot v (r)=0

gilt, so gestaltet sich die Berechnung des Potentials über die Integration der Beziehungen

$\dfrac{\partial u}{\partial x} = v_1(\mathbf{r})$

$\dfrac{\partial u}{\partial y} = v_2(\mathbf{r})$

$\dfrac{\partial u}{\partial z} = v_3(\mathbf{r})$

i.a. schwierig.

Im Gegensatz zu anderen Computeralgebra-Systemen besitzt MATHCAD keine Funktionen zur Berechnung des *Potentials*. Man kann hier nur die Integrationen der drei Gleichungen mittels der im Abschn.20.1 gegebenen Methoden zur Integration versuchen.

Beispiel 22.3:

Für das *Coulombfeld*

$\mathbf{v}(x,y,z) = \mathbf{v}(\mathbf{r}) = C \cdot \dfrac{\mathbf{r}}{r^3}$ (C - Konstante) berechnet MATHCAD mit der in Beispiel 22.2b) definierten Funktion **rot_v**

$$\mathbf{rot\_\,v}(x,y,z) \rightarrow \begin{pmatrix} 0 \\ 0 \\ 0 \end{pmatrix}$$

d.h., es ist ein *Potentialfeld*. Man erhält das zugehörige *Potential* u(**r**) durch Integration zu

$$u(\mathbf{r}) = -\frac{C}{r}$$

Diese Berechnung mittels MATHCAD überlassen wir dem Leser.

♦

22.3 Kurven- und Oberflächenintegrale

Ein weiterer wichtiger Gegenstand der Vektoranalysis ist die *Berechnung von Kurven-* und *Oberflächenintegralen*. Hierfür existieren in MATHCAD jedoch *keine Funktionen*.
Man kann derartige Integrale aber trotzdem mit MATHCAD berechnen, indem man sie vorher nach den Berechnungsformeln auf einfache bzw. zweifache Integrale per Hand zurückführt und diese anschließend mittels der entsprechenden Integrationsmethoden von MATHCAD löst.
Im folgenden Beispiel illustrieren wir die Vorgehensweise, indem wir je ein Kurven- und Oberflächenintegral berechnen.

♦

Beispiel 22.4:

a) Berechnen wir das *Kurvenintegral*:

$$\int_C 2xy\,dx + (x-y)\,dy$$

längs der Parabel

$$y = x^2$$

zwischen den Punkten

(0,0) und (2,4)

Nach der *Berechnungsformel* für *Kurvenintegrale* erhält man das *bestimmte Integral*

$$\int_0^2 (2\cdot x \cdot x^2 + (x - x^2)\cdot 2\cdot x)\,dx$$

das MATHCAD problemlos berechnet:

$$\int_0^2 2\cdot x\cdot x^2 + (x - x^2)\cdot 2\cdot x\,dx \to \frac{16}{3}$$

b) Berechnen wir ein *Oberflächenintegral:*
Es ist der *Flächeninhalt* der *Kegelfläche* K

$$z = \sqrt{x^2 + y^2}$$

zu berechnen, der zwischen den Ebenen z = 0 und z = 1 liegt.
Das zu berechnende Oberflächenintegral erster Art wird durch die Berechnungsformel auf ein zweifaches Integral zurückgeführt

$$\iint_K dS = \int_{-1}^{1}\int_{-\sqrt{1-x^2}}^{\sqrt{1-x^2}}\sqrt{1+z_x^2+z_y^2}\,dy\,dx = \int_{-1}^{1}\int_{-\sqrt{1-x^2}}^{\sqrt{1-x^2}}\sqrt{2}\,dy\,dx$$

das MATHCAD berechnet

$$\int_{-1}^{1}\int_{-\sqrt{1-x^2}}^{\sqrt{1-x^2}}\sqrt{2}\,dy\,dx \to \pi\cdot\sqrt{2}$$

◆

23 Differentialgleichungen

Differentialgleichungen sind Gleichungen, in denen *Funktionen* und deren *Ableitungen* vorkommen. Diese unbekannten Funktionen sind so zu bestimmen, daß eine gegebene Differentialgleichung identisch erfüllt wird.

☞

Der *Unterschied* zwischen *gewöhnlichen* und *partiellen Differentialgleichungen* besteht darin, daß die gesuchten Lösungsfunktionen bei

* *gewöhnlichen Differentialgleichungen*
  nur von einer (unabhängigen) Variablen,
* *partiellen Differentialgleichungen*
  von mehreren (unabhängigen) Variablen

abhängen.

♦

☞

Ebenso wie bei algebraischen Gleichungen (siehe Kap.16) liegen *Methoden* zur *exakten Lösung* vor allem für *lineare Differentialgleichungen* vor, während für nichtlineare nur für Spezialfälle Lösungen exakt berechnet werden können.

♦

☞

MATHCAD besitzt im Gegensatz zu anderen Computeralgebra-Systemen *keine Funktionen* zur *exakten Lösung* von *Differentialgleichungen*. Die entsprechenden Funktionen aus dem *Computeralgebra-System* MAPLE wurden nicht übernommen. Die einzige Möglichkeit zur exakten Lösung besteht bei MATHCAD in der Anwendung von Laplace- und Fouriertransformation, die wir im Kap.24 besprechen.

♦

23.1 Gewöhnliche Differentialgleichungen

Lösungsalgorithmen zur Bestimmung *allgemeiner Lösungen* existieren für *lineare Differentialgleichungen n-ter Ordnung* der Form

23.1 Gewöhnliche Differentialgleichungen

$$a_n(x) \cdot y^{(n)} + a_{n-1}(x) \cdot y^{(n-1)} + \ldots + a_1(x) \cdot y' + a_0(x) \cdot y = f(x)$$

($y=y(x)$ – gesuchte *Lösungsfunktion*), wenn die *Koeffizienten* $a_k(x)$

gewisse *Bedingungen* erfüllen, so u.a.:

* $a_k(x)$ konstant,

    d.h., es liegt eine *Gleichung* mit *konstanten Koeffizienten* vor.
* $a_k(x) = b_k \cdot x^k$ (b_k – konstant),

    d.h., es liegt eine *Eulersche Gleichung* vor.

☞
Bei *inhomogenen linearen Differentialgleichungen* (d.h. $f(x) \neq 0$) darf die Funktion $f(x)$ der rechten Seite nicht allzu kompliziert sein, um die allgemeine Lösung exakt bestimmen zu können.

Für spezielle nichtlineare gewöhnliche Differentialgleichungen, wie z.B. Bernoullische, Riccatische, Lagrangesche, Clairautsche, Besselsche, Legendresche Gleichungen existieren ebenfalls Theorien zur Bestimmung einer exakten Lösung.

♦
MATHCAD kann keine allgemeinen Lösungen von Differentialgleichungen bestimmen. Es besitzt nur verschiedene *Funktionen* zur *numerischen Lösung*, womit *Anfangs*- und *Randwertprobleme* für *Differentialgleichungssysteme erster Ordnung gelöst* werden können. Diese Funktionen werden in den folgenden beiden Abschnitten besprochen.

23.1.1 Anfangswertprobleme

MATHCAD kann *Systeme* von *n Differentialgleichungen erster Ordnung* der Form

$$\mathbf{y}'(x) = \mathbf{f}(x, \mathbf{y}(x))$$

mit den *Anfangsbedingungen* (für $x = a$)

$$\mathbf{y}(a) = \mathbf{y}^a$$

lösen, wobei $\mathbf{y}(x)$ (Vektor der gesuchten *Lösungsfunktionen*) und $\mathbf{f}(x, y)$ die n-dimensionalen Vektoren

$$y(x) = \begin{pmatrix} y_1(x) \\ y_2(x) \\ \vdots \\ y_n(x) \end{pmatrix} \quad \text{bzw.} \quad f(x,y) = \begin{pmatrix} f_1(x,y) \\ f_2(x,y) \\ \vdots \\ f_n(x,y) \end{pmatrix}$$

bezeichnen.

☞
Da man jede *Differentialgleichung n-ter Ordnung* der Form

$$y^n = f(x, y, y', \ldots, y^{n-1})$$

auf ein *System* von *n Differentialgleichungen erster Ordnung* der Form

$y_1' = y_2$
$y_2' = y_3$
$\vdots$
$y_{n-1}' = y_n$
$y_n' = f(x, y_1, y_2, \ldots, y_n)$

mit den gesuchten *Lösungsfunktionen* $y_1(x), \ldots, y_n(x)$ durch Setzen von

$y = y_1$ ($y_1(x)$ – gesuchte *Lösungsfunktion* der gegebenen Differentialgleichung n-ter Ordnung)

zurückführen kann, lassen sich mit MATHCAD auch *Differentialgleichungen n-ter Ordnung* numerisch lösen.

♦

Zur Lösung wird in MATHCAD am häufigsten die *Numerikfunktion*
rkfixed (y, *a*, *b*, *punkte*, D)
(deutsche Version: **rkfest**)
eingesetzt, die ein *Runge-Kutta-Verfahren* vierter Ordnung verwendet, wobei für die *Argumente* folgendes einzugeben ist:

* **y** bezeichnet den *Vektor* der *Anfangswerte* **y^a** an der Stelle x = *a*, dem diese vorher in der Form

  y := y^a

  zugewiesen wurden.

* *a* und *b* sind die *Endpunkte* des *Lösungsintervalls* [*a,b*] auf der x-Achse, wobei *a* der *Anfangswert* für x ist, für den der Funktionswert

  y(*a*) = **y^a**

  des gesuchten *Lösungsvektors* **y**(x) gegeben ist.

* *punkte* bezeichnet die *Anzahl* der *gleichabständigen x-Werte* zwischen *a* und *b*, in denen Näherungswerte für den Lösungsvektor bestimmt werden.

* **D** bezeichnet den *Vektor* der *rechten Seiten* des *Differentialgleichungssystems*, dem diese vorher in der Form

  D (x , y) := **f** (x , y)

  zugewiesen wurden.

Am einfachsten läßt sich die *Numerikfunktion* **rkfixed** auf *e i n e Differentialgleichung erster Ordnung* (d.h. n=1) der Gestalt

y' (x) = f (x , y(x))

mit der *Anfangsbedingung*

23.1 Gewöhnliche Differentialgleichungen

$y(a) = y^a$

anwenden, die hierfür eine *Ergebnismatrix* mit zwei Spalten liefert. Darin stehen in der

* ersten Spalte die x-Werte,
* zweiten Spalte die für die x-Werte der ersten Spalte berechneten Näherungswerte der *Lösungsfunktion* y(x).

Die *Anzahl* der *Zeilen* dieser *Ergebnismatrix* (d.h. der x-Werte) wird durch das Argument *punkte* bestimmt.

☞

Wenn man *nur eine Differentialgleichung* und damit auch nur *eine Anfangsbedingung* hat, so muß in MATHCAD diese Anfangsbedingung einem Vektor **y** mit einer Komponente zugewiesen werden. Die genaue Vorgehensweise ist aus dem folgenden Beispiel 23.1 ersichtlich.

♦
Beispiel 23.1:

Im folgenden wird die *Ergebnismatrix* in *Matrixform* angezeigt. Wir haben dies eingestellt, wie im Kap.15 beschrieben wurde.
Die *Indizierung* der auftretenden Vektoren und Matrizen wird mit 0 begonnen, d.h. **ORIGIN** := 0.

a) Die *Lösung* der *linearen Differentialgleichung erster Ordnung*

$y' = -2 \cdot x \cdot y + 4 \cdot x$

mit der *Anfangsbedingung*

$y(0) = 3$

läßt sich exakt berechnen und *lautet*

$y = 2 + e^{-x^2}$

Die *numerische Lösung* im Intervall [0,2] kann mittels MATHCAD folgendermaßen erhalten werden:

$y_0 := 3 \quad D(x, y) := -2 \cdot x \cdot y + 4 \cdot x$

$u := \text{rkfixed}(y, 0, 2, 10, D)$

Die von MATHCAD berechnete *Ergebnismatrix* **u** enthält in der ersten Spalte die *x-Werte*, für die die zugehörigen *Funktionswerte* y(x) der *Lösung* der Differentialgleichung in der zweiten Spalte *näherungsweise berechnet* wurden:

$$u = \begin{pmatrix} 0 & 3 \\ 0.2 & 2.96 \\ 0.4 & 2.85 \\ 0.6 & 2.7 \\ 0.8 & 2.53 \\ 1 & 2.37 \\ 1.2 & 2.24 \\ 1.4 & 2.14 \\ 1.6 & 2.08 \\ 1.8 & 2.04 \\ 2 & 2.02 \end{pmatrix}$$

Die grafische Darstellung der exakten und numerischen Lösung läßt die gute Übereinstimmung beider erkennen. Da die Indizierung mit 0 beginnt, befinden sich in der *Ergebnismatrix* **u** in der Spalte 0 die x-Werte und in der Spalte 1 die dafür berechneten Näherungswerte der Lösungsfunktion:

$x := 0, 0.001 .. 2$

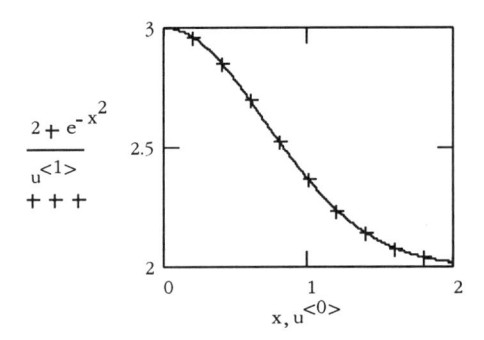

$2 + e^{-x^2}$
$u^{<1>}$
$+ + +$

b) Die nichtlineare Differentialgleichung erster Ordnung

$y' = y^2 (\cos x - \sin x) - y$

mit der *Anfangsbedingung*

$y(0) = 1/2$

hat die *exakte Lösung*

$$y = \frac{1}{2e^x - \sin x}$$

MATHCAD liefert im Intervall [0,4] die folgende *numerische Lösung*, der wir die exakte Lösung gegenüberstellen:

23.1 Gewöhnliche Differentialgleichungen

$$y_0 := \frac{1}{2} \qquad D(x,y) := y^2 \cdot (\cos(x) - \sin(x)) - y$$

$$i := 0..10 \qquad x_i := 0.4 \cdot i$$

$$u := \text{rkfixed}(y, 0, 4, 10, D) \qquad\qquad y_i := \frac{1}{\left(2 \cdot e^{x_i} - \sin(x_i)\right)}$$

In der von der *Numerikfunktion* **rkfixed** gelieferten *Ergebnismatrix* **u** stehen die x-Werte in der ersten Spalte und die berechneten Näherungswerte für die Lösung in der zweiten Spalte.

In der linken Ausgabetabelle sind die exakten Werte der Lösung y(x) in den entsprechenden x-Werten zu sehen. Der Vergleich mit der Ergebnismatrix **u** zeigt eine gute Übereinstimmung der von MATHCAD berechneten Näherungswerte mit den exakten Lösungswerten:

x_i	y_i
0	0.5
0.4	0.385
0.8	0.268
1.2	0.175
1.6	0.112
2	0.072
2.4	0.047
2.8	0.031
3.2	0.02
3.6	0.014
4	0.009

$$u = \begin{pmatrix} 0 & 0.5 \\ 0.4 & 0.385 \\ 0.8 & 0.268 \\ 1.2 & 0.175 \\ 1.6 & 0.112 \\ 2 & 0.072 \\ 2.4 & 0.047 \\ 2.8 & 0.031 \\ 3.2 & 0.02 \\ 3.6 & 0.014 \\ 4 & 0.009 \end{pmatrix}$$

c) Die *inhomogene lineare Differentialgleichung* erster Ordnung

$$y' = \frac{1+y}{1+x}$$

mit der *Anfangsbedingung*

y(0) = 1

hat als *exakte Lösung* die Gerade

y = 2·x + 1

MATHCAD liefert im Intervall [0,2] die *numerische Lösung* mittels

$y_0 := 1 \quad D(x,y) := \dfrac{1+y}{1+x} \quad u := \text{rkfixed}(y,0,2,10,D)$

Die *grafische Darstellung* läßt die gute Übereinstimmung der von MATH-CAD berechneten Näherungslösung mit der exakten Lösung erkennen:

$x := 0, 0.001 .. 2$

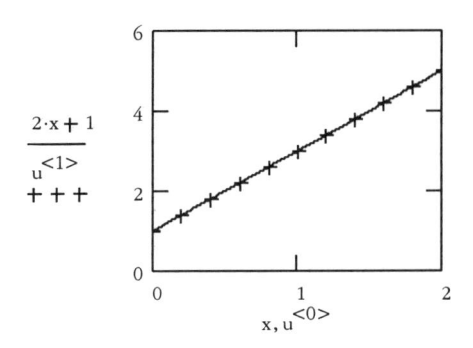

d) Für die nichtlineare Differentialgleichung erster Ordnung

$y' = y^2 + x^2 \quad , \quad y(0) = -1$

ist eine exakte Lösung nicht bekannt. MATHCAD liefert im Intervall [0,1] folgende *numerische Lösung*:

$y_0 := -1 \quad D(x,y) := y^2 + x^2$

$u := \text{rkfixed}(y,0,1,10,D)$

$$u = \begin{pmatrix} 0 & -1 \\ 0.1 & -0.91 \\ 0.2 & -0.83 \\ 0.3 & -0.76 \\ 0.4 & -0.7 \\ 0.5 & -0.63 \\ 0.6 & -0.57 \\ 0.7 & -0.49 \\ 0.8 & -0.42 \\ 0.9 & -0.33 \\ 1 & -0.23 \end{pmatrix}$$

Die *grafische Darstellung* der berechneten Näherungswerte für die Lösungsfunktion (durch Geradenstücke verbunden) hat die folgende Gestalt:

23.1 Gewöhnliche Differentialgleichungen

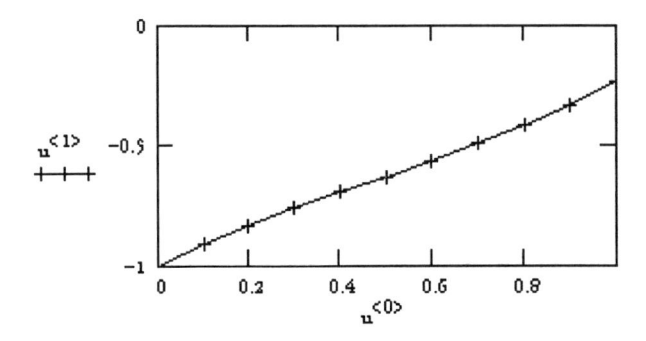

[Plot: $u^{<1>}$ vs $u^{<0>}$, x-axis from 0 to 0.8, y-axis from -1 to 0]

e) Für die nichtlineare Differentialgleichung erster Ordnung

$$y' = e^y \quad , \quad y(0) = -1$$

lautet die *exakte Lösung*:

$$y(x) = -\ln(e - x)$$

die man einfach mit der Methode der Trennung der Veränderlichen erhalten kann.

MATHCAD berechnet folgende *numerische Lösung*:

$$y_0 := -1 \qquad D(x, y) := e^y$$

$$u := \text{rkfixed}(y, 0, 1, 10, D)$$

$$u = \begin{bmatrix} 0 & -1 \\ 0.1 & -0.963 \\ 0.2 & -0.924 \\ 0.3 & -0.883 \\ 0.4 & -0.841 \\ 0.5 & -0.797 \\ 0.6 & -0.751 \\ 0.7 & -0.702 \\ 0.8 & -0.651 \\ 0.9 & -0.598 \\ 1 & -0.541 \end{bmatrix}$$

Die grafische Darstellung läßt die gute Übereinstimmung der von MATHCAD berechneten Näherungslösung mit der exakten Lösung erkennen:

x := 0, 0.001 .. 1

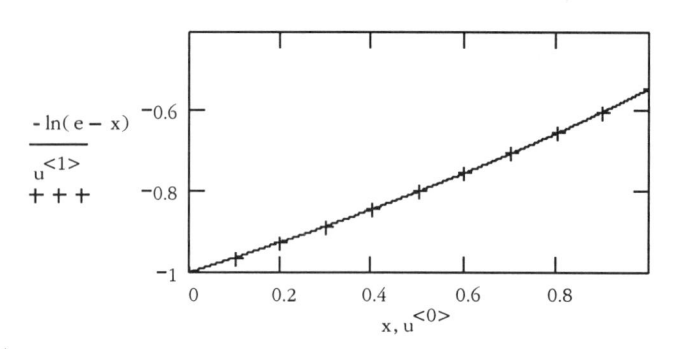

$$\frac{-\ln(e-x)}{u^{<1>}}$$
+ + +

[Diagramm: Kurve von ca. −1 bis −0.6 über x von 0 bis 1, mit +-Markierungen]

x, u$^{<0>}$

♦

Möchte man *Anfangswertprobleme* für *Systeme* von n *Differentialgleichungen* erster Ordnung der *Form*

$y_1' = f_1(x, y_1, ..., y_n)$
$y_2' = f_2(x, y_1, ..., y_n)$
$\vdots$
$y_n' = f_n(x, y_1, ..., y_n)$

mit den *Anfangsbedingungen*

$y_1(a) = y_1^a$, $y_2(a) = y_2^a$, ... , $y_n(a) = y_n^a$

im Intervall [a,b] lösen, so geht man analog wie eben im Beispiel 23.1 bei einer Differentialgleichung erster Ordnung vor und verwendet die *Numerikfunktion*

rkfixed

in der man jetzt den beiden Argumenten **y** und **D** den Vektor der Anfangsbedingungen bzw. der rechten Seiten des Systems zuweisen muß, d.h.

$$\mathbf{y} := \begin{pmatrix} y_1^a \\ y_2^a \\ \vdots \\ y_n^a \end{pmatrix} \qquad \mathbf{D}(x, \mathbf{y}) := \begin{pmatrix} f_1(x, y_1, ..., y_n) \\ f_2(x, y_1, ..., y_n) \\ \vdots \\ f_n(x, y_1, ..., y_n) \end{pmatrix}$$

Die *Funktion* **rkfixed** liefert hierfür eine *Ergebnismatrix* mit n+1 Spalten, wobei in

* der *ersten Spalte* die x-Werte
* den restlichen n Spalten die dafür berechneten Funktionswerte für die gesuchten Lösungsfunktionen

  $y_1, ..., y_n$

stehen.

23.1 Gewöhnliche Differentialgleichungen

Betrachten wir zwei Beispiele zur numerischen Lösung von Differentialgleichungen höherer (n-ter) Ordnung und Systemen erster Ordnung.

Beispiel 23.2:

a) Das *Differentialgleichungssystem*

$$y_1' = \frac{y_1}{2y_1 + 3y_2}$$

$$y_2' = \frac{y_2}{2y_1 + 3y_2}$$

mit den *Anfangsbedingungen*

$$y_1(0) = 1 \;,\; y_2(0) = 2$$

besitzt die exakte Lösung

$$y_1(x) = \frac{x}{8} + 1 \;,\; y_2(x) = \frac{x}{4} + 2$$

Die *numerische Lösung* mittels MATHCAD unter Verwendung der *Numerikfunktion* **rkfixed** gestaltet sich *folgendermaßen*:

$$\mathbf{y} := \begin{pmatrix} 1 \\ 2 \end{pmatrix} \qquad \mathbf{D}(x, \mathbf{y}) := \begin{pmatrix} \dfrac{y_1}{2 \cdot y_1 + 3 \cdot y_2} \\ \dfrac{y_2}{2 \cdot y_1 + 3 \cdot y_2} \end{pmatrix}$$

$$\mathbf{Y} := \mathbf{rkfixed}\,(\mathbf{y}, 0, 2, 10, \mathbf{D})$$

$$\mathbf{Y} = \begin{pmatrix} 0 & 1 & 2 \\ 0.2 & 1.025 & 2.05 \\ 0.4 & 1.05 & 2.1 \\ 0.6 & 1.075 & 2.15 \\ 0.8 & 1.1 & 2.2 \\ 1 & 1.125 & 2.25 \\ 1.2 & 1.15 & 2.3 \\ 1.4 & 1.175 & 2.35 \\ 1.6 & 1.2 & 2.4 \\ 1.8 & 1.225 & 2.45 \\ 2 & 1.25 & 2.5 \end{pmatrix}$$

MATHCAD berechnet in der *Ergebnismatrix* **Y** für die x-Werte der ersten Spalte aus dem Intervall [0,2] in den Spalten 2 und 3 die Funktionswerte für die gesuchten *Lösungsfunktionen*

$$y_1(x) \text{ und } y_2(x)$$

b) Das *Anfangswertproblem* für die Differentialgleichung zweiter Ordnung

$$y'' - 2y = 0 \quad , \quad y(0) = 2 \quad , \quad y'(0) = 0$$

die die *exakte Lösung*

$$y(x) = e^{\sqrt{2}x} + e^{-\sqrt{2}x}$$

besitzt, läßt sich auf das folgende Anfangswertproblem für *Systeme erster Ordnung* zurückführen:

$$y_1' = y_2 \quad , \quad y_1(0) = 2$$
$$y_2' = 2 \cdot y_1 \quad , \quad y_2(0) = 0$$

Die Funktion

$$y_1(x)$$

dieses Systems liefert die Lösung der gegebenen Differentialgleichung zweiter Ordnung.

Wir führen die Berechnung in MATHCAD mittels der *Numerikfunktion* **rkfixed** im Intervall [0,4] mit der Schrittweite 0.4 durch und zeichnen die exakte Lösung und die gefundene numerische Lösung in ein Koordinatensystem.

Die von MATHCAD berechnete *Ergebnismatrix* **Y** enthält in der ersten Spalte die x-Werte aus dem Intervall [0,4] und in der zweiten und dritten Spalte die berechneten Näherungswerte für $y_1(x)$ bzw. $y_2(x)$, da in diesem Beispiel die Indizierung mit 1 (d.h. **ORIGIN** := 1) begonnen wurde.

$$y := \begin{pmatrix} 2 \\ 0 \end{pmatrix} \qquad D(x,y) := \begin{pmatrix} y_2 \\ 2 \cdot y_1 \end{pmatrix}$$

$$Y := \mathbf{rkfixed}\,(y, 0, 4, 10, D)$$

$$Y = \begin{pmatrix} 0 & 2 & 0 \\ 0.4 & 2.329 & 1.685 \\ 0.8 & 3.421 & 3.924 \\ 1.2 & 5.637 & 7.452 \\ 1.6 & 9.702 & 13.426 \\ 2 & 16.953 & 23.807 \\ 2.4 & 29.768 & 42.003 \\ 2.8 & 52.355 & 73.987 \\ 3.2 & 92.128 & 130.258 \\ 3.6 & 162.144 & 229.289 \\ 4 & 285.386 & 403.587 \end{pmatrix}$$

Die folgende grafische Darstellung läßt die gute Übereinstimmung der von MATHCAD berechneten Näherungslösung mit der exakten Lösung erkennen:

x := 0, 0.001 .. 4

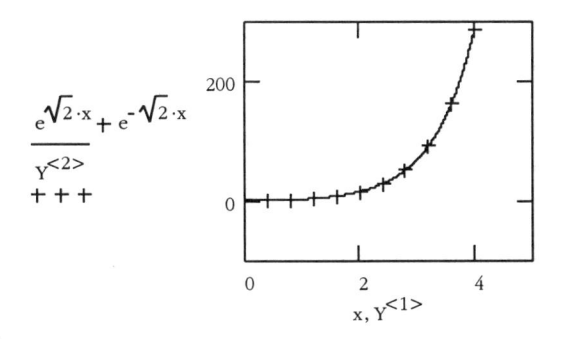

[Diagramm: $\frac{e^{\sqrt{2} \cdot x} + e^{-\sqrt{2} \cdot x}}{Y^{<2>}}$ und + + + über x, $Y^{<1>}$ im Bereich 0 bis 4, y-Achse 0 bis 200]

♦

Neben der *Standardfunktion* **rkfixed** für die Anwendung des Runge-Kutta-Verfahrens besitzt MATHCAD noch *weitere Funktionen* zur *numerischen Lösung* von Differentialgleichungssystemen erster Ordnung, die wir im folgenden betrachten. Die Argumente dieser Funktionen sind die gleichen wie bei **rkfixed**:

- **Bulstoer**

    Diese Funktion benutzt das *Bulirsch-Stoer-Verfahren*.

- **Rkadapt**

    Im Gegensatz zum Runge-Kutta-Verfahren mittels **rkfixed** wird die Lösung nicht in gleichabständigen x-Werten berechnet. Die Schrittweite in der Funktionswertberechnung wird in Abhängigkeit von der Funktionsänderung gewählt. Das Ergebnis wird allerdings in gleichabständigen x-Werten ausgegeben.

- **Stiffb** und **Stiffr**

    (deutsche Version: **Steifb** und **Steifr**)

    Diese Funktionen verwenden das Bulirsch-Stoer-Verfahren bzw. Rosenbrock-Verfahren zur Lösung *steifer Differentialgleichungen*. In diesen Kommandos erscheint an letzter Stelle als zusätzliches Argument die Matrixbezeichnung **J**. Dieser Bezeichnung muß vorher eine *Matrix*

    J(x,**y**)

    vom Typ (n,n+1) zugeordnet werden, die als

    * *erste Spalte* $\dfrac{\partial \mathbf{D}}{\partial x}$

    * *restliche n Spalten* $\dfrac{\partial \mathbf{D}}{\partial y_k}$ (k = 1, 2, ... , n)

enthält.

Wenn man nur am Wert der *Lösung* am *Intervallende* b interessiert ist, so kann man die *Funktionen* **bulstoer**, **rkadapt**, **stiffb** und **stiffr** mit den *Argumenten*

(**y** , a , b , *gen* , **D** , *punktemax* , *min*)

heranziehen. Dabei besitzen die neuen Argumente folgende Bedeutung:

* *gen*

  steuert die Genauigkeit der Lösung durch Veränderung der Schrittweite. Es wird hierfür der Wert 0.001 vorgeschlagen.

* *punktemax*

  gibt die maximale Anzahl von Punkten im Intervall [a,b] an, in denen Näherungswerte berechnet werden.

* *min*

  bestimmt den minimalen Abstand von x-Werten, in den Näherungswerte berechnet werden.

Betrachten wir die Anwendung aller Numerikfunktionen von MATHCAD im folgenden Beispiel.

Beispiel 23.3:

Lösen wir ein häufig in der Literatur behandeltes Beispiel einer *steifen Differentialgleichung*

$$y' = -10\,(y - \arctan x) + \frac{1}{1+x^2}$$

mit der *Anfangsbedingung*

$y(0) = 1$

das die *exakte Lösung*

$y = e^{-10x} + \arctan x$

besitzt.

Zur *numerischen Lösung* werden wir im folgenden alle besprochenen *Numerikfunktionen* verwenden und die Ergebnisse vergleichen:

a) Anwendung der *Funktion* **rkfixed**

$$y_0 := 1 \quad D(x,y) := -10 \cdot (y - \mathrm{atan}(x)) + \frac{1}{1+x^2}$$

$\mathrm{u1} := \mathrm{rkfixed}(y, 0, 5, 20, D)$

$x := 0, 0.01 .. 5$

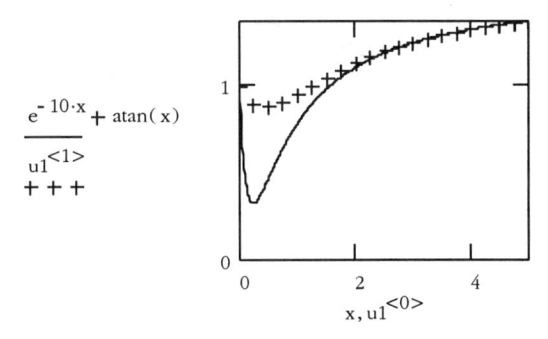

$$\frac{e^{-10 \cdot x} + \text{atan}(x)}{u1^{<1>}}$$
$+ + +$

b) Anwendung der *Funktion* **Bulstoer**

$y_0 := 1 \qquad D(x, y) := -10 \cdot (y - \text{atan}(x)) + \dfrac{1}{1 + x^2}$

$u2 := \text{Bulstoer}(y, 0, 5, 20, D)$

$x := 0, 0.01 .. 5$

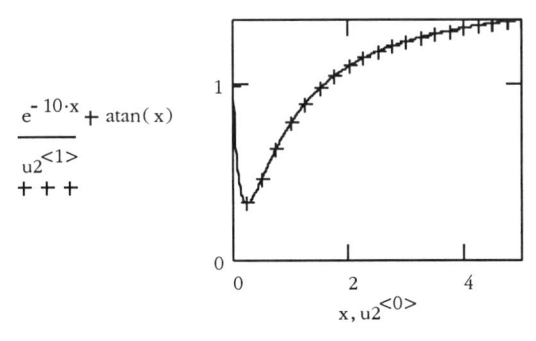

$$\frac{e^{-10 \cdot x} + \text{atan}(x)}{u2^{<1>}}$$
$+ + +$

c) Anwendung der *Funktion* **Rkadapt**

$y_0 := 1 \qquad D(x, y) := -10 \cdot (y - \text{atan}(x)) + \dfrac{1}{1 + x^2}$

$u3 := \text{Rkadapt}(y, 0, 5, 20, D)$

$x := 0, 0.01 .. 5$

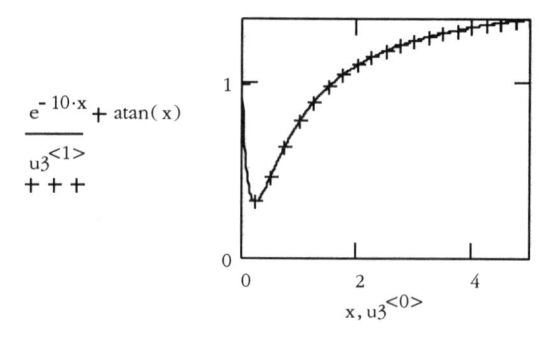

$\dfrac{e^{-10 \cdot x}}{u_3^{<1>}} + \text{atan}(x)$
+ + +

x, $u_3^{<0>}$

d) Anwendung der *Funktion* **Stiffb**:

$y_0 := 1 \qquad D(x,y) := -10 \cdot (y - \text{atan}(x)) + \dfrac{1}{1+x^2}$

$$J(x,y) := \left[\dfrac{10}{1+x^2} - 2 \cdot \dfrac{x}{(1+x^2)^2} \quad -10 \right]$$

$u4 := \text{Stiffb}(y, 0, 5, 20, D, J) \qquad x := 0, 0.01 .. 5$

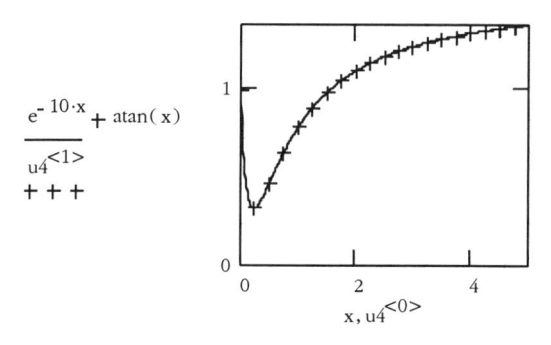

$\dfrac{e^{-10 \cdot x}}{u_4^{<1>}} + \text{atan}(x)$
+ + +

x, $u_4^{<0>}$

e) Anwendung der *Funktion* **Stiffr**

$y_0 := 1 \qquad D(x,y) := -10 \cdot (y - \text{atan}(x)) + \dfrac{1}{1+x^2}$

$$J(x,y) := \left[\dfrac{10}{1+x^2} - 2 \cdot \dfrac{x}{(1+x^2)^2} \quad -10 \right]$$

$u5 := \text{Stiffr}(y, 0, 5, 20, D, J)$

x := 0 , 0.01 .. 5

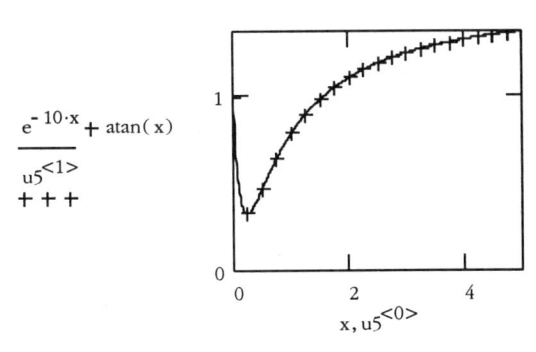

$e^{-10 \cdot x} + \text{atan}(x)$

$u5^{<1>}$
+ + +

x, u5$^{<0>}$

Bei den Beispielen d) und e) ist zu beachten, daß J(x,y) ein Zeilenvektor mit zwei Komponenten ist.

Die Anwendung der fünf *Numerikfunktionen* zeigt, daß bei *steifen Differentialgleichungen* nur das sonst problemlos anwendbare Standardverfahren **rkfixed** kein befriedigendes Ergebnis liefert.

♦

☞

Da man im voraus wenig über die Eigenschaften der Lösung einer gegebenen Differentialgleichung weiß, empfiehlt es sich, die gleiche Aufgabe mit mehreren der angegebenen Numerikfunktionen numerisch zu lösen.

♦

Da sich die Anwendung der Numerikfunktionen etwas aufwendig gestaltet, empfiehlt es sich, *eigene Arbeitsblätter* zur Lösung von Differentialgleichungen zu *schreiben* und diese *abzuspeichern*. Als Vorlage hierfür können die vorangehenden Beispiele dienen. Dadurch erspart man sich viel Arbeit, da man in den erstellten Arbeitsblättern lediglich die Differentialgleichung, die Anfangsbedingungen und das Lösungsintervall ändern muß.

Des weiteren findet man in den *Elektronischen Büchern*

* **Differential Equations Function Pack**
* **Numerical Recipes**
* **Numerical Methods**

Arbeitsblätter zur Lösung von Differentialgleichungen.

23.1.2 Randwertprobleme

Neben den bisher betrachteten *Anfangswertproblemen*, bei denen die Werte für die gesuchte Lösungsfunktion und ihre Ableitungen nur für einen x-Wert vorgegeben werden, spielen in der Praxis noch *Randwertprobleme* eine große Rolle, bei denen die Werte für die gesuchte Lösungsfunktion und ihre Ableitungen für mehrere x-Werte vorgegeben werden. Häufig sind

Randwerte in den beiden *Endpunkten a* und *b* des *Lösungsintervalls* [a,b] vorgegeben.

Während Anfangswertprobleme unter schwachen Voraussetzungen eine eindeutige Lösung besitzen, gestaltet sich diese Problematik bei Randwertproblemen wesentlich schwieriger. So kann schon für einfache Aufgaben keine Lösung existieren, wie wir im folgenden Beispiel demonstrieren.

Beispiel 23.4:

Wir betrachten die einfache lineare Differentialgleichung zweiter Ordnung:

y" + y = 0

Sie besitzt die *allgemeine Lösung*

y(x) = A·cos x + B·sin x   (A und B beliebige Konstanten)

Diese allgemeine Lösung besitzt jedoch für praktische Probleme kein Interesse. Hier sucht man Lösungen, die gewisse Bedingungen (Anfangs- oder Randwerte) erfüllen.

Im folgenden geben wir sogenannte *Zweipunkt-Randwerte* vor, d.h. Werte der Lösungsfunktion für zwei verschiedene x-Werte. Durch Veränderung dieser Werte zeigen wir die drei Möglichkeiten auf, die bei der Lösung von *Randwertproblemen* auftreten können. Für die *Randbedingungen*

a) y(0) = y(π) = 0

   existieren neben der *trivialen Lösung*

   y(x) = 0

   noch *weitere Lösungen* der Form

   y(x) = B sin x (B – beliebige Konstante)

b) y(0) = 2 , y(π/2) = 3

   existiert die *eindeutige Lösung*

   y(x) = 2·cos x + 3·sin x

c) y(0) = 0 , y(π) = −1

   existiert *keine Lösung*.

♦

Zur Berechnung von *Randwertproblemen* stellt MATHCAD zwei *Numerikfunktionen* **sbval** und **bvalfit** zur Verfügung, wobei vorausgesetzt wird, daß ein System von Differentialgleichungen erster Ordnung vorliegt. Wir verwenden nur die *Numerikfunktion*

sbval (v , *a* , *b* , D , load , score)
(deutsche Version: **sgrw**)

deren *Argumente* folgende Bedeutung haben:

* **v**

   Vektor (Spaltenvektor) für die *Schätzungen* der *Anfangswerte* im Punkt *a*, die nicht gegeben sind.

23.1 Gewöhnliche Differentialgleichungen

* a , b

   Endpunkte des *Lösungsintervalls* [a,b]

* **D** (x , y)

   Dieser Vektor hat die gleiche Bedeutung wie bei Anfangswertproblemen und enthält die *rechten Seiten* der *Differentialgleichungen*.

* **load** (a , **v**)

   Dieser Vektor (Spaltenvektor) enthält zuerst die *gegebenen Anfangswerte* und anschließend die *Schätzwerte* aus dem Vektor **v** für die *fehlenden Anfangswerte* im Punkt a.

* **score** (b , **y**)

   Dieser Vektor hat die gleiche Anzahl von Komponenten wie der Schätzvektor **v** und enthält die Differenzen zwischen denjenigen Funktionen y_i , für die Randwerte im Punkt b gegeben sind, und ihren gegebenen Werten im Punkt b.

☞

Während in der *Numerikfunktion* **sbval** für die *Intervallgrenzen* a und b des *Lösungsintervalls* [a,b] die konkreten Zahlenwerte eingegeben werden müssen, sind diese bei **load** und **score** nur symbolisch z.B. als a und b einzutragen.

Es wird deshalb empfohlen, zu Beginn der Berechnung den Intervallgrenzen a und b die konkreten Zahlenwerte zuzuweisen und anschließend nur die Bezeichnungen a bzw. b in allen Funktionen zu verwenden (siehe Beispiel 23.6b).

♦

Als *Ergebnis* liefert die *Numerikfunktion* **sbval** einen *Vektor*, der die *fehlenden Anfangswerte* enthält. Damit können wir das gegebene Problem als Anfangswertproblem behandeln und die dafür gegebenen Numerikfunktionen heranziehen.

Um die *Numerikfunktion* **sbval** auf eine Gleichung höherer Ordnung anwenden zu können, muß man ebenso wie bei Anfangswertproblemen diese Gleichung auf ein System erster Ordnung zurückführen.

Aus dem *folgenden Beispiel* ist die *Vorgehensweise* für die *Anwendung* von **sbval** ersichtlich.

Beispiel 23.5:

Das *Randwertproblem*

y''' + y'' + y' + y = 0

y(0) = 1 , y(π) = –1 , y'(π) = –2

besitzt die *eindeutige Lösung*

y(x) = cos x + 2 sin x.

Zur Anwendung der *Numerikfunktion* **sbval** müssen wir diese Differentialgleichung dritter Ordnung auf das *System erster Ordnung*

$y_1' = y_2$

$y_2' = y_3$

$y_3' = -y_3 - y_2 - y_1$

mit den *Randwerten*

$y_1(0) = 1$, $y_1(\pi) = -1$, $y_2(\pi) = -2$

zurückführen.

Um die Aufgabe als Anfangswertaufgabe lösen zu können, *fehlen* die *Anfangswerte*

$y_2(0)$ und $y_3(0)$

die mit der *Numerikfunktion* **sbval** bestimmt werden:

Für die beiden fehlenden Anfangswerte verwenden wir im Vektor **v** als *Schätzwert* jeweils 1 und beginnen die *Indizierung* mit 1, d.h. **ORIGIN** := 1:

$$v := \begin{pmatrix} 1 \\ 1 \end{pmatrix} \qquad \text{load}(a, v) := \begin{pmatrix} 1 \\ v_1 \\ v_2 \end{pmatrix}$$

$$D(x, y) := \begin{pmatrix} y_2 \\ y_3 \\ -y_3 - y_2 - y_1 \end{pmatrix}$$

$$\text{score}(b, y) := \begin{pmatrix} y_1 + 1 \\ y_2 + 2 \end{pmatrix}$$

S := sbval (v , 0 , π , D , load , score)

$$S = \begin{pmatrix} 2 \\ -1 \end{pmatrix}$$

Im Vektor **S** befinden sich nach der Anwendung der *Numerikfunktion* **sbval** *Näherungswerte* für die *fehlenden Anfangswerte*

$y_2(0)$ und $y_3(0)$

Jetzt kann man die gegebene Aufgabe mit den Numerikfunktionen für Anfangswertprobleme lösen, da man nun die hierfür notwendigen Anfangswerte

$y_1(0) = 1$, $y_2(0) = 2$, $y_3(0) = -1$

zusammen hat:

$$y := \begin{pmatrix} 1 \\ 2 \\ -1 \end{pmatrix} \quad D(x,y) := \begin{pmatrix} y_2 \\ y_3 \\ -y_3 - y_2 - y_1 \end{pmatrix}$$

$Y := \text{rkfixed}(y, 0, 1, 10, D)$

In der *Ergebnismatrix* **Y** beginnen wir die Indizierung mit 1, so daß die Spalte 1 die x-Werte und die Spalte 2 die berechneten Näherungswerte für die gesuchte *Lösung* $y_1(x)$ enthalten. In der folgenden *Grafik* stellen wir die berechnete Näherungslösung der exakten gegenüber:

$x := 0, 0.001 .. 1$

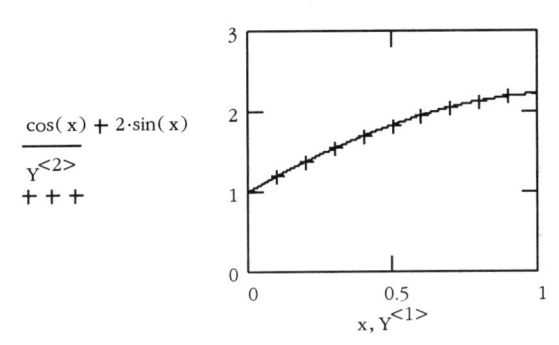

$\cos(x) + 2 \cdot \sin(x)$
$\overline{Y^{<2>}}$
$+ + +$

$x, Y^{<1>}$

Aus der Grafik können wir die gute Übereinstimmung von exakter und näherungsweiser Lösung erkennen.

♦

☞

Die *Schätzungen* für die *Anfangswerte* müssen in MATHCAD unbedingt als Vektor **v** eingegeben werden, auch wenn nur ein Wert vorliegt. Wir erklären die Vorgehensweise für diesen Fall im folgenden Beispiel.

♦

Beispiel 23.6:

Um das *Randwertproblem* aus Beispiel 23.4b) zu lösen, müssen wir zuerst die *Differentialgleichung*

y" + y = 0

mit den *Randbedingungen*

$y(0) = 2$, $y(\pi/2) = 3$

auf das *System erster Ordnung* der Form

$y_1' = y_2$

$y_2' = -y_1$

mit den *Randbedingungen*

$y_1(0) = 2$, $y_1(\pi/2) = 3$

zurückführen. Danach können wir die *Numerikfunktion* **sbval** anwenden. Da nur eine Anfangsbedingung $y_2(0)$ (d.h. y'(0)) fehlt, enthält der Vektor **v** für die *Schätzung* der *Anfangswerte* nur einen Wert.
Wenn man wie im Beispiel a) v nicht als Vektor verwendet, funktioniert **sbval** nicht:

a)
$$v := 0 \quad \text{load}(a,v) := \begin{pmatrix} 2 \\ v \end{pmatrix} \quad D(x,y) := \begin{pmatrix} y_2 \\ -y_1 \end{pmatrix}$$

$$\text{score}(b,y) := y_1 - 3$$

$$S := \text{sbval}\left(v, 0, \frac{\pi}{2}, D, \text{load}, \text{score}\right)$$

| must be vector |

Wenn man die *Numerikfunktion* **sbval** erfolgreich anwenden will, muß **v** als Vektor definiert werden. Da MATHCAD die Definition von Vektoren (Matrizen) mit nur einem Element nach der im Abschn.15.1 gegebenen Vorgehensweise nicht zuläßt, kann man sich auf folgende Art helfen:

b) Wir wenden im folgenden zusätzlich die empfohlene Variante an, den *Intervallgrenzen a* unb *b* die konkreten Werte zu Beginn zuzuweisen:

$$a := 0 \quad b := \pi/2$$

$$v_1 := 0 \quad \text{load}(a,v) := \begin{pmatrix} 2 \\ v_1 \end{pmatrix} \quad D(x,y) := \begin{pmatrix} y_2 \\ -y_1 \end{pmatrix}$$

$$\text{score}(b,y) := y_1 - 3$$

$$S := \text{sbval}(v, a, b, D, \text{load}, \text{score})$$

$$S = 3$$

Der von **sbval** *gelieferte* fehlende *Anfangswert*
$$y_2(0) = y'(0) = 3$$
gestattet die Lösung der Aufgabe als Anfangswertproblem mit der *Numerikfunktion* **rkfixed**:

$$y := \begin{pmatrix} 2 \\ 3 \end{pmatrix} \quad D(x,y) := \begin{pmatrix} y_2 \\ -y_1 \end{pmatrix}$$

Y := rkfixed (y , a , b , 10 , D)

Die *grafische Darstellung* der erhaltenen Näherungslösung und der exakten Lösung zeigt die gute Übereinstimmung:

x := 0 , 0.001 .. 2

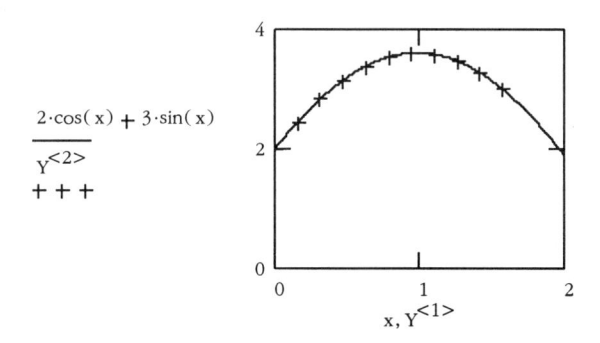

$\dfrac{2 \cdot \cos(x) + 3 \cdot \sin(x)}{Y^{<2>}}$
+ + +

[Plot: x-Achse 0 bis 2, y-Achse 0 bis 4, Kurve und Kreuze markieren die Übereinstimmung der Lösungen; Achsenbeschriftung x, $Y^{<1>}$]

♦

23.2 Partielle Differentialgleichungen

Für *partielle Differentialgleichungen* gestalten sich Methoden zur exakten Lösung wesentlich schwieriger. Deshalb ist es nicht verwunderlich, daß MATHCAD hierfür keine Funktionen zur Verfügung stellt.

Man kann aber die Entwicklung in Fourierreihen, die Fourier- und Laplacetransformation verwenden, um mittels MATHCAD spezielle lineare Gleichungen exakt zu lösen.

Zur *numerischen Lösung* stellt MATHCAD nur die zwei *Funktionen* **relax** und **multigrid**
für die *Poissonsche Differentialgleichung* der Ebene

$$\dfrac{\partial^2 u(x,y)}{\partial x^2} + \dfrac{\partial^2 u(x,y)}{\partial y^2} = f(x,y)$$

über einem *quadratischen Gebiet* zur Verfügung. Man muß hierfür die Differentialgleichung mittels Differenzenverfahren in eine Differenzengleichung überführen, die sich dann mittels der beiden Funktionen numerisch lösen läßt. Die Vorgehensweise wird in der Hilfe von MATHCAD erläutert, wenn man als Begriffe die beiden Funktionsnamen **relax** bzw. **multigrid** eingibt.
Um diese Verfahrensweise zu umgehen, kann man auch auf bereits erstellte MATHCAD-*Arbeitsblätter* für *partielle Differentialgleichungen* zurückgreifen, wie sie sich z.B. in dem *Elektronischen Buch*
Numerical Recipes Extension Pack

im Abschnitt 15.4 *"Relaxation Methods for Boundary Value Problems"* befinden.

Im folgenden Beispiel zeigen wir zwei derartige Arbeitsblätter zur numerischen Lösung der Poissonschen Differentialgleichung.

Beispiel 23.7:

a) Im Abschn.15.4 des *Elektronischen Buches* **Numerical Recipes Extension Pack** findet man folgendes Arbeitsblatt zur numerischen Lösung der Poissonschen Differentialgleichung

sor NR C: 869 F: 860

solves a partial differential equation by performing successive overrelaxation to find a solution to the equation

$$a_{j,L} \cdot u_{j+1,L} + b_{j,L} \cdot u_{j-1,L} + c_{j,L} \cdot u_{j,L+1} + d_{j,L} \cdot u_{j,L-1} + e_{j,L} \cdot u_{j,L} = f_{j,L}$$

Its arguments are:

- square matrices a, b, c, d, e, f o f coefficients, all the same size
- an initial guess at the solution u, a square matrix of the same size
- rjac, the spectral radius of the Jacobi iteration matrix

The output is the solution matrix u.

23.2 Partielle Differentialgleichungen

$R := 16 \qquad j := 0..R \qquad L := 0..R$

When solving Poisson's equation with a single charge at the center grid, the coefficients are

$a_{j,L} := 1 \qquad b_{j,L} := 1 \qquad c_{j,L} := 1 \qquad d_{j,L} := 1$

$e_{j,L} := -4 \qquad f_{j,L} := 0 \qquad f_{\frac{R}{2},\frac{R}{2}} := 1$

$rjac := \cos\left(\dfrac{\pi}{R+1}\right)$

$u_{j,L} := 0$

$S := sor(a,b,c,d,e,f,u,rjac)$

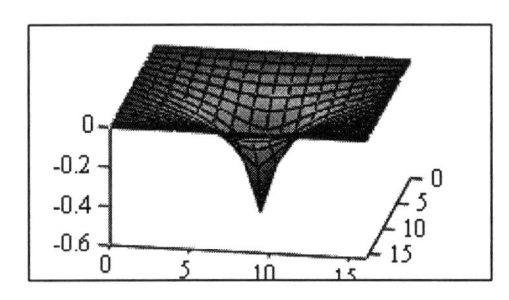

S

b) Die im folgenden Arbeitsblatt gelöste Aufgabe betrifft die stationäre (zeitunabhängige) *Temperaturverteilung* T(x,y) in einer quadratischen Platte, in deren Inneren sich eine Wärmequelle befindet. Am Plattenrand wird eine konstante Temperatur von Null Grad eingehalten. Die dieses Problem beschreibende partielle Differentialgleichung (Laplace- bzw. Poisson-Gleichung mit den Randbedingungen 0 am Plattenrand) wird mit der *Numerikfunktion* **multigrid** gelöst und die Lösungsfunktion T(x,y) gezeichnet.

The Heat Equation

Problem

Find the temperature **T(x,y)** of a square plate with an internal heat source. The boundary of the source is pinned at zero degrees. We assume that the source does not change with time, and solve for the steady-state temperature distribution.

Algorithm

This application uses the partial differential equation solver **multigrid**.

At any point free of the heat source, the heat equation reduces to Laplace's equation in two variables

$T_{xx} + T_{yy} = 0$

$R := 32$ Size of the grid is **R + 1**

$\rho_{R,R} := 0$ Sets the dimensions of the source ρ

$c := 8 \quad d := 14$

heat $:= 1545$ position and strength of source

$\rho_{c,d} := \text{heat}$

$G := \text{multigrid}(\rho, 2)$

We show the solution as a surface plot and a contour plot showing the lines of constant temperature.

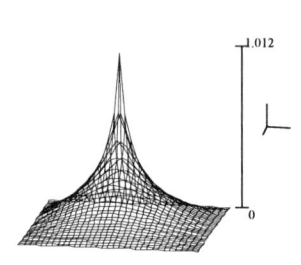

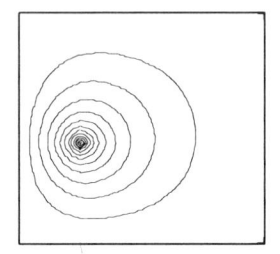

-G   G

◆

24 Transformationen

In diesem Kapitel befassen wir uns mit den wichtigen Vertretern von *Integraltransformationen*
* *Laplacetransformation*
* *Fouriertransformation*

und weiteren *Transformationen* wie
* *Z-Transformation*
* *Wavelet-Transformation*

die ein breites Anwendungsspektrum besitzen:
- In den folgenden Abschn.24.1-24.4 zeigen wir die Vorgehensweise bei der Durchführung dieser Transformationen mittels MATHCAD.
- Im Abschn.24.5 wenden wir die *Laplace-* bzw. *Z-Transformation* zur *Lösung* von
   * *Differentialgleichungen*
   * *Differenzengleichungen*

   an.

24.1 Laplacetransformation

Die *Laplacetransformierte* (*Bildfunktion*)

L [f] = F(s)

einer *Funktion* (*Originalfunktion/Urbildfunktion*)

f(t)

bestimmt sich unter gewissen Voraussetzungen aus der *Integraltransformation*

$$L [f] = F(s) = \int_0^\infty f(t) e^{-st} \, dt$$

Die *inverse Laplacetransformation* (*Rücktransformation*) bestimmt sich unter gewissen Voraussetzungen aus

$$f(t) = \frac{1}{2\pi i} \int_{c-i\infty}^{c+i\infty} e^{st} F(s) \, ds$$

Mittels MATHCAD vollziehen sich *Laplacetransformation* und *inverse Laplacetransformation folgendermaßen:*

- Berechnung der *Laplacetransformation:*
  * *Zuerst* gibt man die zu *transformierende Funktion* (*Originalfunktion/Urbildfunktion*) f(t) in das Arbeitsfenster ein.
  * *Danach markiert* man eine *Variable* t mit *Bearbeitungslinien.*
  * *Abschließend* liefert die *Menüfolge*

    Symbolics ⇒ **Transform** ⇒ **Laplace**
    (deutsche Version: **Symbolik** ⇒ **Transformation** ⇒ **Laplace**)

    die *Laplacetransformierte* (*Bildfunktion*) F(s).

- Berechnung der *inversen Laplacetransformation* (*Rücktransformation*):
  * *Zuerst* wird eine *Variable* s in der *Bildfunktion* F(s) mit *Bearbeitungslinien markiert.*
  * *Abschließend* liefert die *Menüfolge*

    Symbolics ⇒ **Transform** ⇒ **Inverse Laplace**
    (deutsche Version: **Symbolik** ⇒ **Transformation** ⇒ **Laplace invers**)

    die *inverse Transformation* (*Rücktransformation*).

☞

Die *Laplacetransformation* und ihre *inverse Transformation* lassen sich in den neueren Versionen von MATHCAD auch mittels der *Schlüsselwörter*

`laplace` bzw. `invlaplace`

aus der *Operatorpalette Nr.8* realisieren, indem man in die erscheinenden Symbole

■ laplace,■ → bzw. ■ invlaplace,■ →

in den linken Platzhalter die zu transformierende Funktion und in den rechten die Variable einträgt und abschließend die ⏎-Taste drückt (siehe Beispiele 24.1 und 24.4).

♦

☞

Es ist zu beachten, daß MATHCAD bei der *Laplacetransformation* die *Bildfunktion* F(s) als Funktion von s und die *Urbildfunktion* f(t) als Funktion von t darstellt.

♦

24.1 Laplacetransformation

☞

Zur Berechnung der uneigentlichen Integrale für die Laplacetransformation und ihre inverse Transformation existieren keine endlichen Algorithmen, wie wir im Kapitel 20 sehen. Deshalb ist nicht zu erwarten, daß MATHCAD bei Laplacetransformationen immer eine Lösung findet.

♦
Betrachten wir einige Beispiele für die Laplacetransformation und ihre inverse Transformation.

Beispiel 24.1:

a) Berechnen wir die *Laplacetransformierten* für einige *elementare Funktionen*

$\cos(t)$ *has Laplace transform* $\dfrac{s}{(s^2+1)}$

$\sin(t)$ *has Laplace transform* $\dfrac{1}{(s^2+1)}$

t^n *has Laplace transform* $\text{laplace}(t^n, t, s)$

t *has Laplace transform* $\dfrac{1}{s^2}$

$e^{-a \cdot t}$ *has Laplace transform* $\dfrac{1}{(s+a)}$

$t \cdot e^{-a \cdot t}$ *has Laplace transform* $\dfrac{1}{(s+a)^2}$

1 *has Laplace transform* $\dfrac{1}{s}$

Die gleichen Transformationen erhält man bei der Anwendung des *Schlüsselworts* **laplace**, wie z.B.

$\cos(t) \text{ laplace}, t \rightarrow \dfrac{s}{(s^2+1)}$

Bis auf die Transformation der Funktion t^n werden alle Laplacetransformationen von MATHCAD berechnet.

b) Für die in a) berechneten Laplacetransformierten berechnen wir in der gleichen Reihenfolge die *inversen Transformationen (Rücktransformationen)*:

$\dfrac{s}{s^2+1}$ has inverse laplace transform $\cos(t)$

$\dfrac{1}{s^2+1}$ has inverse laplace transform $\sin(t)$

$\dfrac{1}{s^2}$ has inverse laplace transform t

$\dfrac{1}{s+a}$ has inverse laplace transform $\exp(-a \cdot t)$

$\dfrac{1}{(s+a)^2}$ has inverse laplace transform $t \cdot \exp(-a \cdot t)$

$\dfrac{1}{s}$ has inverse laplace transform 1

Die gleichen *inversen Transformationen* erhält man bei der Anwendung des *Schlüsselworts* **invlaplace**, wie z.B.

$\dfrac{s}{s^2+1}$ invlaplace, s $\rightarrow \cos(t)$

c) Zur Lösung von Differentialgleichungen stellt sich die Frage, wie sich die Differentiation bei der Anwendung der Laplacetransformation überträgt: Die *Laplacetransformierten* für die *Ableitungen*

y'(t) und y''(t)

einer *Funktion*

y(t)

ergeben sich zu

$s \cdot Y(s) - y(0)$

bzw.

$s^2 \cdot Y(s) - s \cdot y(0) - y'(0)$

wobei

Y(s)

die *Laplacetransformierte* von y(t) bezeichnet.

MATHCAD berechnet diese Transformierten in der folgenden Form:

c1) *Transformation* der *Ableitung erster Ordnung:*

$\dfrac{d}{dt} y(t)$ *has Laplace transform* $\text{laplace}(y(t),t,s) \cdot s - y(0)$

bzw. mittels des *Schlüsselworts* **laplace**

$\dfrac{d}{dt} y(t)$ laplace, t   → $s \cdot \text{laplace}(y(t),t,s) - y(0)$

Das von MATHCAD gelieferte *Ergebnis* für die *Laplacetransformierte* der Funktion y(t)

laplace (y(t) , t , s)

ist für Anwendungen wie z.B. die Lösung von Differentialgleichungen unhandlich, so daß sich das Ersetzen durch eine neue Funktion, wie z.B.

Y(s)

empfiehlt (siehe Beispiel 24.4).

c2) *Transformation* von *Ableitungen zweiter Ordnung:*

$\dfrac{d^2}{dt^2} y(t)$ *has Laplace transform*

$s \cdot (s \cdot \text{laplace}(y(t),t,s) - y(0)) - \left(\left| \begin{array}{l} t \leftarrow 0 \\ \dfrac{d}{dt} y(t) \end{array} \right. \right)$

bzw. mittels des *Schlüsselworts* **laplace**

$\dfrac{d^2}{dt^2} y(t)$ laplace, t   → $s \cdot (s \cdot \text{laplace}(y(t),t,s) - y(0)) - \left(\left| \begin{array}{l} t \leftarrow 0 \\ \dfrac{d}{dt} y(t) \end{array} \right. \right)$

Bezüglich der Darstellung der Laplacetransformierten gilt hier das gleiche wie bei c1).

♦

24.2 Fouriertransformation

Die *Fouriertransformation* gehört ebenso zu den *Integraltransformationen* und ist eng mit der Laplacetransformation verwandt. Sie kann auch zur Lösung von Differentialgleichungen herangezogen werden.

Mittels MATHCAD vollziehen sich *Fouriertransformation* und *inverse Fouriertransformation* analog wie bei der Laplacetransformation *folgendermaßen:*
- *Berechnung* der *Fouriertransformation:*
  * *Zuerst* gibt man die zu *transformierende Funktion* (*Originalfunktion/Urbildfunktion*) in das Arbeitsfenster ein.
  * *Danach markiert* man eine *Variable* mit *Bearbeitungslinien*.
  * *Abschließend* liefert die *Menüfolge*

    Symbolics ⇒ **Transform** ⇒ **Fourier**
    (deutsche Version: **Symbolik** ⇒ **Transformation** ⇒ **Fourier**)

    die *Fouriertransformierte*.
- *Berechnung* der *inversen Fourier-Transformation* (*Rücktransformation*):
  * *Zuerst* wird eine *Variable* in der *Bildfunktion* mit *Bearbeitungslinien* markiert.
  * *Abschließend* liefert die *Menüfolge*

    Symbolics ⇒ **Transform** ⇒ **Inverse Fourier**
    (deutsche Version: **Symbolik** ⇒ **Transformation** ⇒ **Fourier invers**)

    die *inverse Transformation* (*Rücktransformation*).

☞
Die *Fouriertransformation* und ihre *inverse Transformation* lassen sich in den neueren Versionen von MATHCAD auch mittels der *Schlüsselwörter*

`fourier`   bzw.   `invfourier`

aus der *Operatorpalette Nr.8* realisieren, indem man in die erscheinenden Symbole

∎ fourier, ∎ →   bzw.   ∎ invfourier, ∎ →

in den linken Platzhalter die zu transformierende Funktion und in den rechten die Variable einträgt und abschließend die ⏎-Taste drückt.
♦

☞
MATHCAD besitzt auch *Funktionen* zur *diskreten Fouriertransformation*, auf die wir im Rahmen dieses Buches nicht eingehen. Man findet ausführliche Informationen hierüber in der integrierten Hilfe unter dem Stichwort *Fourier*.
♦

24.3 Z-Transformation

In vielen Anwendungsgebieten ist von einer Funktion f(t), in der t meistens die Zeit darstellt, nicht der gesamte Verlauf bekannt oder interessant, sondern nur ihre Werte in einzelnen Punkten t_n (n = 0 , 1 , 2 , 3 , ...).
Man hat für die <u>Funktion f(t) also nur eine *Zahlenfolge*</u>

$$\{f_n\} = \{f(t_n)\} \qquad n = 0, 1, 2, 3, \ldots$$

Derartige Zahlenfolgen erhält man in der <u>Praxis</u> z.B. durch Messungen in einer Reihe von Zeitpunkten oder durch <u>diskrete Abtastung stetiger Signale</u>. Bei ganzzahligen Werten von t_n (z.B. $t_n = n$) schreibt man die Zahlenfolge auch als Funktion f des Index n, d.h.

$$\{f_n\} = \{f(n)\}$$

Mittels der *Z-Transformation* wird jeder *Zahlenfolge* (*Originalfolge*)

$$\{f_n\}$$

die *unendlichen Reihe* (*Bildfunktion* F(z))

$$Z[f_n] = F(z) = \sum_{n=0}^{\infty} f_n \cdot \left(\frac{1}{z}\right)^n$$

zugeordnet, die <u>im Falle der Konvergenz als *Z-Transformierte* bezeichnet</u> wird.
Z-Transformation und *inverse Z-Transformation* vollziehen sich mittels MATHCAD analog wie bei Laplace- und Fouriertransformation *folgendermaßen:*

- *Berechnung* der *Z-Transformation:*
    * *Zuerst* gibt man die zu *transformierende Zahlenfolge* f(n) in das Arbeitsfenster ein.
    * *Danach markiert* man einen *Index n* mit *Bearbeitungslinien.*
    * *Abschließend* liefert die *Menüfolge*
      Symbolics ⇒ Transform ⇒ Z
      (deutsche Version: **Symbolik ⇒ Transformation ⇒ Z**)
      die *Z-Transformierte.*
- *Berechnung* der *inversen Z-Transformation* (*Rücktransformation*):
    * *Zuerst* wird eine *Variable* in der *Bildfunktion* F(z) mit *Bearbeitungslinien* markiert.
    * *Abschließend* liefert die *Menüfolge*
      Symbolics ⇒ Transform ⇒ Inverse Z

(deutsche Version: **Symbolik** ⇒ **Transformation** ⇒ **Z invers**)
die *inverse Transformation* (*Rücktransformation*).

☞

Die *Z-Transformation* und ihre *inverse Transformation* lassen sich in den neueren Versionen von MATHCAD auch mittels der *Schlüsselwörter*

ztrans bzw. **invztrans**

aus der *Operatorpalette Nr.8* realisieren, indem man in die erscheinenden Symbole

■ ztrans, ■ → bzw. ■ invztrans, ■ →

in den linken Platzhalter die zu transformierende Zahlenfolge/Funktion und in den rechten den/die Index/Variable einträgt und abschließend die ⏎-Taste drückt.

♦

☞

Es ist zu beachten, daß MATHCAD bei der *Z-Transformation* die *Bildfunktion* F(z) als Funktion von z und die *Originalfolge* f(n) als Funktion von n darstellt.

♦

Betrachten wir einige Beispiele für die Z-Transformation und ihre Rücktransformation.

Beispiel 24.2:

a) Berechnen wir die *Z-Transformation* und ihre *inverse Transformation* für eine Reihe von Zahlenfolgen unter Verwendung der Schlüsselwörter **ztrans** bzw. **invztrans**:

Z-Transformation   *inverse Z-Transformation*

$1 \text{ ztrans, n} \rightarrow \dfrac{z}{(z-1)}$ $\dfrac{z}{(z-1)} \text{ invztrans, z} \rightarrow 1$

$n \text{ ztrans, n} \rightarrow \dfrac{z}{(z-1)^2}$ $\dfrac{z}{(z-1)^2} \text{ invztrans, z} \rightarrow n$

$n^2 \text{ ztrans, n} \rightarrow z \cdot \dfrac{(z+1)}{(z-1)^3}$ $z \cdot \dfrac{(z+1)}{(z-1)^3} \text{ invztrans, z} \rightarrow n^2$

$a^n \text{ ztrans, n} \rightarrow \dfrac{-z}{(-z+a)}$ $\dfrac{-z}{(-z+a)} \text{ invztrans, z} \rightarrow a^n$

$\dfrac{a^n}{n!} \text{ ztrans, n} \rightarrow \exp\left(\dfrac{1}{z} \cdot a\right)$ $\exp\left(\dfrac{1}{z} \cdot a\right) \text{ invztrans, z} \rightarrow \dfrac{a^n}{n!}$

b) Zur Lösung von *Differenzengleichungen* benötigt man die *Z-Transformation* von

y(n+1) , y(n+2) , ...

die sich zu

y(n + 1) ztrans, n → $z \cdot \text{ztrans}(y(n), n, z) - y(0) \cdot z$

y(n + 2) ztrans, n → $z^2 \cdot \text{ztrans}(y(n), n, z) - y(0) \cdot z^2 - y(1) \cdot z$

ergeben. Das von MATHCAD gelieferte *Ergebnis* für die *Z-Transformierte* von y(n)

ztrans (y(n) , n , z)

ist für Anwendungen wie z.B. die Lösung von Differenzengleichungen unhandlich, so daß sich das Ersetzen durch eine neue Funktion

Y(z)

empfiehlt (siehe Beispiel 24.5).
♦

24.4 Wavelet-Transformation

Die Wavelet-Transformation findet einen weiten Einsatzbereich in der linearen Signalanalyse. Deshalb wurden in die neueren Versionen von MATHCAD die Funktionen **wave** und **iwave** zur diskreten Wavelet-Transformation und ihrer Inversen integriert. Im folgenden geben wir ein *Anwendungsbeispiel* für diese Funktionen, das wir aus dem *Elektronischen Buch* **QuickSheets** des **Informationszentrums** (englische Version: **Resource Center**) entnommen haben.

Beispiel 24.3:

This QuickSheet illustrates the application of wavelet transforms

Given a signal, for instance a single square wave:

$N := 256 \qquad S_{N-1} := 0$

$n := \dfrac{3 \cdot N}{8}, \dfrac{3 \cdot N}{8} + 1 .. \dfrac{5 \cdot N}{8} \qquad S_n := 1 \qquad i := 0, 1 .. 255$

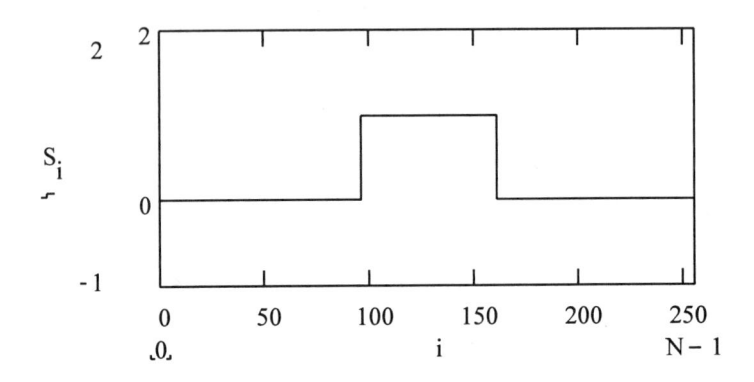

Wavelet transform:

$$W := \text{wave}(S)$$

The number of levels contained in this transform is

$$\text{Nlevels} := \frac{\ln(N)}{\ln(2)} - 1 \qquad \text{Nlevels} = 7 \qquad k := 1, 2 .. \text{Nlevels}$$

To obtain a sense of the relative importance of each level, expand as follows:

$$\text{coeffs}(\text{level}) := \text{submatrix}\left(W, 2^{\text{level}}, 2^{\text{level}+1} - 1, 0, 0\right)$$

24.4 Wavelet-Transformation

$$C_{i,k} := \text{coeffs}(k)_{\text{floor}\left[\frac{i}{\left(\frac{N}{2^k}\right)}\right]}$$

Plot several levels of coefficients simultaneously this way.

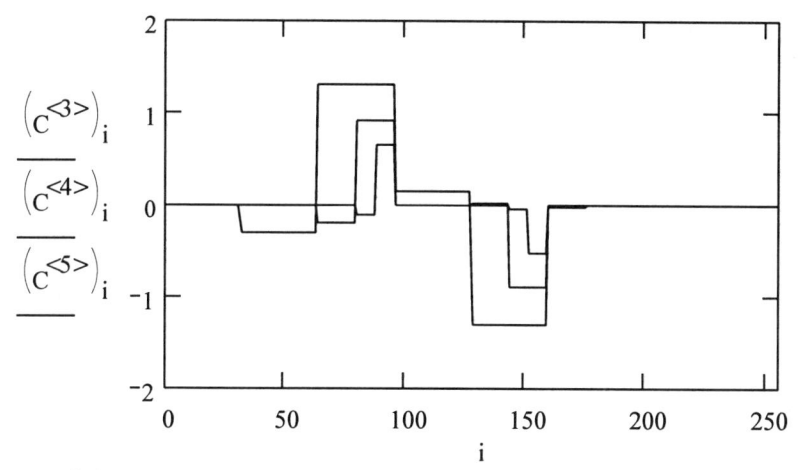

$$\left(C^{<3>}\right)_i \quad \overline{\left(C^{<4>}\right)_i} \quad \overline{\left(C^{<5>}\right)_i}$$

We wish to represent signal with less data; this is done

- zeroing out the higher level coefficients, and
- computing the inverse wavelet transform of the ne coefficient vectors.

First level at which coefficients are set to zero ($L \leq 7$ may be varied)

$L := 5$

$j := 2^L .. N - 1$ $\qquad W_j := 0 \qquad S' := \text{iwave}(W)$

Comparing Original/Transformed Signals

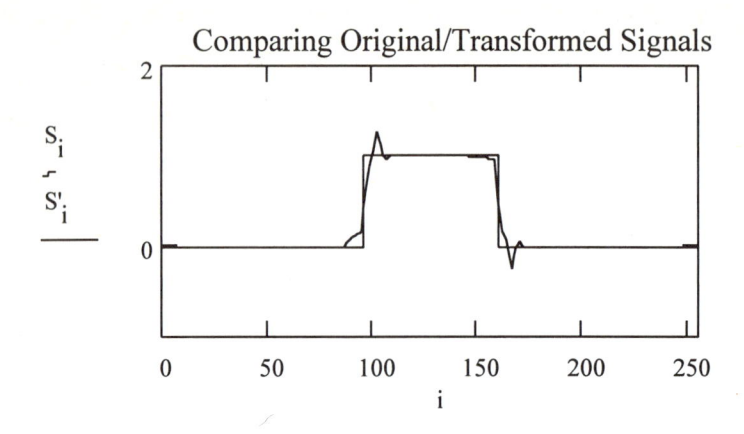

S_i, S'_i vs i (0 to 250)

If acceptable, this offers a way of compressing the data needed to represent a signal.

♦

24.5 Lösung von Differenzen- und Differentialgleichungen

Das Grundprinzip bei der Anwendung von Transformationen auf die Lösung von Gleichungen besteht in folgenden Schritten:
I. *Zuerst* wird die zu lösende Gleichung (*Originalgleichung*) mit der *Transformation* in eine i.a. einfachere Gleichung (*Bildgleichung*) umgeformt.
II. *Danach* wird die *Bildgleichung* nach der *Bildfunktion* aufgelöst.
III. Die *abschließende Rücktransformation* der *Bildfunktion* mit der *inversen Transformation* liefert die *Lösung* der *Originalgleichung*.

Im folgenden illustrieren wir diese Vorgehensweise bei der Anwendung der *Laplacetransformation* und *z-Transformation* zur Lösung von *Differential-* bzw. *Differenzengleichungen*.
Beginnen wir mit der Anwendung der *Laplacetransformation*, die bei der exakten Lösung von Anfangs- und Randwertproblemen linearer *Differentialgleichungen* mit konstanten Koeffizienten erfolgreich eingesetzt werden kann. Das *Prinzip* besteht hier im folgenden:

* *Zuerst* wird die *Differentialgleichung* (*Originalgleichung*) für die Funktion (*Originalfunktion*) y(t) mittels *Laplacetransformation* in eine i.a. einfacher zu lösende *algebraische Gleichung* (*Bildgleichung*) für die *Bildfunktion* Y(s) überführt.

* *Danach* wird die erhaltene *Bildgleichung* nach Y(s) *aufgelöst*.

24.5 Lösung von Differenzen- und Differentialgleichungen

* **Abschließend** wird durch Anwendung der *inversen Laplacetransformation* (*Rücktransformation*) auf die *Bildfunktion* Y(s) die Lösung y(t) der Differentialgleichung erhalten.

☞

Aus den Beispielen 24.4a) und b) ist ersichtlich, daß man vor allem *Anfangswertprobleme* erfolgreich behandeln kann, da man hier die Funktionswerte für die gesuchte Funktion und ihre Ableitungen im Anfangspunkt t=0 besitzt.

Falls die Anfangsbedingungen nicht im Punkt t=0 gegeben sind, so muß man das Problem vorher durch eine Transformation in diese Form bringen. Bei *zeitabhängigen Problemen* (z.B. in der *Elektrotechnik*) hat man aber meistens die Anfangsbedingungen im Punkt t=0.

Es lassen sich auch *einfache Randwertprobleme* mittels *Laplacetransformation lösen*, wie im Beispiel 24.4c) demonstriert wird.

♦

☞

Da die von MATHCAD gelieferten Ergebnisse für die Laplacetransformierte von Ableitungen höherer Ordnung einer Funktion y(t) zur Lösung von Differentialgleichungen unhandlich sind (siehe Beispiel 24.1c), kann man Differentialgleichungen höherer Ordnung auf ein System von Differentialgleichungen erster Ordnung zurückzuführen. Diese Vorgehensweise wird im folgenden Beispiel 24.4a1) dargelegt.

♦

Beispiel 24.4:

In den folgenden Beispielen werden die einzelnen Differentialgleichungen ohne Gleichheitszeichen eingegeben, d.h. statt z.B.

$$\frac{d}{dt} y_1(t) = y_2(t)$$

wird die Form

$$\frac{d}{dt} y_1(t) - y_2(t)$$

verwandt. Diese Vorgehensweise funktioniert bei allen Versionen von MATHCAD, während die Verwendung des Gleichheitszeichens in der dem Autor zur Verfügung stehenden Version 8 von MATHCAD nicht akzeptiert wurde.

a) Lösen wir die homogene *Differentialgleichung zweiter Ordnung* (*harmonischer Oszillator*)

y'' + y = 0

mit den *Anfangsbedingungen*

y(0) = 2 , y'(0) = 3

mittels *Laplacetransformation*.

a1) Wir überführen die gegebene Differentialgleichung zweiter Ordnung in das *System* erster Ordnung der Form

$y_1' - y_2 = 0$

$y_2' + y_1 = 0$

mit den *Anfangsbedingungen*

$y_1(0) = 2$, $y_2(0) = 3$

Zu *Lösung* mittels *Laplacetransformation* kann folgende *Vorgehensweise* verwendet werden:

* Auf das *Differentialgleichungssystem* wird die *Laplacetransformation* mittels des Schlüsselworts **laplace** angewendet.

* Anschließend ist das entstandene *lineare Gleichungssystem* (*Bildgleichung*) nach den *Bildfunktionen aufzulösen*.

* Abschließend wird mittels des *Schlüsselworts* **invlaplace** für die *inverse Laplacetransformation* aus den Bildfunktionen die Lösung y(t) der gegebenen Differentialgleichung berechnet.

Im MATHCAD-Arbeitsfenster zeigt sich dies folgendermaßen, wobei wir für die Indizierung den Literalindex verwenden:

$\frac{d}{dt} y_1(t) - y_2(t)$ laplace, t $\rightarrow$

$s \cdot \text{laplace}(y1(t), t, s) - y1(0) - \text{laplace}(y2(t), t, s)$

$\frac{d}{dt} y_2(t) + y_1(t)$ laplace, t $\rightarrow$

$s \cdot \text{laplace}(y2(t), t, s) - y2(0) + \text{laplace}(y1(t), t, s)$

Daraus ergibt sich ein lineares Gleichungssystem (*Bildgleichung*), *wenn man*

$Y_1 := \text{laplace}(y1(t), t, s)$ $Y_2 := \text{laplace}(y2(t), t, s)$

setzt und für y1(0) , y2(0) *die gegebenen Anfangswerte verwendet. Dieses Gleichungssystem wird von MATHCAD problemlos gelöst:*

given

$Y_1 \cdot s - 2 - Y_2 = 0$

$Y_2 \cdot s - 3 + Y_1 = 0$

24.5 Lösung von Differenzen- und Differentialgleichungen

$$\text{find}(Y_1, Y_2) \rightarrow \begin{pmatrix} \dfrac{(2 \cdot s + 3)}{(s^2 + 1)} \\ \dfrac{(3 \cdot s - 2)}{(s^2 + 1)} \end{pmatrix}$$

Die Anwendung der inversen Laplacetransformation (Rücktransformation) auf Y_1 liefert die exakte Lösung der gegebenen Differentialgleichung:

$$\dfrac{2 \cdot s + 3}{s^2 + 1} \text{ invlaplace, s} \rightarrow 2 \cdot \cos(t) + 3 \cdot \sin(t)$$

a2) Die Laplacetransformation wird direkt auf die gegebene Differentialgleichung zweiter Ordnung angewandt:

* Die direkte Anwendung des *Schlüsselworts* **laplace** auf die gegebene Differentialgleichung zweiter Ordnung (ohne Gleichheitszeichen) liefert:

$$\dfrac{d^2}{dt^2} y(t) + y(t) \text{ laplace, t} \rightarrow$$

$$s \cdot (s \cdot \text{laplace}(y(t), t, s) - y(0)) - \left(\left| \begin{array}{c} t \leftarrow 0 \\ \dfrac{d}{dt} y(t) \end{array} \right. \right) + \text{laplace}(y(t), t, s)$$

* Anschließend ersetzen wir die *Laplacetransformierte*

   laplace(y(t),t,s)

   durch die Funktion Y(s), ersetzen die Anfangswerte y(0) und y'(0) durch die konkreten Werte 2 bzw. 3 und lösen den Ausdruck mit dem *Schlüsselwort* **solve** (siehe Kap. 16) nach Y(s) auf:

$$s \cdot (s \cdot Y(s) - 2) - 3 + Y(s) \text{ solve, } Y(s) \rightarrow \dfrac{(2 \cdot s + 3)}{(s^2 + 1)}$$

* Abschließend liefert die *inverse Laplacetransformation* mit dem *Schlüsselwort* **invlaplace** die gesuchte *Lösung* der *Differentialgleichung*

$$\dfrac{(2 \cdot s + 3)}{(s^2 + 1)} \text{ invlaplace, s} \rightarrow 2 \cdot \cos(t) + 3 \cdot \sin(t)$$

b) Wir betrachten die Differentialgleichung mit den Anfangsbedingungen aus Beispiel a) mit der zusätzlichen *Inhomogenität* cos t, d.h. die Gleichung y" + y = cos t

und verwenden die Vorgehensweise aus a2). Im MATHCAD-Arbeitsfenster zeigt sich dies folgendermaßen:

$$\frac{d^2}{dt^2} y(t) + y(t) - \cos(t) \text{ laplace}, t \rightarrow$$

$$s \cdot (s \cdot \text{laplace}(y(t), t, s) - y(0)) - \left(\left|\begin{array}{l} t \leftarrow 0 \\ \frac{d}{dt} y(t) \end{array}\right|\right) + \text{laplace}(y(t), t, s) - \frac{s}{(s^2 + 1)}$$

Bei der gleichen Vorgehensweise wie im Beispiel a2) ergibt sich folgende *Bildgleichung* für die *Bildfunktion* Y(s), deren Lösung mittels des *Schlüsselworts* **solve** berechnet wird:

$$s \cdot (s \cdot Y(s) - 2) - 3 + Y(s) - \frac{s}{s^2 + 1} \text{ solve}, Y(s) \rightarrow \frac{(2 \cdot s^3 + 3 \cdot s + 3 \cdot s^2 + 3)}{(s^4 + 2 \cdot s^2 + 1)}$$

Die *Lösung* der *gegebenen Differentialgleichung* ergibt sich durch die *inverse Laplacetransformation* mittels des *Schlüsselworts* **invlaplace**:

$$\frac{(2 \cdot s^3 + 3 \cdot s + 3 \cdot s^2 + 3)}{(s^4 + 2 \cdot s^2 + 1)} \text{ invlaplace}, s \rightarrow \frac{1}{2} \cdot t \cdot \sin(t) + 2 \cdot \cos(t) + 3 \cdot \sin(t)$$

c) Lösen wir das *Randwertproblem* aus Beispiel 23.6).

y" + y = 0 , y(0) = 2 , y(π/2) = 3

mittels *Laplacetransformation*.
Im MATHCAD-Arbeitsfenster zeigt sich dies folgendermaßen, wobei wir die Vorgehensweise aus Beispiel a2) verwenden und die fehlende Anfangsbedingung y'(0) als Parameter a schreiben:

$$s \cdot (s \cdot \text{laplace}(y(t), t, s) - y(0)) - \left(\left|\begin{array}{l} t \leftarrow 0 \\ \frac{d}{dt} y(t) \end{array}\right|\right) + \text{laplace}(y(t), t, s)$$

$$(s \cdot (s \cdot Y(s) - 2) - a) + Y(s) \text{ solve}, Y(s) \rightarrow \frac{(2 \cdot s + a)}{(s^2 + 1)}$$

$$\frac{(2 \cdot s + a)}{(s^2 + 1)} \text{ invlaplace}, s \rightarrow 2 \cdot \cos(t) + a \cdot \sin(t)$$

Das Einsetzen der gegebenen Randbedingung in die erhaltene Lösung berechnet den noch unbekannten Parameter a unter Verwendung des *Schlüsselworts* **solve** zur Lösung von Gleichungen (siehe Kap.16)

24.5 Lösung von Differenzen- und Differentialgleichungen

$$2 \cdot \cos\left(\frac{\pi}{2}\right) + a \cdot \sin\left(\frac{\pi}{2}\right) = 3 \quad \text{solve}, a \quad \rightarrow \quad 3$$

Damit wird die *Lösung*

$2 \cdot \cos(t) + 3 \cdot \sin(t)$

für das gegebene *Randwertproblem* berechnet.

♦

☞

Beispiel 24.4c) zeigt die *Vorgehensweise* bei der *Lösung* von *Randwertproblemen* mittels *Laplacetransformation:*
Das gegebene Randwertproblem wird als Anfangswertproblem mit unbekannten Anfangsbedingungen mittels Laplacetransformation gelöst, wobei für die unbekannten Anfangsbedingungen Parameter a , b , ... eingesetzt werden. Anschließend werden mittels der gegebenen Randbedingungen die noch unbekannten Parameter a , b , ... in der Lösung bestimmt.

♦

Betrachten wir abschließend die Anwendung der *Z-Transformation* zur exakten *Lösung* linearer *Differenzengleichungen* mit konstanten Koeffizienten, die bei einer Reihe praktischer Probleme sowohl in den Technik- und Naturwissenschaften als auch Wirtschaftswissenschaften auftreten, so z.B. bei der Beschreibung elektrischer Netzwerke.
Bevor wir die zur Anwendung der Z-Transformation erforderliche Vorgehensweise in MATHCAD besprechen, betrachten wir kurz *Eigenschaften* von *linearen Differenzengleichungen.*

☞

Lineare Differenzengleichungen m-ter Ordnung

- mit *konstanten Koeffizienten* haben die *Form*

    $y_n + a_1 \cdot y_{n-1} + a_2 \cdot y_{n-2} + ... + a_m \cdot y_{n-m} = b_n$ ($n \geq m$)

    bzw. ohne Indexschreibweise

    $y(n) + a_1 \cdot y(n-1) + a_2 \cdot y(n-2) + ... + a_m \cdot y(n-m) = b_n$

    In dieser Gleichung bedeuten:

    * $a_1, a_2, ... , a_m$

        gegebene konstante reelle *Koeffizienten*.

    * $\{b_n\}$ ($n = m$, $m+1$, ...)

        Folge der gegebenen *rechten Seiten*.
        Sind alle Glieder b_n der Folge gleich Null, so spricht man analog zu Differentialgleichungen von *homogenen Differenzengleichungen*.

    * $\{y_n\}$ bzw. $\{y(n)\}$ ($n = 0, 1, 2, ...$)

Folge der gesuchten *Lösungen*.
- haben bzgl. der *Lösungstheorie* analoge Eigenschaften wie *lineare algebraische Gleichungen* und *Differentialgleichungen:*
  * Die *allgemeine Lösung* einer *linearen Differenzengleichung* m-ter Ordnung hängt von m frei wählbaren reellen Konstanten ab.
  * Wenn man bei einer linearen Differenzengleichung m-ter Ordnung die *Anfangswerte*

    y_0 , y_1 , ... , y_{m-1}

    vorgibt, so ist die *Lösungsfolge*

    y_m , y_{m+1} , y_{m+2} , ...

    eindeutig bestimmt.
  * Die *allgemeine Lösung* einer *inhomogenen linearen Differenzengleichung* ergibt sich als *Summe* aus der *allgemeinen Lösung* der *homogenen* und einer *speziellen Lösung* der *inhomogenen Gleichung.*

♦

☞

Statt des *Index* n wird in Differenzengleichungen auch der *Index* t verwendet, um darauf hinzuweisen, daß es sich um die *Zeit* handelt.

♦

Das *Prinzip* bei der Anwendung der *Z-Transformation* zur *Lösung* von *Differenzengleichungen* besteht analog zur Laplacetransformation im folgenden:
* *Zuerst* wird die *Differenzengleichung* (*Originalgleichung*) für die Funktion (*Originalfunktion*) y(n) mittels *Z-Transformation* in eine *algebraische Gleichung* (*Bildgleichung*) für die *Bildfunktion* Y(z) überführt.
* *Danach* wird die *Bildgleichung* nach Y(z) *aufgelöst.*
* *Abschließend* wird durch Anwendung der *inversen Z-Transformation* (*Rücktransformation*) auf die *Bildfunktion* Y(z) die Lösung y(n) der gegebenen Differenzengleichung erhalten.

☞

Bei der Anwendung der Z-Transformation zur Lösung von Differenzengleichungen ist in MATHCAD darauf zu achten, daß bei der Eingabe in das Arbeitsfenster keine Indizes verwendet werden dürfen, sondern die Form y(n) zu schreiben ist.

♦

Beispiel 24.5:

Ein einfaches elektrisches Netzwerk aus T-Vierpolen läßt sich beispielsweise durch eine *Differenzengleichung zweiter Ordnung* der Form

u(n+2) − 3·u(n+1) + u(n) = 0

für die auftretenden *Spannungen* u beschreiben. Diese Differenzengleichung lösen wir für die *Anfangsbedingungen*

24.5 Lösung von Differenzen- und Differentialgleichungen

u(0) = 0 , u(1) = 1

mit dem *Schlüsselwort* **ztrans** aus der *Operatorpalette Nr.8*:

* Wir wenden das *Schlüsselwort* **ztrans** direkt auf die gegebene Differenzengleichung (ohne Gleichheitszeichen) an und erhalten:

$$u(n+2) - 3 \cdot u(n+1) + u(n) \text{ ztrans}, n \rightarrow$$

$$z^2 \cdot \text{ztrans}(u(n),n,z) - u(0) \cdot z^2 - u(1) \cdot z - 3 \cdot z \cdot \text{ztrans}(u(n),n,z) + 3 \cdot u(0) \cdot z + \text{ztrans}(u(n),n,z)$$

* Anschließend ersetzen wir die *Z-Transformierte* (Bildfunktion)
  ztrans (u(n) , n , z)
  durch die Funktion U(z), die Anfangswerte u(0) und u(1) durch die konkreten Werte 0 bzw. 1 und lösen den Ausdruck mit dem *Schlüsselwort* **solve** (siehe Kap.16) nach U(z) auf:

$$z^2 \cdot U(z) - z - 3 \cdot z \cdot U(z) + U(z) \text{ solve}, U(z) \rightarrow \frac{z}{(z^2 - 3 \cdot z + 1)}$$

* Abschließend liefert die *inverse Z-Transformation* mit dem *Schlüsselwort* **invztrans** die gesuchte *Lösung* u(n) der *Differenzengleichung*

$$\frac{z}{(z^2 - 3 \cdot z + 1)} \text{ invztrans}, z \rightarrow \frac{1}{5} \cdot \frac{\left[-2^n \cdot \sqrt{5} + (-2)^n \cdot \left[\frac{1}{(-3 + \sqrt{5})} \right]^n \cdot (3 + \sqrt{5})^n \cdot \sqrt{5} \right]}{(3 + \sqrt{5})^n}$$

♦

☞
Bei der Anwendung der Z-Transformation zur Lösung von linearen Differenzengleichungen m-ter Ordnung ist bei MATHCAD zu beachten, daß diese statt (n = m , m+1 , ...)

$$y(n) + a_1 \cdot y(n-1) + a_2 \cdot y(n-2) + ... + a_m \cdot y(n-m) = b_n$$

in der Form (n = 0 , 1 , ...)

$$y(n+m) + a_1 \cdot y(n+m-1) + a_2 \cdot y(n+m-2) + ... + a_m \cdot y(n) = b_{n+m}$$

zu schreiben sind.

♦

25 Optimierungsaufgaben

Es gibt eine Vielzahl *mathematischer Optimierungsaufgaben*. Hierzu zählen u.a. Aufgaben der
* *linearen Optimierung*
* *nichtlinearen Optimierung*
* *ganzzahligen (diskreten) Optimierung*
* *dynamischen Optimierung*
* *stochastischen Optimierung*
* *Vektoroptimierung*
* *Variationsrechnung*
* *optimalen Steuerung*

Optimierungsaufgaben gewinnen für praktische Problemstellungen in allen Wissenschaftsgebieten immer mehr an Bedeutung. Dies liegt darin begründet, daß man nach einer optimalen Strategie arbeiten möchte, d.h. z.B. maximalen Gewinn bei minimalem Aufwand erzielen möchte.

☞

Mathematisch versteht man unter *optimal*, daß eine *Zielfunktion* (*Kostenfunktion, Gütekriterium,...*) einen *minimalen* (kleinsten) oder *maximalen* (größten) *Wert* annimmt, wobei gewisse *Nebenbedingungen* (*Beschränkungen*) zu beachten sind, die als Gleichungen oder Ungleichungen vorliegen.

♦

☞

Die einzelnen Gebiete der *mathematischen Optimierung* unterscheiden sich durch die Gestalt der
* *Zielfunktion*
* *Nebenbedingungen*

♦

MATHCAD besitzt keine integrierten Funktionen zur exakten Lösung von Optimierungsaufgaben. Zur *näherungsweisen* (*numerischen*) Lösung werden von MATHCAD jedoch Funktionen zur Verfügung gestellt:

* Die *Numerikfunktionen*

    minimize und **maximize**
    (deutsche Version: **minimieren** und **maximieren**)

25.1 Extremwertaufgaben

zur *näherungsweisen Lösung* von *Extremwertaufgaben* und Aufgaben der *linearen* und *nichtlinearen Optimierung*. Durch einen Klick mit der rechten Maustaste auf die gewählte Funktion kann man in der erscheinenden *Dialogbox* noch zwischen verschiedenen *Verfahren wählen*. Als Standard verwendet MATHCAD *AutoSelect*, d.h., das verwendete Verfahren wird von MATHCAD gewählt.

- *Funktionen* für *numerische Lösungsverfahren*

  aus dem *Elektronischen Buch* **Numerical Recipes**

Mit den zur Verfügung gestellten Optimierungsfunktionen und unter Verwendung vorhandener Funktionen/Kommandos/Menüs können damit in MATHCAD eine Reihe von Optimierungsaufgaben für reelle Funktionen erfolgreich gelöst werden. Dies zeigen wir im

- Abschn.25.1 für *Extremwertaufgaben*.

  Darunter versteht man Aufgaben, deren

  * *Zielfunktion* durch eine *Funktion* von *n Variablen*,
  * *Nebenbedingungen* durch *Gleichungen* in *n Variablen*

  gegeben sind. Bei einfacher Struktur lassen sich diese Aufgaben mit den in MATHCAD vorhandenen Möglichkeiten zur Differentiation und Gleichungslösung exakt bzw. mit den *Numerikfunktionen* **minimize** und **maximize** näherungsweise (numerisch) lösen.

- Abschn.25.2 für Aufgaben der *linearen Optimierung*,

  die sich mit den *Numerikfunktionen*

  * **minimize** bzw. **maximize**
  * **simplx**

    aus dem *Elektronischen Buch* **Numerical Recipes**

  näherungsweise (numerisch) lösen lassen.

- Abschn.25.3 für Aufgaben der *nichtlinearen Optimierung*,

  die sich mit den *Numerikfunktionen*

  minimize bzw. **maximize**

  näherungsweise (numerisch) lösen lassen.

Des weiteren zeigen wir im Abschn.25.4, wie man unter Anwendung der *Programmiermöglichkeiten* von MATHCAD selbst einfache *Programme* erstellen kann, um Optimierungsaufgaben mit *numerischen Algorithmen* zu lösen.

25.1 Extremwertaufgaben

Bei *Funktionen* f einer bzw. mehrerer Variablen besteht eine Optimierungsaufgabe darin, ein *lokales Minimum* oder *Maximum* zu bestimmen, d.h.

$$y = f(x) \underset{x}{\to} \text{Minimum} / \text{Maximum}$$

bzw.

$$z = f(x_1, x_2, \ldots, x_n) \underset{x_1, x_2, \ldots, x_n}{\to} \text{Minimum} / \text{Maximum}$$

Wenn man nicht explizit zwischen Minimum oder Maximum unterscheidet, spricht man von einem *Extremum* oder *Optimum*. Aufgaben dieser Art sind unter der Bezeichnung *Extremwertaufgaben* bekannt.
Zur *exakten Lösung* von *Extremwertaufgaben* lassen sich die *notwendigen Optimalitätsbedingungen* (Nullsetzen der Ableitungen erster Ordnung) für *Funktionen*

* *einer Variablen* $y = f(x)$:
   $f'(x) = 0$

* von *zwei Variablen* $z = f(x,y)$:
   $f_x(x,y) = 0$
   $f_y(x,y) = 0$

* allgemein von *n Variablen* $z = f(\mathbf{x}) = f(x_1, x_2, \ldots, x_n)$:
   $f_{x_1}(x_1, x_2, \ldots, x_n) = 0$
   $f_{x_2}(x_1, x_2, \ldots, x_n) = 0$
   $\vdots$
   $f_{x_n}(x_1, x_2, \ldots, x_n) = 0$

anwenden.
Lösungen dieser *Gleichungen* der *notwendigen Optimalitätsbedingungen* heißen *stationäre Punkte*. Die berechneten stationären Punkte müssen noch mittels *hinreichender Bedingungen*

* $f''(x) \neq 0$ \qquad ($f''(x) > 0$ Minimum, $f''(x) < 0$ Maximum)
   für *Funktionen einer Variablen* $y = f(x)$

* $f_{xx} \cdot f_{yy} - (f_{xy})^2 > 0$ \quad ($f_{xx}(x,y) > 0$ Minimum, $f_{xx}(x,y) < 0$ Maximum)
   für *Funktionen* von *zwei Variablen* $z = f(x,y)$

auf *Optimalität überprüft* werden.

Für $n \geq 3$ (d.h. ab drei Variable) gestaltet sich die Anwendung hinreichender Bedingungen schwieriger, da man die aus den Ableitungen zweiter Ord-

25.1 Extremwertaufgaben

nung der Zielfunktion f gebildete n-reihige Hesse-Matrix auf positive Definitheit untersuchen muß.

☞
Kommen bei *Extremwertaufgaben* noch *Nebenbedingungen* in Form von *Gleichungen* hinzu, so bestehen *zwei Möglichkeiten* zur *exakten Lösung:*

* *Auflösen* der *Gleichungen* nach gewissen *Variablen* (falls möglich) und *Einsetzen* in die *Zielfunktion.*
* Anwendung der *Lagrangeschen Multiplikatorenmethode.*

Bei beiden Methoden entsteht eine Aufgabe ohne Beschränkungen, deren exakte Lösung wir zu Beginn dieses Abschnitts besprochen haben (siehe auch Beispiel 25.1b).

♦

☞
Damit ergibt sich in MATHCAD zur *exakten Lösung* von *Extremwertaufgaben* mittels MATHCAD folgende *Vorgehensweise:*
Aufgaben der Form

$$f(x_1, x_2, ..., x_n) \underset{x_1, x_2, ..., x_n}{\rightarrow} \text{Minimum / Maximum}$$

wobei höchstens noch *Nebenbedingungen* in *Gleichungsform*

$$g_j(x_1, x_2, ..., x_n) = 0, \quad j = 1, 2, ..., m$$

auftreten können, lassen sich schrittweise behandeln, indem man

* *zuerst* die *partiellen Ableitungen* erster Ordnung der *Zielfunktion* f bzw. bei *Gleichungsnebenbedingungen* der *Lagrangefunktion*

$$L(\mathbf{x}; \lambda) = L(x_1, x_2, ..., x_n; \lambda_1, \lambda_2, ..., \lambda_m) =$$

$$f(x_1, x_2, ..., x_n) + \sum_{j=1}^{m} \lambda_j g_j(x_1, x_2, ..., x_n)$$

unter Verwendung der Vorgehensweise aus Abschn.19.1 berechnet und diese gleich Null setzt (*notwendige Optimalitätsbedingung*).

* *anschließend* kann man versuchen, die so entstandenen *Gleichungen* aus den *Optimalitätsbedingungen* mittels den im Kap.16 behandelten Vorgehensweisen zur Lösung von Gleichungen zu lösen. Da diese Gleichungen i.a. nichtlinear sind, können hier Schwierigkeiten auftreten.

Die erhaltenen *Lösungen* sind noch auf *Optimalität* zu *überprüfen,* da die gelösten Optimalitätsbedingungen nur notwendig sind.

♦

Die Vorgehensweise bei der *Lösung* von *Extremwertaufgaben* mittels MATHCAD ist aus dem folgenden Beispiel ersichtlich, in dem wir einfache praktische Probleme *exakt* und mit den *Numerikfunktionen* **minimize** und **maximize** *näherungsweise* (numerisch) *lösen.*

Beispiel 25.1:

a) Die *Lagerhaltungskosten* einer *Firma* für einen *bestimmten Artikel* sollen *minimiert* werden. Die Firma hat pro Woche einen Bedarf von 400 Stück dieses Artikels. Die Transportkosten für die Anlieferung des benötigten Artikels belaufen sich pro Lieferung auf 100 DM, unabhängig von der gelieferten Anzahl. Der Firma entstehen für diesen Artikel Lagerkosten von 2 DM pro Stück und Woche. Das Problem, die Lagerhaltungskosten für den Artikel zu minimieren, läßt sich mathematisch folgendermaßen formulieren:
Wenn pro Transport x Stück geliefert werden, so benötigt man insgesamt L = 400/x Lieferungen pro Woche und die Transportkosten betragen pro Stück 100/x. Setzt man voraus, daß sich der Bestand des Artikels linear verringert, so kann man für jedes Stück die gleiche Lagerzeit annehmen. Sie beträgt die halbe Zeit zwischen zwei Lieferungen, d.h. 1/2L Wochen. Da man pro Woche 2 DM Lagerkosten hat, entstehen bei L Lieferungen pro Stück Kosten von 1/L DM. Damit ergibt sich die *Kostenfunktion*

$$f(x) = \frac{100}{x} + \frac{x}{400}$$

die bzgl. x > 0 *zu minimieren* ist. Das Minimum von f(x) wird für x = 200 angenommen. Damit sind pro Transport 200 Stück zu liefern, d.h., man benötigt zwei Lieferungen, um die Lagerkosten zu minimieren. Wir *berechnen* diese *Lösung* mittels MATHCAD durch

a1) *Anwendung* der *notwendigen Optimalitätsbedingung*:

Zur *exakte Bestimmung* der *Nullstellen* der *ersten Ableitung* der *Kostenfunktion* f(x) verwenden wir den *Differentiationsoperator* und das *Schlüsselwort* **solve** zur *Gleichungsauflösung*:

$$\frac{d}{dx}\left(\frac{100}{x} + \frac{x}{400}\right) = 0 \text{ solve}, x \rightarrow \begin{bmatrix} 200 \\ -200 \end{bmatrix}$$

a2) Anwendung der *Numerikfunktion* **minimize**:

Es ist folgender *Lösungsblock* einzugeben:

$$f(x) := \frac{100}{x} + \frac{x}{400} \qquad x := 20$$

minimize(f , x) = 200

d.h. vor der Anwendung von **minimize** sind die zu minimierende *Funktion* f *zu definieren* und der *Variablen* x ein *Startwert zuzuweisen*, wofür wir 20 genommen haben.

Die *hinreichende Bedingung* H(x) = f ''(x) > 0 für ein *Minimum* liefert:

25.1 Extremwertaufgaben

$$H(x) := \frac{d^2}{dx^2}\left(\frac{100}{x} + \frac{x}{400}\right)$$

$H(200) = 2.5 \cdot 10^{-5}$

Damit ist x = 200 ein *lokales Minimum*, wie auch der Graph der Funktion f(x) bestätigt:

x := 150 .. 250

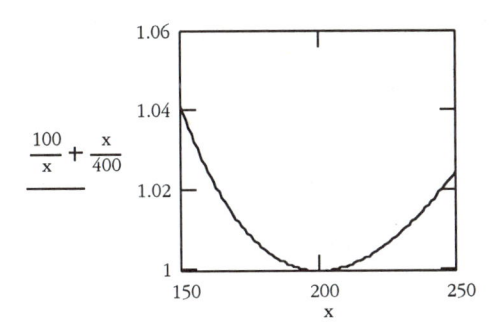

b) Die Aufgabe, unter allen *Rechtecken* mit gleichem *Umfang* U diejenigen mit dem größten *Flächeninhalt* F auszuwählen, führt auf die *Extremwertaufgabe*

$$F(x,y) = x \cdot y \to \underset{x,y}{\text{Maximum}}$$

mit der *Nebenbedingung*

$2 \cdot (x + y) = U$

wobei die Variablen x und y für die Länge bzw. Höhe des Rechtecks stehen. Aus der Aufgabenstellung folgt, daß nur positive Werte für x und y sinnvoll sind. Diese zusätzlichen *Positivitätsforderungen*

$x \geq 0$ und $y \geq 0$

vernachlässigen wir im folgenden.

Zur *Lösung* dieser Aufgabe bestehen unter Verwendung von MATHCAD *folgende Möglichkeiten* :

b1) Eine *erste Lösungsmöglichkeit* besteht darin, die Nebenbedingung nach einer Variablen aufzulösen, z.B. nach y

$$y = \frac{U}{2} - x$$

und in die Zielfunktion F(x,y) einzusetzen. Dies liefert eine Extremwertaufgabe ohne Nebenbedingungen für eine Funktion f, die nur noch von der Variablen x abhängt:

$$f(x) = x \cdot \left(\frac{U}{2} - x\right) \to \underset{x}{\text{Maximum}}$$

Jetzt können wir MATHCAD heranziehen, um die notwendige Optimalitätsbedingung für die Funktion f(x) zu lösen, wozu wir den *Differentiationsoperator* und das *Schlüsselwort* **solve** anwenden:

$$\frac{d}{dx} x \cdot \left(\frac{U}{2} - x\right) = 0 \text{ solve}, x \rightarrow \frac{1}{4} \cdot U$$

Wir haben als Lösung ein Quadrat mit der Kantenlänge x = y = U/4 erhalten.

b2) Eine *zweite Lösungsmöglichkeit* besteht in der Anwendung der *Lagrangeschen Multiplikatorenmethode:*
Dazu wird die zum Problem gehörige *Lagrangefunktion*

$$L(x, y, \lambda) = x \cdot y + \lambda \cdot (2 \cdot (x + y) - U)$$

gebildet und diese bzgl. der Variablen x, y und λ maximiert.
Dies ist eine Aufgabe ohne Nebenbedingungen, die man durch Lösen der notwendigen Optimalitätsbedingungen berechnen kann, wozu wir wieder den *Differentiationsoperator* und das *Schlüsselwort* **solve** anwenden:

$$\begin{bmatrix} \frac{d}{dx}(x \cdot y + \lambda \cdot (2 \cdot (x+y) - U)) = 0 \\ \frac{d}{dy}(x \cdot y + \lambda \cdot (2 \cdot (x+y) - U)) = 0 \\ \frac{d}{d\lambda}(x \cdot y + \lambda \cdot (2 \cdot (x+y) - U)) = 0 \end{bmatrix} \text{ solve}, \begin{bmatrix} x \\ y \\ \lambda \end{bmatrix} \rightarrow \begin{bmatrix} \frac{1}{4} \cdot U & \frac{1}{4} \cdot U & \frac{-1}{8} \cdot U \end{bmatrix}$$

Für x und y haben wir das gleiche Ergebnis U/4 wie bei der ersten Lösungsmöglichkeit b1) erhalten. Der für den *Lagrangeschen Multiplikator* λ erhaltene Wert ist für die gegebene Aufgabe uninteressant.

b3) Die *Numerikfunktion* **maximize** kann man nur anwenden, wenn man für den Umfang U einen konkreten Zahlenwert festlegt. Wir setzen U=50.
Als Startwerte für die Variablen x und y verwenden wir Null. Da man jetzt eine Gleichungsnebenbedingung hat, muß man diese im *Lösungsblock* nach **given** eingeben:

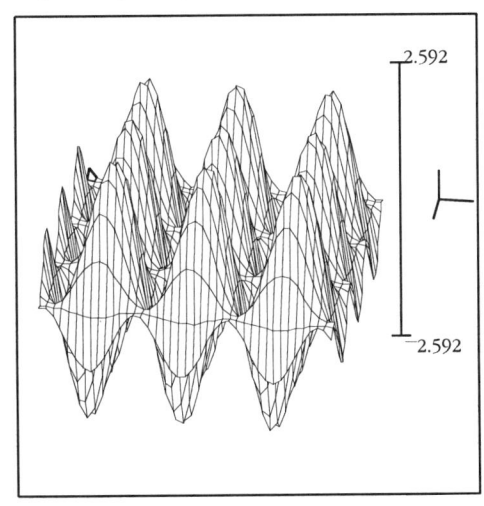

25.1 Extremwertaufgaben

$f(x,y) := x \cdot y$

$x := 0 \quad y := 0$

given

$2 \cdot (x + y) - 50 = 0$

$\text{maximize}(f, x, y) = \begin{bmatrix} 12.5 \\ 12.5 \end{bmatrix}$

MATHCAD berechnet hier die *Lösung* x = y = U/4 = 12.5, obwohl nichtzulässige Startwerte verwendet wurden.

c) Berechnen wir Lösungen der *Extremwertaufgabe*

$$f(x,y) = \sin x + \sin y + \sin(x+y) \to \underset{x,y}{\text{Minimum}}$$

für eine Funktion von zwei Variablen.
Aus der *grafischen Darstellung* ist zu erkennen, daß die gegebene Funktion über der x,y-Ebene unendlich viele Minima und Maxima besitzt, die MATHCAD natürlich nicht alle berechnen kann:

$N := 40 \quad i := 0..N \quad k := 0..N$

$x_i := -10 + 0.5 \cdot i \quad y_k := -10 + 0.5 \cdot k$

$f(x,y) := \sin(x) + \sin(y) + \sin(x+y)$

$M_{i,k} := f(x_i, y_k)$

M

Zur Lösung mittels MATHCAD verwenden wir die *notwendigen Optimalitätsbedingungen* und die *Numerikfunktionen* **minimize** bzw. **maximize**:

c1) *Lösung der notwendigen Optimalitätsbedingungen*:
* *exakte Lösung*

$$\begin{bmatrix} \dfrac{d}{dx}(\sin(x)+\sin(y)+\sin(x+y))=0 \\ \dfrac{d}{dy}(\sin(x)+\sin(y)+\sin(x+y))=0 \end{bmatrix} \text{ solve, } \begin{bmatrix} x \\ y \end{bmatrix} \rightarrow \begin{bmatrix} \pi & \pi \\ \dfrac{1}{3}\cdot\pi & \dfrac{1}{3}\cdot\pi \\ \dfrac{-1}{3}\cdot\pi & \dfrac{-1}{3}\cdot\pi \end{bmatrix}$$

Durch Überlegung kann man aus den von MATHCAD gefundenen Lösungen ermitteln, daß

($-\pi/3$, $-\pi/3$)   eine Minimumstelle
($\pi/3$, $\pi/3$)   eine Maximumstelle

bilden.

* *näherungsweise Lösung*:

Hierunter verstehen wir die *näherungsweise Lösung* der *Gleichungen* aus den *notwendigen Optimalitätsbedingungen* mit der im Abschn. 16.4 gegebenen Methode.

Als Startpunkte für ein Minimum wählen wir willkürlich 5:

x := 5   y := 5

given

$$\dfrac{d}{dx}(\sin(x)+\sin(y)+\sin(x+y))=0$$

$$\dfrac{d}{dy}(\sin(x)+\sin(y)+\sin(x+y))=0$$

$$\text{find}(x,y) = \begin{pmatrix} 5.236 \\ 5.236 \end{pmatrix}$$

Die gefundene *Näherungslösung* erfüllt die notwendigen und hinreichenden Optimalitätsbedingungen für ein Minimum näherungsweise:

$f(x,y) := \sin(x) + \sin(y) + \sin(x+y)$

x := 5.236

y := 5.236

25.1 Extremwertaufgaben

$$\frac{d}{dx}f(x,y) = 3.181 \cdot 10^{-5}$$

$$\frac{d}{dy}f(x,y) = 3.181 \cdot 10^{-5}$$

$$\frac{d^2}{dx^2}f(x,y) \cdot \frac{d^2}{dy^2}f(x,y) - \left(\frac{d}{dx}\frac{d}{dy}f(x,y)\right)^2 = 2.25$$

und liefert den *Zielfunktionswert*

f(5.236 , 5.236) = −2.598

c2) Anwendung der *Numerikfunktionen* **minimize** bzw. **maximize**, wobei wir als Startwerte ebenfalls 5 verwenden:

$$f(x,y) := \sin(x) + \sin(y) + \sin(x+y)$$

x := 5   y := 5

$$\text{minimize}(f,x,y) = \begin{bmatrix} 5.236 \\ 5.236 \end{bmatrix} \qquad \text{maximize}(f,x,y) = \begin{bmatrix} 1.047 \\ 1.047 \end{bmatrix}$$

f(5.236 , 5.236) = − 2.598   f(1.047 , 1.047) = 2.598

Wir sehen, daß mit den verwendeten Startwerten jeweils ein Minimum bzw. Maximum näherungsweise berechnet wurde.

♦

MATHCAD stößt bei der *exakten Lösung* von *Extremwertaufgaben* schnell an Grenzen, da die *notwendigen Optimalitätsbedingungen* i.a. nichtlineare Gleichungen beinhalten, deren Lösung problematisch ist, d.h., es existiert hierfür i.a. kein endlicher Lösungsalgorithmus (siehe Abschn.16.3).
Deshalb ist man bei den meisten praktischen *Extremwertaufgaben* auf *numerische Methoden* angewiesen, wofür zwei Möglichkeiten bestehen:

* *Näherungsweise Lösung* der *notwendigen Optimalitätsbedingungen* (*indirekte Methode*), wie im Beispiel 25.1c2) illustriert wird.

* Anwendung *direkter numerischer Methoden*. Die einfachste und auch bekannteste hiervon ist das *Gradientenverfahren*, das wir im Abschn. 25.4 kennenlernen.
MATHCAD bietet mit den *Numerikfunktionen* **minimize** und **maximize** eine Möglichkeit zur *näherungsweisen Lösung* (siehe Beispiele 25.1a2), b3) und c2).

25.2 Lineare Optimierung

Die im vorangehenden Abschn.25.1 betrachteten klassischen Methoden zur exakten Lösung lassen sich nicht mehr anwenden, wenn bei Optimierungsaufgaben als *Nebenbedingungen Ungleichungen* auftreten.
Einfachste Aufgaben dieser Form ergeben sich, wenn die *Zielfunktion* f und die Funktionen g_j der *Ungleichungsnebenbedingungen linear* sind, d.h., wenn das *Optimierungsproblem* die Form

$$c_1 \cdot x_1 + c_2 \cdot x_2 + \ldots + c_n \cdot x_n \to \underset{x_1, x_2, \ldots, x_n}{\text{Minimum / Maximum}}$$

$$a_{11} \cdot x_1 + a_{12} \cdot x_2 + \ldots + a_{1n} \cdot x_n \leq b_1$$
$$\vdots$$
$$a_{m1} \cdot x_1 + a_{m2} \cdot x_2 + \ldots + a_{mn} \cdot x_n \leq b_m$$

$$x_j \geq 0 \, , \, j = 1, \ldots, n$$

besitzt, das sich in *Matrizenschreibweise* folgendermaßen schreibt:

$$\mathbf{c} \cdot \mathbf{x} \to \underset{x_1, x_2, \ldots, x_n}{\text{Minimum / Maximum}}$$

$$\mathbf{A} \cdot \mathbf{x} \leq \mathbf{b} \quad , \quad \mathbf{x} \geq 0$$

Diese Aufgaben bezeichnet man als Aufgaben der *linearen Optimierung* (*linearen Programmierung*). Sie finden zahlreiche Anwendungen, wobei ökonomische Problemstellungen überwiegen.
Für Aufgaben der linearen Optimierung existieren Lösungsverfahren, die eine existierende Lösung in endlich vielen Schritten liefern. Das bekannteste ist die *Simplexmethode*.
Bei der Anwendung von MATHCAD existieren folgende Lösungsmöglichkeiten:

- Anwendung der *Numerikfunktionen* **minimize** und **maximize**, die wir bereits im Abschn.25.1 kennenlernten.
  Bei ihrer Anwendung auf lineare Optimierungsaufgaben ist folgender *Lösungsblock* erforderlich:
    * Zuerst werden die *Zielfunktion definiert* und den *Variablen Startwerte zugewiesen*.
    * Danach werden mit dem Kommando **given** beginnend die *Nebenbedingungen* eingegeben. Den Abschluß des *Lösungsblocks* bildet der Aufruf von **minimize** bzw. **maximize**.
- Anwendung der *Numerikfunktion* **simplx** aus dem *Elektronische Buch* **Numerical Recipes**, die ohne Startwerte für die Variablen auskommt.

25.2 Lineare Optimierung

Im folgenden geben wir den *erläuternden* Text aus diesem Buch:

8.6   **Linear Programming and the Simplex Method**

simplx   uses the simplex algorithm to maximize an objective function subject to a set of inequalities. Its arguments are:

C: 439
F: 432

- the submatrix of the first tableau containing the original objective function and inequalities written in restricted normal form
- nonnegative integers **m1** and **m2**, giving the number of constraints of the form ≤ and ≥ ; the number of equality constraints is equal to **r** - **m1** - **m2** - **1** , where **r** is the number of rows in the matrix

The output is either:

- a vector containing the values of the variables that maximize the objective function; or
- an error message if no solution satisfies the constraints or the objective function is unbounded.

Die folgenden Beispiele illustrieren die Anwendung der Funktionen von MATHCAD zur Lösung von Aufgaben der linearen Optimierung.

Beispiel 25.2:

In allen Beispielen ist zu beachten, daß wir *Variable* mit *Literalindex* verwenden (siehe Abschn. 8.2):

a) Betrachten wir die einfache Aufgabe

$$-2 \cdot x_1 + 2 \cdot x_2 + 1 \to \underset{x_1, x_2}{\text{Minimum}}$$

$$-2 \cdot x_1 + x_2 \leq 0$$

$$x_1 + x_2 \leq 2 \; , \; x_2 \geq 0$$

die die *Lösung*

$$x_1 = 2 \; , \; x_2 = 0$$

besitzt, wie man leicht aus der *grafischen Darstellung* der die Nebenbedingungen definierenden Geraden entnehmen kann, da die Lösung in einem Eckpunkt des zulässigen Bereichs angenommen wird:

$x_1 := 0, 0.001 .. 2.5$

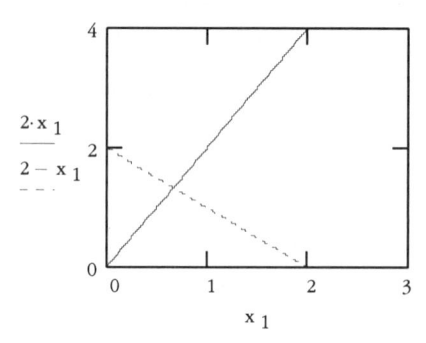

a1) Anwendung der *Numerikfunktion* **simplx**, deren drei Argumente aus der

* *Matrix* der *Koeffizienten* der zu maximierenden *Zielfunktion* (Konstanten werden weggelassen) und der *Nebenbedingungen*
* *Anzahl*

    m_1

    der *Ungleichungen* mit $\leq$
* *Anzahl*

    m_2

    der Ungleichungen mit $\geq$

bestehen, wobei die *erste Spalte* der *Matrix* für die *rechten Seiten* der *Ungleichungen* reserviert ist (in der ersten Zeile ist hier eine Null einzutragen).

Wir übernehmen den Berechnungsteil aus dem gegebenen *Elektronischen Buch* **Numerical Recipes** und setzen die Koeffizienten für unser Beispiel ein:

Objective function: $\quad \text{Ob}(x_1, x_2) := -2 \cdot x_1 + 2 \cdot x_2 + 1$

Constraints: $\quad -2 \cdot x_1 + x_2 \leq 0$

$\quad\quad\quad\quad\quad\quad x_1 + x_2 \leq 2$

$\quad\quad\quad\quad\quad\quad x_2 \geq 0$

$$v := \mathbf{simplx}\left(\begin{pmatrix} 0 & 2 & -2 \\ 0 & 2 & -1 \\ 2 & -1 & -1 \\ 0 & 0 & -1 \end{pmatrix}, 2, 1\right) \quad\quad v = \begin{pmatrix} 2 \\ 0 \end{pmatrix}$$

Maximum value of objective function: $\mathrm{Ob}(v_1, v_2) = -3$

Wie die *Matrix* im *Argument* der *Funktion* **simplx** für eine konkrete Aufgabe zu *bilden* ist, läßt sich gut erkennen.

* Die erste Zeile enthält die beiden Koeffizienten der Zielfunktion mit umgekehrten Vorzeichen, da die *Funktion* **simplx** die Zielfunktion immer maximiert und für unser Beispiel die Minimierung gefordert wird.
* Die erste Spalte enthält die rechten Seiten der Nebenbedingungen. Beim ersten Element ist eine Null einzutragen, da in der ersten Zeile die Zielfunktion steht.
* Die Art der Eingabe für die Koeffizienten der Nebenbedingungen (mit umgekehrten Vorzeichen) läßt sich unmittelbar aus dem Vergleich dieser Bedingungen und der zweiten bis vierten Zeile der Matrix entnehmen.

Die beiden restlichen Argumente der *Funktion* **simplx** bezeichnen die Anzahl der Ungleichungen mit ≤ (2) und ≥ (1).

Die gefundene *Lösung*

$x_1 = 2$, $x_2 = 0$

steht im *Vektor* **v** und *abschließend* wird der *Optimalwert* (hier Minimum) –3 der *Zielfunktion* berechnet.

a2) Anwendung der *Numerikfunktion* **minimize**. Hier hat der *Lösungsblock* folgende Gestalt, worin wir als *Startwerte* für die Variablen Null verwenden:

$f(x_1, x_2) := -2 \cdot x_1 + 2 \cdot x_2 + 1$

$x_1 := 0 \qquad x_2 := 0$

given

$-2 \cdot x_1 + x_2 \leq 0$

$x_1 + x_2 \leq 2 \qquad x_2 \geq 0$

$\mathrm{minimize}(f, x_1, x_2) = \begin{bmatrix} 2 \\ 0 \end{bmatrix}$

b) Lösen wir ein einfaches *Mischungsproblem* mittels *linearer Optimierung*: Man hat drei verschiedene Getreidesorten G1, G2 und G3 zur Verfügung, um hieraus ein Futtermittel zu mischen. Jede dieser Getreidesorten hat einen unterschiedlichen Gehalt an den erforderlichen Nährstoffen A und B, von denen das Futtermittel mindestens 42 bzw. 21 Mengeneinheiten enthalten muß. Die folgende Tabelle liefert die Anteile der Nährstoffe in den einzelnen Getreidesorten und die Preise/Mengeneinheit:

	G1	G2	G3
Nährstoff A	6	7	1
Nährstoff B	1	4	5
Preis/Einheit	6	8	18

Die Kosten für das Futtermittel sollen minimal werden. Dies ergibt das folgende Problem der *linearen Optimierung*, wenn für die verwendeten Mengen der Getreidesorten die Variablen x_1, x_2, x_3 benutzt werden:

$$6 \cdot x_1 + 8 \cdot x_2 + 18 \cdot x_3 \underset{x_1,x_2,x_3}{\longrightarrow} \text{Minimum}$$

$$6 \cdot x_1 + 7 \cdot x_2 + x_3 \geq 42$$

$$x_1 + 4 \cdot x_2 + 5 \cdot x_3 \geq 21$$

$$x_1 \geq 0 \quad x_2 \geq 0 \quad x_3 \geq 0$$

b1) Die Anwendung der Funktion **simplx** liefert nach der gleichen Vorgehensweise wie im Beispiel a):

Objective function: $\quad \text{Ob}(x_1, x_2, x_3) := 6 \cdot x_1 + 8 \cdot x_2 + 18 \cdot x_3$

Constraints:
$$6 \cdot x_1 + 7 \cdot x_2 + x_3 \geq 42$$
$$x_1 + 4 \cdot x_2 + 5 \cdot x_3 \geq 21$$
$$x_1 \geq 0 \quad x_2 \geq 0 \quad x_3 \geq 0$$

$$v := \textbf{simplx}\left(\begin{pmatrix} 0 & -6 & -8 & -18 \\ 42 & -6 & -7 & -1 \\ 21 & -1 & -4 & -5 \\ 0 & -1 & 0 & 0 \\ 0 & 0 & -1 & 0 \\ 0 & 0 & 0 & -1 \end{pmatrix}, 0.5\right) \quad v = \begin{pmatrix} 1.235 \\ 4.941 \\ 0 \end{pmatrix}$$

Maximum value of objective function: $\quad \text{Ob}(v_1, v_2, v_3) = 46.941$

b2) Die *Anwendung* der *Funktion* **minimize** liefert, wobei wir als *Startwerte* für die Variablen Null verwenden:

$$f(x_1, x_2, x_3) := 6 \cdot x_1 + 8 \cdot x_2 + 18 \cdot x_3$$

$$x_1 := 0 \qquad x_2 := 0 \qquad x_3 := 0$$

given

$$6 \cdot x_1 + 7 \cdot x_2 + x_3 \geq 42$$

$$x_1 + 4 \cdot x_2 + 5 \cdot x_3 \geq 21 \qquad x_1 \geq 0 \qquad x_2 \geq 0 \qquad x_3 \geq 0$$

$$\text{minimize}(f, x_1, x_2, x_3) = \begin{bmatrix} 1.235 \\ 4.941 \\ 0 \end{bmatrix}$$

Das *Ergebnis* für die Minimierung der Kosten lautet, daß das Futtermittel von den Getreidesorten G1, G2 und G3 1.235, 4.941 bzw. 0 Mengeneinheiten enthält und der Futtermittelpreis 46.94 beträgt.
♦

25.3 Nichtlineare Optimierung

Tritt mindestens eine *Ungleichung* unter den *Nebenbedingungen* einer Optimierungsaufgabe auf, so spricht man von einem Problem der *nichtlinearen Optimierung*, deren Theorie seit den fünfziger Jahren stark entwickelt wurde. Diese Probleme haben die folgende Form:
Eine *Zielfunktion* f ist zu *minimieren/maximieren*, d.h.

$$f(x_1, x_2, \ldots, x_n) \xrightarrow[x_1, x_2, \ldots, x_n]{} \text{Minimum / Maximum}$$

wobei außer Nebenbedingungen in Gleichungsform noch *Nebenbedingungen* in Form von *Ungleichungen* zu berücksichtigen sind, d.h.

$$g_j(x_1, x_2, \ldots, x_n) \leq 0, \quad j = 1, 2, \ldots, m$$

Da man jede Gleichung durch zwei Ungleichungen ersetzen kann, schreibt man in der *nichtlinearen Optimierung* meistens nur Nebenbedingungen in Ungleichungsform.
☞
Wenn bei Aufgaben der *nichtlinearen Optimierung* sowohl die *Zielfunktion* als auch die Funktionen der *Nebenbedingungen linear* sind, so ergibt sich der im Abschn. 25.2 behandelte *Spezialfall* der *linearen Optimierung*. ♦

☞

Streng genommen sind bereits viele *Extremwertaufgaben* Aufgaben der *nichtlinearen Optimierung*, da praktisch erforderliche Beschränkungen weggelassen wurden.

So sind die Aufgaben aus *Beispiel 25.1a* und *b)* nichtlineare Optimierungsaufgaben, da die Variablen x und y nicht negativ werden dürfen. So müßte man für das Beispiel 25.1b) die Ungleichungen

$x \geq 0$ und $y \geq 0$

hinzufügen, so daß wir ein *Problem* der *nichtlinearen Optimierung* erhalten:

$$F(x,y) = x \cdot y \to \underset{x,y}{\text{Maximum}}$$

unter den *Nebenbedingungen*

$2 \cdot (x+y) = U$, $x \geq 0$, $y \geq 0$

Wenn wir diese Aufgabe leicht abändern, indem wir fordern, daß der Umfang der Rechtecke einen vorgegebenen Wert U nicht überschreitet, erhalten wir nur Ungleichungen als Nebenbedingungen:

$$F(x,y) = x \cdot y \to \underset{x,y}{\text{Maximum}}$$

unter den *Ungleichungsnebenbedingungen*

$2 \cdot (x+y) \leq U$, $x \geq 0$, $y \geq 0$

♦

☞

Die für nichtlineare Optimierungsaufgaben existierenden *Optimalitätsbedingungen* (Kuhn-Tucker-Bedingungen) eignen sich nur zur Lösung sehr einfacher Aufgaben, so daß man auf *numerische Methoden* angewiesen ist. MATHCAD stellt hierfür die *Numerikfunktionen* **minimize** und **maximize** zur Verfügung, die wir bereits in den vorangehenden Abschnitten kennengelernt haben. Im folgenden Beispiel wenden wir diese zur Lösung einer einfachen Aufgabe der nichtlinearen Optimierung an.

♦

Beispiel 25.3:

Lösen wir die *Aufgabe*

$$f(x,y) = \frac{x^2}{2} + \frac{(y-2)^2}{2} \to \underset{x,y}{\text{Minimum}}$$

mit den *Ungleichungsnebenbedingungen*

$y - x - 1 \leq 0$ und $y + x - 1 \leq 0$

mittels der *Numerikfunktion* **minimize**, wobei wir als *Startwerte* für die Variablen Null verwenden:

$$f(x,y) := \frac{x^2}{2} + \frac{(y-2)^2}{2}$$

$x := 0 \qquad y := 0$

given

$y - x - 1 \leq 0$

$y + x - 1 \leq 0$

$\text{minimize}(f, x, y) = \begin{bmatrix} 0 \\ 1 \end{bmatrix}$

MATHCAD berechnet die *Lösung* x=0 und y=1.

Im Beispiel 25.5b) berechnen wir die gleiche Aufgabe mittels Straffunktionen und Gradientenverfahren.

♦

☞

Falls die *Numerikfunktionen* **minimize** und **maximize** von MATHCAD versagen, kann man eigene Programme erstellen. Im folgenden Abschnitt 25.4 schreiben wir Programme für zwei einfache Algorithmen mit den Programmiermöglichkeiten von MATHCAD.

♦

25.4 Numerische Algorithmen

Aufgaben der *nichtlinearen Optimierung* sind i.a. nicht durch einen endlichen Algorithmus zu lösen und damit nicht mit Methoden der Computeralgebra. Man ist ausschließlich auf *numerische Methoden* angewiesen.

Zur *numerischen Lösung* von Aufgaben der *nichtlinearen Optimierung* kann in MATHCAD neben den bereits verwendeten Funktionen **minimize** und **maximize** noch die *Funktion* **minerr** (deutsche Version: **Minfehl**) herangezogen werden:

Wenn die zu *minimierende Funktion* f(**x**) aus *quadratischen Ausdrücken* besteht, d.h. die folgende Form hat:

$f(\mathbf{x}) = u_1^2(\mathbf{x}) + u_2^2(\mathbf{x}) + \ldots$

so kann man zur *numerischen Berechnung* eines *Minimums* die MATHCAD-Funktion **minerr** (siehe Abschn.16.4) verwenden, die die Lösung eines Gleichungssystems der Gestalt

$u_1(\mathbf{x})=0$, $u_2(\mathbf{x})=0$, ...

auf die *Minimierung* der *Quadratsummen*, d.h. von

$$f(\mathbf{x}) = u_1^2(\mathbf{x}) + u_2^2(\mathbf{x}) + ...$$

zurückführt.

Des weiteren kann man in MATHCAD zur *numerischen Lösung* von *Optimierungsaufgaben* eigene *Programme schreiben* oder das *Elektronische Buch* **Numerical Recipes** heranziehen.

Im folgenden sehen wir das *Inhaltsverzeichnis* des Kap.8 des *Elektronischen Buches* **Numerical Recipes**:

Chapter 8	Minimization or Maximization of Functions
8.1	*Parabolic Interpolation and Brent's Method in One Dimension* *brent*
8.2	*Downhill Simplex Method in Multidimensions* *amoeba*
8.3	*Direction Set Methods in Multidimensions* *powell*
8.4	*Conjugate Gradient Methods in Multidimensions* *frprmn*
8.5	*Variable Metric Methods in Multidimensions* *dfpmin*
8.6	*Linear Programming and the Simplex Method* *simplx*
8.7	*Simulated Annealing Methods* *anneal*

Man sieht bereits aus diesem Inhaltsverzeichnis, daß neben der Simplexmethode von MATHCAD nur Methoden zur Lösung von Aufgaben ohne Nebenbedingungen angeboten werden.

Deshalb schreiben wir in den folgenden Beispielen zwei *Programme* zu den bekannten klassischen numerischen Optimierungsalgorithmen

* *Gradientenverfahren*
* *Straffunktionenverfahren*

um den Leser anzuregen, auch selbst Programme in MATHCAD zu schreiben.

♦

25.4 Numerische Algorithmen

Aus der Vielzahl der vorhandenen numerischen Methoden zur Lösung von Optimierungsproblemen greifen wir das *klassische Gradientenverfahren* zur *Bestimmung* eines *lokalen Minimums* einer Funktion (Zielfunktion) f(**x**) von n Variablen heraus, wobei keinerlei Nebenbedingungen vorliegen.
Wir schreiben im folgenden die n Variablen als *Zeilenvektor* **x**, d.h.

$$\mathbf{x} = (x_1, x_2, \ldots, x_n)$$

Das *Gradientenverfahren* gehört zu den *Iterationsverfahren*, von denen wir bereits das *Newtonverfahren* kennengelernt haben (siehe Beispiel 10.6b). Das *Gradientenverfahren* berechnet, von einem *Startvektor*

$$\mathbf{x}^1$$

ausgehend, weitere Vektoren

$$\mathbf{x}^2, \mathbf{x}^3, \mathbf{x}^4, \ldots \quad \text{mit} \quad f(\mathbf{x}^1) \geq f(\mathbf{x}^2) \geq f(\mathbf{x}^3) \geq f(\mathbf{x}^4) \geq \ldots$$

nach der *Vorschrift*

$$\mathbf{x}^{k+1} = \mathbf{x}^k - \alpha_k \cdot \mathbf{grad}\, f(\mathbf{x}^k) , \quad k = 1, 2, 3, \ldots$$

worin **grad** f für den *Gradienten* (siehe Abschn. 22.2) der Funktion f(**x**) steht und

$$\alpha_k$$

die *Schrittweite* darstellt, für die es mehrere *Berechnungsmethoden* gibt, von denen im folgenden drei gegeben werden:

I. Bestimmung durch die eindimensionale Minimierungsaufgabe

$$f(\mathbf{x}^k - \alpha_k \cdot \mathbf{grad}(\mathbf{x}^k)) = \underset{\alpha \geq 0}{\text{Minimum}}\, f(\mathbf{x}^k - \alpha \cdot \mathbf{grad}(\mathbf{x}^k))$$

Diese Methode ist aufwendig, da die Minimierung bzgl. $\alpha \geq 0$ i.a. numerisch durchgeführt werden muß.

II. $0 < \alpha_k \to 0$ und $\sum_{k=1}^{\infty} \alpha_k = \infty$

Für konvexe Funktionen läßt sich hiermit die Konvergenz des Gradientenverfahrens beweisen.
Diese Berechnungsmethode wird beispielsweise durch

$$\alpha_k = \frac{1}{k}$$

realisiert.

III. Eine *heuristische Methode*, die häufig praktiziert wird, besteht in der Vorgabe einer festen Schrittweite α. Falls der Funktionswert hierfür nicht kleiner wird, verkleinert man sie (usw.). Diese Methode wird durch die Eigenschaft gerechtfertigt, daß der negative Gradient in Richtung des stärksten Abstiegs der Funktion zeigt.

Das *Gradientenverfahren* konvergiert unter gewissen Voraussetzungen gegen ein lokales bzw. globales Minimum, worauf wir aber nicht eingehen wollen. Wir benutzen nur die Tatsache, daß vom Startwert ausgehend der Wert der Zielfunktion f verkleinert wird.

Das *Gradientenverfahren* wird nur nach endlich vielen Schritten enden, wenn der *Gradient* in einem Iterationspunkt Null wird, d.h., die notwendige Optimalitätsbedingung erfüllt ist. Dieser Fall ist aber nicht der Regelfall, so daß man noch ein *Abbruchkriterium* für die *Iteration* verwenden muß. Dafür gibt es mehrere *Möglichkeiten:*
Man kann das *Verfahren* beispielsweise *beenden,* wenn

I. die Differenz zweier aufeinanderfolgender Iterationspunkte bzw. Zielfunktionswerte hinreichend klein ist.

II. der Absolutbetrag des Gradienten hinreichend klein ist.

III. eine vorgegebene Anzahl von Iterationsschritten erreicht ist (falls keine Konvergenz vorliegt).

Im folgenden Beispiel schreiben wir ein MATHCAD-*Programm* zur Realisierung des gegebenen *Gradientenverfahrens* für Funktionen zweier Variablen, wobei Schrittweite und Abbruchkriterium jeweils nach der Methode II. bestimmt werden.

Beispiel 25.4:

a) Wir *suchen* ein *lokales Minimum* der *Funktion*

$$f(x,y) := (1-x)^2 + x^2 + y^2 - 4 \cdot y$$

Im folgenden schreiben wir für das *Gradientenverfahren* ein MATHCAD-*Programm* unter *Verwendung* des **until**-Befehls bzw. des **while**-Operators aus der *Operatorpalette Nr.6* (siehe Kap.10). Die *erstellten Programme* sind *allgemein anwendbar.* Man muß nur die entsprechende *Funktionsdefinition ersetzen* und gegebenenfalls *andere Startwerte* und *Abbruchschranken verwenden.*

a1) Das zum *Gradientenverfahren* unter *Verwendung* der *Operatoren*

$\leftarrow$ **while**

aus der *Operatorpalette Nr.6* (siehe Kap.10) geschriebene MATHCAD-Programm wird im *folgenden Arbeitsblatt dargestellt:*

**Gradientenverfahren
für Funktionen zweier Variablen z = f(x,y)**

Wir suchen ein lokales Minimum der folgenden Funktion

$$f(x,y) := (1-x)^2 + x^2 + y^2 - 4 \cdot y$$

Als Schrittweite verwenden wir

$\alpha_k = 1/k$

25.4 Numerische Algorithmen

Berechnung des Gradienten der Funktion $z = f(x,y)$ *mittels* MATHCAD

$$\text{grad\_f}(x,y) := \begin{pmatrix} \dfrac{d}{dx} f(x,y) \\ \dfrac{d}{dy} f(x,y) \end{pmatrix} \qquad \text{grad\_f}(x,y) \to \begin{pmatrix} -2 + 4 \cdot x \\ 2 \cdot y - 4 \end{pmatrix}$$

Zur Durchführung des Gradientenverfahrens wird das Funktionsunterprogramm **min** *erstellt, dessen Parameter*

* x_0 *und* y_0 *die Startwerte für x bzw. y*
* eps *die Abbruchschranke*

bedeuten:

$$\min(x_0, y_0, \text{eps}) := \begin{vmatrix} x \leftarrow x_0 \\ y \leftarrow y_0 \\ k \leftarrow 1 \\ \text{while } |\text{grad\_f}(x,y)| > \text{eps} \\ \quad \begin{vmatrix} x \leftarrow x - \dfrac{\text{grad\_f}(x,y)_1}{k} \\ y \leftarrow y - \dfrac{\text{grad\_f}(x,y)_2}{k} \\ k \leftarrow k + 1 \end{vmatrix} \\ \begin{pmatrix} x \\ y \end{pmatrix} \end{vmatrix}$$

Anzeige des *Ergebnisses* für die *Startwerte*

$x_0 = 0$, $y_0 = 0$

und die *Abbruchschranke*

eps = 0.001:

$$\min(0, 0, 10^{-3}) = \begin{pmatrix} 0.5 \\ 1.999999999999999 \end{pmatrix} \blacksquare$$

d.h., wir haben als *Lösung* x = 0.5, y = 2 erhalten.

a2) Das zum *Gradientenverfahren* unter *Verwendung* des **until**-Befehls geschriebene MATHCAD-Programm wird im *folgenden Arbeitsblatt* dargestellt:

Gradientenverfahren
für Funktionen zweier Variablen z = f(x,y)

Wir suchen ein lokales Minimum der folgenden Funktion

$$f(x,y) := (1-x)^2 + x^2 + y^2 - 4 \cdot y$$

Als Startwert für das Verfahren verwenden wir den Vektor

$$\begin{pmatrix} x_1 \\ y_1 \end{pmatrix} := \begin{pmatrix} 0 \\ 0 \end{pmatrix}$$

und als Schrittweite

$$\alpha_k = 1/k$$

Die maximale Anzahl von durchgeführten Iterationen ist

$$N := 20$$

Berechnung des Gradienten der Funktion z = f(x,y) mittels MATHCAD:

$$\text{grad\_f}(x,y) := \begin{pmatrix} \dfrac{d}{dx} f(x,y) \\ \dfrac{d}{dy} f(x,y) \end{pmatrix} \qquad \text{grad\_f}(x,y) \to \begin{pmatrix} -2 + 4 \cdot x \\ 2 \cdot y - 4 \end{pmatrix}$$

Vorgabe der Abbruchbedingung für die Iteration:

$$\text{eps} := 10^{-3}$$

$$\text{break}(x,y) := |\text{grad\_f}(x,y)| - \text{eps}$$

*Durchführung des Gradientenverfahrens mittels des **until**-Befehls und Definition des Index (Feldindex) als Bereichsvariable (siehe Kap.10):*

$$k := 1 .. N$$

$$\begin{pmatrix} x_{k+1} \\ y_{k+1} \end{pmatrix} := \text{until}\left(\text{break}(x_k, y_k), \begin{pmatrix} x_k \\ y_k \end{pmatrix} - \frac{\text{grad\_f}(x_k, y_k)}{k} \right)$$

*Anzeige der Vektoren **x** und **y**, deren Komponenten die Ergebnisse der einzelnen Iterationen enthalten:*

$$x = \begin{pmatrix} 0 \\ 2 \\ -1 \\ 1 \\ 0.5 \end{pmatrix} \qquad y = \begin{pmatrix} 0 \\ 4 \\ 2 \\ 2 \\ 2 \end{pmatrix}$$

25.4 Numerische Algorithmen

Grafische Darstellung der Iterationspunkte

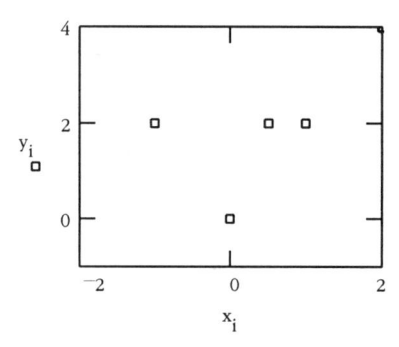

$$M := \text{last}(x) \quad i := 1..M$$

[Plot von y_i gegen x_i]

Das nach 4 Iterationen erhaltene Ergebnis lautet

$$\begin{pmatrix} x_M \\ y_M \end{pmatrix} = \begin{pmatrix} 0.5 \\ 2 \end{pmatrix}$$

Die Zielfunktion hat für diesen berechneten Punkt den folgenden Wert:

$$f(x_M, y_M) = -3.5$$

Obwohl die Iteration abgebrochen wird, wenn der Absolutbetrag des Gradienten eine vorgegebene Schranke *eps* unterschreitet, muß man bei der Anwendung des **until**-Befehls eine *maximale Anzahl N von Iterationen* vorgeben und *indizierte Variablen* verwenden, da die folgende einfachere Form ohne indizierte Variablen *nicht funktioniert*:

Als Startwert für das Verfahren verwenden wir den Vektor

$$\begin{pmatrix} x \\ y \end{pmatrix} := \begin{pmatrix} 0 \\ 0 \end{pmatrix}$$

und als Schrittweite

$$\alpha_k = 1/k$$

Die maximale Anzahl von durchgeführten Iterationen ist
$N := 20$

Berechnung der Abbruchbedingung für die Iteration

$\text{eps} := 10^{-3}$
$\text{break}(x, y) := |\text{grad\_f}(x, y)| - \text{eps}$

Durchführung des Gradientenverfahrens

k := 1 .. N

$$\begin{pmatrix} x \\ y \end{pmatrix} := \text{until}\left[\text{break}(x,y), \begin{pmatrix} x \\ y \end{pmatrix} - \frac{\text{grad\_f}(x,y)}{k} \right]$$

non-scalar value

Wenn man die beiden in a1) und a2) geschriebenen Programme zum Gradientenverfahren auswertet, erkennt man, daß das in a1) geschriebene Programm vorzuziehen ist, da man hier keine Schleife mit fester Durchlaufzahl benötigt. Es müßte jedoch in das Programm aus a1) noch eine weitere Abbruchbedingung eingebaut werden, um das Verfahren auch im Falle der Nichtkonvergenz beenden zu können. Dies überlassen wir dem Leser. Man kann analog zum Newtonverfahren vorgehen, für das wir im Abschn.10.6.2 Programme erstellt haben (Beispiel 10.6b).

b) Lösen wir eine weitere Aufgabe mit dem Programm aus Beispiel a1), das auf Minimierungsaufgaben für Funktionen zweier Variablen anwendbar ist. Man muß lediglich die Funktion f, eventuell die Startwerte und die *Abbruchschranke* eps verändern.

Wir möchten ein lokales Minimum der Funktion z = sin xy bestimmen. Dazu geben wir im folgenden nur die Größen des Programms aus Beispiel a1), die geändert werden:

f(x,y) := sin(x·y)

$$\begin{pmatrix} x \\ y \end{pmatrix} := \min(1, 1, 10^{-3}) \qquad \begin{pmatrix} x \\ y \end{pmatrix} = \begin{pmatrix} -1.195234977917725 \\ 1.313744823814854 \end{pmatrix} \blacksquare$$

f(x,y) = -0.999999841762389 ∎

Es wurde für die *Startwerte*

$x_0 = 1$, $y_0 = 1$

und die *Abbruchschranke*

eps = 0.001

ein *Minimum* der Funktion im Punkt x=-1.195 und y=1.314 bestimmt.

◆

Für die im Abschn.25.3 betrachteten *Optimierungsaufgaben*

$$z = f(x_1, x_2, ..., x_n) \rightarrow \underset{x_1, x_2, ..., x_n}{\text{Minimum / Maximum}}$$

mit *Nebenbedingungen* in *Gleichungsform*

$g_j(x_1, x_2, ..., x_n) = 0$, j=1,2,...,m

25.4 Numerische Algorithmen

oder *Ungleichungsform*

$$g_j(x_1, x_2, ..., x_n) \leq 0 \quad , \quad j=1, 2, ..., m$$

existieren *numerische Methoden*, um diese näherungsweise in Aufgaben ohne Nebenbedingungen zu überführen.
Hierzu gehören die *Straffunktionenmethoden*, die die Nebenbedingungen in der Form geeigneter *Strafterme* zur Zielfunktion addieren. Eine *einfache Version* dieser *Straffunktionenmethoden* liefert folgende *Aufgaben ohne Nebenbedingungen*:

* für *Gleichungsnebenbedingungen*

$$F(x_1, x_2, ..., x_n, \lambda) = f(x_1, x_2, ..., x_n) + \lambda \cdot \sum_{j=1}^{m} g_j^2(x_1, x_2, ..., x_n)$$

$$\to \underset{x_1, x_2, ..., x_n}{\text{Minimum / Maximum}}$$

* für *Ungleichungsnebenbedingungen*

$$F(x_1, x_2, ..., x_n, \lambda) = f(x_1, x_2, ..., x_n) + \lambda \cdot \sum_{j=1}^{m} (\max\{g_j(x_1, x_2, ..., x_n), 0\})^2$$

$$\to \underset{x_1, x_2, ..., x_n}{\text{Minimum / Maximum}}$$

Die numerische Mathematik liefert Aussagen über die *Konvergenz* dieser *Straffunktionenmethoden* für monoton wachsende *Strafparameter* λ (>0), auf die wir aber nicht eingehen wollen.
Die entstandenen Aufgaben ohne Nebenbedingungen lassen sich z.B. mit dem im Beispiel 25.4 programmierten *Gradientenverfahren* lösen, wie wir an zwei Beispielen zeigen.

Beispiel 25.5:

a) Lösen wir die *Aufgabe*

$$f(x,y) = \frac{(x-2)^2}{2} + \frac{(y-2)^2}{2} \quad \to \quad \underset{x,y}{\text{Minimum}}$$

mit der *Gleichungsnebenbedingung*

$$x + y = 1$$

indem wir auf die *Straffunktion*

$$F(x, y, \lambda) = \frac{(x-2)^2}{2} + \frac{(y-2)^2}{2} + \lambda \cdot (x+y-1)^2$$

die sich aus der *Zielfunktion* und dem *Strafterm* additiv zusammensetzt, das *Gradientenverfahren* aus Beispiel 25.4a1) anwenden.

**Gradientenverfahren
für Straffunktionen F(x,y,λ)**
(Gleichungsnebenbedingungen)

Wir suchen ein lokales Minimum der folgenden Funktion

$$F(x, y, \lambda) := \frac{(x - 2)^2}{2} + \frac{(y - 2)^2}{2} + \lambda \cdot (x + y - 1)^2$$

Berechnung des Gradienten der Funktion
$z = F(x,y,\lambda)$:

$$\text{grad\_F}(x, y, \lambda) := \begin{pmatrix} \dfrac{d}{dx} F(x, y, \lambda) \\ \dfrac{d}{dy} F(x, y, \lambda) \end{pmatrix}$$

Durchführung des Gradientenverfahrens, wobei der Strafparameter λ mit in das Argument des Funktionsunterprogramms **min** *aufgenommen wird:*

$$\min(x_0, y_0, \lambda, \text{eps}) := \left| \begin{array}{l} x \leftarrow x_0 \\ y \leftarrow y_0 \\ k \leftarrow 1 \\ \text{while} \quad |\text{grad\_F}(x, y, \lambda)| > \text{eps} \\ \quad \left| \begin{array}{l} x \leftarrow x - \dfrac{\text{grad\_F}(x, y, \lambda)_1}{100} \\ y \leftarrow y - \dfrac{\text{grad\_F}(x, y, \lambda)_2}{100} \\ k \leftarrow k + 1 \end{array} \right. \\ \begin{pmatrix} x \\ y \end{pmatrix} \end{array} \right.$$

Es wurde für die *Startwerte*

$x_0 = 0$, $y_0 = 0$

die *Abbruchschranke*

eps = 0.001

und den *Strafparameter*

$\lambda = 50$

ein *Minimum* der Funktion im Punkt x=0.51 und y=0.51 bestimmt, der näherungsweise auch die Gleichungsnebenbedingung erfüllt :

$$\begin{pmatrix} x \\ y \end{pmatrix} := \min\left(0, 0, 50, 10^{-3}\right) \qquad \begin{pmatrix} x \\ y \end{pmatrix} = \begin{pmatrix} 0.507956615848763 \\ 0.506973746984577 \end{pmatrix}$$

Wert der Zielfunktion: $\qquad f(x,y) := \dfrac{(x-2)^2}{2} + \dfrac{(y-2)^2}{2}$

$f(x,y) = 2.227660426191374$ ∎

Für die *Schrittweitenwahl*
$\alpha = 1/k$
ist der Algorithmus nicht erfolgreich, so daß wir die *konstante Schrittweite*
$\alpha = 1/100$
wählten, die zum Erfolg führt.
Es empfiehlt sich, mit verschiedenen Werten für λ und der Schrittweite α zu experimentieren.

b) Lösen wir die *Aufgabe*

$$f(x,y) = \frac{x^2}{2} + \frac{(y-2)^2}{2} \to \underset{x,y}{\text{Minimum}}$$

mit den *Ungleichungsnebenbedingungen*
$y - x - 1 \leq 0 \qquad \text{und} \qquad y + x - 1 \leq 0$
die wir bereits im Beispiel 25.3 betrachteten. Im folgenden wenden wir die *Straffunktion*

$$F(x,y,\lambda) = \frac{x^2}{2} + \frac{(y-2)^2}{2} +$$

$$+ \lambda \cdot \left((\max\{y - x - 1, 0\})^2 + (\max\{y + x - 1, 0\})^2 \right)$$

an, die sich aus der *Zielfunktion* und dem *Strafterm* additiv zusammensetzt. Das so entstandene Problem ohne Nebenbedingungen lösen wir numerisch mittels des *Gradientenverfahrens* aus Beispiel 25.4a1).
Die für die Straffunktion notwendige *Funktion* **max**, die das Maximum zweier Zahlen bestimmt, läßt sich in MATHCAD mit der gleichnamigen Funktion realisieren, die das Maximum der Elemente einer Matrix bestimmt (siehe Abschn.15.2). Wir schreiben das folgende *Programm:*

Gradientenverfahren
für Straffunktionen F(x,yλ)
(Ungleichungsnebenbedingungen)
Wir suchen ein lokales Minimum der folgenden Funktion

$$F(x,y,\lambda) := \frac{x^2}{2} + \frac{(y-2)^2}{2} + \lambda \cdot \left(\max\left(\binom{y-x-1}{0}\right)^2 \cdots \atop + \max\left(\binom{y+x-1}{0}\right)^2 \right)$$

Berechnung des Gradienten der Funktion:

$z = F(x,y,\lambda)$

$$\text{grad\_}F(x,y,\lambda) := \begin{pmatrix} \dfrac{d}{dx}F(x,y,\lambda) \\ \dfrac{d}{dy}F(x,y,\lambda) \end{pmatrix}$$

Die Durchführung des Gradientenverfahrens geschieht nach dem gleichen Algorithmus wie im Beispiel a), so daß wir nur das Ergebnis betrachten:

Es wurde für die *Startwerte*

$x_0 = 1$, $y_0 = 1$

die *Abbruchschranke*

eps = 0.001

und für den *Strafparameter*

$\lambda = 10$

ein *Minimum* der Funktion im Punkt x=1.37 und y=1.02 bestimmt:

$$\binom{x}{y} := \min(1, 1, 10, 10^{-3}) \qquad \binom{x}{y} = \binom{1.368119736441957 \cdot 10^{-5}}{1.024379492569818} \quad \blacksquare$$

Wert der Zielfunktion : $\qquad f(x,y) := \dfrac{x^2}{2} + \dfrac{(y-2)^2}{2}$

$f(x,y) = 0.475917687352751$ ∎

Die berechnete Minimumstelle erfüllt allerdings die Nebenbedingungen nur näherungsweise. Dieser Effekt ist bei Straffunktionenmethoden zu beobachten. Man kann dann versuchen, den Strafparameter zu vergrößern

Für die *Schrittweitenwahl*

$\alpha = 1/k$

ist der Algorithmus nicht erfolgreich, so daß wir die *konstante Schrittweite*

$\alpha = 1/100$

25.4 Numerische Algorithmen

wählten, die zum Erfolg führt.
Es empfiehlt sich, mit verschiedenen Werten für λ und der Schrittweite α zu experimentieren.

♦

☞
Die in diesem Abschnitt verwendeten klassischen Gradienten- und Straffunktionenverfahren besitzen nicht die besten Konvergenzeigenschaften. Die hierfür geschriebenen Programme sollen den Leser anregen, eigene Programme für effektivere Methoden zu schreiben, die in der Literatur behandelt werden.

♦

26 Wahrscheinlichkeitsrechnung

Bei *deterministischen Ereignissen,* ist der *Ausgang* eindeutig *bestimmt.* In vielen *praktischen Anwendungen* spielen jedoch auch *Ereignisse* eine große Rolle, die vom *Zufall abhängen,* d.h. deren Ausgang *unbestimmt* ist. Derartige Ereignisse werden als *zufällige Ereignisse* oder *Zufallsereignisse* bezeichnet.

☞

In der *Mathematik* versteht man unter einem *zufälligen Ereignis* die mögliche *Realisierung* eines *Zufallsexperiments/zufälligen Versuchs,* das/der sich folgendermaßen *charakterisieren* läßt:

* Sie werden unter *Zufallsbedingungen* durchgeführt und lassen sich beliebig oft *wiederholen.*
* Es sind mehrere *verschiedene Ergebnisse* möglich.
* Das *Eintreffen* oder *Nichteintreffen* eines *Ereignisses* ist *zufällig.*

♦

Beispiel 26.1:

Beispiele für *Zufallsexperimente* sind

* *Werfen* einer *Münze*
* *Würfeln* mit einem *Würfel*
* *Ziehen* von *Lottozahlen*
* *Auswahl* von *Produkten* bei der *Qualitätskontrolle*

♦

☞

Die *Wahrscheinlichkeitsrechnung* untersucht *zufällige Ereignisse* mit den Mitteln der Mathematik, indem sie unter Verwendung der Begriffe *Wahrscheinlichkeit, Zufallsgröße* und *Verteilungsfunktion* quantitative *Aussagen* über *zufällige Ereignisse* gewinnt.

♦

☞

Im Rahmen des vorliegenden Buches werden wir *wichtige Standardaufgaben* der *Wahrscheinlichkeitsrechnung* und *Statistik* mittels MATHCAD *lösen.* Eine umfassende Abhandlung der Wahrscheinlichkeitsrechnung und Statistik unter Verwendung der Elektronischen Bücher von MATHCAD zu dieser

26.1 Kombinatorik 447

Problematik muß aufgrund der großen Stofffülle einem gesonderten Buch vorbehalten bleiben.

♦

☞

Es gibt eine Reihe *spezieller Systeme* wie SAS, UNISTAT, STATGRAPHICS, SYSTAT und SPSS, die nur zur *Lösung* von *Aufgaben* der *Wahrscheinlichkeitsrechnung* und *Statistik* erstellt wurden und deshalb i.a. wesentlich umfangreichere Möglichkeiten bieten.
Dies bedeutet aber nicht, daß Computeralgebra-Systeme und damit auch MATHCAD für diese Art Aufgaben untauglich sind. Wir werden im Verlaufe dieses und des folgenden Kapitels sehen, daß sich *Standardaufgaben* der *Wahrscheinlichkeitsrechnung* und *Statistik* mittels MATHCAD ebenfalls erfolgreich lösen lassen.

♦

Bevor wir Aufgaben aus der Wahrscheinlichkeitsrechnung in den Abschn.26.2-26.5 lösen, betrachten wir im folgenden Abschn.26.1 grundlegende Formeln der Kombinatorik, die man zur Berechnung von Wahrscheinlichkeiten benötigt.

26.1 Kombinatorik

Für die Formeln der *Kombinatorik* benötigt man den *Binomialkoeffizienten*

$$\binom{a}{k} = \begin{cases} \dfrac{a \cdot (a-1) \cdot \ldots \cdot (a-k+1)}{k!} & \text{für } k > 0 \\ 1 & \text{für } k = 0 \end{cases}$$

wobei a eine reelle und k eine natürliche Zahl darstellen und k! die *Fakultät* bezeichnet.
Für den Fall, daß a=n ebenfalls eine natürliche Zahl ist, läßt sich die obige Formel in der folgenden Form schreiben:

$$\binom{n}{k} = \frac{n!}{k! \cdot (n-k)!}$$

In MATHCAD kann die *Berechnung*
- der *Fakultät* k!

    auf eine der folgenden Arten geschehen, nachdem k! mittels Tastatur oder durch Anklicken des *Symbols*

    `n!`

in der *Operatorpalette Nr.1* in das *Arbeitsfenster eingegeben* und mit *Bearbeitungslinien markiert* wurde:

* *exakte Berechnung*
  - Aktivierung der *Menüfolge*

    Symbolics ⇒ **Evaluate** ⇒ **Symbolically**
    (deutsche Version: **Symbolik** ⇒ **Auswerten** ⇒ **Symbolisch**)
  - Aktivierung der *Menüfolge*

    Symbolics ⇒ **Simplify**
    (deutsche Version: **Symbolik** ⇒ **Vereinfachen**)
  - Eingabe des *symbolischen Gleichheitszeichens* → mit abschließender Betätigung der ⏎-Taste
* *numerische Berechnung*

  durch Eingabe des *numerischen Gleichheitszeichens* =

- des *Binomialkoeffizienten* $\binom{n}{k}$

durch Auswertung der angegebenen Formel geschehen, wobei das Produkt

$$a \cdot (a - 1) \cdots (a - k + 1)$$

mittels des *Produktoperators* (siehe Kap.14) zu berechnen ist, da MATHCAD keine integrierte Funktion für den Binomialkoeffizient im Gegensatz zu anderen Computeralgebra-Systemen zur Verfügung stellt.

Deshalb definieren wir im folgenden Beispiel 26.2 die *Funktion* **Binomial**, mit deren Hilfe man den *Binomialkoeffizient berechnen* kann.

Beispiel 26.2:

a) Die folgende, in MATHCAD definierte *Funktion* **Binomial** berechnet den *Binomialkoeffizienten* für reelles a und ganzes k≥1:

$$\textbf{Binomial}(a,k) := \frac{\prod_{i=0}^{k-1}(a - i)}{k!}$$

wie die *Beispielrechnungen* für die *numerische Berechnung*

Binomial (6 , 1) = 6   **Binomial** (25 , 3) = $2.3 \cdot 10^3$

Binomial (5 , 2) = 10   **Binomial** (12 , 11) = 12

bzw. *exakte Berechnung*

Binomial (6 , 1) → 6   **Binomial** (25 , 3) → 2300

Binomial (5 , 2) → 10   **Binomial** (12 , 11) → 12

zeigen.

b) Wenn wir den im Abschn.10.4 beschriebenen **if**-Befehl verwenden, können wir den Binomialkoeffizienten für k≥0 berechnen, d.h., der Fall k=0 ist mit eingeschlossen:

Binomial (a , k) := **if** (k = 0 , 1 , $\dfrac{\prod_{i=0}^{k-1}(a - i)}{k!}$)

Binomial (5 , 0) = 1   **Binomial** (0 , 0) = 1
♦

Fakultät und *Binomialkoeffizient* benötigt man in der *Kombinatorik* zur Berechnung der *Formeln* für

- *Permutationen* (Anordnung von n verschiedenen Elementen mit Berücksichtigung der Reihenfolge): n!

- *Variationen* (Auswahl von k Elementen aus n gegebenen Elementen *mit Berücksichtigung der Reihenfolge*)
   * *ohne Wiederholung*: $\dfrac{n!}{(n-k)!}$

   * *mit Wiederholung*: n^k

- *Kombinationen* (Auswahl von k Elementen aus n gegebenen Elementen *ohne Berücksichtigung der Reihenfolge*)
   * *ohne Wiederholung*: $\binom{n}{k}$

   * *mit Wiederholung*: $\binom{n+k-1}{k}$

26.2 Wahrscheinlichkeit und Zufallsgröße

Bei *zufälligen Ereignissen* benötigt man eine *Maßzahl* (die sogenannte *Wahrscheinlichkeit*), die die *Chance* für das *Eintreten* des *Ereignisses* beschreibt. Praktischerweise wird diese Zahl zwischen 0 und 1 gewählt, wobei die Wahrscheinlichkeiten 0 für das *unmögliche* und 1 für das *sichere* Ereignis stehen.

☞
Die erste Begegnung mit dem Begriff *Wahrscheinlichkeit* für ein *zufälliges Ereignis* hat man bei der

* *klassischen Definition* der *Wahrscheinlichkeit* als *Quotient* aus *Anzahl* der *günstigen Fälle* und *Anzahl* der *möglichen Fälle*. Diese *Wahrscheinlichkeiten* lassen sich unter *Verwendung* der *Formeln* der *Kombinatorik* einfach *berechnen*.

* *relativen Häufigkeit* als *Quotient* aus dem m-maligen *Auftreten* eines *Ereignisses* bei zufälligen Versuchen und der *Anzahl* n der durchgeführten *zufälligen Versuche* (n ≥ m).

Diese *anschaulichen Definitionen* reichen für einfache Fälle aus. Allgemein verwendet man eine *axiomatischen Definition* der *Wahrscheinlichkeit*, die in den Lehrbüchern zu finden ist.

♦

Der Begriff *Zufallsgröße* (*Zufallsvariable*) spielt in der *Wahrscheinlichkeitsrechnung* und *Statistik* eine *grundlegende Rolle*. Er wird eingeführt, um mit zufälligen Ereignissen rechnen zu können. Eine exakte Definition ist mathematisch anspruchsvoll.

Für die *Anwendung* genügt es zu wissen, daß die *Zufallsgröße als* eine *Funktion definiert* ist, die den *Ereignissen* eines *Zufallsexperiments reelle Zahlen zuordnet*.

Man unterscheidet zwischen zwei *Arten von Zufallsgrößen:*

* *diskrete Zufallsgröße:*
  kann nur *endlich* (oder *abzählbar unendlich*) *viele Werte* annehmen.

* *stetige Zufallsgröße:*
  kann beliebig viele Werte annehmen.

☞

Wahrscheinlichkeiten und *Zufallsgrößen* gehören neben den *Verteilungsfunktionen* (Abschn.26.4) zu den *grundlegenden Begriffen* der *Wahrscheinlichkeitsrechnung*, die mit den Mitteln der Mathematik zufällige Ereignisse untersucht.

♦

Erläutern wir die Begriffe *Wahrscheinlichkeit* und *Zufallsgröße* an einigen Beispielen

Beispiel 26.3:

a) Betrachten wir das *Standardbeispiel* des *Würfelns* mit einem idealen *Würfel*. Die *Wahrscheinlichkeit*, eine bestimmte *Zahl* zwischen 1 und 6 zu *werfen*, bestimmt sich mittels der *klassischen Wahrscheinlichkeit* als *Quotient* der *günstigen Fälle* (1) und der *möglichen Fälle* (6) zu 1/6.
Als *diskrete Zufallsgröße* X für dieses *zufällige Experiment* verwenden wir die Funktion die dem zufälligen Ereignis des Würfelns einer bestimmten Zahl genau diese Zahl zuordnet, d.h., X ist eine Funktion, die die Werte 1 , 2 , 3 , 4 , 5 , 6 annehmen kann.

b) Die *Anzahl* der täglich in einer Firma in einer bestimmten Zeit *produzierten Teile* kann als *diskrete Zufallsgröße* betrachtet werden, die alle ganzzahligen Werte in einem Intervall annehmen kann.

26.2 Wahrscheinlichkeit und Zufallsgröße

c) Die *Temperatur* eines zu *bearbeitenden Werkstücks* kann als *stetige Zufallsgröße* aufgefaßt werden, wobei sie alle Werte in einem gewissen *Temperaturintervall* annehmen kann, das für die Bearbeitung erforderlich ist.

d) Der *Benzinverbrauch* eines Pkw kann als *stetige Zufallsgröße* aufgefaßt werden.

♦

Unter Verwendung der Formeln der Kombinatorik lassen sich *klassische Wahrscheinlichkeiten* für das Auftreten von Ereignissen berechnen. Betrachten wir hierfür einige Beispiele.

Beispiel 26.4:

a) Man wähle zufällig 2 Teile aus einer Menge von 12 Teilen aus, in der sich 4 defekte Teile befinden. Für dieses Experiment möchten wir die *Wahrscheinlichkeiten* für *folgende Ereignisse* berechnen:
  * *Ereignis A:*
    Die zwei ausgewählten Teile sind defekt.
  * *Ereignis B:*
    Die zwei ausgewählten Teile sind nicht defekt.
  * *Ereignis C:*
    Von den zwei ausgewählten Teilen ist mindestens ein Teil defekt.

Die *Anzahl* der
  * *möglichen Fälle*,
    um 2 Teile aus 12 Teilen auszuwählen, berechnet man aus der Formel für Kombinationen ohne Wiederholungen. Man erhält hierfür:
    Binomial $(12,2) = 66$
  * *günstigen Fälle*
    für die *Ereignisse* A und B berechnen sich aus:
    Binomial $(4,2) = 6$ bzw.   **Binomial** $(8,2) = 28$
    wozu wir die im Beispiel 26.2 definierte Funktion **Binomial** verwenden. Damit ergeben sich für die *Ereignisse* A und B die *Wahrscheinlichkeiten*:

$$P(A) := \frac{6}{66} \quad \text{simplifies to} \quad P(A) := \frac{1}{11}$$

$$P(B) := \frac{28}{66} \quad \text{simplifies to} \quad P(B) := \frac{14}{33}$$

Daraus läßt sich die *Wahrscheinlichkeit* $P(C) = 1 - P(B)$ für das *Ereignis* C berechnen:

$$P(C) := 1 - \frac{14}{33} \quad \text{simplifies to} \quad P(C) := \frac{19}{33}$$

b) Man sucht die Wahrscheinlichkeit p dafür, daß n Personen an verschiedenen Tagen Geburtstag haben. Dabei wird vorausgesetzt, daß der Geburtstag einer Person mit gleicher Wahrscheinlichkeit auf irgendeinen Tag fällt.

Man geht von 365 Tagen pro Jahr aus und erhält damit 365^n Möglichkeiten für die Geburtstage der n Personen. Dafür, daß diese n Personen an verschiedenen Tagen Geburtstag haben, gibt es

$$365 \cdot 364 \cdot 363 \cdots (365-n+1)$$

Möglichkeiten. Damit berechnet sich die gesuchte Wahrscheinlichkeit p aus

$$p = \frac{365 \cdot 364 \cdot 363 \cdots (365-n+1)}{365^n}$$

$$= \frac{365}{365} \cdot \frac{364}{365} \cdot \frac{363}{365} \cdots \frac{365-n+1}{365}$$

Aus dieser Formel ist ersichtlich, daß die Wahrscheinlichkeit p mit wachsendem n monoton fällt. Mit MATHCAD kann man dies durch Berechnung verschiedener Werte von n nachprüfen und p(n) als Funktion von n grafisch darstellen:

$$p(n) := \frac{\prod_{k=1}^{n}(365-k+1)}{365^n}$$

$n := 1 .. 30$

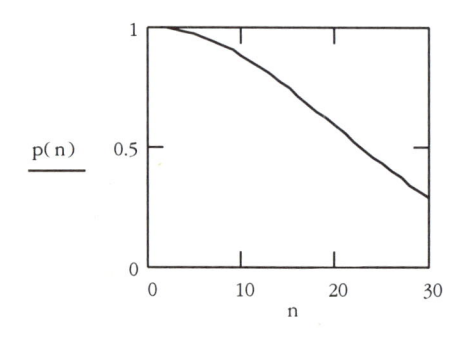

$p(10) = 0.883$

$p(20) = 0.589$

$p(30) = 0.294$

♦

26.3 Erwartungswert und Streuung

Die *Verteilung* einer *Zufallsgröße* ist durch die Kenntnis ihrer *Verteilungsfunktion* (bzw. *Dichtefunktion*) vollständig bestimmt.
Weitere wichtige Informationen über eine Verteilung geben die *Momente*, von denen wir im folgenden nur *Erwartungswert* (Mittelwert) und *Streuung* (Varianz) als die beiden wichtigsten betrachten:

- Der *Erwartungswert* $\mu = E(X)$
  einer
  * *diskreten Zufallsgröße* X
    mit den Werten
    x_i (i = 1 , 2 , ...)
    und den *Wahrscheinlichkeiten*
    $p_i = P(X = x_i)$
    berechnet sich aus

    $$\mu = E(X) = \sum_{i=1}^{n} x_i \cdot p_i \qquad \text{(für } endlich \text{ viele } Werte\ x_i)$$

    $$\mu = E(X) = \sum_{i=1}^{\infty} x_i \cdot p_i \qquad \text{(für } abzählbar\ unendlich \text{ viele } Werte\ x_i)$$

  * *stetigen Zufallsgröße*
    mit der *Wahrscheinlichkeitsdichte* f(x) erhält man

    $$\mu = E(X) = \int_{-\infty}^{\infty} x \cdot f(x)\, dx$$

- Die *Streuung* σ^2
  einer *Zufallsgröße* X berechnet sich mit dem gegebenen *Erwartungswert* E(X) aus

  $$\sigma^2 = E(X - E(X))^2$$

  wobei die Größe σ als *Standardabweichung* bezeichnet wird.

☞
In den Formeln für den *Erwartungswert* wird die *Konvergenz* der unendlichen Reihe bzw. des uneigentlichen Integrals vorausgesetzt.
♦
☞
MATHCAD stellt *keine Funktionen* zur Berechnung von *Erwartungswert* und *Streuung* zur Verfügung. Man kann aber die gegebenen Formeln unter Ver-

wendung von Reihen (Abschn.21.1) bzw. uneigentlichen Integralen (Abschn.20.3) einfach berechnen.
♦

26.4 Verteilungsfunktionen

Die *Verteilungsfunktion* F(x) einer *Zufallsgröße* X ist durch
$F(x) = P (X \leq x)$
definiert (manchmal auch durch P (X < x)), wobei
$P (X \leq x)$
die *Wahrscheinlichkeit* dafür angibt, daß die *Zufallsgröße* X einen Wert kleiner oder gleich x (reelle Zahl) annimmt.

☞

In der Wahrscheinlichkeitsrechnung spielen auch *inverse Verteilungsfunktionen* eine große Rolle. Man bezeichnet den Wert x_s als *s-Quantil*, für den gilt

$F(x_s) = P(X \leq x_s) = s$

d.h., x_s ermittelt sich aus

$x_s = F^{-1}(s)$

wobei s eine gegebene Zahl aus dem Intervall (0,1) ist.
♦

Für *diskrete Zufallsgrößen* X mit den Werten (Realisierungen)

$x_1, x_2, \ldots, x_n, \ldots$

ergibt sich für die definierte *Verteilungsfunktion*

$$F(x) = \sum_{x_k \leq x} p_k$$

wobei

$p_k = P(X = x_k)$

die Wahrscheinlichkeit dafür ist, daß die *Zufallsgröße* X den Wert x_k annimmt.
Der *Graph* einer diskreten Verteilungsfunktion besitzt die Form einer *Treppenfunktion*.
Für praktische Anwendungen *wichtige diskrete Verteilungen* sind:
- *Binomialverteilung* B (n, p):
  Mit der *Wahrscheinlichkeit*

$$P(X = k) = \binom{n}{k} \cdot p^k \cdot (1-p)^{n-k}$$

dafür, daß bei n unabhängigen Versuchen *mit Zurücklegen*, die nur das Ergebnis A (mit Wahrscheinlichkeit p) oder $\overline{A}$ (mit Wahrscheinlichkeit 1 −p) haben können, das Ergebnis A k-mal auftritt (k = 0, 1 ,..., n).

- *Hypergeometrische Verteilung* H (N, M, n):

  Mit der *Wahrscheinlichkeit*

$$P(X = k) = \frac{\binom{M}{k} \cdot \binom{N-M}{n-k}}{\binom{N}{n}}$$

  dafür, daß bei n Versuchen der zufälligen Entnahme eines Elements *ohne Zurücklegen* aus einer Gesamtheit von N Elementen, von denen M eine gewünschte Eigenschaft E haben, k Elemente mit dieser Eigenschaft E auftreten, wobei

  k = 0 , 1 , ... , min { n , M }

- *Poisson-Verteilung* P (λ):

  Mit der *Wahrscheinlichkeit*

$$P(X = k) = \frac{\lambda^k}{k!} \cdot e^{-\lambda} \qquad (k = 0, 1, 2,...)$$

  Diese Verteilung kann als gute *Näherung* für die *Binomialverteilung* verwendet werden, wenn n groß und p klein sind und λ gleich n· p gesetzt wird, d.h. n· p konstant bleibt.

MATHCAD stellt zu *diskreten Verteilungen* eine Reihe von Funktionen zur Verfügung, von denen wir nur einige wichtige angeben:

* **dbinom** (k , n , p)

  berechnet die *Wahrscheinlichkeit* P(X=k) für die *Binomialverteilung* B(n,p).

* **pbinom** (k , n , p)

  berechnet die *Verteilungsfunktion* F(k) für die *Binomialverteilung* B(n,p).

* **dhypergeom** (k , M , N−M , n)

  berechnet die *Wahrscheinlichkeit* P(X=k) für die *hypergeometrische Verteilung* H(N,M,n).

* **phypergeom** (k , M , N−M , n)

  berechnet die *Verteilungsfunktion* F(k) für die *hypergeometrische Verteilung* H(N,M,n).

* **dpois** (k , λ)
  berechnet die *Wahrscheinlichkeit* P(X=k) für die *Poissonverteilung* P(λ).
* **ppois** (k , λ)
  berechnet die *Verteilungsfunktion* F(k) für die *Poissonverteilung* P(λ).

☞

Obwohl MATHCAD alle *diskreten Verteilungsfunktionen* kennt, definieren wir zu Übungszwecken einige im Beispiel 10.6 aus Absch.10.6 und im folgenden Beispiel 26.5 unter Verwendung der Programmiermöglichkeiten von MATHCAD.

♦
Beispiel 26.5:

Obwohl MATHCAD die *Verteilungsfunktion* der *Binomialverteilung* **pbinom** kennt, definieren wir sie im folgenden nochmals zu Übungszwecken unter Verwendung der Programmiermöglichkeiten von MATHCAD.

a) Die *Verteilungsfunktion* für *diskrete Verteilungen*

$$F(x) = \sum_{x_k \leq x} p_k$$

hat für die *Binomialverteilung* B(n,p) die folgende Gestalt

$$F(x) = \begin{cases} 0 & \text{für } x < 0 \\ \sum_{k=0}^{m} \binom{n}{k} p^k (1-p)^{n-k} & \text{für } x \geq 0 \end{cases}$$

wobei m die größte ganze Zahl kleiner oder gleich x (>0) ist. Mittels des Summenoperators und des im Beispiel 26.2 berechneten Binomialkoeffizienten läßt sich diese *Verteilungsfunktion* wie folgt berechnen:

$$\text{Binomial}(a, k) := \text{if}\left(k = 0, 1, \frac{\prod_{i=0}^{k-1}(a - i)}{k!}\right)$$

$$F(x, n, p) := \text{if}\left(x < 0, 0, \text{if}\left(\text{floor}(x) \leq n, \sum_{k=0}^{\text{floor}(x)} \text{Binomial}(n, k) \cdot p^k \cdot (1-p)^{n-k}, 1\right)\right)$$

Wir haben bei der der Definition der Verteilungsfunktion die Parameter n und p der Binomialverteilung mit als Argumente aufgenommen. Bei einer konkreten Berechnung müssen diese dann eingegeben werden, wie wir im folgenden Beispiel b) sehen.

26.4 Verteilungsfunktionen

b) Als Anwendung wollen wir eine klassische *Urnenaufgabe* verwenden, für die wir Werte der dazugehörigen *Verteilungsfunktion* berechnen:
In einer Urne befinden sich 10 weiße und 6 schwarze Kugeln. Es werde nacheinander 25-mal eine Kugel (mit Zurücklegen) gezogen. Die Wahrscheinlichkeit dafür, daß von den gezogenen Kugeln k schwarz waren, bestimmt man mittels der *Binomialverteilung* B(25, 3/8).

Dabei berechnet sich die Wahrscheinlichkeit p als Quotient aus der Anzahl 6 der schwarzen Kugeln (günstige Fälle) und der Gesamtzahl 16 an Kugeln (mögliche Fälle).

Jetzt können wir mit der in a) definierten Verteilungsfunktion für die Binomialverteilung Wahrscheinlichkeiten berechnen und die dazugehörige Verteilungsfunktion zeichnen.

Die folgenden *Wertetabellen* enthalten die berechneten Werte der definierten *Verteilungsfunktion* F (x , 25 , 3/8) und der in MATHCAD enthaltenen *Verteilungsfunktion* **pbinom** (x , 25 , 3/8) für die *Binomialverteilung* an den Stellen
x = 0, 1, 2, ... , 25
wozu wir x als Bereichsvariable definiert haben :
x := 0 .. 25

$F\left(x, 25, \dfrac{3}{8}\right)$
0
$1.262 \cdot 10^{-4}$
$9.782 \cdot 10^{-4}$
0.005
0.018
0.05
0.116
0.222
0.365
0.527
0.683
0.811
0.9
0.954
0.981
0.994
0.998
1
1
1
1
1
1
1
1
1

$\mathrm{pbinom}\left(x, 25, \dfrac{3}{8}\right)$
$7.889 \cdot 10^{-6}$
$1.262 \cdot 10^{-4}$
$9.782 \cdot 10^{-4}$
$4.897 \cdot 10^{-3}$
0.018
0.05
0.116
0.222
0.365
0.527
0.683
0.811
0.9
0.954
0.981
0.994
0.998
1
1
1
1
1
1
1
1
1

Der Vergleich beider Ergebnisse zeigt die gute Übereinstimmung.
Die *Grafik* der definierten *Verteilungsfunktion* F für die *Binomialverteilung* besitzt die Gestalt einer *Treppenfunktion*:

26.4 Verteilungsfunktionen

x := 0, 0.01 .. 25

$F\left(x, 25, \frac{3}{8}\right)$

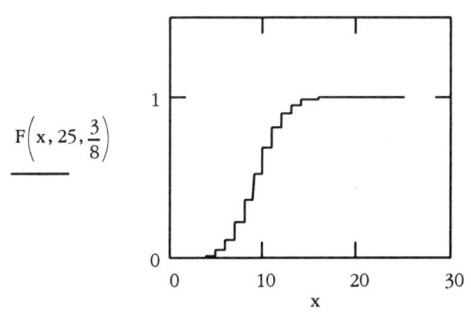

Die Anwendung der MATHCAD-Funktion **pbinom** für die *Binomialverteilung* liefert natürlich die gleiche *Grafik*:

x := 0, 0.01 .. 25

$\text{pbinom}\left(x, 25, \frac{3}{8}\right)$

♦

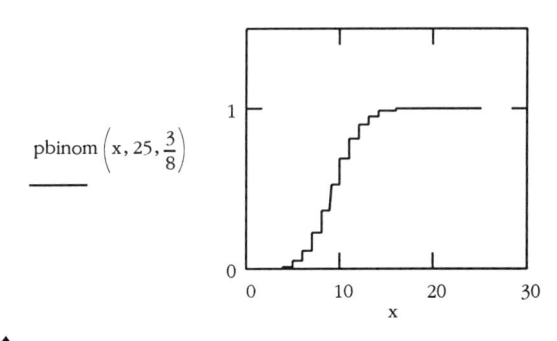

Die *Verteilungsfunktion* einer *stetigen Zufallsgröße* X ist durch

$$F(x) = \int_{-\infty}^{x} f(t)\, dt$$

gegeben, wobei f(t) die *Wahrscheinlichkeitsdichte* bezeichnet.
Unter den *stetigen Verteilungsfunktionen* spielt die häufig angewandte *Normalverteilung*

N (μ , σ)

mit der *Dichtefunktion*

$$f(t) = \frac{1}{\sigma \cdot \sqrt{2\pi}} e^{-\frac{1}{2}\left(\frac{t-\mu}{\sigma}\right)^2}$$

und der *Verteilungsfunktion*

$$F(x) = \frac{1}{\sigma \cdot \sqrt{2\pi}} \int_{-\infty}^{x} e^{-\frac{1}{2}\left(\frac{t-\mu}{\sigma}\right)^2} dt$$

die dominierende Rolle, wobei

* μ – Erwartungswert
* σ^2 – Streuung/Varianz
* σ – Standardabweichung

bedeuten. Gelten

$\mu = 0$ und $\sigma = 1$

so spricht man von der *standardisierten* (oder *normierten*) *Normalverteilung* N (0,1), deren Verteilungsfunktion

$$\Phi(x) = \frac{1}{\sqrt{2\pi}} \int_{-\infty}^{x} e^{-\frac{1}{2}t^2} dt$$

wir mit $\Phi(x)$ bezeichnen und für die gilt:

$\Phi(-x) = 1 - \Phi(x)$

Außerdem wird für eine Reihe von Berechnungen das *Fehlerintegral*

$$Fi(x, y) = \frac{2}{\sqrt{\pi}} \int_{y}^{x} e^{-t^2} dt = 2 \cdot (\Phi(\sqrt{2} \cdot x) - \Phi(\sqrt{2} \cdot y))$$

benötigt.

☞

Man kann jede *Normalverteilung* auf die *standardisierte Normalverteilung* zurückführen:
Eine N (μ , σ)-verteilte *Zufallsgröße* X läßt sich mittels der *Transformation*

$$Y = \frac{X - \mu}{\sigma}$$

auf eine N (0 , 1)-verteilte *Zufallsgröße* Y zurückführen.
Damit kann die *Verteilungsfunktion* F(x) einer N (μ , σ)-verteilten Zufallsgröße X durch die *Verteilungsfunktion* $\Phi(x)$ für die *standardisierte Normalverteilung* berechnet werden:

$$F(x) = P(X \leq x) = P\left(\frac{X - \mu}{\sigma} \leq \frac{x - \mu}{\sigma}\right) = P\left(Y \leq \frac{x - \mu}{\sigma}\right) = \Phi\left(\frac{x - \mu}{\sigma}\right)$$

♦

☞

Weitere wichtige Verteilungen (vor allem für die Statistik) sind die *Chi-Quadrat-Verteilung*, die *Student-Verteilung* und die *F-Verteilung*.

♦

26.4 Verteilungsfunktionen

MATHCAD stellt zu *stetigen Verteilungen* eine Reihe von Funktionen zur Verfügung, von denen wir nur einige angeben:

* **pnorm** (x , µ , σ)

   berechnet die *Verteilungsfunktion* der *Normalverteilung* mit dem *Erwartungswert* µ und der *Standardabweichung* σ an der Stelle x.

* **cnorm** (x)
   (deutsche Version: **knorm**)

   berechnet die *Verteilungsfunktion* der *standardisierten Normalverteilung* Φ(x) an der Stelle x.

* **erf** (x)
   (deutsche Version: **fehlf**)

   berechnet das *Fehlerintegral* Fi(x, 0).

* **pchisq** (x , d)

   berechnet die *Verteilungsfunktion* der *Chi-Quadrat-Verteilung* mit d *Freiheitsgraden* an der Stelle x.

* **pt** (x , d)

   berechnet die *Verteilungsfunktion* der *Student-Verteilung* mit d *Freiheitsgraden* an der Stelle x.

* **pF** (x , d1 , d2)

   berechnet die *Verteilungsfunktion* der *F-Verteilung* mit d1, d2 *Freiheitsgraden* an der Stelle x.

☞
Die *Gesamtheit* der in MATHCAD integrierten *diskreten* und *stetigen Verteilungsfunktionen* findet man in der *Hilfe* von MATHCAD unter dem Gebiet *Statistik*. Dies betrifft auch die *inversen Verteilungsfunktionen*, die MATHCAD ebenfalls zu allen Verteilungen kennt und die man am ersten Buchstaben **q** erkennt. Eine *Anwendung* der *inversen Verteilungsfunktion* zur Normalverteilung findet man im Beispiel 26.6c)

♦
Beispiel 26.6:

a) *Zeichnen* wir die *standardisierte Normalverteilung* und das *Fehlerintegral* für x aus dem Intervall [-3,3] in ein Koordinatensystem:

x := -3, -2.999 .. 3

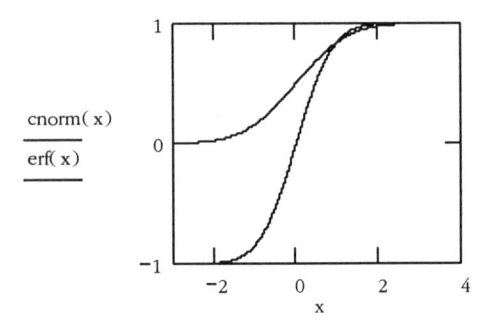

b) Betrachten wir eine einfache Aufgabe für die praktische *Anwendung* der *Normalverteilung*:
Die Länge eines Zubehörteils sei N(50, 0.2)-verteilt. Das Teil ist nicht verwendbar, wenn seine Länge um mehr als 0,25 mm vom Sollwert 50 mm abweicht. Man ist nun an der *Wahrscheinlichkeit* interessiert, daß ein zufällig entnommenes Teil defekt ist.
Man erhält mittels der *Verteilungsfunktion* F(x) der *Normalverteilung* N(μ, σ) bzw. der *standardisierten Normalverteilung* Φ(x):

$$P(|X - 50| > 0.25) = 1 - P(|X - 50| \leq 0.25)$$

$$= 1 - P(50 - 0.25 \leq X \leq 50 + 0.25) = 1 - P(50.25) + P(49.75)$$

$$= 1 - P\left(\frac{50 - 0.25 - 50}{0.2} \leq \frac{X - 50}{0.2} \leq \frac{50 + 0.25 - 50}{0.2}\right)$$

$$= 1 - (\Phi(1.25) - \Phi(-1.25))$$

$$= 1 - (2 \cdot \Phi(1.25) - 1) = 2 - 2 \cdot \Phi(1.25)$$

und kann in MATHCAD mittels der Funktionen **pnorm** oder **cnorm** die Rechnung beenden:

1 − **pnorm** (50.25, 50, 0.2) − **pnorm** (49.75, 50, 0.2) = 0.211

2 − 2· **cnorm** (1.25) = 0.211

Damit beträgt die *gesuchte Wahrscheinlichkeit* 0.211.

c) Betrachten wir eine einfache Aufgabe für die praktische *Anwendung* der *inversen Verteilungsfunktion* für die *Normalverteilung*:
Das Gewicht (in Gramm) von Kaffeepäckchen sei N(1000, 5)-verteilt. Gesucht ist das Gewicht, das ein zufällig entnommenes Päckchen mit einer Wahrscheinlichkeit von 0.9 (90%) höchstens wiegt.

Hierfür ist die Gleichung F(x) = 0.9 nach x aufzulösen, wobei F für die *Verteilungsfunktion* der *Normalverteilung* steht.

Zur Lösung dieser Aufgabe mittels MATHCAD kann man die *inverse Verteilungsfunktion* **qnorm** heranziehen:

qnorm(0.9 , 1000 , 5) = $1.006 \cdot 10^3$ ∎

Die Berechnung ergibt, daß das Gewicht eines zufällig entnommenen Päckchens mit einer Wahrscheinlichkeit von 0.9 höchstens 1006 Gramm beträgt.

♦

26.5 Zufallszahlen

Bei einer Reihe von mathematischen Methoden benötigt man *Zufallszahlen*, so z.B. bei der *Monte-Carlo-Simulation* (siehe Abschn.27.3). Zufallszahlen lassen sich mittels Computer erzeugen und werden als *Pseudozufallszahlen* bezeichnet, da sie durch ein Programm erzeugt werden und damit gewissen Gesetzmäßigkeiten unterworfen sind.

☞

Da man für praktische Anwendungen meistens nicht nur eine, sondern mehrere Zufallszahlen aus einem gegebenen Intervall [0,a] benötigt, kann MATHCAD auch Vektoren von Zufallszahlen erzeugen.

♦

MATHCAD stellt eine Reihe *Funktionen* zur Berechnung von *Zufallszahlen* zur Verfügung, die verschiedenen Wahrscheinlichkeitsverteilungen genügen. Wir betrachten nur einige wichtige:

- **rnd** (a)

  erzeugt eine *gleichverteilte Zufallszahl* zwischen 0 und a (a > 0).

- **runif** (n , a , b)

  erzeugt einen *Vektor* mit n *gleichverteilten Zufallszahlen* zwischen a und b.

- **rnorm** (n , μ , σ)

  erzeugt einen *Vektor* mit n *normalverteilten Zufallszahlen* mit *Mittelwert* μ und *Standardabweichung* σ.

Die *Berechnung* von *Zufallszahlen* mittels der gegebenen Funktionen wird nach der Eingabe dieser Funktionen mit den entsprechenden Argumenten in das Arbeitsfenster ausgelöst, indem man sie mit Bearbeitungslinien markiert und abschließend das *numerische Gleichheitszeichen* = eingibt.

☞

Den *Funktionen* zur *Erzeugung* von *Zufallszahlen* ist ein *Startwert* zugeordnet:

* Wenn man diesen *Startwert* (ganze Zahl) in der nach der Aktivierung der *Menüfolge*

  Math ⇒ Options
  (deutsche Version: **Rechnen ⇒ Optionen**)

  erscheinenden *Dialogbox*

  Math Options
  (deutsche Version: **Rechenoptionen**)

  bei

  Built-In Variables
  (deutsche Version: **Vordefinierte Variablen**)

  durch Anklicken des Knopfes (Buttons) OK bei jedem Aufruf auf den aktuellen Wert *zurücksetzt*, wird die gleiche Zufallszahl erzeugt.
  Man bezeichnet dies als *Zurücksetzen* des *Zufallszahlengenerators* von MATHCAD.

* Wenn man den Startwert (Zufallszahlengenerator) nicht zurücksetzt, wird bei jedem Aufruf i.a. eine andere Zufallszahl erzeugt.

* Möchte man den *Startwert verändern*, so ist in der *Dialogbox* bei

  Seed value for random numbers
  (deutsche Version: **Rekursivwert für Zufallszahlen**)

  eine andere ganze Zahl einzutragen.

♦
Beispiel 26.7:

a) Möchte man eine *gleichverteilte Zufallszahl* aus dem Intervall [0,2] erzeugen, so erscheint z.B. folgendes im Arbeitsfenster:

   rnd(2) = 2.536838874220848 $\cdot 10^{-3}$ ■

   Eine mehrmalige Anwendung von **rnd** ohne Zurücksetzen des Zufallszahlengenerators kann folgendermaßen aussehen:

   rnd(2) = 0.386646039783955

   rnd(2) = 1.170012198388577

   rnd(2) = 0.700616206973791

   rnd(2) = 1.645675450563431

b) Möchte man z.B. 15 *gleichverteilte Zufallszahlen* aus dem Intervall [0,5] erzeugen, so verwendet man die Funktion **runif**.
   Als *Ergebnis* erhält man einen Vektor **x**, dessen Komponenten die 15 erzeugten Zufallszahlen sind. Im MATHCAD-Arbeitsfenster sieht dies folgendermaßen aus:

26.5 Zufallszahlen

$$\text{runif}(15, 0, 5) = \begin{bmatrix} 6.342 \cdot 10^{-3} \\ 0.967 \\ 2.925 \\ 1.752 \\ 4.114 \\ 0.871 \\ 3.552 \\ 1.52 \\ 0.457 \\ 0.737 \\ 4.943 \\ 0.595 \\ 0.045 \\ 2.658 \\ 3.009 \end{bmatrix} \quad \blacksquare$$

c) Im folgenden erzeugen wir 15 *normalverteilte Zufallszahlen* mit dem *Erwartungswert* 0 und der *Standardabweichung* 1 unter Verwendung der Funktion **rnorm**. Als *Ergebnis* erhält man einen Vektor **x**, dessen Komponenten die 15 erzeugten Zufallszahlen sind. Im MATHCAD-Arbeitsfenster sieht dies folgendermaßen aus:

$$\text{rnorm}(15, 0, 1) = \begin{bmatrix} -0.508 \\ 1.241 \\ 0.071 \\ 1.345 \\ -0.656 \\ -0.254 \\ -1.244 \\ 0.547 \\ -0.031 \\ -0.097 \\ 0.228 \\ 0.169 \\ -0.847 \\ 0.834 \\ -0.082 \end{bmatrix} \quad \blacksquare$$

◆

☞

Die *Gesamtheit* der in MATHCAD integrierten Funktionen zur Erzeugung von Zufallszahlen findet man in der *Hilfe* von MATHCAD unter dem Gebiet *Statistik*.

◆

☞

Aus der Vielzahl von Anwendungen von Zufallszahlen geben wir im Abschn.27.3 eine Monte-Carlo-Simulation zur Berechnung bestimmter Integrale.

◆

27 Statistik

Methoden der *Statistik* gewinnen in allen Wissenschaften an Bedeutung. Es ist jedoch schwierig, eine umfassende Definition der *Statistik* zu geben. Wir betrachten eine wesentliche *Aufgabe* der *Statistik*, die sich mit der Untersuchung von Massenerscheinungen anhand von vorliegenden *Daten* (meistens in Form von *Zahlen*) beschäftigt. Diese Daten werden durch

* *Beobachtungen* (Zählungen, Messungen)
* *Befragungen* (von Personen)
* *Experimente*

gewonnen. Das so gewonnene *Datenmaterial/Zahlenmaterial* bezeichnet man als *Stichprobe*, da es nur einen (kleinen) Teil aus der betrachteten sogenannten *Grundgesamtheit* repräsentiert. Werden in der Grundgesamtheit m *Merkmale* betrachtet, so spricht man von einer *m-dimensionalen Stichprobe*. Man nennt die *Stichprobe* vom *Umfang* n, wenn n Werte entnommen wurden.

☞

Im Rahmen dieses Buches betrachten wir
eindimensionale (n Zahlen)

$x_1, x_2, \ldots, x_n$

zweidimensionale (n Zahlenpaare)

$(x_1, y_2), (x_2, y_2), \ldots, (x_n, y_n)$

Stichproben vom Umfang n.

♦

In der *Statistik unterscheidet* man zwischen

- *beschreibender (deskriptiver) Statistik:*

  Hier wird *vorliegendes Datenmaterial/Zahlenmaterial* (z.B. eine *Stichprobe*) *aufbereitet*, in anschaulicher Form mittels
    * *Punktgrafiken*
    * *Diagrammen*
    * *Histogrammen*

  usw. *dargestellt* und anhand
    * *statistischer Maßzahlen*

charakterisiert. Damit erhält man in der beschreibenden Statistik *nur Aussagen* über das vorliegende *Datenmaterial/Zahlenmaterial.*
Ein *typisches Beispiel* hierfür bildet die Auswertung einer Wahl. In Form von Tabellen und Grafiken werden die Stimmverteilung auf die einzelnen Parteien, die Sitzverteilung im Parlament, die Änderungen gegenüber der vorangegangenen Wahl usw. dargestellt.

- *schließender (induktiver) Statistik:*

  Hier werden unter Verwendung der *Wahrscheinlichkeitstheorie* aus vorliegendem *Datenmaterial/Zahlenmaterial*, das als *Stichprobe* entnommen wurde, allgemeine *Aussagen* über die betrachtete *Grundgesamtheit* gewonnen. *Typische Beispiele* hierfür bilden

  * *Qualitätskontrollen:*

    In einer Firma möchte man aus den Merkmalen einer aus der Tagesproduktion eines hergestellten Produkts entnommenen *Stichprobe* Aussagen über die Merkmale dieser *Tagesproduktion* erhalten, die hier die betrachtete Grundgesamtheit darstellt.

  * *Wahlprognosen:*

    Aus einer Meinungsumfrage (Stichprobe) vor einer Wahl werden Schlußfolgerungen auf die Stimmenanteile der einzelnen Parteien gezogen.

☞
Die Beispiele lassen schon die *große Bedeutung* der *schließenden Statistik* erkennen, da man bei Massenprozessen bzw. -erscheinungen nicht in der Lage ist, alles zu erfassen. Man kann nur *Stichproben entnehmen* und hieraus *Schlußfolgerungen* auf die *Gesamtheit ziehen*, d.h., die *Grundidee* der *schließenden Statistik* besteht im *Schluß* vom *Teil* aufs *Ganze*. Mathematisch bedeutet dies, anhand einer Stichprobe *Aussagen* über

* *unbekannte Momente* (Erwartungswert, Streuung,...)
* *unbekannte Verteilungsfunktionen*

einer *Grundgesamtheit* zu erhalten. Die *Methoden* hierfür werden in der

* *Schätztheorie* (Schätzwerte für die Momente)
* *Testtheorie* (Überprüfung von Hypothesen über die Verteilungsfunktion und die Momente)

gegeben.

♦
Zur *Lösung* von *Aufgaben* der *beschreibenden* und *schließenden Statistik* existieren *spezielle Programmsysteme*. Wer hauptsächlich *Statistikprobleme* zu lösen hat, kann auf solche *Systeme* wie SAS, UNISTAT, STATGRAPHICS, SYSTAT, SPSS usw. zurückgreifen, die speziell für diese Probleme erstellt wurden und deshalb effektiver als MATHCAD und die anderen Computeralgebra-Systeme sind.

Dies bedeutet aber nicht, daß MATHCAD und die anderen Computeralgebra-Systeme für Aufgaben der Statistik untauglich sind.

Obwohl MATHCAD keine Funktionen zum Schätzen von Momenten und Testen von Hypothesen enthält, kann man die vorhandenen Funktionen zur Berechnung von Verteilungsfunktionen, zu statistischen Maßzahlen usw. heranziehen, um eine Reihe statistischer Rechnungen durchzuführen.

Falls man die für MATHCAD angebotenen *Elektronischen Bücher* zur *Statistik* besitzt, lassen sich auch Aufgaben zur Schätz- und Testtheorie effektiv mittels MATHCAD lösen, wie wir im Abschn.27.4 an einem Beispiel sehen.

27.1 Statistische Maßzahlen

Von den *statistischen Maßzahlen* der *beschreibenden Statistik* betrachten wir nur

* *Mittelwert*
* *Median*
* *empirische Streuung* (*Varianz*)

die MATHCAD neben anderen berechnen kann. Wir beschränken uns im folgenden auf *eindimensionale Stichproben* vom Umfang n, d.h. auf n Zahlenwerte

$x_1, x_2, ..., x_n$

für die diese *Maßzahlen* folgendermaßen definiert sind:

- das *arithmetische Mittel* (der *Mittelwert*) $\bar{x}$ mittels

$$\bar{x} = \frac{1}{n} \sum_{i=1}^{n} x_i$$

- der *Median* $\tilde{x}$ mittels

$$\tilde{x} = \begin{cases} x_{k+1} & \text{falls} \quad n = 2k+1 \, (\text{ungerade}) \\ \dfrac{x_k + x_{k+1}}{2} & \text{falls} \quad n = 2k \, (\text{gerade}) \end{cases}$$

wenn die Zahlenwerte
x_i
der Größe nach geordnet sind, d.h.
$x_1 \leq x_2 \leq ... \leq x_n$

- die (erwartungstreue) *empirische Streuung/Varianz* aus

$$s^2 = \frac{1}{n-1} \sum_{i=1}^{n} (x_i - \bar{x})^2$$

wobei s als *empirische Standardabweichung* bezeichnet wird.
Zur Berechnung dieser *statistischen Maßzahlen* stellt MATHCAD folgende *Funktionen* zur Verfügung:
Für die *Werte*

$x_1, x_2, \ldots, x_n$

einer *eindimensionalen Sichprobe* vom *Umfang* n, die in einem *Vektor* (Spaltenvektor) **x**

$$\mathbf{x} := \begin{pmatrix} x_1 \\ \vdots \\ x_n \end{pmatrix}$$

abgespeichert sein müssen, berechnen

- **mean (x)**
  (deutsche Version: **mittelwert**)
  das *arithmetische Mittel* $\bar{x}$
- **median (x)**
  den *Median* $\tilde{x}$, wobei die Komponenten des Vektors **x** von MATHCAD vor der Berechnung der Größe nach geordnet werden
- **var (x)**
  die *Streuung/Varianz* in der Form, in der durch n anstatt durch n−1 dividiert wird, d.h.

$$\frac{1}{n} \sum_{i=1}^{n} (x_i - \bar{x})^2$$

- **Var (x)**
  die *erwartungstreue Streuung/Varianz*

$$\frac{1}{n-1} \sum_{i=1}^{n} (x_i - \bar{x})^2$$

d.h. zwischen **Var** und **var** besteht die *Beziehung*

$$\mathbf{Var}\,(\mathbf{x}) = \frac{n}{n-1} \cdot \mathbf{var}\,(\mathbf{x})$$

- **stdev (x)**
  die *Standardabweichung* für **var**
- **Stdev (x)**
  die *Standardabweichung* für **Var**

27.1 Statistische Maßzahlen

Die Berechnung wird ausgelöst, wenn man nach der Eingabe der entsprechenden Funktion das numerische Gleichheitszeichen = eintippt. Die Größen werden folglich *numerisch berechnet.* Eine exakte Berechnung ist hierfür nicht vorgesehen. Dies ist auch nicht erforderlich, da die Daten i.a. nur numerisch ermittelt werden.

☞

MATHCAD kann mit den eben gegebenen Funktionen auch *Mittelwert, Median, Streuung* und *Standardabweichung* für *m-dimensionale Stichproben* vom *Umfang n* berechnen, indem diese als m×n-Matrizen in das Argument der Funktionen eingegeben werden.

♦
Beispiel 27.1:

Für die vorliegenden *Zahlenwerte*

3.6 4.7 5.1 6.3 7.5 7.2 4.9 3.9 5.5 4.1 5.9 3.3

einer *eindimensionalen Stichprobe* vom *Umfang* 12 sollen *Mittelwert, Median, Streuung* und *Standardabweichung* berechnet werden. Mittels MATHCAD geschieht dies folgendermaßen:

* *Zuerst* werden die *Zahlenwerte* der gegebenen *Stichprobe* einem *Spaltenvektor zugewiesen.* Dies kann auch durch Einlesen von einem Datenträger (Diskette, Festplatte) geschehen, wie im Abschn.9.1 beschrieben wird:

$$\mathbf{x} := \begin{pmatrix} 3.6 \\ 4.7 \\ 5.1 \\ 6.3 \\ 7.5 \\ 7.2 \\ 4.9 \\ 3.9 \\ 5.5 \\ 4.1 \\ 5.9 \\ 3.3 \end{pmatrix}$$

* *Danach* können die entsprechenden MATHCAD-Funktionen zur Berechnung der gewünschten Maßzahlen angewandt werden:

mean (**x**) = 5.167   **median** (**x**) = 5

var (**x**) = 1.707   **stdev** (**x**) = 1.307

Var (**x**) = 1.862   **Stdev** (**x**) = 1.365

Um die *Anwendung integrierter Funktionen* (Abschn.17.1) zu *üben*, schreiben wir eine eigene *Funktion* **med**, die den *Median* der Komponenten eines Spaltenvektors berechnet, die nicht der Größe nach geordnet werden:

$$\mathbf{x} := \begin{pmatrix} 3.6 \\ 4.7 \\ 5.1 \\ 6.3 \\ 7.5 \\ 7.2 \\ 4.9 \\ 3.9 \\ 5.5 \\ 4.1 \\ 5.9 \\ 3.3 \end{pmatrix}$$

$$\mathbf{med}(\mathbf{x}) := \mathbf{if}\left(\mathbf{floor}\left(\frac{\mathrm{rows}(\mathbf{x})}{2}\right) \cdot 2 = \mathrm{rows}(\mathbf{x}), \frac{x_{\frac{\mathrm{rows}(\mathbf{x})}{2}} + x_{\frac{\mathrm{rows}(\mathbf{x})}{2}+1}}{2}, x_{\mathbf{floor}\left(\frac{\mathrm{rows}(\mathbf{x})}{2}\right)+1}\right)$$

med (x) = 6.05

Bei dieser Funktion muß der Startwert für die Indexzählung des Vektors auf 1 eingestellt sein, d.h. **ORIGIN := 1**.

♦

MATHCAD gestattet die *grafische Darstellung* des vorliegenden *Datenmaterials* für ein- und zweidimensionale Stichproben. Hiervon haben wir bereits im Abschn.18.3 (*Punktgrafiken*) die Darstellung in Punktform kennengelernt.

Für *eindimensionale Stichproben* bietet MATHCAD weitere *grafische Darstellungsmöglichkeiten*, so daß wir die Vorgehensweise nochmals darlegen:

- Zuerst ordnet man die *darzustellenden Daten* einem *Vektor* (*Spaltenvektor*) **x** zu.
- Danach werden im *Grafikfenster* für Kurven (siehe Abschn.18.1) in den mittleren *Platzhalter* der x-Achse der *Index* (z.B. i) und in den mittleren *Platzhalter* der y-Achse die *Komponenten* x_i des *Vektors* **x** eingetragen.
- Danach ist oberhalb des Grafikfensters der *Laufbereich* für den *Index* anzugeben, indem man ihn als *Bereichsvariable* mit der Schrittweite 1 definiert.

27.1 Statistische Maßzahlen

- Abschließend lösen im Automatikmodus ein Mausklick außerhalb des Grafikfensters oder die Betätigung der ⏎-Taste die Zeichnung der Daten aus:

  * In der *Standardeinstellung* verbindet MATHCAD die gezeichneten Punkte durch Geraden.

  * Nach zweifachem Mausklick auf die Grafik erscheint eine *Dialogbox*, in der man bei
    Traces ⇒ Type
    (deutsche Version: **Spuren ⇒ Format**)
    eine *andere Form* der *grafischen Darstellung* einstellen kann, z.B.
    - Darstellung in *Punktform*
    - Darstellung in *Balkenform/Säulenform*
    - Darstellung in *Treppenform*

Die *Vorgehensweise* ist aus *folgendem Beispiel 27.2 ersichtlich*, in dem wir die Stichprobe aus Beispiel 27.1 grafisch darstellen.

Beispiel 27.2:

Betrachten wir die *eindimensionale Stichprobe* aus Beispiel 27.1, deren Zahlenwerte im Arbeitsfenster dem folgenden *Spaltenvektor* **x** zugewiesen wurden:

$$x := \begin{pmatrix} 3.6 \\ 4.7 \\ 5.1 \\ 6.3 \\ 7.5 \\ 7.2 \\ 4.9 \\ 3.9 \\ 5.5 \\ 4.1 \\ 5.9 \\ 3.3 \end{pmatrix}$$

Hierfür bietet MATHCAD folgende *grafische Darstellungsmöglichkeiten:*

a) Darstellung in *Punktform*

$i := 1 .. 12$

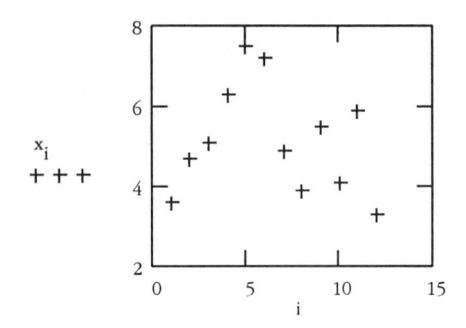

x_i
+ + +

Bei der *Darstellung* der Zahlenwerte als *Punkte* sind *mehrere Formen möglich*. Wir haben die Darstellung in Gestalt von Kreuzen gewählt.

b) Darstellung in *Balkenform/Säulenform*

$i := 1 .. 12$

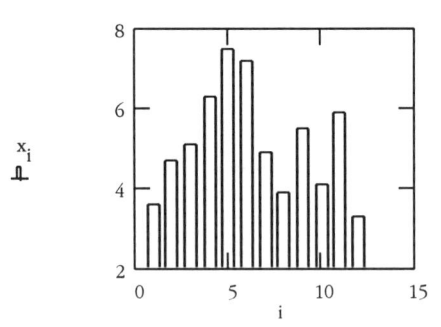

x_i

c) Darstellung in *Treppenform*

$i := 1 .. 12$

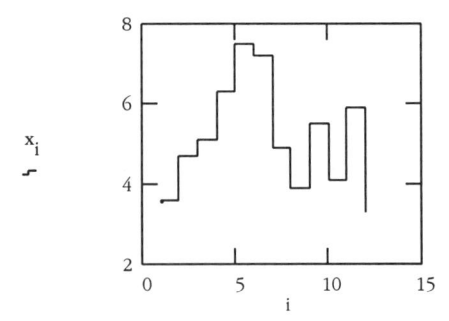

x_i

♦

27.1 Statistische Maßzahlen

☞

Des weiteren enthält MATHCAD die *Funktion* **hist** zur *Berechnung* von *Häufigkeitsverteilungen* für eine gegebene eindimensionale Stichprobe, die folgendermaßen charakterisiert sind:

* Eine Menge von *Zahlenwerten* wird in *Klassen* K_i mit *Klassenbreiten* b_i eingeteilt.
* Die relative Häufigkeit h_i der Klasse K_i wird in einem sogenannten *Histogramm* durch den Flächeninhalt eines über b_i errichteten Rechtecks dargestellt.

♦

MATHCAD kann *Häufigkeitsverteilungen* folgendermaßen berechnen:
Nach *Eingabe* der *Spaltenvektoren*

* **x**

    der die *Zahlenwerte* der *Stichprobe* als Komponenten enthält,

* **u**

    aus dessen Komponenten sich die vorgegebenen *Klassenbreiten* b_i in der Form

    $b_i = u_{i+1} - u_i$ ($u_{i+1} > u_i$ vorausgesetzt)

    berechnen,

liefert in MATHCAD die *Funktion* **hist (u,x)** durch Eingabe des numerischen Gleichheitszeichens = oder durch Zuweisung einen Spaltenvektor, dessen i-te Komponente die Anzahl der Komponenten (Zahlenwerte) aus **x** enthält, die im Intervall $[u_i, u_{i+1}]$ liegen. Die *grafische Darstellung* des zur berechneten *Häufigkeitsverteilung* gehörigen *Histogramms* ist aus folgendem Beispiel ersichtlich.

Beispiel 27.3:
Im folgenden berechnen wir die Häufigkeitsverteilung für die Zahlenwerte der eindimensionalen Stichprobe aus Beispiel 27.1, wobei die Klassenbreiten im Vektor **u** festgelegt werden:

$$\mathbf{x} := \begin{pmatrix} 3.6 \\ 4.7 \\ 5.1 \\ 6.3 \\ 7.5 \\ 7.2 \\ 4.9 \\ 3.9 \\ 5.5 \\ 4.1 \\ 5.9 \\ 3.3 \end{pmatrix} \qquad \mathbf{u} := \begin{pmatrix} 3 \\ 4 \\ 5 \\ 6 \\ 7 \\ 8 \end{pmatrix}$$

$$\mathbf{h} := \mathbf{hist}(u, x) \qquad \mathbf{h} = \begin{pmatrix} 3 \\ 3 \\ 3 \\ 1 \\ 2 \end{pmatrix}$$

Der *Ergebnisvektor* **h** liefert das Resultat, daß von den Zahlenwerten der Stichprobe

* 3 Werte in das Intervall [3,4]
* 3 Werte in das Intervall [4,5]
* 3 Werte in das Intervall [5,6]
* 1 Wert in das Intervall [6,7]
* 2 Werte in das Intervall [7,8]

fallen.
Die *Darstellung* des *Histogramms* in Form eines *Säulendiagramms* kann beispielsweise in folgender Form geschehen:

Histogramm

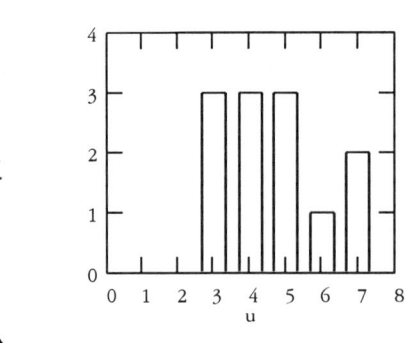

♦

27.2 Korrelation und Regression

Die *Korrelations-* und *Regressionsanalyse* untersucht die *Art* des *Zusammenhangs* zwischen verschiedenen *Merkmalen* einer betrachteten Grundgesamtheit mit den Mitteln der *Wahrscheinlichkeitsrechnung/Statistik* und konstruiert *funktionale Zusammenhänge*.
Wir betrachten im Rahmen des vorliegenden Buches nur *Zusammenhänge* zwischen zwei *Merkmalen* X und Y, d.h. funktionale Zusammenhänge, die durch Funktionen einer Variablen y = f(x) realisiert werden. Im Fall mehrerer Merkmale ist der Sachverhalt analog.

27.2.1 Grundlagen

In der Praxis spielt die *analytische Darstellung* von *Funktionen* eine große Rolle, deren Gleichung nicht bekannt ist, d.h., die nur in *Form* von *Funktionswerten* (*Funktionstabellen*) vorliegen:

* Diese Problematik tritt immer auf, wenn bei Untersuchungen zwischen gewissen Merkmalen ein *funktionaler Zusammenhang* sichtbar wird, für den man aber keinen analytischen Ausdruck kennt.

* Man ist dann auf *Messungen* der betreffenden *Merkmale* angewiesen und erhält daraus den *Zusammenhang* in *Tabellenform*, der bei *zwei Merkmalen* die *Form* einer *Tabelle* mit *Zahlenpaaren*

  $(x_1, y_1), (x_2, y_2), \ldots, (x_n, y_n)$

  hat.

* Diese *Funktionstabelle* ist nicht sehr anschaulich. Eine erste Möglichkeit einer anschaulicheren Darstellung ist durch die grafische Darstellung gegeben, wie man im Beispiel 27.2 sieht. Man ist aber auch an einer näherungsweisen *analytischen Darstellung* mittels einer *Funktionsgleichung* interessiert, da man hiermit besser rechnen kann.

In der *numerischen Mathematik* gibt es *verschiedene Methoden*, um bei *zwei Merkmalen* eine durch *n Zahlenpaare* (*Punkte in der Ebene*)

$(x_1, y_1), (x_2, y_2), \ldots, (x_n, y_n)$

gegebene *Funktion*

f(x)

durch eine *analytische Funktion* (z.B. ein Polynom) *darzustellen*.

☞

Da man nur die *Funktionswerte*

$y_i = f(x_i)$

in einer Reihe von *x-Werten*

x_i (i = 1 ,..., n)

kennt, muß man *Näherungsfunktionen* konstruieren, die diese *Punkte*

$(x_1, y_1), (x_2, y_2), \ldots, (x_n, y_n)$

nach einem gegebenen *Kriterium annähern*.

♦

☞

Zu bekannten Methoden, gegebene Punkte (Punkteschar, Punktwolke) durch eine Funktion anzunähern, zählen die *Methode* der

* *Interpolation*
* *kleinsten Quadrate*

Die *Interpolation* behandeln wir im Abschn.17.2.4 und die *Methode der kleinsten Quadrate* verwenden wir im folgenden zur *Konstruktion* von *Rekursionskurven*.

♦

Die *Korrelations-* und *Regressionsanalyse*

- legt bei *zwei Merkmalen*

  X und Y

  zwischen denen man einen *funktionalen Zusammenhang vermutet,* n Zahlenpaare

  $(x_1, y_1), (x_2, y_2), \ldots, (x_n, y_n)$

  zugrunde, die durch eine Stichprobe (z.B. durch *Messungen*) gewonnen wurden.

- untersucht anhand einer entnommenen Stichprobe die *Art* des *Zusammenhangs* zwischen den *Merkmalen* X und Y mit den Mitteln der Wahrscheinlichkeitsrechnung/Statistik und *konstruiert* einen *funktionalen Zusammenhang.* Dabei

  * liefert die *Korrelationsanalyse* Aussagen über den *Zusammenhang* zwischen den beiden *Merkmalen* X und Y,
  * konstruiert die *Regressionsanalyse* eine *Näherungsfunktion* (*Regressionskurve*) für den funktionalen Zusammenhang, wozu die *Methode* der *kleinsten Quadrate* angewandt wird.

☞

Bei der Anwendung der *Interpolation* im Abschn.17.2.4 wird schon vorausgesetzt, daß zwischen den betrachteten Merkmalen ein funktionaler Zusammenhang besteht, der z.B. aus der Kenntnis gewisser Gesetze gewonnen wurde. Deshalb entfällt hier die Untersuchung des Zusammenhangs und es wird lediglich für die entnommene Stichprobe eine Näherungsfunktion nach dem *Interpolationsprinzip* konstruiert.

♦

☞

Im *Unterschied* zur *Interpolation* brauchen bei der in der *Regressionsanalyse* angewandten *Methode* der *kleinsten Quadrate* die gegebenen Punkte nicht die konstruierte Funktion zu erfüllen. Das Prinzip besteht hier darin, die Näherungsfunktion so zu konstruieren, daß die *Summe* der *Abweichungsquadrate* zwischen der Funktion und den gegebenen Punkten *minimal* wird.

♦

27.2.2 Lineare Regressionskurven

Wird ein *linearer funktionaler Zusammenhang* zwischen *zwei Merkmalen* X und Y

27.2 Korrelation und Regression

vermutet, geht man folgendermaßen vor:
- Zuerst ist die *Korrelationsanalyse* heranzuziehen. Sie liefert unter Verwendung von Methoden der Wahrscheinlichkeitsrechnung/Statistik Aussagen über die *Stärke* des vermuteten *linearen Zusammenhangs* zwischen den beiden *Merkmalen*, die als *Zufallsgrößen* aufgefaßt werden:
  * Als *Maß* für den *linearen Zusammenhang* wird der *Korrelationskoeffizient*
    $$\rho_{XY}$$
    verwendet. Für
    $$|\rho_{XY}| = 1$$
    besteht dieser *lineare Zusammenhang* mit der *Wahrscheinlichkeit* 1.
  * Da man nur die Zahlenpaare (Punkte der Ebene)
    $$(x_1, y_1), (x_2, y_2), \ldots, (x_n, y_n)$$
    der Stichprobe besitzt, kann man mit Hilfe des hieraus berechneten *empirischen Korrelationskoeffizienten*
    $$r_{XY} = \frac{\sum_{i=1}^{n}(x_i - \bar{x}) \cdot (y_i - \bar{y})}{\sqrt{\sum_{i=1}^{n}(x_i - \bar{x})^2} \cdot \sqrt{\sum_{i=1}^{n}(y_i - \bar{y})^2}}$$
    über statistische Tests Aussagen zum linearen Zusammenhang gewinnen und gegebenenfalls die empirische Regressionsgerade konstruieren.
- Danach wird die *lineare Regression* herangezogen, einen *linearen Zusammenhang* der Gestalt
  $$Y = a \cdot X + b$$
  zwischen den *Merkmalen* (*Zufallsgrößen*) X und Y herzustellen, falls der berechnete *Korrelationskoeffizient* dies zuläßt. Für die vorliegenden Zahlenpaare der Stichprobe führt dies auf das Problem, sie durch eine *Gerade*
  $$y = a \cdot x + b \quad \text{(empirische Regressionsgerade)}$$
  anzunähern.
  Dazu wird die *Gaußsche Methode* der *kleinsten Quadrate* verwendet:
  $$F(a,b) = \sum_{i=1}^{n}(y_i - a \cdot x_i - b)^2 \to \underset{(a,b)}{\text{Minimum}}$$
  Hier werden die unbekannten *Parameter* a und b derart bestimmt, daß die Summe der Quadrate der Abweichungen der einzelnen Punkte (Zahlenpaare) von der Regressionsgeraden minimal wird.

☞

Wichtig ist, daß man *vor* einer *linearen Regression* eine *Korrelationsanalyse* durchführen muß, um festzustellen, ob der Grad des linearen Zusammenhangs ausreichend ist. Falls man diese Korrelationsanalyse nicht durchführen möchte, kann man die *empirische Regressionsgerade* auch näherungsweise verwenden, falls der berechnete *empirische Korrelationskoeffizent* dem Betrage nach in der Nähe von 1 liegt.

♦

Nach der Eingabe der *Zahlenpaare*

$(x_1, y_1), (x_2, y_2), \ldots, (x_n, y_n)$

der vorliegenden *Stichprobe* als *Spaltenvektoren*

$$\mathbf{x} := \begin{pmatrix} x_1 \\ \vdots \\ x_n \end{pmatrix} \qquad \mathbf{y} := \begin{pmatrix} y_1 \\ \vdots \\ y_n \end{pmatrix}$$

können in MATHCAD für die *lineare Korrelations-* und *Regressionsanalyse* folgende *Funktionen* angewandt werden:

- **corr (x, y)**
  (deutsche Version: **korr**)
  berechnet den *empirischen Korrelationskoeffizienten*
- **slope (x, y)**
  (deutsche Version: **neigung**)
  berechnet die *Steigung* a der *empirischen Regressionsgeraden*
- **intercept (x, y)**
  (deutsche Version: **achsenabschn**)
  berechnet den *Abschnitt* b der *empirischen Regressionsgeraden* auf der y-*Achse*

Wenn man nach der Eingabe der entsprechenden Funktion das numerische Gleichheitszeichen = eintippt, wird die Berechnung ausgelöst.

Beispiel 27.4:

Wir untersuchen im folgenden die fünf *Zahlenpaare*

(1,2) , (2,4) , (3,3) , (4,6) , (5,5)

einer *Stichprobe* mittels *Korrelations-* und *Regressionsanalyse*, für die wir im Beispiel 17.6 mittels Interpolation eine Näherungsfunktion bestimmt haben. Dazu gehen wir in MATHCAD folgendermaßen vor:

* Zuerst ordnen wir die erste Koordinaten der Zahlenpaare einem Vektor **vx** und die zweiten einem Vektor **vy** zu:

27.2 Korrelation und Regression

$$\mathbf{vx} := \begin{pmatrix} 1 \\ 2 \\ 3 \\ 4 \\ 5 \end{pmatrix} \qquad \mathbf{vy} := \begin{pmatrix} 2 \\ 4 \\ 3 \\ 6 \\ 5 \end{pmatrix}$$

* Danach berechnen wir den *empirischen Korrelationskoeffizienten*:

  corr (vx , vy) = 0.8

  Aufgrund des berechneten Wertes in der Nähe von 1 akzeptieren wir die Annäherung durch eine empirische Regressionsgerade.

* Anschließend berechnen wir *Steigung* a und *Achsenabschnitt* b für die *empirische Regressionsgerade*

  $y(x) = a \cdot x + b$

* Abschließend zeichnen wir die berechnete Regressionsgerade und die gegebenen Zahlenpaare in ein gemeinsames Koordinatensystem:

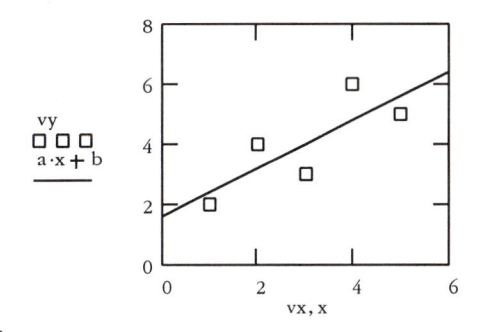

  $a := \text{slope}(vx, vy) \qquad b := \text{intercept}(vx, vy)$

  $x := 0 .. 6$

♦

27.2.3 Nichtlineare Regressionskurven

In der *nichtlinearen Regression* werden die gegebenen *Zahlenpaare* (*Punkte*)

$(x_1, y_1), (x_2, y_2), \ldots, (x_n, y_n)$

einer eindimensionalen *Stichprobe* durch *nichtlineare Regressionskurven* der Form

$y = f(x; a_1, a_2, \ldots, a_m) = a_1 \cdot f_1(x) + a_2 \cdot f_2(x) + \ldots + a_m \cdot f_m(x)$

angenähert, in denen die *Funktionen*

$f_1(x)$, $f_2(x)$, ... , $f_m(x)$

gegeben und die *Parameter*

a_1, a_2, ... , a_m

frei wählbar sind. Analog zur linearen Regression werden die *Parameter*

a_i

mittels der *Methode* der *kleinsten Quadrate* bestimmt. Es ist nur die Gleichung der Regressionsgeraden durch die Gleichung der gegebenen Regressionskurve zu ersetzen.

☞

Offensichtlich ist die *lineare Regression* ein *Spezialfall* der *nichtlinearen Regression*. Man erhält sie, indem man

$m = 2$, $f_1(x) = 1$ und $f_2(x) = x$

setzt, d.h. die *Regressionskurve*

$y = f(x; a_1, a_2) = a_1 \cdot f_1(x) + a_2 \cdot f_2(x)$

verwendet (siehe Beispiel 27.5a).

♦

MATHCAD führt die *nichtlineare Regression* mittels der *Regressionsfunktion*

linfit (vx, vy, F)

(deutsche Version: **linanp**)

durch und liefert unter Verwendung des *Prinzips* der *kleinsten Quadrate* als Ergebnis einen Vektor mit den Werten für die *berechneten Parameter*

a_1, a_2, ... , a_m

Im Argument der *Regressionsfunktion* bezeichnet **F** einen Spaltenvektor, dem vorher die gegebenen Funktionen

$f_i(x)$

aus der verwendeten *Regressionskurve* in der folgenden Form zugewiesen werden müssen:

$$\mathbf{F}(x) := \begin{pmatrix} f_1(x) \\ f_2(x) \\ \vdots \\ f_m(x) \end{pmatrix}$$

Die Vektoren **vx** und **vy** im Argument haben die gleiche Bedeutung wie bei der linearen Regression, d.h., sie enthalten die x- bzw. y-Koordinaten der gegebenen Zahlenpaare.

☞

Die *Regressionsfunktion* **linfit** funktioniert nur, wenn die Anzahl n der Zahlenpaare größer als die Anzahl m der Funktionen

$f_i(x)$

27.2 Korrelation und Regression

ist (siehe Beispiel 27.5d).

♦

MATHCAD besitzt noch die *Regressionsfunktion*

regress (vx, vy, n)

zur Berechnung von *Regressionspolynomen* vom *Grade* n (*polynomiale Regression*), in derem Argument die Vektoren **vx** und **vy** die gleiche Bedeutung wie bei der linearen Regression haben, d.h., sie enthalten die x- bzw. y-Koordinaten der gegebenen Zahlenpaare.

Diese Funktion liefert einen *Vektor*, den wir mit **vs** bezeichnen und den die *Interpolationsfunktion*

interp (vs , vx , vy , x)

benötigt, um das *Regressionspolynom* vom *Grade n* an der Stelle x zu berechnen.

Die Funktion **regress** liefert folglich in Anwendung mit der Funktion **interp** die *Regressionskurve*, wenn man *Polynome n-ten Grades* verwendet. Damit kann man hiermit auch die *Regressionsgerade berechnen*, wenn man n = 1 setzt (siehe Beispiel 27.5a).

Beispiel 27.5:

a) Die *Regressionsgerade*

$y(x) = a \cdot x + b$

aus *Beispiel 27.4* für die fünf *Zahlenpaare* (Punkte)

(1, 2), (2, 4), (3, 3), (4, 6), (5,5)

kann in MATHCAD auch mit den *Regressionsfunktionen* **linfit** oder **regress** konstruiert werden:

* Anwendung von **linfit**:

$$vx := \begin{pmatrix} 1 \\ 2 \\ 3 \\ 4 \\ 5 \end{pmatrix} \qquad vy := \begin{pmatrix} 2 \\ 4 \\ 3 \\ 6 \\ 5 \end{pmatrix} \qquad F(x) := \begin{pmatrix} 1 \\ x \end{pmatrix}$$

$a := \text{linfit} (vx , vy , F) \qquad y(x) := F(x) \cdot a$

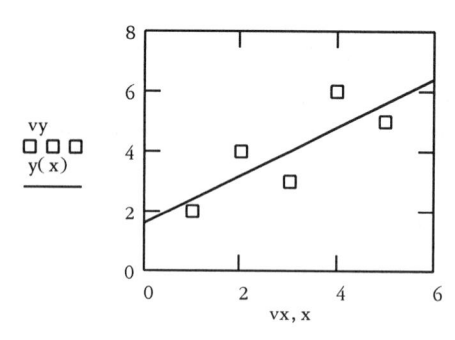

* Anwendung von **regress**:

$$vx := \begin{bmatrix} 1 \\ 2 \\ 3 \\ 4 \\ 5 \end{bmatrix} \qquad vy := \begin{bmatrix} 2 \\ 4 \\ 3 \\ 6 \\ 5 \end{bmatrix} \qquad vs := \text{regress}(vx, vy, 1)$$

$x := 0..6$

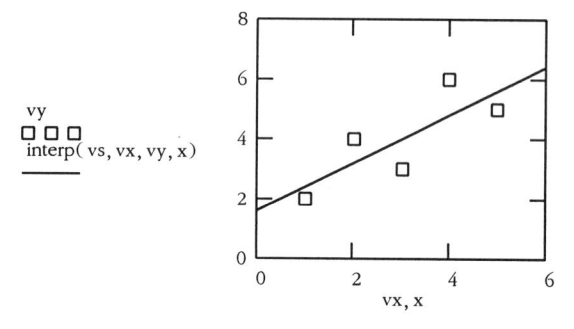

b) Nähern wir die Zahlenpaare aus Beispiel a) durch eine *Regressionsparabel* an, indem wir die *Regressionsfunktionen* **linfit** und **regress** anwenden:

* Anwendung von **linfit**:

$$vx := \begin{pmatrix} 1 \\ 2 \\ 3 \\ 4 \\ 5 \end{pmatrix} \qquad vy := \begin{pmatrix} 2 \\ 4 \\ 3 \\ 6 \\ 5 \end{pmatrix} \qquad F(x) := \begin{pmatrix} 1 \\ x \\ x^2 \end{pmatrix}$$

27.2 Korrelation und Regression

$$a := \text{linfit}(vx, vy, F) \qquad y(x) := F(x) \cdot a$$

$$x := 0..6$$

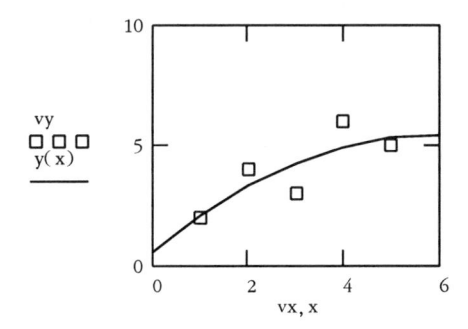

vy
□ □ □
y(x)
———

* Anwendung von **regress**:

$$vx := \begin{bmatrix} 1 \\ 2 \\ 3 \\ 4 \\ 5 \end{bmatrix} \qquad vy := \begin{bmatrix} 2 \\ 4 \\ 3 \\ 6 \\ 5 \end{bmatrix} \qquad vs := \text{regress}(vx, vy, 2)$$

$$x := 0..6$$

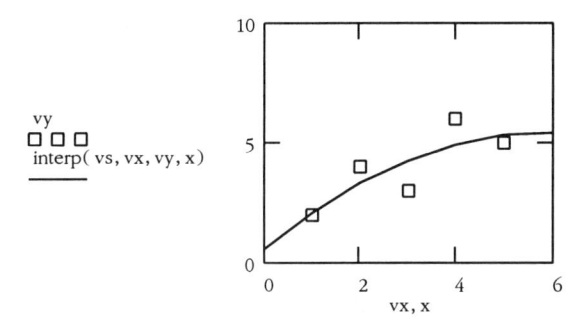

vy
□ □ □
interp(vs, vx, vy, x)
———

c) Im folgenden gehen wir davon aus, daß die Zahlenpaare aus Beispiel a) und b) als strukturierte ASCII-Datei *punkte.prn* auf *Diskette* im *Laufwerk* A vorliegen. Nach dem *Einlesen* in eine *Matrix* **A** möchten wir diese Zahlenpaare durch eine *Regressionskurve* der Form

$$y = a_1 + a_2 \cdot \cos x + a_3 \cdot \sin x + a_4 \cdot e^x$$

annähern, indem wir die *Regressionsfunktion* **linfit** anwenden:

$$A := \textbf{READPRN}(\text{"A:\textbackslash punkte.prn"})$$

$$A := \begin{pmatrix} 1 & 2 \\ 2 & 4 \\ 3 & 3 \\ 4 & 6 \\ 5 & 5 \end{pmatrix} \qquad F(x) := \begin{pmatrix} 1 \\ \cos(x) \\ \sin(x) \\ e^x \end{pmatrix}$$

$$a := \text{linfit}(A^{<1>}, A^{<2>}, F) \qquad y(x) := F(x) \cdot a$$

$$x := 0, 0.001 .. 6$$

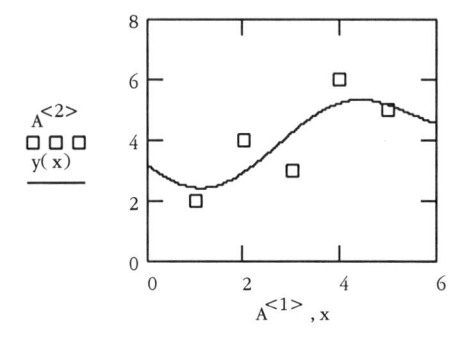

$A^{<2>}$
□ □ □
$y(x)$
———

d) Wir möchten die fünf Zahlenpaare aus den vorhergehenden Beispielen durch ein *Regressionspolynom* vom Grade 4 annähern. Nach der Theorie muß man das gleiche Ergebnis wie bei der *Interpolation* durch *Polynome* erhalten (siehe Abschn.17.2.4). Wir verwenden dazu die *Regressionsfunktionen* **linfit** und **regress**:

* Anwendung von **linfit**:

$$vx := \begin{pmatrix} 1 \\ 2 \\ 3 \\ 4 \\ 5 \end{pmatrix} \qquad vy := \begin{pmatrix} 2 \\ 4 \\ 3 \\ 6 \\ 5 \end{pmatrix} \qquad F(x) := \begin{pmatrix} 1 \\ x \\ x^2 \\ x^3 \\ x^4 \end{pmatrix}$$

$a := \text{linfit}(vx, vy, F)$

need more data points than parameters

Hier zeigt sich das bereits gesagte, daß MATHCAD bei gleicher Anzahl von Zahlenpaaren (Punkten) und Funktionen $f_i(x)$ die Berechnung mittels **linfit** ablehnt. In diesem Fall der *Annäherung* durch *Polynome* kann man auf die *Interpolationsfunktion* **polint** (siehe Bei-

27.2 Korrelation und Regression

spiel 17.6) oder die *Funktion* **regress** für die *polynomiale Regression* zurückgreifen, die das gleiche Ergebnis liefern.

* Anwendung von **regress**:

$$\mathbf{vx} := \begin{pmatrix} 1 \\ 2 \\ 3 \\ 4 \\ 5 \end{pmatrix} \qquad \mathbf{vy} := \begin{pmatrix} 2 \\ 4 \\ 3 \\ 6 \\ 5 \end{pmatrix}$$

vs := regress(vx, vy, 4)   x := 0, 0.001 .. 6

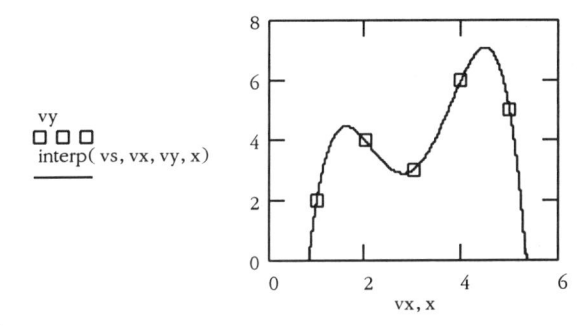

♦

☞
Bisher haben wir nur den funktionalen Zusammenhang zwischen zwei Merkmalen (Zufallsgrößen) mit der Regressionsanalyse untersucht. Man spricht von *Einfachregression*. Hier wird angenommen, daß ein Merkmal Y von einem zweiten Merkmal X abhängig ist. Hängt Y von mehreren Merkmalen

$X_1, X_2, \ldots, X_n$

ab, so spricht man von *Mehrfachregression* (*multiple Regression*). Die Vorgehensweise bei der Mehrfachregression ist analog zur Einfachregression. Im *Elektronischen Buch* **Statistik** (Volume II) findet man zu beiden Arten der Regression ausführliche Rechnungen und Erläuterungen (siehe Abschn.27.4).

♦

27.3 Simulationen

Wir können im Rahmen des Buches natürlich nicht das komplexe Gebiet der *Simulationsmethoden* behandeln. Wir zeigen nur an einem Beispiel der *Monte-Carlo-Simulation* wie man mit MATHCAD auch hierfür Aufgaben erfolgreich lösen kann.

☞
Allgemein kann man die *Simulation* als die Nachahmung eines realen praktischen Systems/Prozesses durch ein formales (mathematisches) Modell ansehen, wobei das aufgestellte Modell in den meisten Fällen mittels Computer gelöst wird.
♦

Als *Monte-Carlo-Simulationen* wird eine *Klasse* von *Simulationsmethoden* bezeichnet, die auf *Methoden* der *Wahrscheinlichkeitsrechnung* und *Statistik* beruhen. Sie lassen sich wie folgt *charakterisieren*:

* *Annäherung* eines gegebenen praktischen (materiellen) deterministischen oder stochastischen Modells durch ein formales *stochastisches Modell*.
* *Durchführung zufälliger Experimente* unter Verwendung von *Zufallszahlen* anhand dieses stochastischen Modells.
* In *Auswertung* der *Ergebnisse* dieser *zufälligen Experimente* werden *Näherungswerte* für das *gegebene Problem* erhalten.

☞
Mont-Carlo-Methoden kann man zur *Lösung* einer *Vielzahl mathematischer Probleme* heranziehen, so u.a. zur

* *Lösung* von algebraischen *Gleichungen* und *Differentialgleichungen*
* *Berechnung* von *Integralen*
* *Lösung* von *Optimierungsaufgaben*

Sie sind aber nur zu *empfehlen*, wenn *höherdimensionale Probleme* vorliegen, wie dies z.B. bei mehrfachen Integralen der Fall ist. Hier sind die Monte-Carlo-Methoden in gewissen Fällen den deterministischen numerischen Verfahren überlegen.
♦

☞
Da sich die Erzeugung von Zufallszahlen einfach realisieren läßt, eignet sich MATHCAD zur Durchführung von *Monte-Carlo-Simulationen*. Unter Verwendung der Programmiermöglichkeiten von MATHCAD lassen sich Algorithmen zur Monte-Carlo-Simulation problemlos realisieren. Im folgenden illustrieren wir dies bei der *Berechnung bestimmter Integrale*.
♦

Berechnen wir *bestimmte Integrale* der Form

27.3 Simulationen

$$I = \int_a^b f(x)\,dx$$

mittels *Monte-Carlo-Simulation:*

- Für eine einfache Anwendung muß das *Integral* in eine Form *transformiert* werden, in der der Integrationsbereich durch das Intervall [0,1] gegeben ist und die Funktionswerte des Integranden f(x) zwischen 0 und 1 liegen.
- Wir benötigen folglich das *Integral* in der *Form*

$$\int_0^1 h(x)\,dx \qquad \text{mit} \quad 0 \le h(x) \le 1$$

- Unter der Voraussetzung, daß der *Integrand* f(x) auf dem Intervall [a,b] *stetig* ist, kann man durch Berechnung von

$$m = \operatorname*{Minimum}_{x \in [a,b]} f(x) \quad \text{und} \quad M = \operatorname*{Maximum}_{x \in [a,b]} f(x)$$

das gegebene Integral I auf die *folgende Form* bringen:

$$I = (M - m) \cdot (b - a) \cdot \int_0^1 h(x)\,dx + (b - a) \cdot m$$

wobei die Funktion

$$h(x) = \frac{f(a + (b - a) \cdot x) - m}{M - m}$$

die geforderte Bedingung $0 \le h(x) \le 1$ erfüllt.

- Das entstandene *Integral*

$$\int_0^1 h(x)\,dx$$

bestimmt *geometrisch* die *Fläche* unterhalb der Funktionskurve von h(x) im *Einheitsquadrat* $x \in [0,1]$, $y \in [0,1]$.

- Dieser *geometrische Sachverhalt* läßt sich einfach durch *Simulation* mit *gleichverteilten Zufallszahlen* zur Berechnung des Integrals heranziehen: Man erzeugt n *Zahlenpaare*

$$(zx_i, zy_i)$$

von im Intervall [0,1] *gleichverteilten Zufallszahlen* und zählt nach, welche Anzahl z(n) der Zahlenpaare davon in die durch h(x) bestimmte Fläche fallen, d.h. für die

$$zy_i \le h(zx_i)$$

gilt.

- Damit liefert unter Verwendung des statistischen Wahrscheinlichkeitsbegriffs der Quotient z(n)/n eine *Näherung* für das zu berechnende *Integral*, d.h.

$$\int_0^1 h(x)\,dx \approx \frac{z(n)}{n}$$

☞
Bei der Anwendung der Monte-Carlo-Simulation ist zu beachten, daß bei jeder Durchführung mit gleicher Anzahl von Zufallszahlen i.a. ein anderes Ergebnis auftritt, wenn der Zufallszahlengenerator von MATHCAD nicht zurückgesetzt wird (siehe Abschn.26.5). Wir demonstrieren dies im folgenden Beispiel.

◆
Beispiel 27.6:

Das bestimmte *Integral*

$$I = \int_1^3 x^x\,dx$$

kann MATHCAD *nicht exakte lösen:*

$$\int_1^3 x^x\,dx \rightarrow \int_1^3 x^x\,dx$$

Die *numerische Berechnung* mittels MATHCAD liefert:

$$\int_1^3 x^x\,dx = 13.725 \ \blacksquare$$

Berechnen wir dieses *Integral* mittels der angegebenen *Monte-Carlo-Simulation*.

a) Dazu zeichnen wir zuerst die zu integrierende Funktion, um Aussagen über ihr Minimum m und Maximum M im Intervall [1,3] zu erhalten:

$$x := 1, 1.001 .. 3$$

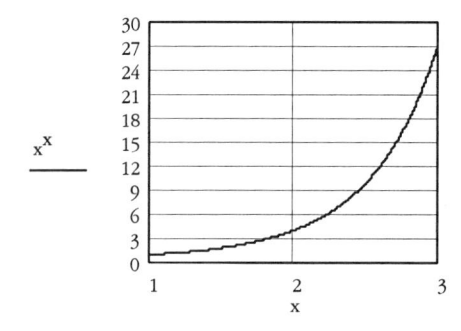

27.3 Simulationen

Aus der Zeichnung entnehmen wir die Werte m = 1 und M = 27. Mit den Integrationsgrenzen a=1 und b=3 können wir das gegebene Integral mittels der abgeleiteten Formel der *Monte-Carlo-Simulation* lösen, wofür wir das folgende kleine Programm in MATHCAD schreiben. Die Zahl n bedeutet darin die vorgegebene Zahl (im Programm 100 000) von zu erzeugenden Zufallszahlen. Das erstellte Programm kann zur Berechnung beliebiger bestimmter Integrale benutzt werden. Man muß nur die beiden ersten Zeilen des Programms entsprechend verändern:

$$a := 1 \quad b := 3 \quad M := 27 \quad m := 1$$

$$n := 100000 \quad f(x) := x^x$$

$$h(x) := \frac{f(a + (b - a) \cdot x) - m}{M - m} \quad i := 1..n$$

$$zx_i := rnd(1) \quad zy_i := rnd(1)$$

$$z(n) := \sum_{i=1}^{n} if(zy_i \leq h(zx_i), 1, 0)$$

$$I := (M - m) \cdot (b - a) \cdot \frac{z(n)}{n} + (b - a) \cdot m$$

$$I = 13.703$$

In der folgenden Tabelle geben wir die Ergebnisse der Rechnung für weitere Werte von n:

n	I
10	12.4
100	12.92
1000	13.856
10 000	13.731
100 000	13.703

Für n = 10 sind die zufälligen erzeugten Zahlenpaare aus der folgenden Grafik zu entnehmen:
Wir sehen in der grafischen Darstellung, daß von den 10 erzeugten Zahlenpaaren 2 in die zu berechnende Fläche fallen, so daß sich das Integral I aus
$$I = 26 \cdot 2 \cdot 2/10 + 2 = 12.4$$
berechnet.

x := 0, 0.01 .. 1

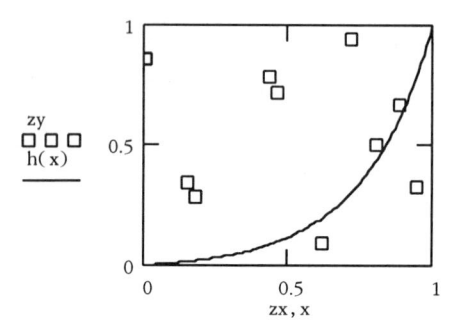

b) *Berechnen* wir das *Integral* aus Beispiel a) für n = 1000 durch mehrmaliges Erzeugen der 1000 Zufallszahlen ohne Zurücksetzen des Zufallszahlengenerators:

Versuch	Wert des Integrals
1.	13.128
2.	13.44
3.	13.804
4.	13.076
5.	14.376
6.	13.856

♦

☞

Das letzte Beispiel läßt erkennen, daß die *Monto-Carlo-Simulation* zur Berechnung einfacher bestimmter Integrale keinen Vorteil gegenüber der in MATHCAD enthaltenen numerischen Integration bringt. Zu empfehlen ist diese Simulation erst bei höherdimensionalen Problemen, z.B. bei mehrfachen Integralen.

♦

27.4 Elektronische Büchern zur Statistik

Die *Elektronischen Bücher* von MATHCAD zur *Statistik* findet man unter der Bezeichnung:
* **Practical Statistics**
* **The Mathcad Treasury of Statistics**, *Volume I ,II*
* **Statistics**

27.4 Elektronische Büchern zur Statistik

Im folgenden werden wir die Titelbilder dieser Bücher zeigen, die beim Aufruf erscheinen und ihre Inhaltsverzeichnisse angeben:

- Beim *Aufruf* von **Practical Statistics** erscheint das folgende Titelbild (erste Seite des Buches):

Dieses Elektronische Buch erhält man kostenlos mit der MATHCAD-Programm-CD. In der Version 7 befindet es sich nach der Installation von MATHCAD im **Informationszentrum** (englische Version: **Resource Center**), während es bei der Version 8 gesondert von der Programm-CD installiert werden muß (siehe Kap.2).
Durch Mausklick erhält man das folgende *Inhaltsverzeichnis:*

```
┌─────────────────────────────────────────────────────────────┐
│ Practical Statistics: Practical Statistics Contents   _ □ × │
│ File Edit View Insert Format Math Symbolics Book Help       │
│ ⌂ ⇐ ⇒ | ⊕ ⊝ ⊞ ⋈ ⊡ ⊟ ⊜                                       │
│                                                             │
│     ▌▌  MATHCAD RESOURCE CENTER                             │
│     ▌▌  Practical Statistics                                │
│     ---------------------------------------------------     │
│                                                             │
│     • About Exploring Statistics                            │
│     • 1 What Is Hypothesis Testing?                         │
│     • 2 Definitions, Terminology and Notation               │
│     • 3 Probability Distributions                           │
│     • 4 Parametric Hypothesis Tests                         │
│     • 5 Nonparametric Hypothesis Tests                      │
│     • 6 Contingency Tables and the Analysis of Variance     │
│     • 7 Basic Concepts of Data Analysis                     │
│     • 8 Descriptives                                        │
│     • 9 Estimation                                          │
│     • 10 Simple Linear Regression                           │
│     • 11 Multiple Regression                                │
│     • 12 Transformations and Nonlinear Models               │
│     • 13 Time Series and Data Smoothing                     │
│     • 14 Discriminant Analysis for Two Groups               │
│                                                             │
│ Press F1 for help.                                    NUM   │
│ Start | Mathcad Professional - [... | Practical Statistics:P... 22:31 │
└─────────────────────────────────────────────────────────────┘
```

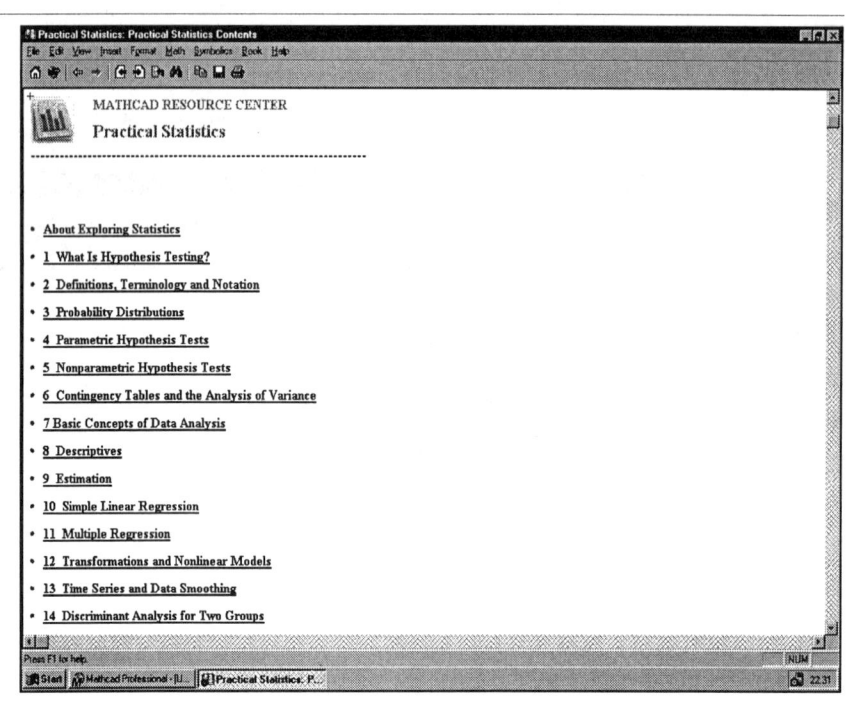

Aus dem Inhaltsverzeichnis ist ersichtlich, daß u.a. *Tests, Regression* und *Zeitreihen* behandelt werden.

- Beim *Aufruf* von **The Mathcad Treasury of Statistics** (*Volume I*) erscheint das folgende Titelbild (erste Seite des Buches), aus dem man entnehmen kann, daß *Tests* von *Hypothesen* durchgeführt werden:

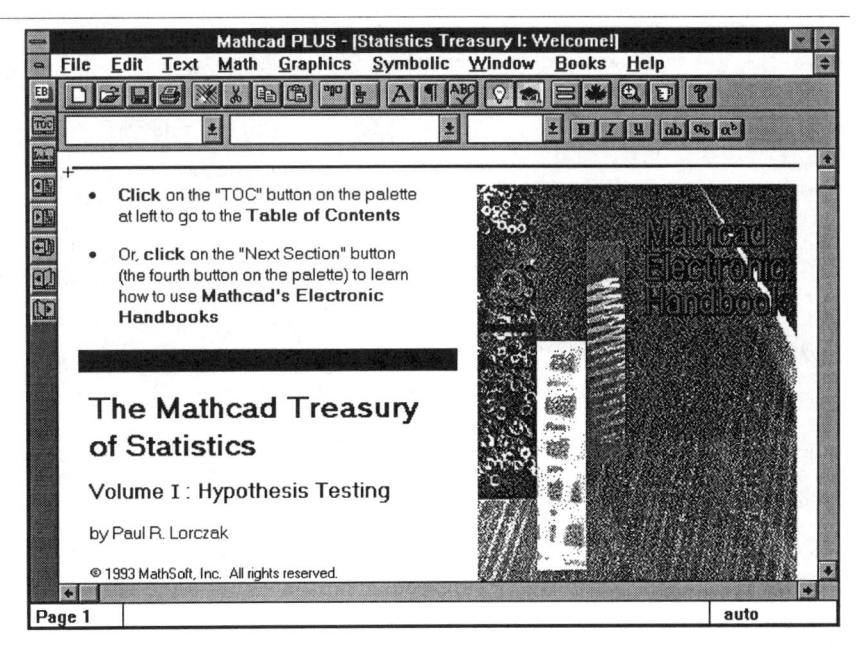

27.4 Elektronische Büchern zur Statistik

```
Mathcad PLUS - [Statistics Treasury I: Welcome!]
File  Edit  Text  Math  Graphics  Symbolic  Window  Books  Help
```

- **Click** on the "TOC" button on the palette at left to go to the **Table of Contents**
- Or, **click** on the "Next Section" button (the fourth button on the palette) to learn how to use **Mathcad's Electronic Handbooks**

The Mathcad Treasury of Statistics

Volume I : Hypothesis Testing

by Paul R. Lorczak

© 1993 MathSoft, Inc. All rights reserved.

Page 1 — auto

Durch Anklicken des Symbols (Buttons) TOC in der Operatorleiste EB erscheint folgendes *Inhaltsverzeichnis:*

About the Mathcad Treasury of Statistics

Chapter 1 What is Hypothesis Testing?

Chapter 2 Definitions, Terminology and Notation

Chapter 3 Probability Distributions

Chapter 4 Parametric Hypothesis Tests

Chapter 5 Non-Parametric Hypothesis Tests

Chapter 6 Contingency Tables and the Analysis of Variance

Appendix: Summary of Statistical Built-ins

Bibliography

Index

Das Inhaltsverzeichnis läßt erkennen, daß u.a. *Wahrscheinlichkeitsverteilungen* und *Tests* behandelt werden.

- Beim *Aufruf* von **The Mathcad Treasury of Statistics** (*Volume II*) erscheint das folgende Titelbild (erste Seite des Buches), aus dem man entnehmen kann, daß Datenanalysen durchgeführt werden:

Durch Anklicken des Symbols (Buttons) TOC erscheint folgendes *Inhaltsverzeichnis* für den Band II:

About Mathcad Electronic Books

About the Mathcad Treasury of Statistics, Volume II

Chapter 1 Basic Concepts

Chapter 2 Descriptives

Chapter 3 Estimation

Chapter 4 Simple Linear Regression

Chapter 5 Multiple Regression

Chapter 6 Transformations and Nonlinear Models

Chapter 7 Time Series and Data Smoothing

Chapter 8 Discriminant Analysis for Two Groups

Appendix A: Using Matrices

Appendix B: Summary of Statistical Built-ins

Bibliography

Index

27.4 Elektronische Büchern zur Statistik

Das Inhaltsverzeichnis läßt erkennen, daß u.a. *Schätzungen, Regressionsanalysen* und *Zeitreihen* behandelt werden.

- Beim *Aufruf* von **Statistics** erscheint das folgende Titelbild (erste Seite des Buches):

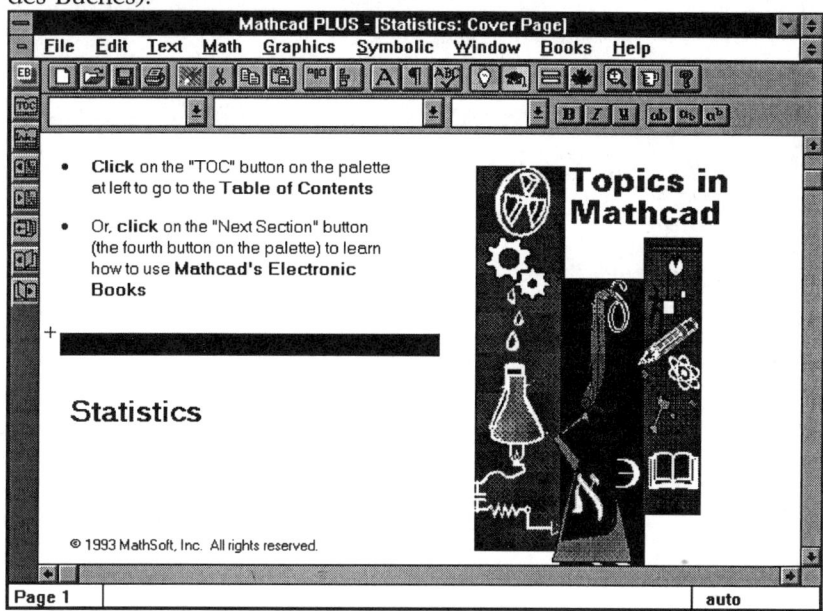

[Mathcad PLUS – Statistics: Cover Page Screenshot]

Durch Anklicken des Symbols (Buttons) TOC erscheint folgendes *Inhaltsverzeichnis* für das Buch *Statistics:*

About Mathcad Electronic Books

About this Electronic Book

Mathcad Statistical Functions

Testing

Section 1:   Choosing the Sample Size for a t Test on Means

Section 2:   Kendall's Rank Correlation Coefficient

Section 3:   Spearman's Rank Correlation Coefficient

Section 4:   The Kolmogorov-Smirnov Test

Section 5:   Counting Runs

Estimation

Section 6:   Estimating The Mean of a Normal Population

Section 7:   Jackknife Estimates

Section 8:   Probability Estimation Through Monte Carlo Methods

Modeling

Section 9: Operating Characteristic Curves
Section 10: Principal Component Analysis
Section 11: Median-Polish Kriging
Section 12: Data Clustering
Section 13: Discriminant Functions
Section 14: Analyzing Time-Series Data

Simulation

Section 15: Simulating Sampling Techniques
Section 16: Simulating a Multinomial Experiment
Section 17: Simulating a Single-server Queue
Section 18: Shuffling Elements of an Array
Section 19: Combinatorial Formulas
Section 20: Random Deviates for Simulation

Bibliography

Index

Aus dem Inhaltsverzeichnis ist ersichtlich, daß u.a. *Tests, Schätzungen* und *Simulationen* durchgeführt werden.

☞

Mit den in den *Elektronischen Büchern* zur *Statistik* gegebenen Methoden lassen sich die wesentlichen bei praktischen Problemen auftretenden statistischen Berechnungen durchführen. Diese Bücher sind sehr ausführlich geschrieben und mit vielen Erläuterungen versehen, so daß man als Anwender ohne große Mühe mit ihnen arbeiten kann.

Wir können im Rahmen dieser Ausführungen nicht weiter auf diese Bücher eingehen. Die Beschreibung der Elektronischen Bücher zum umfassenden Gebiet der Statistik muß einem gesonderten Buch vorbehalten bleiben.

♦

Im folgenden *Beispiel 27.7* zeigen wir zur Illustration einen Teil der Sektion 6 des *Elektronischen Buches* **Statistics**.

Beispiel 27.7:

Aus dem *Elektronischen Buch* **Statistics** haben wir die Sektion 6 ausgewählt, die die *Schätzung* des *Mittelwertes* einer *normalverteilten Grundgesamtheit* behandelt. Der *erläuternde Text* ist kursiv geschrieben. Die nicht kursiv geschriebenen *Formeln* dienen zur Berechnung und können direkt in das eigene Arbeitsblatt übernommen werden. Die *auszuwertende Stichprobe*

27.4 *Elektronische Büchern zur Statistik* 499

muß sich in der Datei *edata.prn* befinden, die mittels der Funktion **READPRN** (siehe Abschn.9.1) eingelesen wird:

Section 6   **Estimating the Mean of a Normal Population**

This application calculates confidence limits for an estimate of the mean of a normal population when the population variance is unknown and must be estimated from the sample. The approximation used for the inverse of the **t** *distribution gives accurate results for samples of size* **12** *or larger.*

- *This application is set up to use data stored in a file.* **Mathcad** *reads the data and calculates the sample mean* **m** *and sample standard deviation* **s**.
- *You can read in your own data by assigning the name of your data file to the file variable* **edata**. *To do so, choose* **Associate Filename** *from the* **File** *menu. Then assign the filename of your data to the* **Mathcad** *variable* **edata**. *Be sure to point* **Mathcad** *to the proper directory for your file.*

Note: *This procedure for calculating confidence limits assumes that the distribution of the sampled population is normal.*

Background

For samples of size **n** *from a normal population with mean* μ, *the statistic*

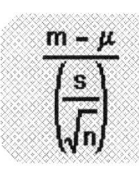

$$\frac{m - \mu}{\left(\dfrac{s}{\sqrt{n}}\right)}$$

has a **t** *distribution with* **n-1** *degrees of freedom. Here* **m** *is the sample mean and* **s** *is the sample standard deviation.*

When you use the sample mean as an estimate for the population mean, you can use the distribution to measure the probability that the mean will be close to your estimate. One way to express this probability is to construct a **confidence interval**. *For example, to construct a symmetric* **99%** *confidence interval, you do the following:*

1. Find the point **x** on the **t** distribution with **n-1** degrees of freedom such that the probability of a larger **t** is **.005**. Since **t** is symmetric, the probability of a value less than **-x** is also **.005**.

2. The interval from $m - x \cdot s/\sqrt{n}$ to $m + x \cdot s/\sqrt{n}$ is a **99%** confidence interval for the population mean. The endpoints of the interval are **confidence limits**.

Over a long series of sampling experiments, **99%** of the confidence intervals constructed in this way using the sample mean **m** and the sample standard deviation **s** will contain the actual population mean μ.

For more background on the construction of confidence intervals see General Statistics, by Haber and Runyon (Addison-Wesley, 1977).

Mathcad Implementation

This model uses some **Mathcad** *statistical functions to find a confidence interval for the mean of a normal population, based on the mean and variance of a sample of size at least* **12**.

Read the data from the file **edata.prn**:

$$X := \text{READPRN}(\text{edata})$$

The equations below calculate some sample statistics using **Mathcad**'s *built-in* **mean** *and* **var** *functions. Note that* **var** *returns the mean squared deviation of the sample values from their mean. For samples of size* **n** *this value must be multiplied by* **n/(n-1)** *to yield an unbiased estimate for the population variance. The sample standard deviation is the square root of this estimate.*

Sample size: $\qquad n := \text{length}(X) \qquad n =$

Sample mean $\qquad m := \text{mean}(X) \qquad m =$

Sample standard deviation $\qquad s := \sqrt{\dfrac{n}{n-1} \cdot \text{var}(X)} \qquad s =$

Choose a value for **a**. The confidence level for your mean estimate will be **1** minus the value you choose for **a**. For example, to find **95%** confidence limits, set **a** equal to **.05**.

27.4 Elektronische Büchern zur Statistik

$\alpha := .01$

The confidence level for the estimate of the mean will be

$1 - \alpha = 99 \cdot \%$

Below are the equations for calculating percentage points of the **t** distribution.

- **w(a)** is the value such that the tail of the standard normal distribution to the right of **w(a)** has area **a**. It is computed using the **root** function.

- The function **t(a,d)** returns the **a** point on the **t** distribution with **d** degrees of freedom. The probability of drawing a value larger than this point is **a**.

Percentage points for **t** are computed with the following approximation:

$TOL := .00001$

$p := 2 \qquad w(a) := root(1 - cnorm(p) - a, p)$

$t(a,d) := w(a) + \dfrac{1}{4 \cdot d} \cdot (w(a)^3 + w(a)) \ldots$

$\qquad + \dfrac{1}{96 \cdot d^2} \cdot (5 \cdot w(a)^5 + 16 \cdot w(a)^3 + 3 \cdot w(a)) \ldots$

$\qquad + \dfrac{1}{384 \cdot d^3} \cdot (3 \cdot w(a)^7 + 19 \cdot w(a)^5 + 17 \cdot w(a)^3 - 15 \cdot w(a))$

Note: For **d > 10** and **a** between **.001** and **.1** this approximation, **t(a,d)**, is good to within **.01**. The number of degrees of freedom, **d**, is one less than the sample size, so the size of the confidence interval will be correct to within **1** percent for samples of size **12** or larger.

The definitions for the confidence limits **L** and **U** use the function **t** to calculate the percentage point

$t_{\alpha/2, n-1}$

Below are the calculations for the confidence limits for estimating the population mean.

$$L := m - t\left(\frac{\alpha}{2}, n-1\right) \cdot \frac{s}{\sqrt{n}} \qquad U := m + t\left(\frac{\alpha}{2}, n-1\right) \cdot \frac{s}{\sqrt{n}}$$

The confidence limits are:

L = U =

The probability that a confidence interval constructed in this way contains the true population mean is

$$1 - \alpha = 0.99$$

Die leeren rechten Seiten nach den numerischen Gleichheitszeichen = sind dadurch begründet, daß keine Datei *edata.prn* eingelesen wurde.

♦

☞

Der betrachtete Ausschnitt des Elektronischen Buches läßt die Struktur derartiger Bücher bereits gut erkennen. Man sieht, daß sie sich selbst erklären, da alle Berechnungen von ausführlichen Erläuterungen begleitet sind.

♦

28 Zusammenfassung

Im vorliegenden Buch haben wir am Beispiel des Systems MATHCAD gezeigt, wie man mathematische Aufgaben effektiv mit dem Computer lösen kann.
Ein Vergleich mit anderen bekannten Computeralgebra-Systemen wie z.B. MATHEMATICA und MAPLE zeigt, daß MATHCAD ein ebenbürtiges System darstellt mit Vorteilen bei der Darstellung durchgeführter Berechnungen und bei numerischen Rechnungen (siehe [3,4]).
Im folgenden geben wir in Stichpunkten eine *zusammenfassende Einschätzung* bei der Arbeit mit MATHCAD:

- Es können keine Wunder bei der *exakten Lösung* mathematischer Aufgaben erwartet werden. MATHCAD berechnet jedoch viele Standardaufgaben, für die die Mathematik einen endlichen Lösungsalgorithmus zur Verfügung stellt. Deshalb sollte man bei einer gegebenen Aufgabe immer mit der exakten Lösung beginnen.

- Berechnet MATHCAD für eine Aufgabe keine exakte Lösung, so stellt es eine Vielzahl von *Methoden* für die *näherungsweise* (numerische) *Lösung* zur Verfügung, von deren Wirkungsweise wir im Verlaufe des Buches einen Eindruck erhalten haben.

- Es wurde im Buch mehrfach darauf hingewiesen, daß auch ein so leistungsstarkes System wie MATHCAD die Mathematik nicht ersetzen kann. Eine sinnvolle Anwendung von MATHCAD ist nur möglich, wenn man solide Mathematikkenntnisse besitzt. MATHCAD befreit aber den Anwender von umfangreicher Rechenarbeit und bietet ihm so die Möglichkeit, seine mathematischen Modelle zu verbessern und mit ihnen zu experimentieren.

- Es können auch in einem noch so umfangreichen Buch nicht alle Möglichkeiten von MATHCAD beschrieben werden. Im vorliegenden Buch wurde versucht, *wesentliche Grundlagen* zur Lösung mathematischer Standard- und häufig benötigter Spezialprobleme anschaulich zu erläutern. Findet man für ein auftretendes Problem einmal keine Hinweise im vorliegenden Buch, so wird dem Anwender empfohlen,

    * die *Hilfefunktionen* von MATHCAD zu verwenden. In der Hilfe ist u.a. auch das *Benutzerhandbuch* von MATHCAD enthalten.

* mit dem im Buch gegebenen Möglichkeiten von MATHCAD zu *experimentieren*, um *Erfahrungen* zu *sammeln* und weitere *Eigenschaften* zu *erkunden*.
* bei einem *Internetanschluß* die Möglichkeiten zu nutzen, mittels des **Informationszentrums** (englische Version: **Resource Center**) über die *www-Seite* von MathSoft *Erklärungen* und *Hilfen* zu erhalten bzw. über das kostenlose *Internet-Forum* von MathSoft weltweite Kontakte zu anderen MATHCAD-Benutzern aufzunehmen (siehe Abschn.5.1).

- Da die Benutzeroberfläche der im Buch behandelten Version 8 gegenüber der Version 7 nur geringfügig geändert wurde, lassen sich viele im Buch behandelte Probleme auch mit der Version 7 berechnen. Für die Versionen 5 und 6 gilt ähnliches. Hierzu findet man zusätzliche Details in den Büchern [2,3,4] des Autors. Bei allen früheren Versionen ist allerdings zu beachten, daß ihre Leistungsfähigkeiten geringer sind und daß weniger Funktionen als in der Version 8 zur Verfügung stehen.

- Die englischsprachige Version wurde im vorliegenden Buch absichtlich in den Vordergrund gestellt, da die deutschsprachige Version auch die englischen Befehle, Funktionen und Kommandos versteht. Ein weiterer Grund ist, daß sich in die deutschsprachige Version kleine Fehler eingeschlichen haben und einige Fachbegriffe schlecht übersetzt wurden.

- Um den Umfang des Buches in Grenzen zu halten, konnten die mathematischen Grundlagen nur soweit behandelt werden, wie es für die Anwendung von MATHCAD erforderlich ist. Bei Unklarheiten mathematischer Art wird der Anwender auf die umfangreiche Literatur zur Mathematik hingewiesen, von der man im Literaturverzeichnis einen Querschnitt findet.

- Bei der Arbeit mit einem so komplexen System wie MATHCAD treten natürlich auch *Fehler* auf. Dabei werden diese Fehler sowohl von MATHCAD als auch vom Anwender verursacht. Im folgenden geben wir einige dieser *Fehlerquellen* und auch einige *Rettungshinweise:*
    * Den von MATHCAD berechneten exakten bzw. numerischen Ergebnissen darf man nicht blindlinks vertrauen. Obwohl MATHCAD in den meisten Fällen zuverlässig arbeitet, können auch *Fehler* auftreten, da diese in einem so umfangreichen System natürlich nicht auszuschließen sind. Beispiele hierfür haben wir im Laufe des Buches kennengelernt. Deshalb wird dem Anwender empfohlen, die erhaltenen Ergebnisse zu überprüfen. Dies kann auf vielfältige Arten geschehen, so z.B. durch grafische Darstellungen oder Proben.
    * Treten bei längerer Arbeit in einem MATHCAD-Arbeitsblatt unerklärbare Effekte (Fehler) auf, so empfiehlt es sich, dieses Arbeitsblatt zu schließen und in einem neuen Arbeitsblatt die Berechnungen erneut zu versuchen. Eine Ursache für diese Effekte ist, daß man bei einer längeren Arbeitssitzung keinen Überblick mehr über die benutzten

Variablen und Funktionen hat, so daß z.B. doppelte Verwendungen vorkommen können.

* Für auftretende *Fehler* ist aber nicht immer MATHCAD verantwortlich, sondern häufig auch der *Anwender*. Im folgenden geben wir einige der wichtigsten Fehler an, die vom Anwender verursacht werden und auf die wir im Verlaufe des Buches bereits hingewiesen haben:

  – Es werden Formeln verwandt, in denen eine *Division* durch *Null* auftreten kann, wenn man den enthaltenen Variablen konkrete Werte zuweist.

  – Es werden der *Gleichheitsoperator* zur Darstellung von Gleichungen und das *numerische Gleichheitszeichen* für numerische Rechnungen *verwechselt*.

  – Symbolisches und numerisches Gleichheitszeichen werden falsch eingesetzt, wenn man exakte bzw. numerische Berechnungen durchführt.

  – Der *Startwert* für die *Indizierung* ist *falsch* eingestellt, da MATHCAD als Standardwert 0 verwendet, während bei Anwendungen meistens 1 benötigt wird.

  – Für Funktionen und Variablen werden gleiche Bezeichnungen verwendet, so daß die vorhergehenden nicht mehr verfügbar sind.

  – Man verwendet für exakte (symbolische) Berechnungen Variablen, denen man vorher bereits Zahlenwerte zugewiesen hat. Damit sind diese Berechnung nicht mehr durchführbar. Man muß hier entweder andere Variablenbezeichnungen verwenden oder diese Variablen neu definieren, wie z.B $x := x$.

Zusammenfassend läßt sich einschätzen, daß MATHCAD ein effektives System darstellt, um anfallende mathematische Aufgaben mittels Computer zu lösen, wobei seine unübertroffenen Darstellungsmöglichkeiten ein großes Plus gegenüber anderen Systemen darstellt.

Literaturverzeichnis

MATHCAD

[1] Benker: Mathematik mit dem PC, Vieweg Verlag Braunschweig, Wiesbaden 1994,
[2] Benker: Mathematik mit MATHCAD, Springer Verlag Berlin, Heidelberg, New York 1996,
[3] Benker: Wirtschaftsmathematik mit dem Computer, Vieweg Verlag Braunschweig, Wiesbaden 1997,
[4] Benker: Ingenieurmathematik mit Computeralgebra-Systemen, Vieweg Verlag Braunschweig, Wiesbaden 1998,
[5] Born, Lorenz: MathCad – Probleme, Beispiele, Lösungen –, Int. Thomson Publ. Bonn 1995,
[6] Born: Mathcad Version 3.1 und 4, Int.Thomson Publ. Bonn 1994,
[7] Desrues: Explorations in MATHCAD, Addison-Wesley New York 1997,
[8] Donnelly: MathCad for introductory physics, Addison-Wesley New York 1992,
[9] Hill, Porter: Interactive Linear Algebra, Springer Verlag Berlin, Heidelberg, New York 1996,
[10] Hörhager, Partoll: Mathcad 5.0/PLUS 5.0, Addison-Wesley Bonn 1994,
[11] Hörhager, Partoll: Problemlösungen mit Mathcad für Windows, Addison-Wesley Bonn 1995,
[12] Hörhager, Partoll: Mathcad 6.0/PLUS 6.0, Addison-Wesley Bonn 1996,
[13] Hörhager, Partoll: Mathcad, Version 7, Addison-Wesley Bonn 1998,
[14] Miech: Calculus with Mathcad, Wadsworth Publishing 1991,
[15] Weskamp: Mathcad 3.1 für Windows, Addison-Wesley Bonn 1993,
[16] Wieder: Introduction to MathCad for Scientists and Engineers McGraw-Hill New York 1992.

Computeralgebra-Systeme

[17] Braun, Häuser: MATLAB 5 für Ingenieure, Addison-Wesley Bonn 1998,
[18] Braun, Häuser: Macsyma, Version2, Addison-Wesley Bonn 1995,
[19] Fuchssteiner u.a.: MuPAD Benutzerhandbuch, Birkhäuser Verlag Basel 1993,
[20] Fuchssteiner u.a.: MuPAD User's Manual, Wiley-Teubner Stuttgart 1996,

[21] Geddes u.a.: Programmieren mit Maple V, Springer Verlag Berlin, Heidelberg, New York 1996,
[22] Jenks, Sutor: Axiom, Springer Verlag Berlin, Heidelberg, New York 1992,
[23] Koepf: Höhere Analysis mit Derive, Vieweg Verlag Braunschweig, Wiesbaden 1994,
[24] Koepf, Ben-Israel, Gilbert: Mathematik mit Derive, Vieweg Verlag Braunschweig, Wiesbaden 1993,
[25] Kofler: Mathematica 3.0, Addison-Wesley Bonn 1997,
[26] Kofler: Maple V Release 4, Addison-Wesley Bonn 1996,
[27] Maeder: Programming in Mathematica, Addison-Wesley Bonn 1996,
[28] Schwardmann: Computeralgebra-Systeme, Addison-Wesley Bonn 1995,
[29] Petersen: The Elements of Mathematica Programming, Springer Verlag Berlin, Heidelberg, New York 1996,
[30] Wolfram: Das Mathematica-Buch, Addison-Wesley Bonn 1997.

Mathematik

[31] Andrié, Meier: Analysis für Ingenieure, VDI Verlag Düsseldorf 1996,
[32] Andrié, Meier: Lineare Algebra und Geometrie für Ingenieure, VDI Verlag Düsseldorf 1996,
[33] Ansorge, Oberle: Mathematik für Ingenieure (Band 1,2), Akademie Verlag Berlin 1994,
[34] Blatter: Ingenieur Analysis (Band 1,2), Springer Verlag Berlin, Heidelberg, New York 1996,
[35] Bomze, Grossmann: Optimierung–Theorie und Algorithmen, Wissenschaftsverlag Mannheim 1993,
[36] Brauch, Dreyer, Haake: Mathematik für Ingenieure, Teubner Verlag Stuttgart 1992,
[37] Burg, Haf, Wille: Höhere Mathematik für Ingenieure (Band I-V), Teubner Verlag Stuttgart 1992,
[38] Engeln-Müllges, Reuter: Numerische Mathematik für Ingenieure, BI Wissenschaftsverlag Mannheim, Wien, Zürich 1988,
[39] Feldmann: Repetitorium der Ingenieurmathematik (Band 1- 2), Verlag Feldmann 1991, 1989,
[40] Fetzer, Fränkel: Mathematik (Band 1-2), VDI Verlag Düsseldorf 1995,
[41] Herrmann: Höhere Mathematik für Ingenieure (Band 1-2), Oldenbourg Verlag München, Wien 1994,
[42] Jänich: Analysis für Physiker und Ingenieure, Springer Verlag Berlin, Heidelberg, New York 1995,
[43] Krabs: Einführung in die lineare und nichtlineare Optimierung für Ingenieure, Teubner Verlag Leipzig 1983,
[44] Kuscer, Kodre: Mathematik in Physik und Technik, Springer Verlag Berlin, Heidelberg, New York 1993,

[45] Leupold u.a.: Analysis für Ingenieure, Fachbuchverlag Leipzig 1991,
[46] Mathematik für Ingenieure und Naturwissenschaftler (20 Bände), Teubner Verlag Stuttgart, Leipzig 1993,
[47] Papageorgiou: Optimierung, Oldenbourg Verlag München, Wien 1991,
[48] Papula: Mathematik für Ingenieure und Naturwissenschaftler (Band 1-3), Vieweg Verlag Braunschweig, Wiesbaden 1994,
[49] Rießinger: Mathematik für Ingenieure, Springer Verlag Berlin, Heidelberg, New York 1996,
[50] Rüegg: Wahrscheinlichkeitsrechnung und Statistik, Eine Einführung für Ingenieure, Oldenbourg Verlag München, Wien 1993,
[51] Spiegel: Höhere Mathematik für Ingenieure und Naturwissenschaftler, McGraw Hill 1991,
[52] Stoyan: Stochastik für Ingenieure und Naturwissenschaftler, Akademie Verlag Berlin 1993,
[53] Weber: Einführung in die Wahrscheinlichkeitsrechnung und Statistik für Ingenieure, Teubner Verlag Stuttgart 1988,
[54] Wörle, Rumpf, Erven: Ingenieurmathematik in Beispielen (Band 1-4), Oldenbourg Verlag München, Wien 1992, 1994.

Sachwortverzeichnis

—A—

abbrechen
    Berechnung 75
Abbruchfehler 4; 10
Abbruchkriterium 436
Abbruchschranke
    für Iteration 135
Ableitung
    gemischte 304
    gemischte partielle 304; 309
    n-ter Ordnung 304
Ableitungen
    partielle 302
absoluter Fehler 318
Abstand 207; 208
achsenabschn 480
Achsenskalierung 268; 273
Addition 144; 146
    von Matrizen 183; 184
Additionstheoreme 158
ADOBE ACROBAT READER 3.0 17
aktivieren
    Berechnung 76
algebraische Ausdrücke 146; 147
algebraische Gleichung 222
Algorithmus
    endlicher 1; 4
    numerischer 10
allgemeine Funktionen 238
alternierende Reihe 354; 355; 356
analytische Geometrie 207

Anfangsbedingungen 373
Anfangswert 414
Anfangswertproblem 409
ANFÜGEN 106
angezeigte Genauigkeit 73
Animation 24; 297; 299
annehmen 159
Anweisung
    bedingte 118
anzeigen
    Dimensionen 140
    Kommentare 40; 60
APPEND 106
APPENDPRN 106; 108
Approximation
    von Funktionen 256
Arbeit
    interaktive 5
Arbeitsblatt 6; 7; 33; 36
    Abarbeitung 90; 117
    berechnen 25
    einrichten 46
    neues 46
    verwalten 45
Arbeitsblätter
    verbinden 47
Arbeitsfenster 2; 7; 22; 26; 33; 36
Arbeitsverzeichnis 99; 105
arg 83
Argument 83
Arithmetic Toolbar 28; 30
Arithmetik-Palette 28; 30
arithmetisches Mittel 469; 470

ASCII-Code 96
ASCII-Datei 98; 105
ASCII-Format 99
ASCII-Zeichen 95
assume 150; 159
Attribut 149; 159
auflösen 202; 212; 218
augment 178
Ausdruck
　deaktivieren 76
　eingeben 43
　entwickeln 69
　kopieren 37
　logischer 118
　markieren 37
　mathematischer 43
　unbestimmter 319
Ausdrücke
　algebraische 146; 147
　auf gemeinsamen Nenner bringen 148
　faktorisieren 148; 154
　in Partialbrüche zerlegen 147
　manipulieren 146
　multiplizieren 147; 153
　potenzieren 147; 152
　transzendente 147; 148
　trigonometrische 148
　umformen 146
　vereinfachen 147; 149
Ausgabe
　von Dateien 97
Ausgabefunktion 98
Ausgabetabelle 92; 93; 170; 172
　rollende 101; 103; 170; 171; 175; 176; 243
ausgeben
　von Daten 98
auslösen
　Berechnung 61
Austausch
　von Dateien 97
Auswahlrahmen 277; 282

Auswahlrechteck 39; 41; 42; 43; 277; 282
Auswertung
　deaktivieren 76; 77
Auswertungsformat 40; 60
Auswertungs- und Boolesche Palette 28; 30
Auto 65; 69; 74
Automatikmodus 35; 61; 63; 65; 69; 74; 75; 76
automatische Berechnung 25; 65; 69; 74
AXUM 21

—B—

Basisvektoren 363
Baum-Operator 114
Bearbeitungslinien 37; 39; 43; 44; 62
bedingte Anweisung 118
benutzerdefinierte Installation 16
benutzerdefinierter Operator 114
Benutzerinterface 6
Benutzeroberfläche 3; 6; 22; 33; 49
Benutzerschnittstelle 6
berechnen
　Arbeitsblatt 25
Berechnung 5; 25
　abbrechen 75
　aktivieren 76
　auslösen 6; 61
　automatische 25; 65; 69; 74
　deaktivieren 42; 76
　exakte 12; 26; 44; 61; 65; 69
　fortsetzen 76
　näherungsweise 44; 71
　numerische 37; 44; 61; 71
　symbolische 12; 26; 37; 44; 65; 69
　unterbrechen 75

Sachwortverzeichnis

Berechnungen
  optimieren 77
  steuern 74
Berechnungsoptionen 76; 77
Bereiche
  trennen 39
Bereichsvariablen 91; 92; 93; 121; 268; 270; 272; 273; 289; 346
  nichtganzzahlige 123
Bereichszuweisung 121
Berechnung
  exakte 145
  näherungsweise 145
  numerische 145
  symbolische 145
beschreibende Statistik 467; 469
Besselfunktionen 246; 249
bestimmtes Integral 5; 337
Betrag 248
Betragsoperator 83; 193; 248
bewegte Grafik 297
Bibliotheken
  Elektronische 49
Bild 24
Bildfunktion 397; 398; 402; 403; 404; 408; 409
Bildgleichung 408
Binärdarstellung 81
Binomialkoeffizient 447; 448
Binomialverteilung 133; 454; 455; 456; 457; 458; 459
bis 118
Bogenmaß 249
Boolescher Operator 113
break 128; 132
Bruchstrich 144
Bücher
  Elektronische 49; 50; 51; 56
Built–In Variables 25; 87; 88; 107
Bulstoer 383; 385

—C—

Calculus Toolbar 29; 31

Cauchyscher Hauptwert 343
charakteristisches Polynom 195
ceil 239
Chi-Quadrat-Verteilung 461
cnorm 461; 462
Collaboratory 54
cols 137; 178
Component Wizard 97; 99
Computeralgebra 1; 4; 7; 10
Computeralgebra-System 1; 3
continue 128
Contour Plot 286
convert, parfrac 151
corr 480
csort 240
cspline 258; 260

—D—

Darstellung
  grafische 264; 279
  in Matrixform 103
Datei
  drucken 46
  öffnen 45
  speichern 45
  strukturierte 485
Dateien
  Ausgabe 97
  Austausch 97
  Eingabe 97
  Export 97
  Import 97
  lesen 97; 100
  schreiben 97; 106
  strukturierte 98; 99; 101; 102; 104; 108
  unstrukturierte 98; 99; 103
Dateiformat 97; 100; 106; 108; 109
Dateioperationen 23
Dateizugriffsfunktion 98; 239
Daten 467
  ausgeben 98
  einlesen 98

grafische Darstellung 472
verwalten 97
Datenausgabe 105
Datenaustausch 110
Datenmaterial 467; 468
Datenverwaltung 97
dbinom 133; 455
deaktivieren 76
  Auswertung 76; 77
  Berechnung 42
  Formel 42
  Gleichung 42
Deaktivierung 76
definieren
  Funktionen 250
definierte Funktionen 66; 251; 252; 335; 340
Definitionsbereich 264
deg 249
deskriptive Statistik 467
Determinante 192; 194
  Berechnung 193
deterministisches Ereignis 446
Dezimaldarstellung 81; 82
Dezimalkomma 82; 145
Dezimalnäherung 72; 73
Dezimalpunkt 82; 145
Dezimalstellen 82
Dezimalzahl 4; 8; 60; 145
dhypergeom 455
diag 178
Diagonalmatrix 178; 180
Diagrammpalette 28; 30
Dialogbox 23; 62
Dichtefunktion 459
Differentialgleichung 372
  erster Ordnung 374
  gewöhnliche 372
  lineare 372
  lineare gewöhnliche 373
  partielle 393
  steife 383; 384
Differentialgleichung n-ter Ordnung 373
Differentialgleichungssystem 373; 374; 381
Differential- und Integralpalette 29; 31
Differentiation 7; 302
  exakte 303
  numerische 305; 308
  symbolische 303
Differentiationsoperator 303; 304; 305
  schachteln 304
  Schachtelung 307
Differentiationsregeln 7
Differenzengleichung 405; 413; 414
  homogene 413
  lineare 413
differenzierbare Funktion 302
Dimensionen 26; 139; 140
  anzeigen 140
Dimensionsnamen 26; 140
diskrete Fouriertransformation 402
diskrete Verteilung 455
diskrete Verteilungsfunktion 133; 454
diskrete Zufallsgröße 450; 453; 454
divergentes Integral 341
Divergenz 355; 366; 368
Division 144; 146
Division durch Null 129
Divisionssymbol 144
Document 7; 33; 36
Dokument 3; 36
dpois 456
dreidimensionales Vektorfeld 363
3D-Diagramm 282
3D-Grafik 279
3D Plot 282
3D Plot Wizard 287
3D-Säulendiagramm 295; 296
3D Scatter Plot 275; 290

3D-Streuungsdiagramm 275; 290
3D Zeichenassistent 287
dreifaches Integral 350; 351
drucken
   Datei 45
Durchdringung
   von Flächen 287

—E—

ebene Kurve 265
Editieroperation 24
e-Funktion 248
eigenvals 195
eigenvec 196; 198
eigenvecs 196; 198
eigenvek 196
Eigenvektor 195; 196
eigenvektoren 196; 198
Eigenwert 195; 196
eigenwerte 195
eindimensionale Stichprobe 467; 469
einfaches Integral 350
einfache Variablen 87; 89
Einfachregression 487
Einfügebalken 37; 41
Einfügekreuz 36; 43
Einfügemarke 37
einfügen
   Einheit 140; 141
   Funktion 61; 238; 248
   Hyperlink 47
   Komponente 97; 99; 101; 105; 108; 109; 175; 300
   Maßeinheit 140
   Matrix 168; 173
   Objekt 25; 48; 300
   Verweis 47
Einführung 53
Eingabe 5
   formelmäßige 10
   von Dateien 97
   von Matrizen 173
   von Vektoren 168
   von Vektoren und Matrizen 168
Eingabefunktion 98; 100; 106; 107
Eingabetabelle 94; 169; 170; 171; 175
eingeben
   Ausdruck 43
   Matrix 174
Einheit
   einfügen 140; 141
   imaginäre 84; 86
einheit 178
Einheitenplatzhalter 140; 141; 142; 143; 249
Einheitensystem 26; 139
Einheitsmatrix 178; 180
einlesen
   von Daten 98
   von Vektoren und Matrizen 168
einrichten
   Arbeitsblatt 46
   Seite 46
Electronic Books 3; 49
Electronic Libraries 49
Elektronische Bibliotheken 49
Elektronisches Buch
   öffnen 51
   Titelseite 51
Elektronische Bücher 3; 49; 50; 51; 56
Element
   einer Matrix 167
elementare Funktionen 246; 247
Elementarfunktionen 246; 247; 302
Eliminationsmethode 201
Ellipsoid 279
empirische Regressionsgerade 479; 480; 481
empirischer Korrelationskoeffizient 479; 480; 481
empirische Standardabweichung 470
empirische Streuung 469
empirische Varianz 469

endlicher Algorithmus 1; 4
endlicher Lösungsalgorithmus 1
entwickeln 70; 152; 153; 158
Entwicklungspunkt 311
Ereignis
  deterministisches 446
  zufälliges 446; 449
erf 461
Ergebnis
  optimiertes 77; 78; 79
Ergebnisformat 73; 80; 82; 84; 103; 170; 175; 243
erläuternder Text 51
Erwartungswert 453; 460
erweitern 178
  Matrix 178
Erweiterungspakete 49
exakte Berechnung 12; 26; 44; 61; 65; 69;145
exakte Differentiation 303
exakte Lösung 60
expand 70; 71; 152; 153; 158
Experiment
  zufälliges 446
explizite Darstellung
  einer Kurve 265
Explorer 17
Exponentialfunktionen 247; 248
Exponentialschreibweise 82
Exponentialschwelle 82
Export
  von Dateien 97
Extension Packs 49
Extremum 418
Extremwert 326; 328
Extremwertaufgabe 417; 418; 419; 423
Evaluation and Boolean Toolbar 28; 30

—F—

factor 155; 212

Fadenkreuz 36
faktor 155; 212
faktorisieren
  Ausdrücke 148; 154
Faktorisierung 155; 211; 212; 216
Fakultät 120; 144; 447
Fehler 317
  absoluter 317; 318
  relativer 318
  syntaktischer 129
Fehlerintegral 460; 461
Fehlermeldung 79; 127
Fehlerrechnung 317
Fehlerschranke 317
Fehlersuche 129
fehlf 461
Feld 88; 167
Feldindex 87; 88; 89; 205; 247; 252
find 202; 227
Fläche 279
  explizite Darstellung 279
  implizite Darstellung 279
  Parameterdarstellung 279; 281
Flächendiagramm 280
Flächendurchdringung 287
floor 239
for 122
Format 25; 39
formatieren
  Grafik 277; 282
formatierter Text 106; 108
Formatierung 25
Formatleiste 22; 24; 27; 39; 42
Formatting Toolbar 27
Formel
  deaktivieren 42; 76
  einfügen 42
Formelmanipulation 1; 4
formelmäßige Eingabe 10
formelmäßige Lösung 11
Formelmodus 36
fortsetzen

Berechnung 76
Fourierkoeffizient 358; 359
Fourierreihe 358; 359; 360
Fourierreihenentwicklung 358
Fouriertransformation 401
　diskrete 402
FRAME 297; 298
Front End 3
Funktion 24
　definierte 66; 335; 340
　differenzierbare 302
　differenzieren 308
　einfügen 61
　ganzrationale 210; 266; 328
　gebrochenrationale 150;
　　266; 324
　grafische Darstellung 267
　integrierte 24
　nichtdifferenzierbare 308
　periodische 358
funktionaler Zusammenhang
　288; 478
Funktionen 238
　allgemeine 238
　Approximation 256
　Besselsche 249
　definieren 250
　definierte 251; 252
　einfügen 238; 248
　elementare 246; 247
　hyperbolische 248
　integrierte 238
　mathematische 238; 246
　reelle 247
　trigonometrische 247; 249
Funktionsausdruck 251
Funktionsbezeichnung 250;
　267
Funktionsdefinition 135; 250;
　255
Funktionsgleichung 265; 279;
　477
Funktionskurve 265
Funktionsname 250
Funktionstabelle 477
Funktionsunterprogramm
　111; 120; 131

Funktionswertberechnung 67;
　123
　mittels Bereichsvariablen
　　93; 271
Funktionswerte 252; 253
Funktionszuweisung 251
Fußzeile 46; 47
F-Verteilung 461

—G—

ganzrationale Funktion 210;
　266; 328
gebrochenrationale Funktion
　150; 266; 324
gemischte Ableitung 304
gemischte partielle Ableitung
　309
Genauigkeit 64; 72; 73; 82;
　83; 87
　angezeigte 73
Genauigkeitsschranke 127
Geometrie
　analytische 207
geometrische Reihe 314
geschachtelte Schleifen 124
geschachtelte Verzweigung
　119
gewöhnliche Differentialglei-
　chung 372
given 201; 227
Gleichheitsoperator 72; 113;
　202; 213; 218; 227
Gleichheitssymbol 72
Gleichheitszeichen
　numerisches 8; 44; 71; 72;
　　185; 252
　symbolisches 44; 65; 66;
　　68; 71; 72; 185; 252; 255
Gleichung 199
　algebraische 222
　deaktivieren 42; 76
　einfügen 42
　nichtlineare 217
　quadratische 211
　transzendente 222; 223

Gleichungsnebenbedingung 419; 441
Gleichungssystem 199
  lineares 199; 201
  Matrizenschreibweise 200
  nichtlineares 222; 227
gleichverteilte Zufallszahl 463; 464; 489
Gleitkomma 64; 71; 73; 82
Gleitkommaauswertung 64; 73; 82
Gleitkommanäherung 64
Gleitkommazahl 4
Gleitpunktzahl 4
globale Variablen 90; 117
globale Zuweisung 90; 117; 169; 175
Grad 249
Grad der Näherung 312
Gradient 366; 367; 435
Gradientenfeld 366
Gradientenverfahren 435; 436; 441
Gradmaß 249
Grafik
  bewegte 297
  formatieren 277; 282
Grafikbereich 33; 36; 37
Grafikfenster 24; 37; 267; 268; 273; 275; 281; 287; 290; 295
Grafikmodus 36
Grafikoperator 267; 272; 275
Grafikrahmen 267; 273; 275; 290; 295
grafische Darstellung 264; 279
Graph 264
Graph Toolbar 28; 30
Greek Symbol Toolbar 29; 31
Grenzwert 319
  einseitiger 320
  linksseitiger 320; 321
  rechtsseitiger 320; 321
Grenzwertberechnung 319
Grenzwertoperator 319; 320
Grunddimensionen 140

Grundgesamtheit 467; 468
Grundrechenarten 8; 144
Grundrechenoperationen 144; 146
Gütekriterium 416

—H—

Häufigkeit
  relative 450
harmonischer Oszillator 409
Hauptsatz
  der Differential- und Integralrechnung 338
Hauptwert 84; 85; 86; 342
  Cauchyscher 343
hebbare Unstetigkeit 325
Hessesche Normalform 208
Hexadezimaldarstellung 81
Hilfefenster 18
Hilfesystem 18
hist 475
Histogramm 475
Höhenlinien 286
hypergeometrische Verteilung 134; 455
hyperbolische Funktionen 248
hyperbolisches Paraboloid 296
Hyperlink 25; 47
  einfügen 47
homogene Differenzengleichung 413

—I—

identity 178
if 118; 119; 254; 308; 336
Im 83
imaginäre Einheit 84; 86
Imaginärteil 83
implizite Darstellung
  einer Kurve 265
Import

von Dateien 97
Index 178
  Feldindex 89
  Literalindex 89
Indexzählung 25; 131
indizierte Variablen 87; 88;
  89; 203; 205; 247
Indizierung 167
induktive Statistik 468
Infix-Operator 114; 115; 116
Informationszentrum 16;
  17; 18; 19; 20; 53
inkompatible Maßeinheiten
  142
Input Table 175; 177
Insert Function 248
Installation 16
  benutzerdefinierte 16
Integral
  bestimmtes 5; 337
  divergentes 341
  dreifaches 350; 351
  einfaches 350
  konvergentes 341
  mehrfaches 350
  unbestimmtes 331; 332
  uneigentliches 340
  zweifaches 350; 351
Integraloperator 332; 338;
  344; 351
  Schachtelung 350
Integralrechnung 330; 331
Integralsymbol 332; 338; 344
Integraltransformationen 397;
  401
Integrand 331; 338
  unbeschränkter 340; 342
Integration
  näherungsweise 343
  numerische 344
  partielle 333
Integrationsgrenzen 338
Integrationsintervall
  unbeschränktes 340
Integrationsmethoden 331
Integrationsvariable 331; 332;
  338
integrieren 332

integrierte Funktionen 24; 238
integrierte Konstanten 86
interaktive Arbeit 5
intercept 480
Internetanschluß 17; 19; 53
Internet Explorer 17; 19; 53
interp 258; 259; 483
Interpolation 477; 478; 486
  lineare 258
Interpolationsfunktion 257;
  258; 259
Interpolationsmethode 257
Interpolationspolynom 262
Interpolationsprinzip 257
Inverse
  einer Matrix 188
inverse Laplacetransformation
  397; 398; 409
inverse Matrix 188
inverse Transformation 402
inverse Verteilungsfunktion
  454; 461
  Normalverteilung 463
inverse Z-Transformation 403;
  414
invertieren
  Matrix 188
invlaplace 400; 410; 411; 412
invztrans 404; 415
Iterationsverfahren 124; 435
  Newtonsches 135
iwave 405

—K—

kartesische Koordinaten 266
kartesisches Koordinatensystem 264; 279
Kegelfläche 371
Kern 3; 49
Kernel 3
Klassenbreite 475
klassische Wahrscheinlichkeit
  450; 451
knorm 461
Koeffizientenmatrix 200; 203
  nichtsinguläre 201; 225

Kombination 449
Kombinatorik 447; 449
Kommastellen 72
Kommentare
  anzeigen 40; 60
kompatible Maßeinheiten 142
komplexe Zahl 83
Komponente 25
  einfügen 97; 99; 101; 105;
    108; 109; 175; 300
  eines Vektors 167
Komponentenassistent 97; 99;
  101; 105; 108; 109
konjugiert komplexe Zahl 84
Konstanten 86
  integrierte 86
  vordefinierte 87
Konturdarstellung 286
konvergentes Integral 341
Konvergenztoleranz 73
konvert, teilbruch 151
Koordinaten
  kartesische 266
  krummlinige 266
Koordinatensystem
  kartesisches 264; 279
Koordinatentransformation
  351
Kopfzeile 46; 47
kopieren
  Ausdruck 37
korr 480
Korrelationsanalyse 478; 479;
  480
Korrelationskoeffizient 479
  empirischer 479; 480; 481
korrigieren
  Rechenbereich 44
  Text 42
Kostenfunktion 416; 420
Kreisdiagramm 272
krummlinige Koordinaten 266
Kubikwurzel 85
kubische Spline-Interpolation
  258

Kugelkoordinaten 279
Kursor 36; 43
Kurve 265
  ebene 265; 266; 267
  explizite Darstellung 265
  implizite Darstellung 265
  in Polarkoordinaten 266
  Parameterdarstellung 266
Kurven
  grafische Darstellung 264
Kurvendiskussion 323
Kurvenintegral 370

—L—

länge 178
Lagerhaltungskosten 420
Lagrangefunktion 419; 422
Lagrangesche Multiplikatorenmethode 419; 422
Lagrangescher Multiplikator
  422
laplace 399; 401; 410; 411
Laplacetransformation 397;
  398
  inverse 397; 398; 409
Laplacetransformierte 397;
  399; 400
last 120; 178
Laufanweisung 121
Laufbereich 121; 122
Laufvariable 121; 171
Laurententwicklung 313; 316
Layout 46
Lemniskate 267
length 178
Lesefunktion 98; 100
lesen 100
  Dateien 97; 100
letzte 178
linanp 482
lineare Differenzengleichung
  413
lineare gewöhnliche Differentialgleichung 373

lineare Interpolation 258
lineare Optimierung 417; 426
lineares Gleichungssystem 199; 201
Linearfaktoren 211
linfit 482; 483; 484; 485; 486
linterp 258; 259
Liste 92
Literalindex 87; 89; 206; 247; 252
llösen 225
load 389
löschen
  Rechenbereich 44
  Text 42
Lösung
  exakte 60
  formelmäßige 11
  näherungsweise 60
  numerische 60
  symbolische 60
  verallgemeinerte 232
Lösungsalgorithmus
  endlicher 1
Lösungsblock 202; 204; 205; 227; 422; 426; 429
Lösungsvektor 202; 203; 204; 225; 228
Lösungszuweisung 62
Logarithmusfunktionen 247
logischer Ausdruck 118
logischer Operator 113
logisches ODER 114
logisches UND 113
lokale Variable 90; 117
lokale Zuweisung 90; 117; 169; 175
lsolve 225
lspline 258; 260

—M—

Malpunkt 144
Manipulation
  von Ausdrücken 146
manueller Modus 63; 65; 69; 74; 75

markieren
  Ausdruck 37
Maßeinheit 24; 139
  einfügen 140
  zuordnen 140
Maßeinheiten 249
  inkompatible 142
  kompatible 142
Maßeinheitensystem 26; 139
Maßstab 268
Maßzahl
  statistische 467; 469
MATHCAD-Arbeitsfenster 2
MATHCAD-Hilfe 18
MathConnex 17; 48
mathematische Funktionen 238; 246
mathematische Operatoren 29
mathematischer Ausdruck 43
mathematische Symbole 29
mathematische Symbolik 34
Math Toolbar 28
Matrix 24; 166
  einfügen 168; 173
  Eingabe 173
  eingeben 174; 175
  erweitern 178
  inverse 188
  invertieren 188
  nichtsinguläre 188
  Potenz 189
  singuläre 189
  symmetrische 197
  transponieren 187
  transponierte 187
  vom Typ (m,n) 166; 173
Matrixanzeige 103; 170; 172; 175; 243
Matrixform 98; 103; 243
Matrixfunktion 178
Matrixoperator 168; 173; 193
Matrizen
  Addition 183; 184
  Multiplikation 183; 184
  potenzieren 190
  Rechenoperationen 183
max 178
maximieren 416

maximize 416; 417; 420; 422; 425; 426; 432
Maximum 418
Maximum-Likelihood-Schätzung 134
MCD-Datei 46
MCT-Datei 46
m-dimensionale Stichprobe 467
mean 470
Median 469; 470
mehrfaches Integral 350
Mehrfachregression 487
Menu Bar 23
Menüfolge 6; 61; 62
Menüleiste 22; 23; 41
Meßfehler 317
Meßpunkte 289
Meßwerte 256
Methode der kleinsten Quadrate 257; 477; 478; 479; 482
Methoden
  numerische 4
min 178
minerr 228; 232; 433
Minfehl 228; 433
minimieren 416
minimize 416; 417; 420; 425; 426; 429; 430; 432
Minimum 418
Mischungsproblem 429
Mittel
  arithmetisches 469; 470
Mittelwert 453; 469; 470
  Schätzung 498
mod 239
Modus
  manueller 63; 65; 69; 74; 75
Momente 453; 468
Monte-Carlo-Methoden 488
Monte-Carlo-Simulation 489; 490
multigrid 393; 395

Multiplikation 144; 146
  von Matrizen 183; 184
Multiplikationssymbol 144
Multiplikator
  Lagrangescher 422
Multiplikatorenmethode
  Lagrangesche 419; 422
multiple Regression 487
multiplizieren
  Ausdrücke 147; 153

—N—

Nachrichtenleiste 21; 22; 35
Näherung 60
Näherungsfunktion 256; 477
Näherungsmethoden 4
Näherungsverfahren 4
näherungsweise Berechnung 44; 71; 145
näherungsweise Integration 343
näherungsweise Lösung 60
Namen
  reservierte 250
Nebenbedingung 419
neigung 480
Neudefinition
  Variablen 90
Newtonsches Iterationsverfahren 135
nichtdefinierte Variablen 91
nichtindizierte Variablen 252
nichtlineare Gleichung 217
nichtlineare Optimierung 417; 431
nichtlineare Regression 481; 482
nichtlineare Regressionskurve 481
nichtlineares Gleichungssystem 222
nichtsinguläre Koeffizientenmatrix 201; 225
nichtsinguläre Matrix 188

Niveaulinien 286
Normalform
  Hessesche 208
normalverteilte Zufallszahl 463; 465
Normalverteilung 459; 460; 461; 462
  inverse Verteilungsfunktion 462
  normierte 460
  standardisierte 460; 461; 462
  normierte Normalverteilung 460
Notebook 7
notwendige Optimalitätsbedingung 419
n-te Wurzel 144; 248
Nullstelle 211; 214; 215; 216; 217
nullstellen 227
Nullstellenberechnung 211
Null-Toleranz 83
Numerik 10
Numerikfunktion 72
numerische Berechnung 37; 44; 61; 71; 145
numerische Differentiation 305; 308
numerische Integration 344
numerische Lösung 60
numerische Methoden 4
numerischer Algorithmus 10
numerisches Gleichheitszeichen 8; 44; 71; 72; 185; 252
numerische Rechnung 91

—O—

Oberflächenintegral 371
Objekt
  einfügen 25; 48; 300
ODER
  logisches 114; 132
öffnen
  Datei 45
  Elektronisches Buch 51

Oktaldarstellung 81
on error 128; 129
Online-Forum 20; 54
Online-Zugriff 51
Operator
  benutzerdefinierter 114
  Boolescher 113
  logischer 113
Operatoren
  mathematische 29
Operatorpaletten 28; 29; 44; 60
Optimalitätsbedingung 418; 420; 422; 424
  näherungsweise Lösung 424
  notwendige 419
optimieren
  von Berechnungen 77
optimiertes Ergebnis 77; 78; 79
Optimierung 25; 77
  lineare 417; 426
  nichtlineare 417; 431
Optimization 77
Optimum 418
Optionen 25
ORIGIN 25; 88; 167; 175; 241
Originalfolge 403; 404
Originalfunktion 397; 398; 402; 408
Originalgleichung 408
Ortsvektor 363
Oszillator
  harmonischer 409

—P—

Packages 3
Palette griechischer Buchstaben 29; 31
Palette symbolischer Schlüsselwörter 29; 32; 68
Palettenname 28
Palettensymbol 28; 29
Paraboloid
  hyperbolisches 279; 296

Parameterdarstellung 266; 271; 279
Partialbruchzerlegung 147; 150; 151; 333
partielle Ableitung 302
  gemischte 304; 309
partielle Differentialgleichung 393
partielle Integration 333
pbinom 455; 457; 459
pchisq 461
Periode 358
periodische Funktion 358
Permutation 449
persönliches Quicksheet 115
pF 461
Pfad 99; 100; 105; 106
phypergeom 455
Platzhalter 44; 61; 68
pnorm 461; 462
Poissonverteilung 133; 455; 456
Polarkoordinaten 266; 272; 351
Polar Plot 272
polint 262
Polstelle 326
Polygonzug 258; 259
Polynom 155; 210
  charakteristisches 195
  Nullstellen 212
Polynomfunktion 210; 257; 266; 328
Polynomgleichung 211
polynomiale Regression 483
Polynominterpolation 257; 262
polyroots 227; 230; 232
Postfix-Operator 114
Potential 366; 369
Potentialfeld 367; 368
Potenz 144
  einer Matrix 189
Potenzfunktionen 247
potenzieren

Ausdrücke 152
Matrizen 190
Potenzierung 144; 146
Potenzoperator 144
Potenzreihe 358
Potenzreihenentwicklung 358
ppois 456
Practical Statistics 17
Präfix-Operator 114; 116
Primfaktoren 156
Prioritäten 145
PRNANFÜGEN 106
PRNCOLWIDTH 107
PRN-Dateieinstellungen 107
PRN File Settings 107
PRNLESEN 100
PRNPRECISION 107
PRNSCHREIBEN 88; 106; 107
PRNCOLWIDTH 88
PRNPRECISION 88
Produkt 353
  unendliches 354; 357
Produktoperator 353
Programm
  rekursives 120
Programmgruppe 17
Programmierfehler 129
Programmieroperatoren 29
Programmiersprachen 128
Programmierung
  prozedurale 111
  rekursive 111
Programmierungspalette 29; 31; 112; 117; 118; 128; 133
Programming Palette 112
Programming Toolbar 29; 31
prozedurale Programmierung 111
Pseudozufallszahl 463
pspline 258; 261
pt 461
Punkt
  stationärer 418
Punktgrafik 290; 291

—Q—

qnorm 463
quadratische Gleichung 211
Quadratsummen
 Minimierung 434
Quadratwurzel 124; 144; 248
Quadratwurzelberechnung
 126
Qualitätskontrolle 468
Quantil 454
Quick-Plot 268; 272; 273
Quicksheet
 persönliches 115
Quick Sheets 19; 52; 53

—R—

rad 249
Radiusvektor 363
Randbedingungen 388
Randwertproblem 387; 389;
 409
Rang 178; 180
rank 178
räumliche Spirale 276
Raumkurve 275; 276
Re 83
READ 100; 104
READPRN 100; 104; 485
Realteil 83
Rechenbereich 24; 33; 36; 37;
 39; 42; 43; 45
 korrigieren 44
 löschen 44
 verschieben 44
Rechenblatt 6; 33; 36
Rechenfeld 36; 37; 43
Rechenmodus 24; 35; 36; 37;
 41; 43
Rechenoperationen
 mit Matrizen 183
Rechenoptionen 88; 167
Rechenpalette 22; 24; 28; 29;
 44; 60
Rechensymbole 115; 116
Rechnung
 abbrechen 63
 Automatikmodus 63
 manueller Modus 63
 numerische 91
reelle Funktionen 247
reelle Zahl 81
Reference Tables 19; 53
Referenztabellen 19; 53
regress 483; 484; 485; 487
Regression
 lineare 479
 multiple 487
 nichtlineare 481; 482
 polynomiale 483
Regressionsanalyse 478; 487
Regressionsfunktion 482; 483;
 486
Regressionsgerade 483
 empirische 479; 480; 481
Regressionskurve 478; 482;
 485
 nichtlineare 481
Regressionsparabel 484
Regressionspolynom 483; 486
Regula falsi 227
reihe 312; 313
Reihe 353
 alternierende 354; 355; 356
 geometrische 314
 unendliche 354
Reihenentwicklung 312
rekursive Programmierung
 111
rekursives Programm 120
relative Häufigkeit 450
relativer Fehler 318
relax 393
reservierte Namen 250
Resource Center 16; 17; 18;
 19; 20; 53
Restglied 311; 357
Result Format 243
return 127; 128; 129; 132;
 136
reverse 240; 242
Rkadapt 383; 385
rkfest 374

rkfixed 374; 377; 380; 382; 383
rnd 463; 464
rnorm 463; 465
rollende Ausgabetabelle 101; 103; 170; 171; 175; 176; 243
root 226; 230; 231
Rotation 366; 367
rows 120; 138; 178
rsort 240
RTF-Datei 46
Rücktransformation 397; 398; 399; 402; 403; 409; 414
Rundungsfehler 4; 10
Rundungsfunktionen 239
Runge-Kutta-Verfahren 374
runif 463; 464

—S—

Säulendiagramm 295
Sattelfläche 279; 296
sbval 388; 389; 390; 392
schachteln
   Schleifen 122
Schätzung
   des Mittelwertes 498
Schleife 92; 111; 121; 125
Schleifen
   geschachtelte 124
   schachteln 122
Schleifendurchläufe 125; 126
Schleifenindex 121; 122
Schleifenzähler 121
schließende Statistik 468
Schlüsselwort 68; 69; 148; 157; 158; 313
Schlüsselwortpalette 149; 151; 152; 153; 154; 155; 157; 159
Schnittpunkt 207; 209
Schraubenlinie 276
schreiben 106
   Dateien 97; 106
Schreibfunktion 98
Schriftarten 27; 42

Schriftformat 39
Schriftformen 27
Schriftgröße 42
Schrittweite 91; 121; 435
score 389
Scratchpad 7
Seite
   einrichten 46
Seitenausrichtung 46
Seitengröße 46
Seitenränder 46
Seitenumbruch 24; 46
Sekantenmethode 227
Separator 98
series 312; 313; 316
sgrw 388
SI-Einheitensystem 139
Signumfunktion 322
Simplexmethode 426
simplify 69; 70; 149
simplx 417; 427; 428; 429; 430
Simulation 488
Simulationsmethoden 488
singuläre Matrix 189
Skalarfeld 362
Skalarprodukt 190; 191
slope 480
solve 202; 204; 212; 216; 218; 223; 224; 233; 236
sort 240; 241
Sortierfunktionen 240; 245
Spalten 178
   einer Matrix 174
Spaltenanzahl 178
Spaltenbreite 107
Spaltenform 101
Spaltenvektor 166; 168; 170; 172; 181
Spatprodukt 191
speichern
   Datei 45
Spirale
   räumliche 276
Splinefunktion 258

Spline-Interpolation 258
   kubische 258
Splinekurve 258
Spur 179
stack 178
Stammfunktion 330; 331; 339; 346
Standardabweichung 453; 460; 470
   empirische 470
Standardinstallation 16
standardisierte Normalverteilung 460; 461; 462
Standard Toolbar 26
stapeln 178
Startindex 88; 167
Startvektor 435
Startwert 226; 227; 229
   für die Indexzählung 25
stationärer Punkt 418
Statistik 467
   beschreibende 467; 469
   deskriptive 467
   induktive 468
   schließende 468
statistische Maßzahl 467; 469
statistische Wahrscheinlichkeit 490
Status Bar 35
Statusleiste 35
stdev 470
steife Differentialgleichung 383; 384
Stellenanzahl 72
Stellengenauigkeit 107
stetige Verteilung 459
stetige Verteilungsfunktion 459
stetige Zufallsgröße 450; 453; 459
steuern
   Berechnungen 74
Stichprobe 467; 468
   eindimensionale 467; 469
   m-dimensionale 467
   Umfang 467
   zweidimensionale 467
Stiffb 386

Stiffr 386
Straffunktion 441
Straffunktionenmethode 441
Strafparameter 441
Streuung 453; 460; 470
   empirische 469
Streuungsdiagramm 290
strukturierte Dateien 98; 99; 101; 102; 104; 108; 485
strukturierte Form 98
Student-Verteilung 461
submatrix 179
substituieren 148
substitute 157; 316; 335
Substitution 157; 158; 334; 335
Subtraktion 144; 146
Suchen 202
Suffix-Operator 114
Summe 353
Summenoperator 132; 353
Surface Plot 280
Symbole
   mathematische 29
Symbolic Keyword Toolbar 29; 32; 68
Symbolics 26
Symbolik 26
   mathematische 34
symbolische Berechnung 12; 26; 37; 44; 65; 69; 145
symbolische Differentiation 303
symbolische Lösung 60
symbolisches Gleichheitszeichen 44; 65; 66; 68; 71; 185; 251; 255
Symbolleiste 22; 24; 26; 27; 61
Symbolprozessor 1; 12; 63
symmetrische Matrix 197
syntaktischer Fehler 129
System 1

—T—

Taylorentwicklung 311; 312; 315; 357
Taylorpolynom 311; 312; 313; 314; 316; 358
Taylorreihe 311; 358
Taylorreihenentwicklung 358
Text 39; 41
   erläuternder 51
   formatierter 106; 108
   Gleichung einfügen 42
   korrigieren 42
   löschen 42
   verschieben 42
Textbereich 24; 33; 36; 39; 41
Textdatei 100; 102
Texteingabe 37; 41
Textfeld 36; 37; 41
Textmodus 24; 36; 37; 41
   verlassen 41
Textverarbeitungsfunktionen 43
Textverarbeitungssystem 43
Titelseite
   eines Elektronischen Buches 51
TOL 25; 73; 87; 127; 345
tr 179
Trace 277
Transformation 397
   inverse 402
transponieren
   Matrix 187
transponierte Matrix 187
transzendente Ausdrücke 147; 148
transzendente Gleichung 222; 223
Tree-Operator 114
trennen
   Bereiche 39
Trennzeichen 98
Treppenfunktion 458

trigonometrische Ausdrücke 148
trigonometrische Funktionen 247; 249

—U—

Übersicht 53
Umfang
   einer Stichprobe 467
Umformung
   von Ausdrücken 146
umkehren 240
Umrißdarstellung 286
Umrißdiagramm 286
unbeschränkter Integrand 340; 342
unbeschränktes Integrationsintervall 340
unbestimmter Ausdruck 319
unbestimmtes Integral 331; 332
UND
   logisches 113
uneigentliches Integral 340
Unendlich 86; 320; 354
unendliche Reihe 354
unendliches Produkt 354; 357
Ungleichheitsoperator 233
Ungleichung 199; 233; 234; 235
Ungleichungsnebenbedingung 432; 443
Ungleichungssystem 235
Unstetigkeit
   hebbare 325
unstrukturierte Dateien 98; 99; 103
unterbrechen
   Berechnung 75
Untermatrix 179; 180
Untermenü 23; 62
until 118; 126
Urbildfunktion 397; 398; 402

—V—

var 470
Variablen 88; 89
  Darstellung 87
  einfache 87; 89
  globale 90; 117
  indizierte 87; 88; 89; 203; 205; 247
  lokale 90; 117
  mit Feldindex 252
  mit Literalindex 252
  Neudefinition 90
  nichtdefinierte 91
  nichtindizierte 252
  vordefinierte 25; 87; 88; 107
Variablenname 89
Varianz 453; 460; 470
  empirische 469
Variation 449
Vektor 166; 167; 190
  Darstellungsmöglichkeiten 170; 171
  eingeben 168
Vektoranalysis 362
Vektorfeld 362; 363
  dreidimensionales 363
  zweidimensionales 363; 364
Vektorfelddiagramm 364
Vektorfunktion 178; 362
Vector and Matrix Toolbar 28; 30
Vektor- und Matrixpalette 28; 30; 168; 173
Vektorprodukt 190; 191
verallgemeinerte Lösung 232
vereinfachen 69
vereinfachen 149
  Ausdrücke 147
Vereinfachung
  von Ausdrücken 149
Vergleichsoperator 113
verschieben 39
  Rechenbereich 44
  Text 42
Versuch
  zufälliger 446
Verteilung
  diskrete 455
  hypergeometrische 134; 455
  stetige 459
Verteilungsfunktion 454; 459; 468
  diskrete 133; 454
  inverse 454; 461
  stetige 459
Verwaltung
  von Daten 97
Verweis 25; 47
  einfügen 47
Verzweigung 111; 118
  geschachtelte 119
Volumenberechnung 351
vordefinierte Konstanten 87
vordefinierte Variablen 25; 87; 88; 107
Vorgabe 201
Vorlage 39; 46

—W—

Wahrscheinlichkeit 449; 451
  klassische 450; 451
  statistische 490
Wahrscheinlichkeitsdichte 459
Wahrscheinlichkeitsrechnung 446
wave 405
Wavelet-Transformation 405
Web-Bibliothek 19; 53
Web Library 19; 53
Wendepunkt 329
wenn 118
Wertetabelle 92; 93
while 122; 126
WINDOWS-Programmfenster 16
Wissenswertes zum Nachschlagen 53
Worksheet 3; 7; 33; 36
WRITE 106

WRITEPRN 88; 106; 107; 108
wurzel 226
Wurzel 248
Wurzelfunktionen 247
Wurzeloperator 86; 144; 248
   n-ter 85

—X—

X-Y-Diagramm 267; 289
X-Y Plot 267; 289

—Z—

Zahl 80
   komplexe 83
   konjugiert komplexe 84
   reelle 81
Zahlenart 80
Zahlenausdruck 144
   Berechnung 145
Zahlenbereich 80
Zahlendatei 98; 99
Zahlenformat 80
Zahlenmaterial 467; 468
Zahlenprodukt 354
Zahlenreihe 354
Zahlentabelle 169; 170
   eingeben 94
Zeichenassistent 287
Zeichenkette 95; 96
Zeichenkettenausdruck 95
Zeichenkettenfunktion 96; 245
Zeilen 178
   einer Matrix 173
Zeilenanzahl 178
Zeilenform 102
Zeilenvektor 166
Zeilenwechsel 41; 62
Zielfunktion 416
Zinseszinsrechnung 254
Zinsfuß 254
Zoom 277
ztrans 404; 415

Z-Transformation 403
   inverse 403; 414
Z-Transformierte 403; 415
zufälliger Versuch 446
zufälliges Ereignis 446; 449
zufälliges Experiment 446
Zufallsbedingung 446
Zufallsereignis 446
Zufallsexperiment 446
Zufallsgröße 450
   diskrete 450; 453; 454
   stetige 450; 453; 459
Zufallsvariable 450
Zufallszahl 463; 464; 488
   gleichverteilte 463; 464; 489
   normalverteilte 463; 465
Zufallszahlengenerator 464; 490
zuordnen
   Maßeinheit 140
Zusammenhang
   funktionaler 288; 478
Zusatzprogramme 49
Zuweisung 62; 111; 117
   globale 90; 117; 169; 175
   lokale 90; 117; 169; 175
Zuweisungsoperator 90; 117; 250
zweidimensionale Stichprobe 467
zweidimensionales Vektorfeld 363; 364
zweifaches Integral 350; 351
Zykloide 266